Die Geschichte der beobachtenden Embryologie
Die Hühnchenentwicklung als Studienobjekt über zwei Jahrtausende

ÄNNE BÄUMER-SCHLEINKOFER

DIE GESCHICHTE DER BEOBACHTENDEN EMBRYOLOGIE

DIE HÜHNCHENENTWICKLUNG ALS STUDIENOBJEKT ÜBER ZWEI JAHRTAUSENDE

PETER LANG

Frankfurt am Main · Berlin · Bern · New York · Paris · Wien

Die Deutsche Bibliothek - CIP-Einheitsaufnahme

Bäumer-Schleinkofer, Änne:

Die Geschichte der beobachtenden Embryologie: Die
Hühnchenentwicklung als Studienobjekt über zwei
Jahrtausende / Änne Bäumer-Schleinkofer. - Frankfurt am
Main ; Berlin ; Bern ; New York ; Paris ; Wien : Lang, 1993
  ISBN 3-631-46312-X

ISBN 3-631-46312-X

© Verlag Peter Lang GmbH, Frankfurt am Main 1993
Alle Rechte vorbehalten.

Meiner Mutter
Frau Marga Bäumer
gewidmet

Inhaltsverzeichnis

Vorwort

Seit der Antike hat man sich mit Entwicklungsvorgängen beschäftigt. Dabei galt das eigentliche Interesse der Forscher von jeher dem Menschen, aber hier waren während der Entwicklung im Mutterleib keine Beobachtungen möglich. Bereits im vierten Jahrhundert vor Christus kam man daher auf die Idee, stellvertretend für die Menschenentwicklung die leichter zu beobachtende Hühnchenentwicklung zu untersuchen. So wurde der Hühnerembryo zum ersten Studienobjekt in der Geschichte der Embryologie und blieb das Standarduntersuchungsobjekt bis zum 19. Jahrhundert. Alle Streitfragen der Entwicklungstheorie wie Präformation, Epigenese, welcher Teil entsteht zuerst, welche Eigenschaften sind erblich, gibt es Urzeugung aus anorganischer Materie usw. versuchte man durch Studien am Hühnchen zu klären. Entsprechend wurden auch alle wesentlichen Entdeckungen bis hin zur Aufstellung der Keimblättertheorie am Hühnchen gewonnen. Die Geschichte der beobachtenden Embryologie ist daher über zwei Jahrtausende fast deckungsgleich mit der Geschichte der Studien zur Hühnchenentwicklung.

Die vorliegende Studie ist die überarbeitete, erweiterte und aktualisierte Fassung meiner 1985 vom Fachbereich Biologie der Johannes Gutenberg-Universität Mainz anerkannten Dissertation "Die Entwicklung des Hühnchens im Ei. Ein klassisches Objekt der Naturbetrachtung von der Antike bis zur Moderne". Die Arbeit wurde zum damaligen Zeitpunkt nur als Mikrofiche-Edition vervielfältigt. Seitdem erreichten mich immer wieder Anfragen, ob es nicht möglich sei, ein ausgedrucktes Exemplar der Arbeit zu bekommen. So habe ich mich entschlossen, die Studie in modifizierter Form zu veröffentlichen.

Die Untersuchung verdankt ihr Entstehen in erster Linie der mit stetem Interesse durchgeführten Betreuung durch Herrn Professor Gert Andres, der mich in jeder Phase der Dissertation mit seinem freundlichen Rat wissenschaftlich geleitet hat. Mein Dank gilt der Stiftung Volkswagenwerk, die mir durch ein Zweitstudienstipendium 1982 bis 1985 das Studium der Biologie ermöglichte.

Mein innigster Dank gilt meiner Mutter, Frau Marga Bäumer, die mich während meines ganzen beruflichen Werdegangs stets mit ihrem Rat und ihrer Zuversicht unterstützt hat.

TEIL 1:
DIE BEGRÜNDUNG DER EMBRYOLOGIE
(ANTIKE UND MITTELALTER)

1. Die Bedeutung der Vogelentwicklung für die Naturphilosophie der Antike

1.1. KURZER ÜBERBLICK ÜBER DIE ZEUGUNGS- UND ENTWICKLUNGSLEHREN DER ANTIKE

In der Antike gab es noch keine separaten naturwissenschaftlichen Disziplinen, sondern nur eine jeweils einheitliche Wissenschaft von der Natur, die alle Bereiche umfaßte und auf dieselben Prinzipien zurückführte. Auch die Vorstellungen von Zeugung und Entwicklung waren deshalb noch nicht in einer einzelnen Disziplin zusammengefaßt, sondern Bestandteil einer solchen einheitlichen Naturbeobachtung oder Naturwissenschaft[1]. Dabei nahm man anfangs vorwiegend theoretische Spekulationen vor; der Mensch stand im Mittelpunkt der Betrachtung, und man interessierte sich in erster Linie für die Vererbung, die man in Abhängigkeit vom Samen zu erklären suchte. In der hippokratischen Schule und bei Aristoteles wurde die Zeugungslehre dann erstmals auf eine empirische Basis gestellt, womit auch die Entwicklungslehre eine große Bedeutung erhielt; denn es waren in erster Linie die Embryonen, an denen man die theoretisch gewonnenen Einsichten über Zeugung, Entwicklung und Vererbung überprüfen konnte.

Das Hühnerei wurde zu dieser Zeit fast zwangsläufig zum ersten Beobachtungsobjekt. Dafür lassen sich mehrere Gründe anführen:
1. Bereits in der Antike wurden Hühner als 'Eierlieferanten' gehalten, so daß ohne besonderen Aufwand Hühnereier jederzeit zur Verfügung standen.
2. Bei eierlegenden Tieren läßt sich der Beginn der Bildung des Embryos zeitlich genau bestimmen, da die Entwicklung mit der Bebrütung außerhalb des Mutterleibes einsetzt, weshalb auch kein Muttertier getötet zu werden braucht.
3. Da bei Hühnern stets Eier verschiedener Entwicklungsstadien im Uterus und Eileiter vorhanden sind, konnte man auch die Entwicklung des Eies vor dem Austritt aus dem Mutterleib leicht beobachten.

Es ist also keineswegs verwunderlich, daß gerade das Hühnerei das erste Beobachtungsobjekt in der Geschichte der Embryologie war und daß in den ersten Beschreibungen der Hühnchenentwicklung die eigentliche Keimzelle der modernen Embryologie liegt.

Bevor die ersten embryologischen Beobachtungen vorgestellt werden, soll noch ein kurzer Überblick über die bis dahin vertretenen rein theoretischen Zeu-

---

1 Vgl. dazu Änne Bäumer: Geschichte der Biologie. Band 1: Biologie von der Antike bis zur Renaissance. Frankfurt etc. 1991, S. 7-20.

gungs- und Vererbungslehren gegeben werden. Entsprechend der jeweiligen Ge-
samtauffassung der Natur wurden von den verschiedenen philosophischen
Schulen auch unterschiedliche Zeugungslehren entwickelt. Erna Lesky unterscheidet in ihrer Analyse fünf verschiedene Arten[2]:

1. *Enkephalo-myelogene Samenlehre*, von Alkmaion von Kroton, Hippon, den
   pythagoreisch-krotonischen Ärztekreisen[3] und auch von Platon im Timaios
   vertreten. Diese Samenlehre geht von der Annahme aus, daß der Samen aus
   dem Gehirn und dem Rückenmark stammt. Die Geschlechtsbestimmung erfolgt allein durch den Samen, dessen Konsistenz (dicht - stark -› männlich,
   dünnflüssig - schwach -› weiblich) über das Geschlecht des Keimes entscheidet.
2. *Wärmetheorie* des Empedokles. Nach der Vorstellung des Empedokles wird
   das Geschlecht dadurch bestimmt, daß der Samen in einen wärmeren oder
   kälteren Uterus gelangt[4].
3. Die *Rechts-Links-Theorie*, deren bekannteste Vertreter Parmenides[5] und
   Anaxagoras[6] sind, geht von der Vorstellung aus, daß die Entstehung des Geschlechtes mit der rechten oder linken Körperhälfte verbunden ist, d.h. das
   Geschlecht wird progam determiniert entsprechend der Körperseite, aus der
   die Spermienentleerung erfolgt (rechts -› männlich, links -› weiblich). Diese
   Lehre wurde später von Albertus Magnus übernommen und war im Mittelalter
   besonders beliebt.
4. Die *Pangenesislehre*. Die Atomisten Leukipp und Demokrit (5. Jh.) wandten
   ihre Atomvorstellungen auf die Zeugungslehre an, indem sie annahmen, daß
   den bestimmte Körpergewebe bildenden Atomgruppen ebensolche unendlich
   kleine atomare Korrelate im Samen entsprächen und daß der Zeugungsakt die
   Ablösung eines in seinen einzelnen Bestandteilen bereits präformierten Keimes aus dem Elternkörper darstelle[7]. Das Geschlecht werde dadurch bestimmt,

---

2 Vgl. dazu Erna Lesky: Die Zeugungs- und Vererbungslehren der Antike und ihr Nachwirken. (Akademie der Wissenschaften und der Literatur, Abhandlungen der Geistes- und Sozialwissenschaftlichen Klasse 1950, Nr. 19) Wiesbaden 1951. - Die Kenntnisse über die
   Entwicklungslehren vor Aristoteles sind größtenteils den Aristotelischen Referaten über
   seine Vorgänger in der Schrift "De generatione animalium" entnommen. Dabei ist grundsätzlich Skepsis gegenüber der Objektivität angebracht, da Aristoteles insbesondere bei
   seinen speziellen Gegnern Demokrit und Anaxagoras zugeschriebene Terminologie selten
   korrekt wiedergibt; sie enthält viele Elemente der Aristotelischen Beurteilung bzw. negati-
   ven Kommentierung. Die hier verkürzt wiedergegebene Darstellung von Erna Lesky ist allerdings bemüht, diese Unschärfe in der Wiedergabe bei Aristoteles durch Heranziehung
   von Parallelstellen möglichst auszuschalten.
3 Vgl. dazu z. B. Aetios V 3,3 = VS 24 A 13; Diogenes Laertios VIII 24 ff.; VS 38 A 12; VS
   38 A 13 u. 14.
4 Arist. De gen. an. 764 a 1 f.
5 VS 59 A 107 = De gen. an. 763 b 30 f. u. VS 28 A 53 = Cens. 5, 2.
6 VS A 107 = De gen. an. 763 b 30 f.; wie die die "Rechts-Links-Theorie" betreffenden Textstellen zu verstehen sind, wird in der Forschung heftig diskutiert; vgl. dazu Francis Joseph
   Cole: Early Theories of Sexual Generation. Oxford 1930; Lesky (wie Anm. 2); Owen D.
   Kember: Right and Left in the Sexual Theories of Parmenides. In: Journal of Hellenic Studies 91 (1971), S. 70-79; Geoffrey Ernest Richard Lloyd: Parmenides' Sexual Theories. A
   Reply to Mr. Kember. In: Journal of Hellenic Studies 92 (1972), S. 178 f.
7 VS 68 A 143 = De gen. an. 764 a 6 f.; Dem. 68 B 124.

daß die im Samen präformierten Geschlechtsteile eines Elternteiles die Vorherrschaft (Epikratie) über die anderen erreichten[8].
- Eine etwas modifizierte Form der Pangenesislehre wurde in der hippokratischen Schule vertreten. Hier werden nicht mehr die Atome als kleinste präformierte Körperbestandteile aufgefaßt, sondern kleinste Teile aller Körperteile und alle Körpersäfte liegen bereits präformiert im Samen vor[9]. Das Pneuma verursacht dann den Aufbau des Keimes nach dem Gesetz der Anziehung und Abstoßung von Gleichartigem. Hier findet zum ersten Mal die Idee einer angelegten Vererbung Gestalt,

"indem das von den organischen Gefügen der Eltern entnommene Keimgut in ebenderselben Bauform dem Keim übermittelt [wird] und so dem Aufbau auch seiner Gewebe dient"[10].

5. Die *hämatogene Samenlehre* - Epigenesistheorie, zunächst vertreten von Parmenides und Diogenes von Appolonia (5. Jh.), findet ihren bedeutendsten Vertreter in Aristoteles.

Da die Aristotelische Zeugungslehre später noch im einzelnen behandelt wird, sei hier nur kurz die Grundüberzeugung angedeutet, daß der Zeugungs- und Entwicklungsvorgang als Werdegang eines Stoffes (hyle) aufgefaßt wird, der durch die Form (eidos) als Wesensprinzip bestimmt ist, die den Stoff durchdringt und gestaltet. Die Form wird vom männlichen Tier, der Stoff vom weiblichen Tier beigetragen. Der Samen und das Ei, bzw. das dem Samen analog gedachte Menstruationsblut, stammen aus dem gesamten Körper; der Keim enthält alle Teile bereits potentiell (dynamei) in sich, die am Ende der Entwicklung, beim ausgewachsenen Lebewesen, tatsächlich (energeia) vorhanden sind.

Dieser kurze Abriß der in der Antike vertretenen Zeugungslehren sollte verdeutlichen, wie intensiv man sich bereits zu dieser Zeit um die Erklärung der Entstehung der Lebewesen bemühte und zu welch unterschiedlichen Vorstellungen man gelangte. Aufgrund der dürftigen Überlieferung liegt uns keine der frühen Lehren vollständig vor. Wir können deshalb nicht feststellen, ob genauere Beobachtungen von Entwicklungen einzelner Tiere gemacht wurden. Der allgemeine Ansatz der Theorie macht dies aber unwahrscheinlich. Die frühen Vorstellungen von der Zeugung erwuchsen mehr aus dem Interesse am Menschen; soweit uns bekannt ist, wurde dann als Hilfsmittel zur Analyse der menschlichen Entwicklung die Beobachtung der Tierentwicklung erstmals von der hippokratischen Schule herangezogen. Die erste Beschreibung der für die Entwicklungslehre besonders relevanten Vogelentwicklung findet sich in der Schrift "De natura pueri" - "Über die Natur des Kindes".

---

8 Vgl. zu Demokrits Vorstellungen von der Entwicklung Oivind Andersen: Zu Demokrits Embryologie. In: Symbolae Osloenses 53 (1978), S. 41-46.
9 (Hippokratisch), De genitura III: "Vom Samen behaupte ich aber, daß er vom gesamten Körper und zwar von den festen Teilen sowohl wie von den weichen, wie auch von dem gesamten Feuchten im Körper abgesondert wird."
10 Lesky (wie Anm. 2), S. 1303.

1.2. DIE HIPPOKRATISCHE SCHULE - ERSTE BEHANDLUNG DER VOGELENTWICKLUNG

1.2.1. Die Hypothese von der Vergleichbarkeit der Entwicklung der Organismen als Grundlage der Embryologie

Die der hippokratischen Sammlung einverleibte Schrift "De natura pueri" wurde vermutlich etwa Ende des 5. / Anfang des 4. Jahrhunderts von einem Vertreter der koischen Schule oder der westgriechischen Medizin verfaßt[11]. Sie stellt die erste Abhandlung zur Embryologie dar - Bloch charakterisiert sie treffend[12]:

> "Die ganze Darstellung zwar ist noch unbeholfen, das empirische Material höchst mangelhaft und ohne viel Kritik zusammengestellt, und nichts wäre verkehrter, als eine wissenschaftliche Abhandlung in modernem Sinne zu erwarten; doch verraten manche feine Bemerkungen und allgemeine Grundsätze einen Geist, der in das Wesen der Entwicklung tief eingedrungen ist und ihre Probleme klar erkannt hat."

Da noch eine einheitliche Naturbetrachtung vorherrscht und sich einzelne Disziplinen erst allmählich entwickeln, ist es nicht verwunderlich, daß der Autor von "De natura pueri" an mehreren Stellen Details tierischer und pflanzlicher Entwicklung zur Erläuterung der menschlichen Entwicklung heranzieht. Dabei liegt die Überzeugung zugrunde, daß die Entwicklung bei Tieren und Pflanzen

---

11 So Hermann Grensemann (Knidische Medizin I: Die Testimonien zur ältesten knidischen Lehre und Analyse knidischer Schriften im Corpus Hippocraticum. [Ars Medica. Texte und Untersuchungen zur Quellenkunde der Alten Medizin II. Abteilung Griechisch-lateinische Medizin, 4/1] Berlin/New York 1975, S. 103-115). Er faßt die Schriften "De genitura", "De natura pueri", "De morbibus IV" und "De mulieribus C" zu einer Einheit zusammen unter "Autor C" zu, den man wegen der Verwandtschaft zu den Schriften des Arztes Polybios und aufgrund einiger Stellen, die deutliche Kritik an Teilen der knidischen Lehre enthalten, der koischen Schule oder vielleicht der westgriechischen Medizin zuordnen muß, zumindest nicht der knidischen. - Was Grensemann nicht erwähnt, ist die Tatsache, daß Galen die Schrift "De natura pueri" Polybios selbst zuschrieb (Gal. IV 653, XVII A 445 K). - Der Wissensstand entspräche der Medizin zwischen 400 und 370. Joly datiert in seiner Ausgabe die Schrift auf Ende des 5. Jahrhunderts; vgl. Hippocrate. Tome XI. De la Génération, De la Nature de l'Enfant, Des Maladies IV, Du Foetus de Huit Mois. Texte établi et traduit par Robert Joly. Paris 1970. Siehe dazu auch Wilhelm Kahlenberg (Hermes 83 [1955], S. 252-256); und Iain Malcolm Lonie: The Hippocratic Treatises "On Generation", "On the Nature of the Child", "Diseases IV". A Commentary. (Ars medica, 2/7) Berlin/New York 1981; hier S. 51 f., der ähnlich wie Grensemann argumentiert und die Schrift einem Zeitgenossen des Polybios zuweist.

12 Bruno Bloch: Die geschichtlichen Grundlagen der Embryologie bis auf Harvey. In: Nova Acta. Abhandlungen der Kaiserlich Leopoldinisch-Carolinischen Deutschen Akademie der Naturforscher 82 (1904), S. 213-343; hier S. 229; Bloch fährt fort: "So treffen wir hier schon eine überraschende Einsicht in die Bedeutung und Berechtigung einer vergleichenden Embryologie". Diese Worte geben den Sachverhalt nicht richtig wieder. Wie im folgenden noch dargestellt werden wird, geht der hippokratische Autor davon aus, daß die Entwicklungsvorgänge bei Tieren und Menschen analog ablaufen und benutzt daher die leicht beobachtbare Vogelentwicklung als Beweis für seine über die menschliche Entwicklung geäußerte Theorie. Vergleichende Embryologie in modernem Sinne, die die Entwicklungsvorgänge miteinander vergleicht, die bei einzelnen Tierarten ablaufen, liegt hier noch nicht vor.

analog zu der des Menschen abläuft; die Hypothese von der Vergleichbarkeit der Organismen ist für den hippokratischen Autor die Grundlage der embryologischen Forschung. Erst viel später, als die einzelnen naturwissenschaftlichen Disziplinen ihre Gebiete getrennt von einander behandeln, wird die Vergleichbarkeit von Vorgängen bei Mensch und Tier erstmals in Frage gestellt. Menschliche und tierische Entwicklung werden dann getrennt behandelt, und erst im 17. Jahrhundert kehrt man aufgrund neuer Einsichten zu der in der Antike allgemein verbreiteten Auffassung zurück. Die Geschichte der Wissenschaften verläuft eben nicht geradlinig.

1.2.2. Untersuchung der Vogelentwicklung als Hilfsmittel zur Analyse der menschlichen Entwicklung

Insgesamt vertritt der Autor von "De natura pueri" eine modifizierte Form der Pangenesislehre: Der menschliche Körper werde aus den vier Körpersäften Blut, Galle, Wasser und Schleim durch Einwirken des "Pneumas" ausdifferenziert. Dieser "Lufthauch" oder "dynamische Geist" war seit Hippokrates als zentrales Element der Medizin anerkannt und hatte eine ähnliche Funktion wie die sensitive Seele bei Aristoteles (s.u.). Im männlichen und weiblichen Samen liegen alle Körpersäfte präformiert vor, und durch Einwirkung des Pneumas wird dann der Aufbau des Körpers vollzogen, indem Gleiches zu Gleichem wandert[13]. Um seiner Beschreibung der Entwicklung des menschlichen Embryos größere Wahrscheinlichkeit zu verleihen, führt der Autor zwei Beobachtungen als Beweis an. In Kapitel 13 beschreibt er ein sechs Tage altes Abortivei und verspricht:

> "Ich will aber ein wenig weiter unten noch ein anderes Merkmal hinzufügen, welches für einen jeden, der es erfahren will, ein deutlicher Beweis hiervon und ein Beleg für die Richtigkeit meiner ganzen Auseinandersetzung ist, soweit ein Mensch über einen solchen Vorgang überhaupt reden kann."

Dieses Versprechen wird dann in Kapitel 29-30 eingelöst, wo Beobachtungen am Hühnerei als Beleg für die Verhältnisse beim Menschen angeführt werden. Insgesamt liegt die zu dieser Zeit übliche Methode zugrunde, von dem leichter Zugänglichen, Wahrnehmbaren und Bekannten auf das schwerer oder überhaupt nicht zu Beobachtende, Unbekannte zu schließen. Dieses Erkenntnisprinzip ist seit der Mitte des fünften Jahrhunderts vor Christus (besonders seit Anaxagoras) nicht mehr "aus der wissenschaftlichen Betrachtungsweise der Natur fortzudenken"[14].

Da man die Entwicklung des menschlichen Embryos nicht beobachten kann, war es naheliegend, stellvertretend den direkt zugänglichen Hühnerembryo und seine Entwicklung zu betrachten. Ob dies eine originelle Idee des hippokrati-

---

13 Zur Entwicklungslehre in "De natura pueri" vgl. Carl Werner Müller: Gleiches zu Gleichem. Ein Prinzip frühgriechischen Denkens. (Klassisch-Philologische Studien, 31) Wiesbaden 1965, S. 112-126; Müller ordnet den Autor im Gegensatz zu Grensemann übrigens der knidischen Schule zu und analysiert die Entwicklungslehre, die er eher in Abhängigkeit von Demokrit als Empedokles sieht; und Lonie (wie Anm. 11), S. 54-70.

14 Vgl. dazu Fritz Krafft: Geschichte der Naturwissenschaft I: Die Begründung einer Wissenschaft von der Natur durch die Griechen. Freiburg 1971, S. 126 ff.

schen Autors war, läßt sich nicht erschließen. Für das Hühnerei hatte man sich
auch schon früher interessiert, wie zwei Fragmente der Vorsokratiker zeigen[15].
Vermutlich hat aber erst unser Autor die Theorie entwickelt, daß man die Vorgänge bei der Tierentwicklung auf die menschliche Entwicklung übertragen
könne, da sonst sicherlich nicht nur die isolierte Aussage, man habe das Weiße
des Eies als Vogelmilch bezeichnet, erhalten wäre, sondern auch Hinweise auf
beobachtete Entwicklungsvorgänge besonders in der Aristotelischen Schrift zur
Entwicklungslehre überliefert wären[16].
   In Kapitel 13 sagt der hippokratische Autor selbst, daß das Abortivei, das er
als sechstägigen Samen bezeichnet, sehr ähnlich ausgesehen habe wie ein rohes
Ei, und fährt fort:

> "Es war aber auch rot und rund, und in dem Häutchen wurden dicke weiße Fasern
> sichtbar, eng verbunden mit dicker, roter Flüssigkeit; außen am Häutchen fanden
> sich blutunterlaufene Stellen. In der Mitte des Häutchens aber stand etwas Wei-
> ches vor, was mir der Nabel zu sein schien. Hierdurch, glaubte ich, erfolge an-
> fangs das Aus- und Einatmen; auch erstrecke sich von hier aus das ganze Häutchen
> weiter, welches den Samen umspannte."

   Vermutlich wird hier das Chorion beschrieben, ein Häutchen, das alle Teile
des Eies umschließt und unmittelbar unter der Schalenhaut liegt[17]. Auch die Beschreibung Kapitel 14, 2 dürfte sich auf das Chorion bzw. die Chorio-Allantois
beziehen. Der Autor wiederholt nochmals, daß dieses Häutchen vom Nabel ausgehe und mit Blutgefäßen durchzogen sei[18]. Innerhalb dieses Häutchens bildeten

---

15 Alkmaion VS 22 A 16 – Arist. De gen. an. 752 b 22 und Anaxagoras VS 59 B 22 = Athen.
   epist. B p. 57 D wird bezeugt, beide Philosophen hätten angenommen, daß das Weiße des
   Eies die "sprichwörtliche Vogelmilch" sei, die dem Vogelembryo zur Nahrung diene.
16 Vgl. Bloch (wie Anm. 12), S. 320 f. - Lonie (wie Anm. 11) vermutet, daß auch die in Kapitel 13, 14 und 16 vorliegenden Beschreibungen nicht wirklich auf einer Beobachtung
   beim Menschen beruhen, sondern vom Hühnerei auf den Menschen übertragen wurden.
   Durch einen Vergleich mit den ersten systematischen Untersuchungen der Hühnchenentwicklung bei Volcher Coiter versucht er dies im einzelnen nachzuweisen, da Coiter vermutlich unter ähnlichen Bedingungen seine Untersuchungen vorgenommen habe wie der
   hippokratische Autor und der Vergleich darum passender sei als die Anführung moderner
   Theorien. Allerdings weicht Lonie von seinem eigenen Vorsatz ab, indem er die zum Vergleich herangezogenen Passagen bei Coiter dann mit Hilfe der modernen Theorie erklärt. -
   Vgl. besonders Lonie (wie Anm. 11), S. 171 f. und 241: "I suggest that Chapter 14 and 16
   what we have is a reasonable accurate description of the formation of these structures in the
   chick, which is simply transferred to the human embryo."
17 Wenn die Anschauung am Hühnerei gewonnen wurde, muß dieses bereits mindestens zehn
   Tage bebrütet gewesen sein, da der Autor angibt, das Häutchen sei von Blutgefäßen durchzogen. Die von Blutgefäßen durchzogene Chorio-Allantois wird aber erst zwischen dem
   achten und zehnten Tage beim Hühnchen gebildet. Die Bezeichnung "sechstägiger Samen"
   ist also in jedem Falle hypothetisch, selbst wenn man davon ausgeht, daß sie sich auf ein
   Hühnerei bezieht. Einem sechstägigen Hühnerei würde übrigens ein menschlicher Embryo
   von vier bis fünf Wochen entsprechen, wobei der Hühnerembryo sogar noch größer, also
   leichter untersuchbar ist.
18 De nat. pueri 14, 2: "Wenn nun die Zeit herannaht, so breiten sich innerhalb des ersten
   Häutchens [Chorion] wiederum viele andere Häutchen [Amnion, Allantois, Dottersack]
   ringsum aus, ebenso wie das frühere entstanden war. Auch diese sind am Nabel festge-
   macht und haben Verbindung untereinander."

sich weitere Häutchen - damit dürften die extraembryonalen Häute Amnion, Allantois und Dottersackepithel gemeint sein[19], obwohl Dottersack und Amnion bereits vor und die Allantois etwa gleichzeitig mit dem Chorion gebildet werden. In Kapitel 16 wird dann beschrieben, daß diese Häute beim Wachstum des Embryos ebenfalls vergrößert werden, und zwar besonders die äußeren[20]. Abschließend heißt es:

> "Wenn sich die Häute auf diese Weise bauschen und Blut aufnehmen, nennt man sie *Chorion*."

Hier findet sich schon die Bezeichnung Chorion, allerdings wird die Gesamtheit der extraembryonalen Häute als Chorion bezeichnet und nicht, wie heute allgemein üblich[21], nur die äußere Haut, die direkt unter der Schalenhaut liegt. Erst Aristoteles führt dann diesen Terminus zur Bezeichnung ebendieses Häutchens ein.

In Kapitel 29 ist wieder die Ähnlichkeit der den Embryo jeweils umgebenden Häute der Anknüpfungspunkt für die Analogisierung zwischen Hühnchenembryo und menschlichem Embryo. Mit seinen einleitenden Worten ("Jetzt will ich aber ein Beispiel mitteilen, von dessen Beibringung ich weiter oben sprach") und durch die Betonung, daß auch diese Beschreibung (wie die Analyse des Abortiveies) als Beweis zu werten sei, schließt der Autor ganz eng an seine Ausführungen in Kapitel 13 an. Durch diese Ringkomposition und die Behauptung, man werde alles von ihm über den menschlichen Embryo Beschriebene durch die Beobachtungen am Hühnchen bestätigt finden, verleiht der Autor seiner gesamten Darstellung große Überzeugungskraft. Als Methode empfiehlt er, man solle zwei Hennen zwanzig oder mehr Eier zur Ausbrütung unterlegen und vom zweiten Tag an je ein Ei öffnen und untersuchen. Danach beschreibt der Autor noch einige Details der Hühnchenentwicklung, die ihm für den Zusammenhang besonders wichtig erscheinen:

Zunächst stellt er fest, daß auch der Hühnerembryo einen Nabel besitzt, was verwunderlich sei, da der Nabel ja eigentlich eine Verbindung zum Mutterleib darstelle. Für damalige Zeit ist es sicher nicht selbstverständlich, die Verbindung des Hühnchens zum Dotter in Analogie zum menschlichen Nabel zu setzen und auch mit demselben Terminus zu bezeichnen. Im 30. Kapitel äußert sich der Autor dann genauer zur Entwicklung des Hühnereies; diesmal ist der Ansatzpunkt für die Analogisierung die Annahme, daß es jeweils Nahrungsmangel sei, der den Embryo zur Geburt veranlasse. Die anschließende Beschreibung der Entwicklung des Hühnchens soll im Wortlaut zitiert werden, da sie die erste überlieferte Beschreibung einer Tierentwicklung ist (de nat. pueri XXX, 7-8)[22]:

---

19 Ob Lonie (wie Anm. 11, S. 241) recht hat, daß auch die Luftkammer zwischen innerer und äußerer Schleimhaut beschrieben wird, läßt sich nicht entscheiden.

20 Vgl. dazu Lonie (wie Anm. 11), S. 241.

21 In der modernen Terminologie wird die Begriff "Chorion" auch nicht immer eindeutig verwendet; besonders in Bezug auf das Insektenei wird er in anderer Bedeutung gebraucht.

22 Zitiert nach der Übersetzung: Hippokrates. Sämtliche Werke. Ins Deutsche übersetzt und ausführlich commentiert von Robert Fuches. München 1895, S. 235 f.; als griechischer Text wurde die Ausgabe von Joly (wie Anm. 11) zugrunde gelegt.

"Durch das Daraufsitzen der Mutter wird das Ei erwärmt; das, was in dem Ei enthalten ist, wird von der Mutter in Bewegung versetzt. Durch die Erwärmung empfängt der Inhalt des Eies Pneuma und zieht dafür anderes, und zwar kaltes aus der Luft durch das Ei hindurch heran; denn das Ei ist so locker, daß eine genügende Menge von angezogenem Pneuma zu dem Inneren gelangen kann. Der Vogel in dem Ei nimmt zu und gliedert sich auf ganz ähnliche Art wie der menschliche Embryo, wie ich bereits vorhin ausgeführt habe [Kap. 29]. Der Vogel entsteht aus dem Gelben im Ei, Nahrung und Zufuhr aber empfängt er aus dem Weißen, welches in dem Eie darinsteckt. Nun ist es allen bekannt, welche darauf Acht gegeben haben, daß sich das Junge, wenn die aus dem Eie kommende Nahrung aufhört und es nicht genug hat, wovon es leben könnte, in dem Eie heftig bewegt; es sucht nach mehr Nahrung, die Häute reißen, und wenn der Vogel merkt, daß sein Junges heftige Bewegungen ausführt, schält er es, indem er die Schale aufpickt, heraus. Das geschieht innerhalb zwanzig Tagen. Daß sich das so verhält, ist klar; denn wenn der Vogel an den Schalen des Eies herumgepickt hat, ist keine nennenswerte Menge Feuchtigkeit mehr darin, weil sie doch für das Junge verwendet worden ist."

Folgende Aussagen über die Vogelentwicklung werden hier also getroffen:
1. Der Vogel besitze einen Nabel mit Nabelhäuten.
2. Der Vogel entwickele sich unter dem Einfluß der Wärme, die durch das Brüten entstehe.
3. Der Austausch des Pneumas, das die Artikulation des Embryos bewirke, erfolge durch die Eischale[23].
4. Bildungsmaterial des Vogels sei das Gelbe des Eies, Nahrungsmaterial das Weiße.
5. Grund für das Aufpicken des Eies sei der Nahrungsmangel, wenn die im Ei vorhandene Flüssigkeit vom Embryo vollständig aufgebraucht sei[24].
6. Beim Ausschlüpfen zerreiße der Embryo die ihn umgebenden Häute.
7. Die Mutter sei dem Küken beim Ausschlüpfen behilflich.

Hier liegen einige wesentliche Erkenntnisse über die Vogelentwicklung bereits vor. Andere Annahmen sind allerdings nach modernen Kenntnissen falsch: Der Embryo entwickelt sich nicht unmittelbar aus dem Gelben des Eies (dieses Dottermaterial dient dem Embryo als Nahrung), sondern aus einer kleinen flachen Keimscheibe, die dem Dotter aufliegt. Diese Keimscheibe ist durchsichtig oder etwas trübe und erscheint deshalb, da sie auf dem gelben Dotter liegt, ebenfalls als gelblich, wenn man sie nicht ablöst, was aber voraussetzen würde, daß man sie als gesonderten Bestandteil identifiziert hätte. Vielleicht liegt hier die Erklärung dafür, daß der hippokratische Autor zu seiner falschen Beschreibung kam. Auch die Annahme, das Küken werde durch den Nahrungsmangel veranlaßt, das Ei aufzupicken, ist zwar naheliegend, aber dennoch falsch. Kurz vor dem Ausschlüpfen wird der restliche Dotter mitsamt dem Dottersack durch Muskelbewegungen des Embryos in die Bauchhöhle des Embryos transportiert, wo der Dotter genau wie zuvor weiter verarbeitet wird. Zusammen mit dem im Magen resor-

---

23 Lonie (wie Anm. 11) weist darauf hin, daß der Autor den Austausch von Pneuma nicht beobachtet haben kann. Aber die Pneumalehre sei ein so fester Bestandteil seiner Lehre gewesen, daß er sie nicht von den eigentlichen Beobachtungen abgesetzt habe.
24 Ob hier die Amnionflüssigkeit gemeint ist, oder insgesamt Amnionflüssigkeit, Allantoisflüssigkeit, Albumen und verflüssigter Dotter, läßt sich nicht entscheiden. Auf der Basis der Lehre von den vier Körpersäften sind beide Lösungen denkbar.

bierten Weißen steht dem Embryo so noch für ca. 36 Stunden nach dem Ausschlüpfen ausreichend Nahrung zur Verfügung. Es trifft auch nicht zu, daß die Mutter dem Küken beim Ausschlüpfen behilflich ist; tatsächlich kümmert sich das Huhn zunächst überhaupt nicht um sein Küken.

Für den hippokratischen Autor dient die Beschreibung des Vogelembryos nur der Bestätigung seiner Theorie über die menschliche Entwicklung. Eine systematische Untersuchung des gesamten Entwicklungsvorganges, wie er sie vorschlägt, um die Verhältnisse beim Menschen zu belegen, hat er sicherlich nicht durchgeführt[25]. Auch Aristoteles, bei dem man die ausführlichste Beschreibung der Hühnchenentwicklung in der Antike findet, hat diese Anregung leider nicht aufgenommen. Insgesamt gesehen sind seine Forschungen auf embryologischem Gebiet jedoch eine Fortführung dessen, was in "De natura pueri" begonnen und angedeutet wurde.

1.3. ARISTOTELES ALS BEGRÜNDER DER EMBRYOLOGIE

Ein großer Teil der erhaltenen Schriften des Aristoteles befaßt sich mit biologischen, hauptsächlich mit zoologischen Fragestellungen[26]. Bis zu Aristoteles gab es noch keine spezifisch biologischen Untersuchungen. Kullmann hat die Leistung des Aristoteles herausgearbeitet und charakterisiert treffend[27]:

> "Die bedeutendste Leistung des Aristoteles als Wissenschaftler liegt vor allem in der Schaffung einer eigenständigen Biologie. ... Die Möglichkeit, die Biologie als theoretische Wissenschaft zu betreiben, ergab sich für Aristoteles, weil es ihm gelang, in der Fülle der Erscheinungen die Spezies als kleinstes unveränderliches Allgemeines herauszuheben."

Die Biologie untersucht seitdem die Eigenschaften jeder einzelnen Spezies. Aristoteles hat allerdings keine eindeutige Klassifikation der einzelnen Arten vorgenommen, sondern die Gruppierung wird durch den jeweiligen Untersuchungsbereich bestimmt[28]. In seiner für unseren Zusammenhang besonders wichtigen Abhandlung "Über die Zeugung der Tiere" werden die Tiere nach dem Grad der Organisationshöhe geordnet, die Aristoteles am Zustand der Jungen bei

---

25 Anders Lonie (wie Anm. 11), S. 241: "But clearly someone, whether the author himself or a predecessor, had gone to the trouble of observing a clutch of eggs *systematically*." Besonders wichtig sei, daß die Untersuchung systematisch vorgenommen wurde, dies unterscheide sie von allen anderen Untersuchungen. Dafür läßt sich kein Beleg finden; der Autor schlägt hier die Methode nur vor, hätte er selbst systematische Untersuchungen durchgeführt, hätte er sicherlich darauf hingewiesen.
26 Zu Aristoteles' Zoologie vgl. Bäumer (wie Anm. 1), S. 32-89.
27 Wolfgang Kullmann: Aristoteles' Bedeutung für die Einzelwissenschaften. In: Freiburger Universitätsblätter 73 (1981), S. 17-31; hier S. 19.
28 Vgl. dazu die ausführliche Studie von Pierre Pellegrin (Aristotle's Classification of Animals: Biology and the Conceptual Unity of the Aristotelian Corpus. Berkeley 1986), der nachzuweisen versucht, daß Aristoteles nie das Ziel gehabt habe, eine Klassifikation aufzustellen. Die verschiedenen Gruppierungen der Tiere seien nicht ein Teil von seiner wissenschaftlichen Forschung. Die Gruppierung von Tierfamilien sei weder apodiktisch, noch ätiologisch, sondern sie diene dem Erkennen und Ordnen (S. 134).

Verlassen des Mutterleibes mißt[29]. So ergibt sich eine Stufenleiter der Lebewesen, die später als "scala naturae" bezeichnet wurde:
Auf der höchsten Stufe findet man die Lebendgebärenden (Mensch, Landsäugetiere, Meeressäugetiere), auf der nächsten die Tiere, die "vollkommene Eier" erzeugen, d.h. Eier, die nach dem Austritt aus dem Mutterleib nicht mehr wachsen (Vögel, Reptilien, Amphibien), dann Tiere mit "unvollkommenen Eiern" (Fische, Cephalopoden, Crustaceen, Insekten). Aristoteles macht keine Angaben über den Zweck eines Lebewesens im gesamten Kosmos; im Bereich der Zoologie kennt Aristoteles nur die interne Finalität: Das vollkommene (erwachsene) Lebewesen ist selbst das Telos, das in der Entwicklung verwirklicht wird[30]. Dieses Telos ist jeder Spezies immanent, nicht von außen gesetzt; die Arten existieren von Anfang an, sie haben sich nicht entwickelt. Ziel der Natur ist es, jede Art genauestens zu reproduzieren. Erste Ansätze einer Theorie zur Entwicklungslehre finden sich bereits in der zwischen 347 und 334 v. Chr. verfaßten "Historia animalium"; später, etwa 334 bis 322, entwickelt Aristoteles dann eine detaillierte Embryologie, der eine eigene Schrift "De generatione animalium" gewidmet ist[31].

1.3.1. Aristoteles' "Embryologie" - Die Schrift "De generatione animalium"

Diese Embryologie ist wohl Aristoteles' bedeutendste naturwissenschaftliche Leistung. Er hat selbst hervorragende Beobachtungen gemacht, gleichzeitig hat er sich auf der Grundlage dieser neu gewonnenen Fakten mit den Theorien seiner Vorgänger auseinandergesetzt, und es ist ihm gelungen, seine Erkenntnisse "theoretisch und begrifflich in einer Weise zu formulieren, die bis in die Gegenwart hinein diese Disziplin terminologisch bestimmt hat"[32]. Durch die neueste Analyse der Schrift durch Johannes Morsink[33] dürfte erwiesen sein, daß Aristoteles seine Entwicklungslehre in dialektischer Auseinandersetzung mit den hip-

---

29 De gen. an. 732 a 15 ff (Beginn Buch II), Hist. an. 588 b 6 ff.
30 Vgl. dazu Wolfgang Kullmann: Die Teleologie in der aristotelischen Biologie. Aristoteles als Zoologe, Embryologe und Genetiker. (Sitzungsberichte der Heidelberger Akademie der Wissenschaften, Philosoph.-histor. Klasse, Jg 1979, 2. Abhandlung). Heidelberg 1979, S. 17 f. Vgl. dazu auch die neueste Studie von Pierre Pellegrin (De l'explication causale dans la biologie d'Aristote. In: Revue de Métaphysique et de Morale 95 [1990], S. 197-219), der sich leider nicht mit Kullmanns grundlegender Studie auseinandergesetzt hat, sondern das Thema neu behandelt. Pellegrin betont die Wichtigkeit der finalen Erklärung für die Aristotelische Biologie und befaßt sich daneben mit dem Prinzip der Notwendigkeit. Aristoteles unterscheide hier wiederum zwischen rein mechanischer und zwischen hypothetischer Notwendigkeit (S. 204-207).
31 Zur Datierung vgl. Ingemar Düring: Aristoteles. Darstellung und Interpretation seines Denkens. (Bibliothek der Klassischen Altertumswissenschaft, Neue Folge, Reihe 1, [Bd 2]). Heidelberg 1966, S. 51 f.
32 Kullmann (wie Anm. 30), S. 42.
33 Johannes Morsink: Aristotle on the Generation of Animals: A Philosophical Study. Washington 1982. Vgl. dazu meine Rezension, in: Berichte zur Wissenschaftsgeschichte 8 (1985), S. 61 f. Morsink geht davon aus, daß Aristoteles die Archai der Biologie entsprechend seiner Forderung in der Topik dialektisch gewinnt. Zunächst werde ein Überblick über alles bisher zum Thema Gesagte gegeben und kritischer Analyse würden noch nicht gelöste Probleme aufgezeigt. Diese Probleme seien dann richtungsweisend für Aristoteles' eigene Untersuchung.

pokratischen Schriften "De genitura" und "De natura pueri" entwickelt hat, und nicht, wie bisher angenommen wurde, in Auseinandersetzung mit der Lehre Demokrits und Leukipps. Damit dürfte auch die Frage, ob Aristoteles Schriften des hippokratischen Corpus gekannt hat, beantwortet sein[34]. Während der hippokratische Autor, wie gesehen, die Entstehung der Lebewesen mit Hilfe einer Präformationstheorie erklärte, entwickelt Aristoteles eine "Epigenesistheorie", die im Samen nicht ein bereits fertig vorgebildetes Lebewesen sieht, sondern von einer sukzessiven Entwicklung der Organe ausgeht. Alle Organe, die ihrer Natur nach die Vorbedingung für die Entstehung anderer Organe sind, müssen deshalb bei der Entwicklung vor diesen entstehen[35]. Wichtig ist dabei die These, daß der Embryo zuerst die allgemeinen und dann erst sukzessive die spezifischen Charaktere erhält[36]; dieser Gedanke wurde erstmals 1828 von Karl Ernst von Baer wiederaufgenommen.

Die Schrift "De generatione animalium" zeigt folgenden Aufbau:

Buch I
1-4 Wesen und Grund der Zeugung und Entwicklung
5-31 Männliche und weibliche Geschlechtsteile
32-51 Kommt der Same vom ganzen Körper oder nicht
52-68 Beweis, daß die Samenflüssigkeit eine Ausscheidung ist, und zwar von der reinsten und letzten Nahrung
69-86 Vom Monatsfluß
87-99 Von der Entwicklung des männlichen Samens und von der äußeren Bildung des Keimes
100-II, 3 Trennung der Geschlechter

Buch II
3-13 Grade der Vollkommenheit des Zeugungsproduktes bei verschiedenen Tiergattungen
14-44 Wirksamkeit, Beschaffenheit, Beseelung des Samens, Beseelung des Keimes
44-139 Die Lebendgebärenden und der Mensch
44-60 Austritt des Samens und des Monatsflusses
61-117 Bildung, Entwicklung und Ernährung des Embryos
118-139 Bastardbildung

Buch III
1-46 Vögel
46-74 Fische
75-78 Weichtiere und Weichschaltiere
79-103 Insekten
103-123 Schaltiere

Buch IV
1-35 Ursachen der Entstehung männlicher und weiblicher Individuen
36-53 Ähnlichkeit und Unähnlichkeit und ihr Verhältnis zu dem Geschlecht der Kinder
54-85 Mißbildungen
85-94 Überfruchtung
95-102 Vollkommenheit und Unvollkommenheit der Jungen bei der Geburt
103-106 Krankhafte Erscheinungen während der Schwangerschaft
107-109 Von der Mola (Krankheit)

---

34 In der Forschung wurden über die Stellung des Aristoteles zum Corpus Hippocraticum unterschiedliche Meinungen vertreten, vgl. dazu Lesky (wie Anm. 2), S. 90 Anm. 1, wo die verschiedenen Ansichten kurz referiert werden.
35 De gen. an. 742 b 1 ff.
36 De gen. an. 736 b 1 ff.

Aristoteles kennt vier Arten der Zeugung: 1. die Urzeugung (generatio spontanea), 2. die Sprossung, 3. die parthenogenetische Zeugung, 4. die geschlechtliche Zeugung. Da die ersten drei Formen im hier behandelten Zusammenhang nicht relevant sind, sollen sie nur kurz angedeutet werden, die geschlechtliche Zeugung dagegen, die auch beim Vogel vorliegt, wird ausführlich vorgestellt:

1. Die Urzeugung: Da Aristoteles nicht scharf zwischen toter und lebender Materie trennt, sondern auch die tote Welt als beseelt ansieht[37], erscheint die Annahme nicht verwunderlich, daß sich lebende Organismen auch aus toter Materie bilden können. Urzeugung findet nach Aristoteles bei gewissen Pflanzen, einigen Insekten, Schalentieren und Fischen statt. Die Zersetzung von Schlamm, Mist, Pflanzen- und Tierresten, Gras, Holz, Exkrementen usw. läßt Lebenswärme entstehen, die von dem wirksamen Bestandteil des sich zersetzenden Stoffes eingeschlossen wird und den organischen Kern des neuen Keimes bildet.

2. Die Sprossung soll nach Aristoteles außer bei einigen Pflanzen nur bei einer Art von Schalentieren, den Myes[38], vorkommen; kleinere Tiere wüchsen seitlich aus größeren heraus[39].

3. Die parthenogenetische Zeugung: Ohne Begattung pflanzen sich nach Ansicht des Aristoteles Pflanzen, Bienen und die beiden Fischarten Erythrinos und Channae[40] fort. Aristoteles nimmt an, daß bei diesen Arten das männliche und das weibliche Prinzip bereits in demselben Individuum vorliegen, in einer Mischung, die als Vorstufe des Keimes anzusehen ist[41]. Deshalb ist eine eigentliche Befruchtung gar nicht nötig.

---

37 De gen. an. 762 a 19-22: "Es entstehen aber die Tiere und die Pflanzen in der Erde und im Feuchten, weil in der Erde Wasser vorhanden ist und in dem Wasser Luft, in aller Luft aber Lebenswärme, so daß gewissermaßen alles von Leben erfüllt ist."
38 Aubert und Wimmer vermuten, daß hier Mytilus gemeint sei; allerdings vermehren sich die Miesmuscheln nicht durch Sprossung. Vgl. Aristoteles: Werke. Griechisch und deutsch und mit sacherklärenden Anmerkungen. Bd 3: Fünf Bücher von der Zeugung und Entwicklung der Thiere, übersetzt und erläutert von Hermann Aubert und Friedrich Wimmer. Leipzig 1860; Nachdruck: Aalen 1978.
39 De gen. an. 761 b 24 ff.
40 Aubert und Wimmer (wie Anm. 38, S. 34) vermuten, daß Serranus scriba und Antias gemeint sind.
41 De gen. an. 728 b 33 ff.

4. *Die geschlechtliche Zeugung*[42]: Den Hauptteil seiner Ausführungen widmet Aristoteles der Beschreibung der Fortpflanzung getrenntgeschlechtlicher Organismen. Das Männchen trage zur Zeugung die Samenflüssigkeit bei, das Weibchen das Ei bzw. das Menstruationsblut. Bis zur endgültigen Entdeckung des Säugetiereies durch Karl Ernst von Baer (1826) schrieb man entweder dem Menstruationsblut dieselbe Funktion zu wie dem Ei bei den eierlegenden Tieren, oder man nahm an, daß das Weibchen ebenfalls einen Samen bilde und daß das Menstruationsblut nur der frühen Ernährung des Spermas bzw. des Keimes diene. Das Menstruationsblut wird als analoge Bildung zum Sperma aufgefaßt[43]; beide werden von Aristoteles als physiologische Überreste der hochwertigen Nährstoffe des Blutes angesehen. Die Nahrung, die ein Körper aufnimmt, wird durch die natürliche Wärme des Körpers "verkocht"[44] und in Fleisch, Knochen, Sehnen usw. umgewandelt; die Vorstufe, die alle weiteren Körperbestandteile bereits potentiell enthält, ist das Blut. Dieses wird über den Körper verteilt und jeweils entsprechend der gewünschten Funktion umgewandelt. Der Überschuß des Blutes, der nicht zur Ernährung der Organe gebraucht wird, wird weitergekocht, und dadurch entstehen Samen und Menstruationsblut, die somit alle Körperbestandteile potentiell enthalten. Das Menstruationsblut stellt allerdings einen unvollkommenen Grad der Aufbereitung dar, bedingt durch die geringere Wärme des weiblichen Körpers. Im allgemeinen geht man davon aus, daß Aristoteles die Zweisamenlehre völlig ablehnte; dies ist allerdings nur bedingt richtig, da er an einigen Stellen sagt, auch die Katamenien seien Samen, nur weniger aufbereitet[45], oder davon spricht, daß sich Samen in den Katamenien befinde[46]. Allerdings kann man bei Aristoteles keinesfalls von einer Zwei-Samen-Lehre sprechen, da er sich sehr häufig gegen diese ausspricht. Bei der Abgrenzung der Aufgaben des weiblichen und des männlichen Keimstoffes hat Aristoteles vor allem Beobachtungen über Befruchtungsvorgänge bei eierlegenden Tieren zugrunde gelegt[47] - darauf ist später noch genauer einzugehen.

Durch den *Prozeß der Befruchtung* entsteht ein entwicklungsfähiger Keim. Die Zuordnung der Aufgabe und Wirkungsweise der beiden Geschlechtsprodukte ist aus Aristoteles' allgemeinen philosophischen und metaphysischen Anschauungen erwachsen. Aristoteles unterscheidet bei allen Dingen grundsätzlich Stoff als dasjenige, das potentiell jede Form annehmen kann, und Form als Prinzip, vermöge dessen das potentielle Sein zur Wirklichkeit wird. Der Entwicklungsvorgang bedeutet somit lediglich die Verwirklichung und das stoffliche Sichtbarwerden der schon existierenden Form[48]. Dem Männchen ordnet

---

42 Zum folgenden vgl. auch die Darstellung von Réjane Bernier/Louise Chrétien: Génération et individuation chez Aristote, principalement à partir des textes biologiques. In: Archives de Philosophie 52 (1989), S. 13-48; hier bes. Teil D: "La génération sexuée", S. 26-40.
43 De gen. an. 727 a 2 ff.
44 De gen. an. 725 a 1 ff., 726 a 26 ff.
45 De gen. an. 728 a 25-27; 737 a 27-29.
46 De gen. an. 728 b 21-22.
47 De gen. an. 729 b 33.
48 In der Biologie fallen bei Aristoteles oft formale und finale Ursache zusammen (vgl. dazu Pellegrin [wie Anm. 30], S. 209-211). Dies ist auch bei der Entwicklung der Fall; die vom Samen übertragene Seele ist gleichzeitig formale und finale Ursache des Lebewesens.

Aristoteles das Prinzip der Form zu, dem Weibchen das Prinzip des Stoffes[49]. In der Zeugung überträgt das Männchen mittels des Samens die Form und den Ursprung der Bewegung auf den im Weibchen bereitgestellten Stoff und gibt damit den Anstoß zur Bildung des Embryos. Erst durch das Sperma wird die wirkende Kraft und die wahrnehmende Seele in den Stoff gebracht, so daß durch diese Einwirkung die im weiblichen Keimstoff potentiell angelegte Entwicklung wie eine in Gang gesetzte automatische Maschine abläuft[50]. Der Samen trägt quantitativ nichts bei, sondern sein Einfluß ist nur qualitativ[51]. Mit Hilfe der Samenflüssigkeit wird nur die Bewegung übertragen; sie selbst löst sich in Luft auf und verflüchtigt sich wie das Lab bei der Gerinnung der Milch[52].

Das erste Produkt, das bei der Zeugung entsteht, ist bei allen Tieren ein ungegliederter, wurmartiger Körper, der Keim. Wird diesem Körper neben dem Entwicklungsstoff gleichzeitig noch Nährmaterial beigefügt, spricht man von einem Ei[53]. Die Entwicklung wird als ein Bewegungsvorgang aufgefaßt, dies ist auf dem Hintergrund der allgemeinen Bewegungslehre des Aristoteles zu sehen[54]. Aristoteles betrachtet jede Art von Bewegung oder Veränderung, sei sie qualitativ, quantitativ, örtlich oder substantiell als natürlich oder gewaltsam verursachten Wechsel einer Eigenschaft an einem Bleibenden. Durch den vom Männchen gelieferten Impuls wird der Bewegungsvorgang der Entwicklung in Gang gesetzt und setzt sich sukzessiv bis zur Erreichung seines Telos, d.h. der Ausbildung des fertigen Tieres, fort, sofern keine gewaltsame Störung von außen den natürlichen

---

49 De gen. an. 716 a 5 ff., 724 b 5 ff., 727 b 31, 728 a 29, 729 a 9 f., a 20 ff., a 29, 729 b 12 ff., 730 a 27 ff., 738 b 20 ff., 740 b 24, 762 b 1 ff., 765 b 8 ff., Met. 1044 a 34, 1071 b 29 ff.

50 De gen. an. 741 b 16.

51 De gen. an. 730 a 16 ff.; Aristoteles erklärt die Funktion des Samens mit einem Beispiel aus dem Bereich der Technik: Auch vom Tischler geht bei der Bearbeitung eines bestimmten Materials kein Teil in das Werkstück ein, nur die Form wird durch die Bewegung der Werkzeuge auf das Material übertragen (De gen. an. 730 b 8 ff.); dem Samen wird analog die ordnende und steuernde Tätigkeit zugeordnet. - Daß wirklich kein Stoff vom Samen beigesteuert wird, sieht Aristoteles als bewiesen an, da bei bestimmten Insekten das Weibchen die Legeröhre in das Männchen hineinsenkt und somit, nach Ansicht des Aristoteles, nur ein Bewegungsimpuls als Anstoß der Entwicklung übertragen wird (De gen. an. 730 b 24 ff.). Als weiterer Beweis dient Aristoteles die sogenannte doppelte Befruchtung der Windeier bei Vögeln (De gen. an. 729 b 21 ff.).

52 De gen. an. 737 a 10 ff. Da der Samen nichts Materielles zum Keim beiträgt, ist die von Wilhelm Johannsen (Die Vererbungslehre bei Aristoteles und Hippokrates im Lichte heutiger Forschung. In: Die Naturwissenschaften 5 [1917], S. 389-397; hier S. 392) vertretene Theorie, Aristoteles lehre eine Kontinuität des Samens und habe somit "eine Kontinuität des Keimplasmas antizipiert", bereits widerlegt, worauf Ferdinand Stiebitz (Über die Kausalerklärung der Vererbung bei Aristoteles. In: Archiv für Geschichte der Medizin 23 [1930], S. 332-245; bes. S. 335 ff.) und Heinrich Balss (Präformation und Epigenese in der griechischen Philosophie. In: Archeion 4 [1923], S. 319-325; hier S. 324) schon hingewiesen haben.

53 De gen. an. 731 a 7-9: "Denn das Ei ist ein Keim und aus einem Teil desselben entsteht das Junge, das übrige dient als Nahrung." und "Ei heißt es, wenn das Junge aus einem Teil desselben entsteht, Wurm hingegen, wenn aus dem Ganzen das Junge hervorgeht."

54 Bes. Physik A 7 und E 1; zur Bewegungslehre bei Aristoteles vgl. z.B. Friedrich Kaulbach: Der philosophische Begriff Bewegung bei Aristoteles, Leibniz und Kant. Köln 1965; und Düring (wie Anm. 31), S. 291-345: "Bewegung und Veränderung als Grundphänomene der Natur".

Ablauf verhindert. Der Bewegungsimpuls, der bei der Befruchtung vom Samen auf den Keim übertragen wird, löst eine Art Kettenreaktion aus: Die ganze Entwicklung eines Organismus wird mit der Tätigkeit einer automatischen Maschine verglichen. Dieses Modell der "wunderbaren automatischen Figuren"[55] benutzt Aristoteles mehrfach zur Erklärung des Phänomens einer programmierten Kettenreaktion; aber als Logiker weist er auch selbst auf die Grenzen eines solchen Modelles hin[56]: Während die Wirkungsweise bei automatischen Figuren rein mechanisch ist, sind die organische Entwicklungsprozesse beim Embryo nach Aristoteles' Auffassung vorwiegend "chemischer" Natur. Noch dazu ist der Ablauf durch die Seele gesteuert, die sich dabei konkreter substantieller Hilfsmittel bedient.

Die von der Seele ausgehenden Impulse werden von der Wärme übertragen, die der Vater mitgibt[57]. Durch verschiedene Impulse werden vom Vater der Gattungstypus, der Arttypus, der Individualtypus, das Geschlecht und die Form der Körperteile in der jeweiligen für die Spezies typischen Ausprägung auf den von der Mutter gelieferten Stoff übertragen. Die Impulse setzen sich dann sukzessive in den einzelnen Entwicklungsstadien fort[58].

Der Keim des Tieres ist also von Anfang an beseelt, die Ernährungsseele wird beim Befruchtungsvorgang eingepflanzt. Die einzigen Tätigkeiten des Keimes sind Wachstum und Ernährung. Die Ernährung der Lebendgebärenden erfolgt über die Nabelschnur, durch deren Gefäße das mütterliche Blut zum Embryo transportiert wird. Die eierlegenden Tiere geben dem Embryo das Nahrungsmaterial als Dotter im Ei mit. Die Gewebe und Organe entstehen miteinander[59], alle Teile werden zunächst in Umrissen angelegt und werden erst später detailliert

---

55 De gen. an. 741 b 10 ff.
56 De mot. an. 701 b 10 ff.; vgl. dazu Kullmann (wie Anm. 30), S. 57 f.: "Wir kennen aus der pseudo-aristotelischen Mechanik noch die Konstruktionsbeschreibungen solcher Modelle, bei denen Walzen, die mit Schnüren umwickelt sind, durch Gewichte in Bewegung gesetzt werden und ihrerseits selbständig ohne weiteres Zutun des Menschen wieder andere Walzen oder Räder in Gang setzen, die diesen Impuls noch weiter übertragen können, bis sich alle Puppen im Tanz drehen (vgl. besonders [Arist.] Mech. 848 a 19 ff.)."; zum Automatenmodell auch Anthony Preus: Science and Philosophy in Aristotle's Biological Works. (Studien und Materialien zur Geschichte der Philosophie. Kleine Reihe, Bd 1) Hildesheim/New York 1975, S. 69-71, 118-120; Klaus Bartels: Das Techne-Modell in der Biologie des Aristoteles. Dissertation Universität Tübingen 1966, S. 118 f. - Zum Kullmann-Zitat sei noch bemerkt, daß Fritz Krafft in seiner Abhandlung "Dynamische und statische Betrachtungsweise in der antiken Mechanik". (Boethius, Bd 10) Wiesbaden 1970, einleuchtende Argumente für die Echtheit der Aristotelischen Mechanik zusammengetragen hat. - Die neueste Analyse zum philosophischen Hintergrund der Verwendung des Automatenmodells findet sich bei Gisela Loeck: Aristotle's Technical Simulation and its Logic of Causal Relations. In: History and Philosophy of the Life Sciences 13 (1991), S. 3-32. Es erscheint allerdings fraglich, ob man die von Aristoteles beschriebenen Kausalbeziehungen bei der Entwicklung des Embryos in die Formelsprache moderner Logik umsetzen sollte.
57 De gen. an. 726 b 33; 729 b 27; 736 b 34 f. etc.
58 Kullmann (wie Anm. 30, S. 60 f.) weist darauf hin, daß die Entwicklung der Molekularbiologie nach dem Zweiten Weltkrieg Aristoteles Recht gegeben hat. "Ein Vergleich mit der modernen Theorie zeigt, daß die aristotelische Vorstellung einer programmierten zielgerichteten Epigenesis in ihrem wesentlichen Kern der Realität näher kommt als manche andere Theorie neueren Datums. Die von Aristoteles postulierten Impulse entsprechen sozusagen in der Funktion den Nucleinsäuren."; vgl. auch Kullmann (wie Anm. 27), S. 25 ff.
59 De gen. an. 734 b 27 ff.

ausgebildet. Eine Streitfrage, die auf dem Gebiet der Embryologie immer wieder zu Diskussionen und Kontroversen geführt hat, glaubt Aristoteles klar beantwortet zu haben: Welches Organ entsteht zuerst? Aristoteles ist überzeugt, daß das Herz als erstes Organ entstehen muß, und er führt dafür folgende Argumente an:

1. Das Herz sei das wichtigste Organ, es sei der Sitz der Empfindungen und die Quelle und der Ursprung des Blutes, aus dem alles übrige entstehe[60]; es sei der Sitz der Wärme, die zur Garkochung der Nahrung zu Blut notwendig sei.

2. Das Herz sei der Ursprung der Bewegung, da es der Sitz der Ernährungsseele sei[61]. Durch das Herz erhielten alle Körperteile ihren spezifischen Bau; auch die Entwicklung des Geschlechtes werde vom Herzen aus bestimmt[62].

3. Die Wahrnehmung bestätige diese Annahme, da man bei den Bluttieren zuerst das Herz als "springenden Punkt" erkenne[63].

Das Herz ist durch den Nabelstrang mit der Gebärmutter bzw. dem Dotter verbunden und verwandelt die aufgenommene Nahrung durch Garkochung in Blut. Nach der Entwicklung des Herzens werden dann aus dem Blut die übrigen Organe gebildet. Zuerst entstehen die großen Gefäße, da sie das Nähr- und Baumaterial aus dem Herzen in den übrigen Körper transportieren müssen. Aus dem Blut werden dann durch Erwärmung und Abkühlung die Gewebe gebildet. Aus den reinsten Stoffen entstehen das Fleisch und die Sinnesorgane, aus den Ausscheidungen Hautgebilde (wie Knochen, Nägel, Hufe, Haare etc.).

Das Geschlecht ist nach Aristoteles schon zum Zeitpunkt der Bildung des Herzens bestimmt. Nach der Befruchtung findet eine Art Kampf statt zwischen Samen und weiblichem Keimstoff; siegt der Samen, entsteht ein Männchen, unterliegt er, ein Weibchen. Entsprechend wird dann ein weibliches oder männliches Herz gebildet, das die Ausbildung der Geschlechtsorgane und Geschlechtsmerkmale steuert. Auf die Einzelheiten der Aristotelischen Vererbungslehre einzugehen, ist in diesem Zusammenhang nicht erforderlich[64].

Abschließend sei noch bemerkt, daß Aristoteles bei seinen embryologischen Untersuchungen philosophisch-theoretische Überlegungen mit durch Beobach-

---

60 Hist. an. III 2, 511 b 10 ff.; Part. An. III 650 a 3 ff., III 665 b 16 ff.; De gen. an. 743 a 1 ff.

61 Part. an. 647 a 25, 656 b 10, 665 a 10, 670 a 20 ff., 673 b 10, 678 b 1; De gen. an. 742 b 35; 743 a 10; 781 a 20 ff. - Hier liegt die Aristotelische Vorstellung zugrunde, daß das Lebewesen einen Mikrokosmos im Makrokosmos darstellt. Das Herz ist dem "Ersten Beweger" (primus movens) im Makrokosmos vergleichbar.

62 De gen. an. 766 a 30 ff.

63 Hist. an. VI 3 zeigt, daß die Beobachtungen wohl hauptsächlich oder sogar ausschließlich an Hühnerembryonen vorgenommen wurden: "Bei der Ausbrütung erscheint zuerst das Herz im Weißen als ein roter Punkt. Dieses Pünktchen hüpft und bewegt sich, wie lebendig und von ihm ziehen zwei Blutadern ähnliche Gefäße bei der weiteren Ausbildung nach den beiden umschließenden Häuten."

64 Vgl. dazu die Darstellung von Bernier/Chrétien (wie Anm. 42), denen es primär um den Gedanken der Individuation geht. Sie gehen davon aus, daß die "Zygote" (=Keim) noch nicht determiniert, also noch kein Individuum sei, sondern nur ein erster Entwurf. Das neugeformte Seiende sei in Potenz das Individuum, das es in der Entelechie seiner Ontogenese werde (S. 30). Gattungs-, Art- und Individualtypus bildeten sich erst nach und nach aus; erst bei Erreichen der Entelechie sei die Individuation abgeschlossen. Der Kampf zwischen dem männlichen und dem weiblichen Zeugungsstoff bestimme die individuellen Charaktere.

tungen gewonnenen Erkenntnissen verband; Aristoteles fügte den auf diesem Wege gewonnenen Erkenntnissen eine Klassifikation bei und verlieh so der Embryologie ein neue Kohärenz. Zugleich führte er den vergleichenden Ansatz, wie er bereits in der hippokratischen Schrift angedeutet worden war, endgültig in die Embryologie als die bis zur Erfindung neuer technischer Hilfsmittel einzig wirksame Methode ein. In erster Linie dienten ihm, wie seine Ausführungen zeigen, bebrütete Hühnereier als Beobachtungsmaterial. Er setzte dabei wohl voraus, daß sich die Entwicklung der Säugetiere und die der Vögel analog vollzieht, da er viele bei den Hühnerembryonen beobachtete Fakten ohne Zögern auf den Menschen übertrug[65].

1.3.2. Aristoteles und der "Springende Punkt": Die Entwicklung des Hühnchens im Ei

Wie bereits gesagt, klassifiziert Aristoteles in seiner Schrift "Über die Entwicklung der Tiere" nach dem Grad der Vollkommenheit der Jungen beim Verlassen des Mutterleibes. Entsprechend dieser Einstufung werden die einzelnen Tiergruppen und ihre Entwicklung der Reihe nach abgehandelt. Zunächst beschreibt Aristoteles im zweiten Buch (737 b 27 ff.) die Entwicklung der Lebendgebärenden besonders des Menschen, und wendet sich dann (am Anfang des dritten Buches) folgerichtig der nächsten Stufe, den eierlegenden Bluttieren zu. Unter einem Ei versteht Aristoteles einen aus Bildungs- und Nährstoff bestehenden Keim[66]:

> "Ei heißt es, wenn das Junge aus einem Teil desselben entsteht, während das übrige Teil diesem zur Nahrung dient, Wurm hingegen, wenn aus dem Ganzen das ganze Junge hervorgeht."

Für Aristoteles stellt das Ei wie das Menstruationsblut eine analoge Bildung zum Samen dar; deshalb grenzt er, bevor er den Aufbau und die Entstehung des Eies genauer analysiert, nochmals die im Ei liegende Potenz gegenüber der Funktion des Samens ab.

Da Vögel auch vollständige Eier bilden, ohne befruchtet worden zu sein, wendet sich Aristoteles als erstes dem Problem der Entstehung der "Windeier"[67]

---

65 Falsche Interpretation bei Bernier/Chrétien (wie Anm. 42), die die Ansicht vertreten, daß Aristoteles nicht ausreichend Untersuchungen für den Ansatz einer vergleichenden Embryologie durchgeführt habe (S. 33). Dies ist eine anachronistische Darstellung; Aristoteles ging davon aus, daß die Entwicklung aller Tiere etwa gleich ablaufe, man also Beobachtungen an verschiedenen Tieren zur Erschließung der allgemeinen Gesetze der Entwicklung heranziehen könne. Ein vergleichender Ansatz im modernen Sinne lag ihm fern.
66 De gen. an. 732 a 29-32; vgl. De gen. an. 731 a 6-7.
67 Unter "Windeiern" versteht Aristoteles unfruchtbare Eier, die ohne vorherige Befruchtung entstehen, d.h. Eier wie wir sie jeden Tag essen. Heute verstehen wir dagegen unter Windeiern Eier, die keine feste Schale besitzen. Die Vögel besitzen eine Schalendrüse, deren Sekret das vorbeigleitende weiche Ei, sei es befruchtet oder unbefruchtet, umhüllt und dann zur Kalkschale erstarrt. Ist die Funktion der Drüse gestört, entstehen die unbeschalten Windeier, besonders bei älteren Hühnern (vgl. dazu Lillie's Development of the Chick. An Introduction to Embryology. Revised by Howard L. Hamilton. New York 1908, ³1952, S. 31). - Diese Art von kranken Eiern kennt auch Aristoteles (Hist. an. 559 a 12).

zu. Auch an anderen Stellen, an denen Aristoteles die Funktion des männlichen und des weiblichen Keimstoffes einander gegenüberstellt, dient die Existenz der "Windeier" der Vögel häufig als Beweis dafür, daß das Weibchen tatsächlich nur den Stoff liefert; deshalb stellt ein "Windei" auch nur ein unvollkommenes Ei dar[68]. Das Weibchen kann nur die unterste Seelenstufe, die Ernährungsseele, die alle Tiere und Pflanzen besitzen, weitervererben, nicht aber die zur Tierentwicklung notwendige Empfindungsseele[69]. Deshalb ist ein "Windei" kein Tierkeim, sondern es steht gewissermaßen auf der Stufe eines Pflanzenkeimes[70]; erst wenn das Männchen zusätzlich die Empfindungsseele hinzufügt, wird das Ei zum Tierkeim. "Windeier" werden bei Vögeln auch ohne Begattung gebildet, da die Vögel nicht, wie die Lebendgebärenden, den Monatsfluß als ständige Reinigung und Ausscheidung besitzen. So sammelt sich der Stoff im Innern des weiblichen Tieres immer wieder an und tritt in bestimmten Abständen zusammen und bildet Eier[71].

Die Eier der Vögel unterscheiden sich von den Eiern anderer eierlegender Tiere dadurch, daß sie vollkommen, hartschalig und zweifarbig sind. Warum die Eier so gestaltet sind und wie sie entstehen, stellt Aristoteles in den Einzelheiten dar[72]. Er beginnt sein Referat über die Vogeleier mit der Feststellung, daß sie sich in der äußeren Farbe bei den einzelnen Gattungen unterscheiden. Dann beschreibt er die ovale Form des Eies und stellt die kuriose Behauptung auf, daß aus spitzen Eiern Weibchen entstehen, aus "kugeligen und auch an der Spitze gerundeten" dagegen Männchen[73]. Es folgt eine ausführliche Darstellung der Entstehung und Entwicklung des Eies[74]. Die Befruchtung erfolge am spitzen Ende des Eies, wo das Ei am Eierstock angewachsen sei; dort werde das Ei härter, da das vom Männchen herstammende Prinzip geschützt werden müsse[75]. Der Aristotelische Text legt die Vermutung nahe, daß Aristoteles sich vorstellt, daß die Befruchtung noch im Eierstock erfolge. Beim Hühnchen trifft dies nicht zu, aber wir wissen heute, daß dies bei anderen Tieren, z. B. bei Hund und Fuchs, der Fall ist[76].

Aristoteles sieht bei der Entwicklung des Eies im Mutterleib vier verschiedene Färbungen, die vier unterschiedlichen Entwicklungsphasen entsprechen (Hist. an. 559 b 9 ff.):

"Zuerst ist das Ei hell und klein, dann wird es rot und durchblutet, später gelb und blond. Nähert es sich der Reife, dann sondern sich die Teile, das Gelbe geht nach

---

68 De gen. an. 730 a 30-33.
69 De gen. an. 741 a 15-33; vgl. dazu auch 757 b 10-20
70 De gen. an. 757 b 19-20: "Ein solches Ei [sc. Windei] ist daher als Pflanzenkeim betrachtet vollkommen, als Tierkeim unvollkommen."
71 De gen. an. 750 b 2-26. Die Bezeichnung "spermaartiger Stoff" erinnert, wie bereits gesagt, an die Zwei-Samen-Lehre.
72 Bei der Beschreibung der Vogeleientwicklung im Einzelnen werden in gleicher Weise Stellen aus den Schriften "Über die Entwicklung der Tiere" und "Über die Geschichte der Tiere" herangezogen, da Aristoteles selbst auf die ergänzenden Ausführungen in der Tiergeschichte verweist (De gen. an. 753 b 16-18).
73 Hist. an. 559 a 23.
74 Hist. an. 559 b - 562 b.
75 De gen. an. 752 a 9-15.
76 Vgl. dazu Norman John Berrill/Gerald Karp: Development. New York etc. 1976, S. 114.

innen, das Weiße legt sich darum herum. Ist es reif, dann löst es sich ab und kommt hervor, wobei es den Übergang aus dem weichen in den harten Zustand so abpaßt, daß es beim Austritt verhärtet und hart wird, falls es nicht krank herauskommt."

Zuerst ist der Keim klein und weißlich, dann wird er von mütterlichem Blut umflossen, rot und schließlich durch Einlagerung des Dotters gelb gefärbt. Im Eileiter wird die weiße Schicht (modern: Albumen) um das Ei gelegt, so daß es aussieht, als wandere das Gelbe nach innen und das Weiße lege sich außen herum. Als Begründung für die Gelbfärbung gibt Aristoteles in der Parallelstelle in "De generatione animalium" die Beimischung von Blutfarbstoff an und erklärt die Bildung der Albumenschicht entsprechend seiner Lehre von den vier Elementen (De gen. an. 751 b 32 - 52 a 2):

"...; endlich, wenn das Warme sich absondert, setzt sich, wie bei einer siedenden Flüssigkeit, das Weiße im ganzen Umfange an. Denn das Weiße ist von Natur flüssig, enthält aber in sich Lebenswärme; daher wird es außen am Umfange abgesondert, das Gelbe und Erdige aber innen."

Aristoteles benötigt auch für die Bildung der Kalkschale eine theoriekonforme Erklärung; diese wird ebenfalls nicht in der "Tiergeschichte", sondern in der Abhandlung "Über die Entwicklung der Tiere" geliefert. Dort heißt es (De gen. an. 752 a 31 ff.)[77]:

"Die Eischale bildet sich erst nach dem Austritt aus dem Mutterkörper, sie wird durch Abkühlung fest, indem die Feuchtigkeit wegen der geringen Menge rasch verdunstet und das Erdige zurückbleibt."

Wenn das Ei an die Luft komme, verdunste die Feuchtigkeit und der erdige Stoff werde fest. Dieser Befund paßt gut in das Theoriegebäude und ist rein theoretisch gewonnen, aber nicht empirisch überprüft worden. Tatsächlich wird die Kalkschale bereits im Uterus gebildet, und zwar unmittelbar vor dem Austritt des Eies[78].

Bevor Aristoteles mit der Beschreibung der Entwicklung des Eies fortfährt, wendet er sich auch in der Tiergeschichte zunächst dem Problem der Entstehung der Windeier zu. In Übereinstimmung mit seinen Ausführungen in "De generatione animalium" lehnt Aristoteles nochmals die Meinung ab, Windeier seien "Rückstände von vorher aus Begattung entstandenen Eiern" (Hist. an. 559 b 18 ff.). Als weitere Beobachtung fügt er an, daß Windeier, wenn sie frühzeitig befruchtet werden, sich noch in fruchtbare Eier umwandeln können. Nimmt man die oben angeführte Feststellung hinzu, daß das Ei an der Stelle befruchtet wird, wo es im Eierstock angewachsen ist, würde das bedeuten, daß Aristoteles annimmt, daß Ei werde im Normalfall im Eierstock befruchtet, aber es könne auch später noch befruchtet werden. Stichpunkt sei die Trennung von Gelb und Weiß

---

77 Vgl. dazu auch De gen. an. 718 b 16-20; 749 a 15-17.
78 Vgl. Anm. 67.

im Ei (560 a 10 ff.)[79]. Aufgrund der 'täglichen' Erfahrung beschreibt Aristoteles richtig einen Sachverhalt, den wir heute genauer erklären können: Wenn sich die Albumenschicht um das Ei gelegt hat und sich damit gleichzeitig auch die Schalenhäute um das Ei gebildet haben, kann das Ei nicht mehr befruchtet werden. Aristoteles kennt die Praxis der Hühnerzüchter, die manchmal einen weiteren, edleren Hahn die bereits befruchtete Henne begatten lassen, um die Zucht zu verbessern. Die Art des edleren Hahnes schlage aber nur dann durch, wenn sich "Das Weiße vom Gelben noch nicht getrennt hat". Aristoteles kennt diese täglichen Erfahrung der Vogelzüchter und muß sie in seine Theorie einfügen; aber ihm fehlt natürlich die Einsicht in die zugrundeliegenden Vorgänge. Er bildet seine Theorie durch Deduktion, denn er kann diese Erklärung nicht experimentell überprüfen. Daß er damit den Sachverhalt richtig erklärt, ist Zufall. Wenn Aristoteles im folgenden die Entwicklung des Embryos im bebrüteten Ei nach Verlassen des Mutterleibes beschreibt, sind die Übereinstimmungen mit den heutigen Erkenntnissen noch deutlicher, da sich hier aufgrund der Größe des zu beobachtenden Objektes das Fehlen der technischen Hilfsmittel nicht so stark bemerkbar macht.

Aristoteles glaubt, daß der Vorgang der Bebrütung eine "Garkochung" des im Ei befindlichen Materials darstelle[80]. Das Ei entstehe aus Bildungsstoff und aus Nahrungsstoff. Unter dem Einfluß der Brutwärme wandere der weiße Bildungsstoff zur Spitze des Eies, wo, wie Aristoteles annimmt, nach der Befruchtung das Bewegungsprinzip sitzt, das die Entwicklung bewirkt. Aristoteles scheint hier auf den ersten Blick die falsche Ansicht des Autors von "De natura pueri" richtigzustellen, der annahm, daß sich das Huhn aus dem Gelben des Eies bilde[81] - so wird diese Stelle auch in den gängigen Embryologiegeschichten interpretiert. Aber auch Aristoteles hat die Keimscheibe und ihre Bedeutung nicht erkannt. Er sah fälschlich das Albumen, das im Laufe der Entwicklung zur Spitze des Eies wandert, als Sitz des Bildungsprinzips an und glaubte, daß der Impuls immer von dieser Stelle ausgehe - dies wird auch durch eine Parallelstelle in "De generatione animalium" (753 a 9-16) bestätigt:

> "Es wird aber in den Eiern das vom Männchen herrührende Prinzip an der Stelle abgesondert, wo das Ei an dem Eierstock angewachsen ist, und daher ist die Gestalt aller zweifarbiger Eier ungleich und nicht ganz rund, sondern nach dem einen Ende zu spitzer, weil der Teil, in welchem sich das Prinzip befindet, von dem Weißen unterschieden sein muß."

Die letzten Worte lassen sich nicht eindeutig zuordnen: Meint Aristoteles das Albumen, das zur Spitze des Eies wandert, oder glaubt er vielleicht, daß das Bewegungsprinzip in den Chalazen liege (so später Fabricius!)? Vermutlich ist aber das Albumen gemeint, denn Aristoteles führt für die Vertreter der "falschen Meinung", das Weiße diene als Nahrungsmaterial, an, man sei durch die Farbe zu einem falschen Analogieschluß verführt worden, indem man annahm, da das

---

79 Vgl. auch De gen. an. 730 a 3 ff.; 757 b 28-30.
80 De gen. an. 752 a 31-756 b 31.
81 Hist. an. 761 a 25 ff.; Aristoteles gibt als Vertreter dieser Meinung Alkmaion aus Kroton und die allgemeine Volksmeinung an.

Weiße die gleiche Farbe zeige wie die Milch, müsse es auch die gleiche Funktion haben, also als Nahrung dienen[82]. Indirekt läßt sich daraus schließen, daß das Weiße oder ein Teil desselben als Bildungsprinzip angesehen wird. Aristoteles hat ein kompliziertes philosophisches System und fügt auch die Entwicklungsvorgänge hinein. Der hippokratische Autor hingegen ist weniger mit Hypothesen belastet, er beschreibt nur, was er zu sehen glaubt.

Am dritten Tag sieht man bereits das Herz als blutigen Punkt: "Dieser Punkt pulst und bewegt sich, als sei er belebt"[83]. Hier findet sich zum ersten Mal die Bezeichnung des Herzens als "springender Punkt", später von William Harvey als "punctum saliens" bezeichnet, die als Sentenz nicht nur in die Embryologiegeschichte eingegangen ist[84]. Aristoteles fährt fort[85]:

"Und von ihm [sc. dem Herzen] gehen im Verlauf des Wachstums zwei mit Blut gefüllte gewundene Adergänge nach jeder der beiden umhüllenden Häute. Bereits um diese Zeit geht eine Haut, die blutige Fasern enthält, von den Adergängen aus um das Weiße herum [Chorio-Allantois]".

Aristoteles spricht von zwei Blutbahnen, die vom Herzen ausgehen, wovon

"die eine zu der den Dotter umgebenden Haut [Chorio-Allantois], welche von der die Schale bildenden Haut [Schalenhaut] eingeschlossen wird"[86].

Bei einem drei Tage alten Hühnchen kann Aristoteles das, was er beschreibt, allerdings nicht gesehen haben. In diesem Stadium sind tatsächlich nur der Dottersack und die zu diesem hinführenden Dottervenen und Dotterarterien ausgebildet. Die von Aristoteles daneben beschriebene Chorio-Allantois ist erst am zehnten Tag voll ausgebildet und sichtbar. Wie kommt Aristoteles aber zu seiner Beschreibung? Vermutlich hat Aristoteles Kenntnisse miteingebracht, die er durch die Beobachtung eines späteren Stadiums gewonnen hatte. Ein dreitägiger Embryo besitzt vier große Blutbahnen, die vom Herzen ausgehen, nämlich zwei Dottervenen und zwei Dotterarterien. Bei oberflächlichem Hinsehen sieht man die Dotterarterien allerdings nicht, da sie unter den Dottervenen liegen, so daß man zu der Meinung kommen kann, es gingen nur zwei Blutbahnen vom Herzen aus - wie Aristoteles hier angibt. Diese beiden Blutbahnen führen aber beide zum Dottersack, und nicht, wie Aristoteles angibt, die eine zum Dottersack, die andere zum Chorion - ein durchblutetes Chorion gibt es, wie gesagt, beim dreitägigen Embryo noch nicht.

Aristoteles fährt in der Beschreibung fort:

---

82 De gen. an. 752 b 27-30.
83 Hist. an. 561 a 10 ff.
84 Theodor Gaza übersetzte 1467 in der ersten gedruckten Übersetzung der Tiergeschichte die Stelle folgendermaßen ins Lateinische: "quod punctum salit et movit ut animal"; in Anlehnung an diese Übersetzung sprechen später Ulisse Aldrovandi (1610) und William Harvey (1651) vom "punctum saliens", - darauf ist später noch genauer einzugehen.
85 Hist. an. 561 a 10 ff.; zum folgenden vgl. Hist. an. 561 a 10 ff. und De gen. an. 753 b 10-754 a 21.
86 De gen. an. 753 b 22-24; vgl. Hist. an. 561 b.

> "Etwas später sondert sich auch bereits der Körper ab, der zuerst klein und weiß ist; doch sind der Kopf und die stark aufgetriebenen Augen an ihm deutlich zu erkennen."

Die Absonderung des Körpers hätte Aristoteles auch schon bei einem zweitägigen Stadium beobachten können, daher ist zu vermuten, daß er kein früheres Stadium untersucht hat. Daß der gesamte Oberkörper zu Beginn wesentlich stärker ausgebildet ist als der Unterkörper, erklärt Aristoteles an anderer Stelle mit der Annahme, daß die Teile oberhalb des Nabels wichtiger seien als diejenigen, die sich unterhalb befinden[87].

Die nächste Entwicklungsstufe, die Aristoteles genauer untersucht hat, ordnet er selbst dem 10. Tag zu (Hist. an. 561 a 26 ff.):

> "Am zehnten Tag sind bereits das Junge und alle seine Teile deutlich erkennbar; noch aber ist der Kopf größer als der übrige Körper und die Augen sind größer als der Kopf, aber noch ohne Sehvermögen. Die Augen sind um diese Zeit, wenn sie herausgenommen werden, größer als Bohnen und schwarz, und wenn man ihre Haut entfernt, so findet man innen eine weiße und kalte, gegen das Licht stark glänzende Flüssigkeit, aber nichts Festes. So also sind der Kopf und die Augen beschaffen. Auch die Eingeweide sind in dieser Zeit schon deutlich, und Magen und Darm, und auch die Adern, die aus dem Herzen zu entspringen scheinen, liegen nun nahe am Nabel."

Diese Stelle zeigt, daß sich Aristoteles nicht auf die Beobachtung äußerlich erkennbarer Teile beschränkt, sondern sich auch für den Aufbau der einzelnen Teile interessiert - soweit diese für die Beobachtung mit dem bloßen Auge groß genug sind. So untersucht er den Aufbau des Auges und stellt fest, daß es in diesem Stadium nur mit Flüssigkeit angefüllt ist und noch nichts Festes enthält. Auch die Eingeweide sind auf dieser Entwicklungsstufe bereits vorhanden. Im folgenden wendet sich Aristoteles dann erneut der Beschreibung der Dotter- und Allantoisvene zu:

> "Vom Nabel aus erstrecken sich zwei Adern: die eine [Dottervene] zu der Haut, die das Gelbe umschließt [Dottersackepithel], das zu dieser Zeit noch flüssig ist und eine größere Masse bildet als im Anfange; die andere [Allantoisvene] läuft in die allgemeine Haut, die sowohl die Haut in der sich das Junge befindet [Amnion], als auch die Dotterhaut und die dazwischenliegende Flüssigkeit [Allantoisflüssigkeit] umgibt."

Aristoteles gibt hier genau dieselbe Beschreibung wie für den dreitägigen Embryo. Tatsächlich sind beim zehn Tage alten Embryo insgesamt sechs größere Blutbahnen vorhanden: Zwei Dottervenen, Allantoisvene und Allantoisarterie. Geht man davon aus, daß man bei oberflächlichem Hinsehen nur die obenaufliegenden Venen sieht, bleiben immer noch drei Blutbahnen. Die Anzahl der Blutbahnen scheint am dreitägigen Embryo beobachtet und später nicht wieder überprüft worden zu sein; die korrekte Funktionsbeschreibung dürfte auf Beobachtungen am zehntägigen basieren, denn beim zehntägigen ist die beschriebene

---

87 De gen. an. 743 a 1 ff.

Chorio-Allantois tatsächlich ausgebildet und eine (bzw. bei genauem Hinsehen zwei) der Blutbahnen führt zu ihr hin. Dadurch wird die These nochmals erhärtet, daß an beiden Stadien gewonnene Beobachtungen vermischt wurden. Anschließend analysiert Aristoteles nochmals den Aufbau des Eies von außen nach innen (Hist. an. 561 b 15 ff.):

> "Die erste und die in der Schale am nächsten liegende Haut ist die Haut des Eies, nicht die Schalenhaut, sondern eine unter dieser liegenden Haut [Chorio-Allantois]. In dieser befindet sich weiße Flüssigkeit [Allantoisflüssigkeit], dann das Küken, und dieses umgibt eine Haut [Amnion], die das Küken abschließt, damit es sich nicht in Flüssigkeit befindet. Unter dem Küken liegt der Dotter."

Aristoteles hat die Anordnung der die einzelnen Teile umgebenden Häute erkannt und sie in ihrer Funktion weitgehend richtig gedeutet. Übersehen hat er allerdings, daß die das gesamte Ei umgebende Schalenhaut sich aus einer äußeren und einer inneren Schalenhaut zusammensetzt; er hätte dies leicht feststellen können, da sich zwischen beiden am stumpfen Ende des Eies die zum Gasaustauch notwendige Luftkammer bildet. Einer der von Aristoteles verwendeten Termini, das "Chorion", mit dem die Haut bezeichnet wird, die Embryo, Dotter und Albumen umschließt, ist heute noch als Bezeichnung eben diese Häutchens üblich. Völlig falsch ist Aristoteles' Annahme, das Küken sei vom Amnion umgeben, damit es von Flüssigkeit abgeschlossen sei. Auch das Amnion enthält eine Flüssigkeit, damit sich der Embryo bewegen kann, ohne sich zu verletzen; diese Flüssigkeit ist bei späteren Entwicklungsstadien allerdings bereits aufgebraucht. Vielleicht hat Aristoteles ein Ei in einem späteren Entwicklungsstadium geöffnet und das Beobachtungsergebnis ohne nochmalige Überprüfung auf den zehn Tage alten Embryo übertragen. Das häufige Auftreten derartiger Vermengungen von Beobachtungen, die an Embryonen in verschiedenen Entwicklungsstadien gewonnen wurden, legt eine Vermutung nahe: Vielleicht hat Aristoteles die Beobachtungen gar nicht selbst vorgenommen, sondern es lagen ihm aus unbekannter Quelle bestimmte Fakten vor, die er zu einer Theorie verband, ohne sie nochmals am Objekt zu überprüfen.

Das nächste Stadium, das Aristoteles beschreibt, ist ein zwanzig Tage bebrütetes Ei[88]. Aristoteles beginnt seine Ausführungen mit der Feststellung, daß das Hühnchen bei einer Bewegung des Eies Töne von sich gäbe. Dabei ist es wohl nicht entscheidend, ob der Auslöser für die Lautäußerung des Kükens die Bewe-

---

88 Hist. an. 561 b 27 ff.

gung von außen ist oder ob das Küken von selbst piepst[89]. Zu diesem Zeitpunkt sieht man bereits ein ausgebildetes Gefieder. Auch die Körperhaltung wird von Aristoteles beschrieben: "Den Kopf hält es über dem rechten Schenkel an der Weiche, den Flügel über dem Kopf." Im Innern des Kükens kann man gelbliche Reste von eingesogenem Dotter erkennen, und auch Ausscheidungen befinden sich bereits im Darm. Aristoteles hat erkannt, daß der gesamte Dotter kurz vor dem Ausschlüpfen ins Innere des Kükens wandert. Er deutet dies richtig[90]: Das Küken bedürfe direkt nach dem Ausschlüpfen Nahrung, die es durch den in der Bauchhöhle befindlichen Dotter auch besitze; es werde ja nicht von einer Mutter gesäugt und könne sich auch nicht selbst Nahrung verschaffen.

Zu weiteren Einzelheiten des Aussehens des Vogelembryos in diesem Entwicklungsstadium äußert sich Aristoteles nicht. Vielleicht geht er davon aus, daß das Küken unmittelbar vor dem Ausschlüpfen ja bereits wie ein 'fertiges Küken' aussieht, wie es jeder durch die Anschauung kennt[91]. Interessant ist die Untersuchung eines Eies in einem späteren Entwicklungsstadium für Aristoteles wohl nur, um dadurch herauszufinden, was mit den einzelnen Bestandteilen des den Embryo umgebenden Eies geschieht.

Abschließend wendet sich Aristoteles noch der Behandlung eines Sonderproblems zu: Der Entwicklung von Zwillingen[92]. Er stellt fest, daß Zwillinge nur eine Überlebenschance haben, wenn ihre Dotter durch eine Haut voneinander getrennt sind; dann können sich im Einzelfall zwei normale Küken entwickeln. Ist der Dotter nicht getrennt, entstehen in jedem Falle lebensunfähige Mißbildungen, mit z.B. einem Leib und Kopf, aber vier Schenkeln und vier Flügeln. Als Erklärung gibt Aristoteles an (De gen. an. 770 a 15-23):

---

89 Vgl. dazu Kember (wie Anm. 6), der aufgrund eigener experimenteller Beobachtungen an Hühnerembryonen den Text verbessert: "Um den zwanzigsten Tag piepst es und bewegt sich innen schon, wenn man das Ei anfaßt, um es zu zerbrechen, und es ist schon dicht befiedert, sobald dann nach dem zwanzigsten Tag die Eischale durchbrochen wird". Kember hat ermittelt, daß das Küken auch ohne Anstoß von außen Töne von sich gibt, also läßt er diesen Teil des Satzes weg. Da ein Vogelembryo bereits mit dem 12. Tag mit der Bildung von Gefieder beginnt, nimmt Kember an, Aristoteles könne nicht gesagt haben, nach dem 20. Tag zeige sich das Küken *schon* befiedert. Er geht davon aus, Aristoteles müsse in jedem Fall Zwischenstadien zwischen dem 10. und dem 20. Tag geöffnet haben, er kenne also den richtigen Tatbestand und könne eine Aussage, wie sie die Textlage wiedergibt, nicht gemacht haben. Kember hält diese Passage für die Einfügung eines späteren Glossators und streicht sie; als Text bleibt für ihn (ich zitiere seine englische Übersetzung): "Already at about the twentieth day the young chicken as it moves makes a vocal sound from within the shell and it has already become hairy." Die Methode, aufgrund moderner "biologischer" Erkenntnisse den Wortlaut eines antiken Textes zu ändern, erscheint mehr als fragwürdig. - Kembers Erkenntnis, daß Küken bereits einige Tage vor dem Schlüpfen Töne von sich geben, ist nicht neu. Das Küken versucht damit, einen ersten Kontakt zum Muttervogel aufzunehmen; es wird bereits in dieser Phase auf die (Antwort-)Laute des Muttervogels geprägt. Nach dem Schlüpfen reagiert das Küken deshalb sofort auf die Mutter und bleibt mit ihr stets durch sogenannte Stimmfühlungslaute in Verbindung, so daß die Eltern ihre Jungen jederzeit wiederfinden können.

90 De gen. an. 754 a 14 ff.

91 Auch die Antike kannte schon den Begriff "fertiges Küken"; vgl. dazu Christian Wilhelm Hünemörder: "Phasianus". Studien zur Kulturgeschichte des Fasans. Diss. phil. Bonn (1966) 1970, S. 273, wo dieser Theophrast fr. 180 (ed. Fr. Wimmer, 1862) zitiert.

92 Vgl. dazu Hist. an. 562 a 20-562 b 1; De gen. an. 770 a 7-23.

"Weil die oberen Teile aus dem Eiweiß und früher gebildet werden, indem ihnen aus dem Dotter ein entsprechendes Teil von Nahrung gespendet wird, dagegen die unteren Teile später kommen und eine einzige ungeteilte Nahrung haben."

Zwillingsbildung sei bei Vögeln so häufig, weil die Keime so nah beieinander liegen und dabei miteinander verwachsen könnten. Aristoteles geht zu Recht davon aus, daß sich Zwillinge normal entwickeln können, wenn je zwei Dotterkugeln und, was Aristoteles nicht wußte, je zwei Keimscheiben in einem Ei eingeschlossen werden. Sie entwickeln sich bis kurz vor dem Schlüpfen normal; dann aber ist die Mechanik im Ei soweit gestört, daß sie absterben. Sind die Keimscheiben jedoch verwachsen, kommt es zu Mißbildungen. Falls Aristoteles Eier mit Mißbildungen geöffnet hat, konnte er die Verwachsungen sowohl bei den Keimscheiben bzw. den Embryonen als auch beim Dottermaterial leicht feststellen. Die Erklärung, die er dann liefert, warum sich die Embryonen nicht normal entwickeln, ist falsch und schon in sich zu widerlegen, da auch der zum frühen Wachstum notwendige Dotter aus dem beiden gemeinsamen Dottersack hätte entnommen werden müssen. Hier zeigt sich nochmals deutlich, daß Aristoteles die Keimscheibe und ihre Funktion nicht erkannt haben kann. Mit dem weißen Bildungsstoff dürfte bei ihm also tatsächlich das Albumen gemeint sein.

Insgesamt hat sich gezeigt, daß Aristoteles viele hervorragende Einzelbeobachtungen geglückt sind. Ob er über die beschriebenen drei Stadien hinaus Eier in anderen Entwicklungsstadien untersucht hat, wissen wir nicht; vermutlich ist dies nicht der Fall, da er sonst sicherlich in irgendeiner Form auf die in der Zwischenzeit abgelaufenen Entwicklungsvorgänge hingewiesen hätte. Indem er einen größeren Zeitraum verstreichen läßt, bis er wieder ein Ei aufbricht (3.-10.-20. Tag), erhält er ein unvollständiges Bild vom Entwicklungsablauf, aber die Unterschiede treten umso markanter hervor. Dies ist wohl auf Aristoteles' Bewegungslehre zurückzuführen; er sieht die Entwicklung als Wechsel von Eigenschaften an einem Bleibenden, wobei wie bei der Ortsbewegung nur der Anfangs- und der Endpunkt interessiert. So untersucht Aristoteles das Ei, wenn man zum ersten Mal etwas sieht (3. Tag) und am Ende der Entwicklung (20. Tag), und einmal, nach gewohnter Methode, mitten dazwischen (10. Tag). Es wird deutlich, daß wir uns noch am Anfang der Entwicklung der embryologischen Forschung befinden. Man interessiert sich erstmals für Entwicklungsvorgänge und sucht sich drei zeitlich voneinander getrennte Entwicklungsstufen aus, die man genauer betrachtet und gleichsam in statischen Momentaufnahmen beschreibt. So erhält man nur einen groben Überblick, wie sich die einzelnen Teile nach und nach bilden. Im Rahmen einer sich erst entwickelnden Zoologie sind diese Untersuchungen sicherlich schon erstaunlich ausführlich. Auch Aristoteles' spezielle Schrift zur "Entwicklungsgeschichte der Tiere" hatte nicht die Darstellung einzelner Entwicklungsvorgänge zum Anliegen, sondern Ziel war die Einordnung der Entstehung und Entwicklung der Lebewesen in sein allgemeines Theoriegebäude, mit dem er den gesamten Kosmos in allen seinen unterschiedlichen Erscheinungsformen zu erfassen sucht. Deshalb muten die Erklärungen einzelner richtig beobachteter Details oft etwas gewaltsam an, aber jede Beobachtung muß theoriekonform erklärt werden, da im gesamten Kosmos einheitliche Gesetze herrschen.

1.4. TRADIERUNG DER ARISTOTELISCHEN ERKENNTNISSE ZUR VOGELENTWICKLUNG IN DER ANTIKE

1.4.1. Schriften zur Zoologie: Plinius der Ältere und Aelian

Die nächste Quelle, die uns aus der Antike zur Zoologie und damit auch zur Embryologie erhalten ist, ist die umfangreiche Naturgeschichte (Naturalis Historia) von *Gaius Plinius dem Älteren* aus dem ersten Jahrhundert nach Christus. In seiner siebenunddreißig Bücher umfassenden Enzyklopädie[93] befaßt sich Plinius mit Erdbeschreibung, Pharmazie, Metallurgie, Mineralogie, Anthropologie, Medizin, Zoologie und Botanik. Seine Kenntnisse hat er, wie er selbst im Vorwort angibt, aus zweitausend Büchern gewonnen und durch zahlreiche Beobachtungen auf seinen amtlichen Reisen ergänzt. 146 römische und 327 nichtrömische Quellenschriftsteller werden im ersten Buch namentlich verzeichnet. Plinius thematisiert in den 37 Büchern die Natur in all ihren Erscheinungsformen, aber seine Beschreibung ist dabei nie rein deskriptiv. Latent ist immer die zugrundeliegende stoische Auffassung der Natur spürbar: Die Natur wird als Gott betrachtet und ist somit Ziel der Anbetung; zugleich aber ist sie das Objekt wissenschaftlicher Forschung. Dieser pantheistische Monotheismus bedingt eine sehr positive Einschätzung der Natur in all ihren Erscheinungsformen[94].

Im Gegensatz zu den späteren Enzyklopädien, die meist alphabetisch angelegt sind, ordnet Plinius seine Naturgeschichte systematisch nach Sachgebieten. Buch 8-11 sind dabei den Tieren gewidmet[95]. Innerhalb der vier Bücher zur Zoologie ist der Stoff nicht nach "einer auf wissenschaftlichen Grundsätzen basierenden Systematik", sondern nach äußerlichen Gesichtspunkten geordnet[96]. Plinius beginnt mit den Landtieren afrikanischer und orientalischer Herkunft (8, 1-141), wendet sich dann den einheimischen Tieren, vor allem den Haustieren, zu (8, 142-224). Dann folgen die Wassertiere (Buch 9) und in Buch 10 werden die Vögel behandelt. Vier Kapitel (73-76 = § 143-154) sind dabei der Fortpflanzung und der Entwicklung der Vögel gewidmet. Bei der Beschreibung des Aufbaues und der Entwicklung des Eies sind die Übereinstimmungen mit Aristoteles so deutlich, daß wir zweifellos eine inhaltliche Kurzfassung des entsprechenden

---

93 Zur Bezeichnung "Enzyklopädie" vgl. Christian Hünemörder: Antike und mittelalterliche Enzyklopädien und die Popularisierung naturkundlichen Wissens. In: Sudhoffs Archiv 65 (1981), S. 339-365; bes. 344-347.
94 Zur Natur- und Gottesauffassung bei Plinius vgl. J. W. Caspar: Roman Religion as Seen in Pliny's Natural History. Diss. Chicago 1932; Thomas Köves-Zulauf: Reden und Schweigen. Römische Religion bei Plinius Maior. München 1927.
95 Vgl. dazu Bäumer (wie Anm. 1), S. 107-109; und L. Bodson: Aspects of Pliny's Zoology. In: Roger French/Frank Greenaway (Eds.): Science in Early Roman Empire. Pliny the Elder, His Sources and Influence. London/Sydney 1986, S. 98-110.
96 Vgl. dazu Roderich König/Gerhard Winkler: Plinius der Ältere. Leben und Werk eines antiken Naturforschers. Tübingen 1979, S. 40 f.

Abschnittes der Tierkunde des Aristoteles vor uns haben[97]. Auf eine genaue Analyse des Textes im einzelnen kann daher verzichtet werden; es sollen nur kurz die bei Plinius erwähnten Fakten angeführt werden, um genauer verfolgen zu können, ob die Übernahme einzelner Aussagen bei späteren Autoren aus Aristoteles direkt erfolgt oder ob sie ihre Informationen aus dem Plinianischen Werk entnommen haben.

In fast gleicher Reihenfolge wie bei Aristoteles finden wir bei Plinius folgende Aussagen:

1. Die äußere Farbe der Eier variiert bei den einzelnen Vogelarten (10, 74, 144).
2. Die Eier der Vögel sind im Innern zweifarbig (10, 144); Plinius vergleicht sie mit den Eiern der Schlangen und der Fische (10, 145):

> "Die Fischeier sind einfarbig, und enthalten nichts Weißes. Die Vogeleier sind in der Wärme zerbrechlich, die Schlangeneier in der Kälte zäh, und die Fischeier im Wasser weich. Die Eier der Wassertiere sind rund, die der übrigen fast alle oben zugespitzt."

3. Die Schale wird erst beim Austritt aus dem Mutterleib hart (10, 74, 145).
4. Das Herz wird als erstes gebildet; es ist ein kleiner Tropfen mitten im Dotter, der auf- und abspringt[98]. Hier findet sich die erste Abweichung von Aristoteles, der das Herz nicht als "Dottertropfen", sondern als erste Bildung des weißen Bildungsstoffes auffaßt.
- Aussage 4 steht auch im Widerspruch zu Aussage 5, mit der Plinius Dotter und Weißem im Ei dieselben Funktionen zuordnet wie Aristoteles:

> 5. "Der Körper selbst bildet sich aus dem Weißen im Ei, die Nahrung liegt im Dotter."[99]

6. der Kopf ist am Anfang größer als der Körper, die Augen sind im Verhältnis größer als der Kopf (10, 74, 148).

> 7. "Am zwanzigsten Tage hört man, wenn man das Ei bewegt, schon den Laut des lebenden Vogels darin. Von dieser Zeit an bekommt er Federn, und im Ei selbst liegt er so, daß er den Kopf über dem rechten Fuße und den rechten Flügel über dem Kopf hat; der Dotter aber wird allmählich aufgezehrt." (10, 74, 149)

---

97 Ob Plinius tatsächlich die "Historia animalium" verwendet hat oder die "Zoika", eine peripatetische Bearbeitung der Aristotelischen Tiergeschichte, von der uns einige Fragmente erhalten sind, ist bis heute nicht entschieden. Wilhelm Kroll (Zur Geschichte der aristotelischen Zoologie. [Österreichische Akademie der Wissenschaften, Sitzungsberichte der philosophisch-historischen Klasse 218/2]. Wien 1940, S. 4) vermutet, daß Plinius die "Zoika" verwendet haben müsse; allerdings finden sich über weite Passagen direkte Übereinstimmungen zwischen Plinius und Aristoteles, wie es auch bei der hier zu betrachtenden Vogelentwicklung der Fall ist.
98 Plin. 10, 148: "Omnibus ovis medio vitelli parva inest velut sanguinea gutta, quod esse cor avium existimant, primum in omni corpore id gigni opinantes. In ovo certe gutta ea salit palpitatque."
99 Plin. 10, 148: "ipsum animal ex albo liquore ovi corporatur. Cibus eius in luteo est."

- Diese Stelle zeigt, daß Plinius bereits der Aristotelische Text so vorgelegen hat, wie er uns heute überliefert ist. Auch Plinius übernimmt unreflektiert die Ansicht, daß das Küken durch einen Bewegungsanstoß von außen zur Lautäußerung veranlaßt werde und daß es erst zu diesem Zeitpunkt Federn bekomme[100]. Insgesamt zeigt sich, daß Plinius unreflektiert und ohne Nachprüfung einige Fakten der Aristotelischen Darstellung übernimmt; für ihn haben die Aussagen früherer Autoren die ausschlaggebende Autorität, und er zweifelt sie nur in Ausnahmefällen an: Im Rahmen seiner allgemeinen Enzyklopädie über die gesamte Natur ist die Vogelentwicklung nur ein kleiner Randbereich ohne Bedeutung. Sie wird vermutlich nur deshalb bei der Darstellung der Vögel kurz beschrieben, weil sie in der verwendeten Aristotelischen Quelle stand. Daß Plinius tatsächlich kein wirkliches Interesse an einer Erforschung der Vogelentwicklung hatte, beweist schon die Tatsache, daß er die auf drei Entwicklungsstadien beschränkte Beschreibung bei Aristoteles für seine Zwecke noch auf ein Viertel zusammenkürzte.

In der zweiten großen Tiergeschichte, die uns aus der Antike erhalten geblieben ist, verfaßt von *Aelian* ("Das Wesen der Tiere", 2. Jahrhundert nach Christus), finden sich keine Äußerungen zur Vogelentwicklung. Aelian will mit seinen Erzählungen aus dem Tierleben, wie Plinius, als Anhänger der stoischen Philosophie das wunderbare Walten der Natur darstellen. Er fügt einzelne Anekdoten über die Tiere aneinander, ohne auf Vollständigkeit oder Systematik bei der Darstellung des Tierreiches wert zu legen. Da die Beschreibung eines Entwicklungsvorganges etwas sehr Prosaisches ist, hat sie natürlich in der Aneinanderreihung von Anekdoten keinen Platz.

1.4.2. Galen von Pergamon, ein Vertreter der spätantiken Medizin

Die erste abgeschlossene, vollständig erhaltene Darstellung zur Zeugungs- und Entwicklungslehre nach Aristoteles findet man in den Schriften Galens, des großen Arztes aus Pergamon ("Vom Samen, "Über die Ausbildung der Frucht", "Vom Gebrauch der Körperteile", etwa zwischen 150 und 180 nach Christus verfaßt). Galens großes Verdienst ist es, die Ergebnisse seiner Vorgänger zusammengefaßt und dabei einzelne Widersprüche aufgedeckt und aufgelöst zu haben[101]. Er vereinigt hippokratisches und aristotelisches Gedankengut und vertritt eine modifizierte Form der Zwei-Samen-Lehre[102]. Entscheidend ist Galens Entdeckung, daß die Eileiter nicht direkt in den Blasenhals, sondern beiderseits in die Gebärmutter einmünden (II 900, IV 594 f.); Galen hat als erster den Tubenverlauf weitgehend richtig beschrieben. Der männliche Genitaltrakt unterscheide sich vom weiblichen nur durch Extraversion; aus Mangel an Wärme verbleibe der weibliche im Körperinneren (IV 162, 641).

Galen ist ein Vertreter der Zwei-Samen-Lehre, was er als weiblichen Samen anspricht, ist der Tubenschleim. Der weibliche Samen entleere sich unmittelbar

100 Ein weiteres Argument gegen die von Kember vorgenommene 'Verschlimmbesserung' des Textes, s.o. Anm. 89.
101 Vgl. dazu Bloch (wie Anm. 12), S. 258 ff.
102 Ausführliche Darstellung der Zeugungslehre Galens bei Lesky (wie Anm. 2); die Textangaben beziehen sich auf die Gesamtausgabe: Galeni Opera ed. Kühn. Leipzig 1825.

durch die Tuben in die Uterushöhle und nehme dort an der Keimbildung teil (IV 188, 536, 593). Im Verhältnis zum männlichen Samen sei der weibliche dünner, kälter, flüssiger, schwächer und geringer (IV 164, 627). Galen hebt die aristotelische Form-Stoff-Antithese auf und sieht beide Prinzipien in beiden Samen vertreten (IV 613, 605). Beide seien aufbereitete Formen des Blutes, wobei Galen im Gegensatz zu Aristoteles und seinen Vorgängern die Funktion der Hoden als Bildungsstätte des Samens erstmals richtig erkannt hat. Allerdings glaubt er, daß das Blut von den Samengefäßen vorgeformt und in den Hoden nur fertig "durchgekocht" werde (IV 583). Der weibliche Same, der eine weniger aufbereitete Form des Blutes darstelle, diene in erster Linie dazu, den männlichen Samen in der Anfangszeit zu ernähren, da er die ihm gemäßere Nahrung sei als das Blut (IV 536, 600, 613, 623); später übernehme das Blut aus den Uterusgefäßen diese Funktion. Weiterhin bilde sich aus dem weiblichen Samen die Allantois (IV 548, 600, 622), während Chorion und Amnion sowie Gefäße, Nerven, Sehnen, Knorpel und Knochen aus dem männlichen Sperma hervorgehen. (IV 188, 527 f., 546, 551 f.).

Das embryonale Leben läuft nach Galen in vier Stufen ab: 1. ungeformte Samenstufe; 2. Stufe der "tria principia": Leber, Herz und Gehirn werden gebildet; 3. die Phase, in der die Teile in der Nähe des Bauches gebildet werden; 4. alle Teile des Embryos, auch die Glieder sind deutlich differenziert. Von besonderem Interesse ist die zweite Phase. Galen hat die Frage nach dem Primat der Teile anders beantwortet als Aristoteles; dies ist durch seine allgemeine Pneumalehre begründet. Er kennt drei Arten von Pneuma, die in den drei wichtigsten Organen sitzen: 1. in der Leber das natürliche Pneuma (pneuma physikon), das die Funktion der Ernährung, des Wachstums und der Fortpflanzung steuert; 2. im Herzen das Lebenspneuma (pneuma zotikon), das die Lebensfunktion reguliert, indem es Hitze und Leben durch die Adern verteilt; 3. im Gehirn das psychische Pneuma (pneuma psychikon), das Herz, Nerven, Gefühle usw. steuert - diese drei Pneumata bildeten die Basis des physiologischen Systems bis zu William Harvey[103]. Nach Galens Ansicht müssen daher die drei Kardinalorgane auch zuerst entstehen (von Avicenna als Drei-Blasen-Theorie überliefert) und zwar in der Reihenfolge ihrer Wichtigkeit: Zunächst entsteht die Leber mit den Venen, um die Grundlage für das Wachstum zu schaffen; dann das Herz mit den Arterien, die wie die Venen mit Blut gefüllt sind; und schließlich das Gehirn mit den Nerven. Die Leber entsteht durch Zusammenfluß von uterinem Blut zu einer blutkuchenartigen Masse; sie muß zuerst entstehen, da sie die Bildungsstätte des Blutes ist und der Sitz des Wachstums und der Ernährung. Das Lebewesen lebt in der Anfangsphase wie eine Pflanze und benötigt daher kein Herz.

Die Geschlechtsbestimmung erfolgt nach Galen durch die Lage im Uterus: Die männlichen Embryonen entwickeln sich im rechten wärmeren Uterushorn, die weiblichen im linken kälteren. Galen spricht in seiner Schrift "Über den Samen" (IV 628) davon, daß der Geschlechtscharakter sich nicht nur in der Ausbildung der Genitalien zeige, sondern sich auch am gesamten Körper auspräge. Er bezeichnet Mähne, Kamm, Hauer, Hörner, stärkere Behaarung und die weitere Ausbildung des Thorax als "spätere Teile", d.h. er unterscheidet erstmals zwi-

---

103 Zur Physiologie Galens vgl. Bäumer (wie Anm. 1), S. 111-123.

schen primären und sekundären Geschlechtsmerkmalen[104]. Er führt die Ausbildung beider Arten von Geschlechtsmerkmalen auf den Einfluß des Samens als Wirksubstanz zurück. Die Wirkung des Samens vergleicht er mit der des Giftes, von dem eine geringe Menge ausreicht, um eine Wirkung auf den gesamten Körper zu haben. Durch die Deutung des Kausalzusammenhanges zwischen Samen und Ausprägung der Geschlechtsmerkmale wird Galen zum Vorläufer der modernen Hormonforschung.

Obwohl Galen auf anderen Gebieten alle seine Vorgänger durch den intensiven Gebrauch von Experimenten übertrifft, hat er im Bereich der Embryologie wohl keine Experimente durchgeführt. Er interessiert sich in erster Linie für die Entwicklung des Menschen und hat, soweit wir wissen, von der Möglichkeit, seine theoretisch gewonnenen Erkenntnisse durch Beobachtungen an irgendwelchen Tierembryonen zu überprüfen, wohl kaum Gebrauch gemacht. Zum Beispiel zur Frage des Primates der Teile hätte die Untersuchung eines drei Tage alten Hühnerembryos eine Klärung bringen können. Bloch bemerkt dazu treffend[105]:

> "Eine einzige gute Beobachtung an einem Hühnerembryo in den ersten Tagen der Entwicklung hätte ihn von der Unrichtigkeit seiner Anschauung überzeugen müssen."

Nach Blochs Ansicht verkörpert Galen "den Niedergang der antiken Biologie"[106]. Er erwähne nicht einmal die Vogelentwicklung oder halte sie einer Beobachtung für wert[107], außerdem böten seine polemischen Schriften nur "ein verwirrendes Durcheinander". Diese Ausführungen zeigen, daß Bloch Galen zu undifferenziert sieht. Auch auf dem Gebiet der Zeugungs- und Entwicklungslehre hat Galen neue Erkenntnisse und Anregungen geliefert. Berechtigt ist allerdings der Vorwurf, daß er die Vogelentwicklung nicht, wie vom Autor von "De natura pueri" vorgeschlagen, als Kontrolle für seine theoretisch gewonnenen Erkenntnisse benutzte. Dies liegt allerdings in Galens theoretischen Grundannahmen begründet. Er ließ nur die Analogie zwischen den Menschen und den ihm "ähnlichen" Tieren zu, daher konnte er das Hühnerei nicht zur Theoriebildung über die allgemeine Entwicklung bzw. die Entwicklung des Menschen heranziehen[108].

Einmal allerdings, und zwar in seiner Abhandlung "Über den Gebrauch der Teile" (XIV, § 167) nimmt er zu einem Spezialproblem, nämlich zur Bildung der Windeier, Stellung. Wie Aristoteles betrachtet er die Windeier als Bildungen aus dem im Überfluß vorhandenen weiblichen Samen; sie entstünden ohne vorherige

---

104 Genaueres dazu Lesky (wie Anm. 2).
105 Bloch (wie Anm. 12), S. 265.
106 Bruno Bloch: Die Grundzüge der älteren Embryologie. In: Zoologische Annalen 1 (1905), S. 51-73; hier S. 60.
107 Bloch (wie Anm. 106), S. 61: "Trotzdem die Methodik der embryologischen Forschung in der hippokratischen und aristotelischen Arbeit in nicht mißzuverstehender Weise ausgesprochen und festgelegt worden war, finden wir bei Galen keine Spur einer Anwendung derselben; die Entwicklung des Hühnchens im Ei hat er nicht verfolgt."
108 Vgl. dazu Diethard Nickel: Untersuchungen zur Embryologie Galens. (Schriften zur Geschichte und Kultur der Antike, 27) Berlin (Ost) 1989, S. 22 f.

Kopulation mit dem Männchen. Es fehle den Windeiern aber die Kraft, ein Tier aus sich zu bilden. Ihre Gestalt gleiche vollkommen den anderen Eiern, aber ihnen fehle die vom Männchen gelieferte Wärme. Die Bildung eines Eies ohne vorherige Befruchtung sei allerdings nur bei Vögeln möglich, da alle anderen Tiere viel feuchter seien und dadurch schwächeren weiblichen Samen besäßen, der nicht den entscheidenden Anstoß zur Ausbildung der Gestalt eines Embryos liefern könne. Nur wenn ein Tier ausreichend trocken sei, könne der weibliche Same dazu verwendet werden, einen Keim wie eben ein Windei ohne die Hilfe des männlichen Samens zu bilden. Galen betont nochmals (XIV, § 168), daß dies nur bei den Vögeln möglich sei. Entsprechend seiner modifizierten Lehre von der Funktion des männlichen und des weiblichen Bildungsstoffes ist auch die Theorie über die Bildung der Windeier abgeändert: Da sich männlicher und weiblicher Same allein durch den Aufbereitungsgrad, d.h. für Galen durch den Wärmegrad unterscheiden, kann ein Tier, das schon trockener, d.h. wärmer ist, auch allein aus weiblichem Samen einen Keim bilden, da der weibliche Same durch den umgebenden wärmeren Körper wärmer und das bedeutet gleichzeitig wirkungsfähiger ist. Die Erklärung ist innerhalb der Theorie gut durchdacht, und es ist zu bedauern, daß Galen nicht noch weitere Probleme aus dem Bereich der Vogelentwicklung behandelt hat.

Auch für Galen, der, wie gesehen, die Entwicklung ausführlich behandelt, spielt die Vogelentwicklung keine Rolle. Obwohl er in anderen Bereichen, besonders auf dem Gebiet der Anatomie, viele Beobachtungen und Untersuchungen an Tieren zur Analyse der Verhältnisse beim Menschen heranzieht, hat er sich bei seinen Studien des Entwicklungsvorganges dieses Hilfsmittels kaum bedient und sich fast ausschließlich auf den Menschen beschränkt. Da er am menschlichen Embryo keine Beobachtungen vornehmen kann, gewinnt er seine Theorie wieder fast ausschließlich spekulativ in Auseinandersetzung mit den Theorien seiner Vorgänger. Für die Geschichte der Embryologie bedeutet Galen trotz origineller Einzelbeobachtungen zur Anatomie der Geschlechtsorgane eine Phase der Stagnation.

1.5. ZUSAMMENFASSUNG

Von jeher interessierte man sich für die der Entwicklung zugrundeliegenden Vorgänge. Das primäre Interesse galt dabei der menschlichen Entwicklung. Da man hier aber während der Entwicklung im Mutterleib keine Beobachtungen machen konnte, konnte man nur spekulative Aussagen treffen. An der Wende vom 5. zum 4. Jahrhundert vor Christus kam der hippokratische Autor der Schrift "De natura pueri" auf die Idee, stellvertretend für die menschliche Entwicklung die leichter zu beobachtende Hühnchenentwicklung zu untersuchen. So wurde der Hühnerembryo zum ersten Studienobjekt in der Geschichte der Embryologie.

Grundlage für die Verwendung von Tierstudien zur Erläuterung von Phänomenen beim Menschen war die Überzeugung, daß die Entwicklung bei allen Tieren analog zu der des Menschen abläuft. Die Hypothese von der Vergleichbarkeit der Organismen war für den hippokratischen Autor die Grundlage der embryologischen Forschung. Für ihn diente die Beschreibung des Vogelembryos allerdings nur der Bestätigung seiner Theorie über die menschliche Entwicklung. Eine sytematische Untersuchung des gesamten Entwicklungsvorganges hat er sicher nicht durchgeführt.

Auch Aristoteles hat keine systematische Untersuchung der Hühnchenentwicklung durchgeführt, sondern nur drei ausgewählte Stadien betrachtet. Diese Beobachtungen dienten der Bestätigung seiner allgemeinen Entwicklungstheorie, die er in einer eigenen Schrift "De generatione animalium" ausführte. Die Begründung der Embryologie ist wohl eine der bedeutendsten, wenn nicht sogar die bedeutendste naturwissenschaftliche Leistung des Aristoteles. Er setzte sich mit den Theorien seiner Vorgänger auseinander, arbeitete neue Fakten ein und faßte die Erkenntnisse theoretisch und begrifflich in einer Weise zusammen, die bis in die Gegenwart diese Disziplin terminologisch bestimmt hat.

Zur Hühnchenentwicklung sind Aristoteles viele hervorragende Einzelbeobachtungen gelungen. Da er nur drei Stadien (3., 10. und 20. Tag) untersuchte, erhielt er nur ein unvollständiges Bild des Entwicklungsvorganges. Die Vorgehensweise liegt in der theoretischen Basis von Aristoteles' Entwicklungstheorie begründet, d.h. in seiner Bewegungslehre. Er sah die Entwicklung als Bewegung, d.h. als Wechsel von Eigenschaften an einem Bleibenden und prüfte, wie bei Bewegungsabläufen üblich, einmal am Anfang, dann in der Mitte und schließlich am Ende der 'Bewegung'. Aristoteles gewann viele Teile seiner Entwicklungslehre eher deduktiv, versuchte sie dann aber durch Beobachtungen zu untermauern. Er war kein Naturforscher in modernem Sinne. Sein Ziel war nicht die Darstellung einzelner Entwicklungsvorgänge, sondern er wollte die Entwicklung der Lebewesen in den Rahmen seiner Gesamtvorstellung vom Kosmos einbauen und sie theoriekonform erklären. Das Hühnchen ist das einzige Objekt, an dem er für den Bereich der Embryologie Beobachtungen vornahm.

In der Antike war der Vogelembryo das einzige Objekt, an dem auf embryologischem Gebiet empirische Untersuchungen vorgenommen wurden. Für Aristoteles, der sich als einziger Autor mit embryologischer Forschung auf empirischer Basis beschäftigte, hatte die Untersuchung der Vogelentwicklung zentrale Bedeutung. Auch weiterhin hat die Vogelentwicklung eine wichtige Funktion im Rahmen späterer embryologischer Forschungen gehabt, bis durch neue Untersuchungsmethoden auch die Entwicklung der Embryonen anderer Tiere im Detail beobachtet werden konnte. Die Zeit des Mittelalters stellt allerdings nicht, wie die römische Antike und die Spätantike, eine reine Phase der Stagnation in der Geschichte der Vogelembryologie dar. Albertus Magnus, der Hauptvertreter dieser Epoche, gibt zwar ähnlich wie Plinius eine Paraphrase des Aristotelischen Textes, aber er ergänzt und korrigiert die Aristotelische Darstellung durch einige wenige eigene Beobachtungen.

2. Die Tradierung der antiken Kenntnisse zur beobachtenden Embryologie im Mittelalter

2.1. DIE KIRCHENVÄTER

In Westeuropa wurde in der Spätantike und in der folgenden Zeit die Weiterentwicklung aller Wissenschaften durch das Christentum beeinflußt. Dabei kam es zunächst zu einer Stagnation der biologischen Forschung. Um sich behaupten zu können, brauchte das Christentum eine theologisch begründete Lehre. Dieser Aufgabe suchte eine Reihe von christlichen Schriftstellern gerecht zu werden, die unter dem Namen Kirchenväter (Patristiker) bekannt sind. Obwohl das Augenmerk in der Hauptsache auf dogmatische Probleme gerichtet war, zwang die Bibelexegese - besonders die Erklärung des Schöpfungsberichtes (Genesis 1,1-2,4) - zur Auseinandersetzung mit biologischen Fragestellungen. Dabei wollte man stets das planvolle Wirken des Schöpfergottes nachweisen. Im allgemeinen sind die Kirchenväter nicht über eine rein literarische Bearbeitung biologischer Themen hinausgegangen.

Viele Kirchenväter brachten in ihren Schriften Angaben über Vererbung, Fortpflanzung und Keimesentwicklung. Hier ist besonders *Lactantius* (um 250-317) zu nennen. In Anlehnung an Aristoteles wurde die Entstehung des Embryos aus einer Vermischung aus männlichem Samen und weiblichem Zeugungsstoff (Katamenien) erklärt. Ausführlich ging Lactanz auch auf die Entwicklung des Embryos ein. Er lehnte die Ansicht des Aristoteles ab, daß sich das Herz zuerst bilde. Nach Lactanz beginnt die Entwicklung mit dem Kopf, was sich angeblich aus der Beobachtung an Vogelembryonen erkennen lasse[1]. Im allgemeinen haben die Kirchenväter aber keine Beschreibung der Entwicklung des Embryos gegeben; ihr Interesse war rein theologischer Natur. Man stritt sich über die Frage, die für die Problematik der Taufe und Abtreibung relevant war: Wann wird ein Embryo ein Mensch, d.h. wann tritt die Seele in den Körper ein.

2.2. ARABISCHES MITTELALTER

Die Tradierung des Wissens der griechischen Antike erfolgte im Mittelalter bis zum dreizehnten Jahrhundert fast ausschließlich im arabischen Bereich. Für das Gebiet der Embryologie und Vererbungslehre hat Ursula Weisser eine hervorragende Studie vorgelegt, so daß eine Darstellung der arabischen Theorie im einzelnen nicht erforderlich ist; zur Hühnchenentwicklung bemerkt sie[2]:

---

1 De opifice dei 12, 7 (L. Calli Firmiani Lactanti Opera Omnia. Partis II Fasciculus I. Edidit Samuel Brandt. Prag/Wien/Leipzig 1893, S. 44=CSEL): "In avium tamen fetibus primos oculos fingi dubium non est, quod in ovis saepe deprehenditur."
2 Ursula Weisser: Zeugung, Vererbung und pränatale Entwicklung in der Medizin des arabisch-islamischen Mittelalters. Erlangen 1983; hier S. 174. - Zur Embryologie im arabischen Mittelalter vgl. auch Basim Musallam: The Human Embryo in Arabic Scientific and Religious Thought. In: Gordon Reginald Dunstan (Ed.): The Human Embryo: Aristotle and the Arabic and European Traditions. Exeter 1990, S. 32-46.

> "Das einzige vergleichend-embryologische Studienobjekt, an dem in der Antike
> ansatzweise verschiedene Stadien der Entwicklung beobachtet wurden, scheint das
> Hühnerei gewesen zu sein. Der Hühnerembryo als Modell für die der Beobachtung
> unzugänglichen Entwicklungsvorgänge beim Menschen spielt in der arabischen
> Medizin praktisch kaum eine Rolle."

Weisser weist dann darauf hin, daß 'ARIB IBN SA'ID AL-KATIB AL-QUR-
TUBI die hippokratische Beschreibung der extraembryonalen Häute und der Nabelschnur übernommen habe, und auch den Rat des hippokratischen Autors zitiere, man solle das für den menschlichen Embryo Beschriebene durch eine systematische Untersuchung der Hühnchenentwicklung beweisen. Weiterhin wird
von Hippokrates bei 'ARIB, AT-TABARI, IBN SINA und IBN AL-QUFF behauptet, er habe durch eine Untersuchung an Hühnereiern festgestellt, daß Gehirn und Augen am frühesten differenziert werden[3]. Eine solche Stelle sucht man
im Corpus Hippocraticum vergeblich, und Weisser vermutet deshalb, daß die
Ansicht eigentlich von Lactanz übernommen und fälschlich Hippokrates zugeschrieben worden sei. Weitere Äußerungen zur Hühnchenentwicklung finden
sich nach Weissers Untersuchungen im arabisch-islamischen Mittelalter nicht.
Insgesamt wertet sie die Bedeutung der Hühnchenentwicklung folgendermaßen[4]:

> "Aus dem Gesagten wird deutlich, daß der Einfluß der vergleichend-embryologi-
> schen Studien der Antike am Hühnerei in der islamischen Epoche nur ein indirek-
> ter war. Er beschränkte sich auf die Übernahme jener Details, die von den griechi-
> schen Beobachtern in ihre Theorie über die Humanentwicklung eingebaut worden
> waren. Daß es sich in Wahrheit um Tierbefunde handelte, war den Arabern selbst-
> verständlich nicht bewußt."

2.3. ALBERTUS MAGNUS

2.3.1. Die Biologie des Albertus Magnus

2.3.1.1. Albertus Magnus als Vertreter der scholastischen Philosophie

Die entscheidende Wende trat zu Beginn des dreizehnten Jahrhunderts ein:
Durch die Vermittlung der Araber wurden die naturwissenschaftlichen, metaphysischen und ethischen Schriften des Aristoteles im christlichen Abendlande
wieder bekannt. In den Schriften des Aristoteles lag nicht nur eine Fülle von
Problemen mitsamt ihren Lösungen vor, sondern auch eine ausgebildete Terminologie, ein begriffliches System, mit dem die empirischen Kenntnisse genauestens eingeordnet und beschrieben worden waren. Der Plan Alberts des Großen
war es, die gesamten Werke des Aristoteles seinen Zeitgenossen wieder zugäng-

---

3 Weisser (wie Anm. 2), S. 220.
4 Weisser (wie Anm. 2), S. 174.

lich zu machen. Über die naturwissenschaftlichen Schriften sagt Albertus selbst in der Einleitung zu seiner Physik[5]:

> "Es ist unsere Absicht in den Naturwissenschaften, soweit unser Vermögen reicht, die Brüder unseres Ordens zufrieden zu stellen, die uns schon seit vielen Jahren darum angegangen haben, daß wir ihnen ein derartiges Buch über die Physik zusammenstellten, in dem sie die ganze Naturwissenschaft hätten und nach dem sie auch die Bücher des Aristoteles richtig verstehen könnten."

Albertus ist, wie andere Vertreter der Scholastik, bemüht, Theologie, Philosophie und die Wissenschaften zu einem Ganzen zu verbinden und damit gleichzeitig das gesamte Wissen und die Erkenntnismethoden des Aristoteles verständlich darzustellen. So gibt er stets eine Paraphrase des Aristotelischen Textes, scheut sich aber nicht, diesen, wenn nötig, zu ergänzen oder zu korrigieren. Korrekturen nimmt er allerdings nur sehr ungern vor und erklärt vermeintliche Fehler lieber als Folgen der Textüberlieferung: Aristoteles selbst habe sicher das Richtige gesagt, aber spätere Einfügungen, Umänderungen oder Auslassungen hätten den Text entstellt[6]. So stark die Anerkennung der Autorität des großen Vorgängers auch ist, kennt Albertus doch neben der Reflexion als weiteres Prinzip der Naturlehre die Beobachtung (experientia)[7]. Als Theoretiker ist Albertus unselbständig und folgt hier vollständig seinem Meister Aristoteles oder seinem anderen Vorbild Avicenna. Nur einige unbedeutende Ergänzungen, die aus dem Zeitgeist erwachsen, fügt er den theoretischen Ausführungen bei[8]. Originell und richtungsweisend für die folgende Zeit sind Albertus' eigene Beobachtungen, die er auf seinen zahlreichen Reisen gewonnen hat.

2.3.1.2. Die Bedeutung der Beobachtung für Albertus' Biologie

Durch seine Tätigkeit als Provinzial war Albertus gezwungen, weite Teile Europas zu Fuß zu durchwandern. Auf seinen Reisen gewann er durch eigene Anschauungen Kenntnisse über Fauna und Flora vieler Länder, die er in seine biologischen Schriften eingefügt hat. Wo ihm eigene Anschauung versagt blieb, verließ er sich auf das Urteil und die Angaben von in seinen Augen zuverlässigen Gewährsmännern. Da er bei seiner Tätigkeit als Geistlicher mit allen Volksschichten in Berührung kam, befragte er Bauern, Soldaten, Fischer, Jäger und

---

5 Zitiert nach Heinrich Balss: Albertus Magnus als Biologe. (Große Naturforscher, Bd 1) Stuttgart 1947, S. 65.
6 Vgl. z.B. De animal. VI 8: "Et hoc est falsum omnino et vitium fuit ex scriptura perverso, et non ex dictis philosophi."
7 De animal. VI 8.
8 Vgl. Balss (wie Anm. 5), S. 272.

Vogelsteller nach ihren Erfahrungen. Einiges Wissen hat er auch von seinen Ordensbrüdern übernommen[9].

Albertus korrigiert seine großen Vorgänger Aristoteles und Avicenna gewöhnlich nur mit der Begründung "expertus sum" oder ähnlichem[10]. Wenn er sich nicht auf eigene Beobachtungen stützt, berichtet er, daß er dies nicht selbst beobachtet habe und gibt seine Gewährsmänner an, deren Glaubwürdigkeit er hervorhebt und begründet. Gerade die Möglichkeit des Lernens durch Erfahrung zeichne den Menschen vor den anderen Tieren aus und ermögliche ihm, zu universellem Wissen und zur Reflexion zu gelangen[11]. Albertus mißt damit insgesamt der Beobachtung eine Bedeutung bei, die ihn weit über seine Zeitgenossen hinaushebt und die einen großen Schritt zur modernen Erfahrungswissenschaft bedeutet[12].

---

9 James R. Shaw (Scientific Empiricism in the Middle Ages. Albertus Magnus on Sexual Anatomy and Physiology. In: Clio Medica 10 [1975], S. 53-64) zeigt an der Sexualkunde des Albertus, wie wichtig für diesen Beobachtungen als Kontrolle und Ergänzung für die Behandlung biologischer Probleme waren; vgl. auch Christian Hünemörder: Die Zoologie des Albertus Magnus. In: Gerbert Meyer /Albert Zimmermann (Hrsg.): Albertus Magnus. Doctor Universalis, 1280/1980. (Walberger Studien, Philosophisch-Theologische Hochschule der Dominikaner, Albertus-Magnus-Akademie. Philosophische Reihe, 6) Mainz 1980, S. 235-248; hier S. 244-245, und besonders Lynn Thorndike: A History of Magic and Experimental Science During the First Thirteen Centuries of Our Era. Vol. II. New York/London 1933, ⁶1964, S. 538-548.

10 "Expertus sum" XXII 143, XXV 36; XXV 42 (quod ego expertus sum per visum); XXVI 14 (experti sumus ego et mei socii); häufige Überprüfung: XXVI 29 (sicut multotiens experti sumus); XXVI 16 (expertus enim sum multotiens et ostendi sociis hoc); etwas ist noch nicht überprüft: XXIII 140 (sed hoc non est probatum); XXVI 126 (sed hoc satis est probatum per experimentum); I 140 (sed hoc experimento probavi); XVI 132/33; Experimentatores: I 32.
  - Weitere Beispiele bei Paul Hoßfeld (Albertus Magnus als Naturphilosoph und Naturwissenschaftler. Bonn 1983, bes. S. 85-93), der in seinem dritten Hauptteil "Von welcher Qualität sind die eigenen Beobachtungen des Albertus Magnus" (S. 76-96) alle Stellen aus den naturwissenschaftlichen Schriften des Albertus zusammengestellt hat, die Eigenbeobachtungen vermuten lassen. Hoßfeld bespricht sie im einzelnen und gelangt bei der Auswertung der Stellen aus der Tierkunde zu folgendem Ergebnis (S. 93): "Von den rund 70 Beobachtungen Alberts, die ich aus De animalibus zusammengetragen habe, sind 9 uneigentliche Beobachtungen in dem Sinn, daß Albert nur denjenigen sah, der ihm etwas berichtete, was er für erwähnenswert hielt. 7 Beobachtungen Alberts sind mit einem einfachen Eingriff, einem Experiment, verbunden. Von den restlichen 54 eigenen Beobachtungen Alberts sind 2 von teils schlechter Qualität, enthalten 4 Phantastisches oder sogenannte Jägerlatein, stellen mindestens 5 ausführliche Beobachtungen dar."

11 XXI 11, bes.: "Sufficienter autem non participant experimento quia non veniunt per experimentum ad universale et artem et rationem, sed tantum secundum aliquid participant experimento, ut iam diximus."

12 Vgl. dazu Franz Strunz: Albertus Magnus, Weisheit und Naturforschung im Mittelalter. (Menschen, Völker, Zeiten. Eine Kulturgeschichte in Einzeldarstellungen, Bd 15) Wien/Leipzig 1926, S. 144 f.; hier S. 144: "Alberts praktische Tierlehre und Tierbeobachtung zeigen seine für die damalige Zeit einzigartige Methode der vorsichtigen Prüfung und Unterscheidung von Wahrheit und Fabel, Natur und Sage. ... Er nimmt als Naturforscher die äußere Erfahrung so ernst wie die übernatürliche als Theologe und Philosoph". - Shaw (wie Anm. 9), S. 61: "I think all of these comments - and others could be cited to the same purpose - show that Albert was committed to serious scientific observation of things some would say are not the proper business of a thirteenth century friar."

2.3.1.3 Aufbau und Quellen der Tierkunde

In den von Pelster[13] aufgefundenen beiden Anfangskapiteln von "De animalibus" gibt Albertus an, er wolle nach seiner Gewohnheit Aristoteles folgen; auch der große Umfang des Werkes sei durch seine Vorlage bedingt. Allerdings habe er aus wissenschaftlichen Gründen einige Ergänzungen für notwendig gehalten[14]. Albertus benutzte als Vorlage neunzehn Bücher des Aristoteles (zehn Bücher "Tiergeschichte", vier "Von den Teilen", fünf "Von der Zeugung") in lateinischer Übersetzung des Michael Scotus aus dem Arabischen, Avicennas Kanon und sein Aristoteleskompendium, beide ebenfalls in der lateinischen Übersetzung des Michael Scotus[15]. Buch 20 und 21 sind Albertus' selbständige Arbeit, für die er allerdings zeitgenössische Quellen heranzieht; für Buch 22-26 verwendete er das "Buch über die Natur" seines Ordensbruders und Schülers Thomas von Cantimpré als Quelle oder entlehnte sein Wissen den gleichen Quellen wie dieser[16]. Da Albertus Übersetzungen aus dem Arabischen als Vorlage benutzte, enthält der lateinische Text manche arabische Ausdrücke oder Tiernamen.

---

13 Franz Pelster (Die beiden ersten Kapitel der Erklärung Alberts des Großen zu De animalibus in ihrer ursprünglichen Fassung. In: Scholastik 10 [1935], S. 229-240) fand im Cod. Vat. lat. 718 die Einleitungskapitel zu De animalibus; eine Textfassung dieser beiden Kapitel fügt er seinem Aufsatz bei.

14 Pelster (wie Anm. 13), S. 234, Z. 1-7; bes. Zeile 4-7: "Et cum multum prolixus sit tractus Aristotelis de animalibus, opportet nostrum librum prolixum fieri, qui et Aristotelis librum explanabit et nonnulla, que ipse non posuit, interponent, que *scientie* nunc videntur esse necessaria."

15 Zu Michael Scotus vgl. Lynn Thorndike: Michael Scot. London/Edinburgh 1965; Thorndike gibt an, daß Scotus' Übersetzungen von "Historia animalium", "De partibus animalium" und "De generatione animalium" wahrscheinlich die ersten lateinischen Versionen dieser Werke waren und spätestens 1220 verfaßt wurden. Sie wurden von Albertus Magnus als Grundlage für "De animalibus" (1256-1260) verwendet, da erst am 23. Dezember 1260 von Wilhelm von Moerbecke eine vollständige Übersetzung von "De generatione animalium" aus dem Griechischen vorgenommen wurde. Bis ins 14. Jahrhundert wurden Michael Scotus' Übersetzungen an den Universitäten benutzt und alle Zusammenfassungen der Aristotelischen Zoologie stammen von ihm. Da Michael Scotus' Werke leider weder in einer modernen kritischen Ausgabe noch überhaupt gedruckt vorliegen, waren die Texte zum direkten Vergleich nicht zugänglich. Dies erschien aber auch nicht notwendig, da Stadler in seinem Vorwort angibt, er habe die Manuskripte der lateinischen Übersetzungen des Michael Scotus genauestens mit dem Albertinischen Text verglichen und mit entsprechenden Zeichen angegeben, welche Teile des Textes Zusätze des Albertus seien. Von Avicenna stand nur die lateinische Ausgabe der Epitome der Aristotelischen Zoologie von 1508 zur Verfügung (Avicennae perhypatetici philosophi, ac medicorum facile primi opera in lucem redacta ac nuper quantum ars niti posuit per canonicos emendata. Cum Privilegio - Venedig 1508; Nachdruck: Frankfurt am Main 1961). Ein Vergleich der die Vogelentwicklung betreffenden Passagen mit Aristoteles und Albertus zeigte, daß bei Avicenna eine Kurzfassung des Aristotelischen Textes vorliegt, d.h. daß die Hinzufügungen bei Albertus wohl nicht von Avicenna, sondern von Albertus selbst stammen - es sei denn, die nicht zugängliche Übersetzung des Michael Scotus hatte einen völlig anderen Text, was aber unwahrscheinlich ist.

16 Strunz (wie Anm. 12) glaubt, Albert habe nur die gleichen Quellen benutzt; Pauline Aiken (The Animal History of Albertus Magnus and Thomas of Cantimpré. In: Speculum 22 [1949], S. 205-225) versucht durch einen genauen Textvergleich zu zeigen, daß das Werk des Thomas von Cantimpré die Quelle war; so auch Hünemörder (wie Anm. 9), S. 245 f.

Entsprechend der verwendeten Vorlagen ergibt sich der *Aufbau von "De animalibus"*:

Hauptteil:
A (Buch I-X): Naturgeschichte der Tiere
B (Buch XI-XIV): Über die Teile der Tiere
C (Buch XV-XIX): Über die Zeugung und Entwicklung der Tiere

Anfügungen:
A: (Buch XX-XXI): Abhandlungen allgemeiner Art (stoffliche Zusammensetzung des Tierkörpers, formale Kräfte im Tierkörper, vollkommene und unvollkommene Tiere, vergleichende Tierpsychologie)
B: (Buch XXII-XXVI): Vorstellung der einzelnen Tierarten (XXII: Mensch und schreitende Tiere; XXIII: fliegende Tiere; XXIV: schwimmende Tiere; XXV: kriechende Tiere; XXVI: Ungeziefer)

In unserem Zusammenhang sind besonders die Bücher XV-XIX über die Zeugung und Entwicklung interessant; aber auch die in das gesamte Werk eingestreuten Bemerkungen zur Embryologie (besonders Buch I, VI, IX) müssen mit einbezogen werden, insbesondere die Behandlung der Vogelentwicklung im sechsten Buch (VI 4), die sich eng an die Aristotelische Darstellung anschließt.

2.3.2. Die Zeugungs- und Entwicklungslehre bei Albertus Magnus

Wichtig für die Einschätzung von Albertus' Entwicklungslehre ist seine Grundüberzeugung, daß er keine außernatürlichen Ursachen zur Erklärung biologischen Geschehens heranzieht. Die Zweckmäßigkeit des Organismus ist das Ziel der Natur und wird auch von der Natur bewirkt. Trotz seiner christlichen Überzeugung führt Albertus Gott nicht als Ursache der Entwicklungen. Er erwähnt ihn in der gesamten Tiergeschichte nur einmal am Schluß des Werkes, um sich entsprechend mittelalterlichem Brauch bei Gott für die Hilfe bei der Vollendung des Werkes zu bedanken[17]. Albertus ist also ein echter Biologe im heutigen Sinne des Wortes. Er überwindet damit die Phase der "spekulativen Embryologie", wie man sie bei den Autoren des Mittelalters sonst meistens findet.
Albertus schließt sich in der Darstellung der Entwicklungslehre weitgehend Aristoteles an, so daß seine Lehre hier im einzelnen nicht vorgeführt werden muß. Aber er folgt ihm nicht sklavisch, sondern ergänzt und korrigiert, wo er es für richtig hält[18]. Beide Autoren widmen einen großen Teil ihrer biologischen Schriften dem Problem der Zeugung und Entwicklung (Aristoteles 37 %, Albertus 31 % seiner biologischen Schriften). In der in Buch I vorliegenden Zusammenfassung seiner Anschauungen über den Embryo (Buch I, Kap. 6) schließt sich Albertus eng an Aristoteles an; er übernimmt auch die Aristotelische Klassifikation der Tiere nach der Zeugungsart. In einem Punkt weicht er allerdings von Aristoteles ab: Er spricht, wie Galen, von weiblichem Samen. In Buch

---

17 De animal. XXI 51; vgl. Balss (wie Anm. 5), S. 273.
18 Vgl. dazu die Darstellung bei Joseph Needham: A History of Embryology. Cambridge 1934, ²Cambridge 1959 und New York 1959, S. 86 f.

IX und XV behandelt Albertus die Lehre Galens und die Kontroverse zwischen Aristotelikern und den Anhängern Galens dann in den Einzelheiten. Albertus' eigene Theorie ist eine Mischung aus beiden Theorien: Das aktive, formative Prinzip ist der männliche Samen, im weiblichen Samen sieht er dagegen das passive materielle Prinzip. Beide müssen zusammenwirken, damit ein Embryo gebildet werden kann. Auch Albertus beschreibt, in Anlehnung an Aristoteles, die Wirkung des männlichen Samens auf den weiblichen mit der Wirkung des Labs auf die Milch[19]. Hinzukommen muß nach Albertus allerdings eine dritte Komponente, der Nährstoff, den das materne Blut bzw. der Dotter liefert (I 83). So übernimmt Albertus von Galen via Avicenna die Aufteilung der weiblichen Leistung in eine nutritive und eine materielle Komponente[20]: das Material kommt vom sogenannten "weiblichen Samen"[21], die Ernährung durch die Katamenien (XV 2, 11). Bei den eierlegenden Tieren liefert der Dotter die Nahrung, das Eiweiß die Bildungssubstanz[22]. Wie Aristoteles wendet sich Albertus entschieden gegen die Präformationstheorie und folgt in seiner Argumentation dabei fast wortwörtlich dem Aristotelischen Text[23]. In der dritten zentralen Frage nach dem Primat der Teile schließt sich Albertus wiederum Aristoteles an und stellt fest, daß das Herz zuerst entstehen müsse[24], was sich auch durch die Beobachtung verifizieren lasse. Darauf ist bei der Analyse der Beschreibung der Entwicklung des Hühnchens noch genauer einzugehen.

Die Entstehung des Spermas des Männchens stellt sich Albertus mit Avicenna so vor, daß es als Überschuß des vierten Verdauungsstadiums (III 152, XV 140) von allen Gliedern, besonders aber vom Kopfe her, durch das Blut herbeigeführt und von den Hoden wie durch einen Schröpfkopf angezogen werde; in ihnen werde es weiß und erhalte dabei die vom Herzen herkommende bildende Kraft. Daß der Samen von allen Gliedern stamme, ergebe sich daraus, daß er auch die Kraft habe, alle Glieder zu bilden, und wenn dem Erzeuger ein Glied fehle, so fehle es - bei vielen Tieren wenigstens - auch dem Jungen (III 161-162).

---

19 De animal. I Kap. 6, 82-83.
20 Vgl. zu Avicennas Theorie die Darstellung bei Musallam (wie Anm. 2), S. 33-35.
21 In der Physik (II 2,3) konstatierte Albertus, Same im eigentlichen Sinne sei nur der männliche Same, da der Name eine wirksame und formende Ursache (formantem) bedeute; diese aktive und formende Kraft besitze nur der männliche Same (Physik IX 2, 1; 2,3; XVI 1,7; 1,16; XX 2,3; De animal. VI Kap 11).
22 De animal. VI Kap. 4, IX Kap 3.
23 Vgl. bes. De animal. IX 2,1; 2,4; XV 2,1; 2,10; XVI 13.
24 Vgl. z.B. De animal. IX 117-119.

2.3.3. Die Bedeutung der Vogelentwicklung bei Albertus Magnus[25]

2.3.3.1. Die Fortpflanzung der Vögel (Buch 6, Kap. 1-3)

Zunächst behandelt Albertus (Buch 6, Kap. 1), wie Aristoteles, die Verschiedenheit der Nester und Eier bei den einzelnen Vogelarten und geht dann auf die Entstehung und Entwicklung des Eies im Mutterleib ein (Kap. 2)[26]. Albertus beschreibt dieselben Farbänderungen des Eies wie Aristoteles und führt als Beweis (signum, VI 10) an, man könne diese verschiedenen Stadien in einem ge-

---

25 Versucht man, aus den bisher zu Albertus' Embryologie vorliegenden Studien zu erschließen, ob er selbst Untersuchungen vorgenommen und somit die Aristotelische Theorie erweitert bzw. korrigiert hat, stößt man auf divergierende Einschätzungen. Willehad Paul (O. P.) Eckert (Albert der Große als Naturwissenschaftler. In: Angelicum 57 [1980], S. 477-495) schreibt Albertus eigene Beobachtungen zu und fährt fort (S. 487): "... und [Albertus] ergänzte durch seine anatomischen Versuche mit beachtlichem Verständnis die Beschreibung des Vorganges der Entstehung des Vogels aus dem Ei, wie sie der Stagirit gegeben hatte." Zu den Einzelheiten, die ihn zu seinem Urteil geführt haben, äußert sich Eckert leider nicht. - Ähnlich positiv wie Eckert schätzt auch M. F. Ashley Montagu (Embryology from Antiquity to the End of the Eighteenth Century. In: Ciba Symposia 10 [1949], S. 1009-1028; hier S. 1017) die Leistung des Albertus ein und bezeichnet ihn als "Something of a believer in observation" und betont, daß Albertus der Embryologie damit einen neuen Akzent gegeben habe. - Needham (wie Anm. 18, S. 86-91) nimmt ebenfalls an, daß Albertus selbst Hühnereier untersucht habe, schränkt aber Albertus' Leistung ein, da dieser über weite Passagen fast wortwörtlich Aristoteles zitiere und nur einige wenige Ergänzungen einfüge, die zudem nicht alle korrekt seien. Wie Montagu betont Needham, daß die Bedeutung des Albertus für die Entwicklung der Embryologie in der Betonung der Beobachtung liege (S. 91): "The importance of Albert in the history of embryology is clear. With him the new spirit of investigation leapt up into being, and, though there were many years yet to pass before Harvey, the modern as opposed to the ancient period of embryology had begun."
Angesichts derartig positiver Einschätzungen der Leistung des Albertus auf embryologischem Gebiet mutet es sonderbar an, daß man auch die entgegengesetzte Meinung vertreten findet. Adelmann (The Embryological Treatises of Hieronymus Fabricius of Aquapendente. The Formation of the Egg and of the Chick. The Formed Fetus. Facsimile Edition with Introduction, Translation and Commentary by Howard B. Adelmann. 2 Bde, Ithaca, N. Y. 1942; Nachdruck: Ithaca 1967) spricht Albertus jegliche eigene Beobachtung ab (S. 57): "Albertus' discussion of the development of the chick really contains nothing which is not derived from Aristotle; it is unlikely that he ever himself observed the developing chick." - Ähnlich wertet auch Bruno Bloch (Die geschichtlichen Grundlagen der Embryologie bis auf Harvey. In: Nova Acta. Abhandlungen der Kaiserlich Leopoldinisch-Carolinischen Deutschen Akademie der Naturforscher 82 [1904]], S. 213-343; hier S. 282): "Speziell der Entwicklung des Hühnchens im Ei widmet auch er [sc. Albertus] einen größeren Abschnitt. Was uns da erzählt wird von der frühzeitigen Ausbildung und Funktion des Herzens, von der Bildung und Teilung der Gefäße, von der Entstehung der Leber, der Lunge und über übrigen Organe und vom zeitlichen Ablauf der Entwicklung, das ließe sich beinahe Satz für Satz mit den entsprechenden Stellen aus Aristoteles belegen."
Die Analyse der die Vogelentwicklung betreffenden Passagen wird zeigen, daß die von Adelmann und Bloch vertretene Einschätzung Albertus keineswegs gerecht wird. Albertus folgt zwar fast wortwörtlich dem Aristotelischen Text, aber er fügt ständig Erläuterungen ein. Meistens dienen sie nur der Verdeutlichung dessen, was Aristoteles bereits beschrieben hat, aber an einigen Stellen ergänzt oder korrigiert Albertus seinen Vorgänger, und seine Erkenntnisfortschritte beweisen, daß neue Beobachtungen zugrundegelegt wurden.

26 Entspricht Arist. Hist. an. 559 b 10 ff.

schlachteten Huhn leicht sehen. Die Lokalisierung der Eier im Innern des Huhnes ist aber präziser als bei Aristoteles, der nur angibt, daß die Eier sich unterhalb des "Zwerchfells" - gemeint ist wohl die innere Körperwand (Bauchfell), da Vögel kein Zwerchfell besitzen - befinden; Albertus fügt hinzu, daß sie oberhalb des Wirbelknochens der Hühner liegen (VI 10), was auf eigene Beobachtung schließen läßt; die Angabe, daß diese Eier über den Wirbelknochen der Hühner liegen, ist dann richtig, wenn man den Vogel vom Bauch her öffnet.

Bei der folgenden Beschreibung der Windeier stellt Albertus abweichend von Aristoteles eine Definition voraus (VI 11):

> "Windeier nenne ich die Eier, die in Gestalt und Flüssigkeit zwar Ähnlichkeit mit Eiern haben, denen aber der männliche Samen fehlt."

Im folgenden beschreibt Albertus dann die Entstehung der Windeier fast wortwörtlich wie Aristoteles und stellt fest, daß die von Galen vertretene Meinung falsch sei,

> "daß der weibliche Samen bei der Zeugung gerinne und forme, wenn er auch weniger gerinne und forme als der Same des Männchens."

Als Argument gegen diese Theorie Galens führt Albertus an, daß Windeier sich bei Bebrütung nicht verändern (VI 11).

Interessant sind Albertus' Ergänzungen zur Funktion und Sichtbarkeit des männlichen Samens (VI 13):
1. Die Farbe des Samens sei weiß, was die Reinheit der Substanz beweise.
2. Seine Substanz sei viel dichter als das übrige Weiße, daher könne er die Lebenswärme und formende Wirkkraft in sich halten.
3. Der Same erstrecke sich durch das ganze Weiße bis zum Dotter und sei an der Spitze des Eies angeheftet.

Aus dieser Beschreibung folgt, daß Albertus die Chalazen, die Eischnüre, die der Anheftung des Eies in der Eischale dienen, als das männliche Sperma identifizierte[27]. Unverständlich ist allerdings, daß Albertus fortfährt, der männliche Same, d.h. die Eischnüre seien bei Windeiern nicht zu finden. Diese theoriekonforme Annahme ist nicht durch Beobachtung überprüft worden.

In Paragraph 14 fügt Albertus dann eine eigene Beobachtung an (ego vidi: ich selbst habe gesehen): Er beschreibt ein völlig rundes Ei, das zwei ineinandergeschachtelte Schalen hatte, zwischen denen sich eine wäßrige feine weiße Flüssigkeit befunden habe; auch in der inneren Schale sei diese Flüssigkeit gewesen, und man habe keinen gelben Bestandteil sehen können. Auch die Beschreibung dieser besonderen Mißbildung eines Eies zeigt, daß Albertus seine Aristotelische Vorlage durch eigene Beobachtungen ergänzte.

In Paragraph 15 fügt Albertus dann über Aristoteles hinausgehend andere Gründe an, die dazu führen können, daß aus befruchteten Eiern keine Küken hervorgehen:

---

27 Adelmann (wie Anm. 25, S. 51) wertet dies als Rückschritt gegenüber Aristoteles.

1. Das Weiße kann verdorben sein, dann fehlt die formative Kraft - bei Bebrütung entsteht nichts.
2. Das Gelbe des Eies ist verdorben, dann fehlt die Nahrung zur Bildung des Embryos - bei Bebrütung entsteht ein unvollständiges Ei, das einem Abort ähnelt.
3. Verderbnis der Häute bzw. Gewebe des Eies - führt zur Vermischung der Flüssigkeiten bzw. verhindert die Bildung des Herzens, der Venen und Nerven.
4. Großes Alter des Eies - führt dazu, daß der Lebenshauch d.h. die formative Kraft ausdünstet.

Absonderlich ist die Beschreibung eines "Feuereies", für dessen Existenz Albertus Avicenna als Zeugen anführt (VI 1). Das leuchtende Ei soll als Extremfall von Fall 2 entstehen: Die feurigen Teile des Eies fielen verbrannt zur Schale des Eies und bespritzten sie, daher leuchte das Ei im Dunkeln wie eine entzündete Eiche.

Im dritten Kapitel äußert sich Albertus dann über die Zeit, in der die Vögel brüten; auch hier basieren die Ergänzungen zu den Bebrütungsgewohnheiten der einzelnen Vogelarten auf eigenen bzw. zumindest neuen Beobachtungen. Im vierten Kapitel wendet er sich dann der Beschreibung der Entwicklung des bebrüteten Eies zu.

2.3.3.2. Die Hühnchenentwicklung (Buch 6, Kap. 4)

Albertus beginnt seine Beschreibung der Hühnchenentwicklung (§ 27) mit einer Begründung, warum er gerade das Hühnerei als Beobachtungsobjekt gewählt habe: Die Entwicklung der Eier verlaufe bei allen Vögeln gleich, aber die Hühnereier seien die bekanntesten Eier. Auch Albertus beschreibt die extraembryonalen Häute (Schalenhaut, Chorio-Allantois, Amnion und Dottersack) und fügt ein, daß man diese bei alten Eiern gut sehen könne, da sich die Häute dann absetzen. In Paragraph 28 erklärt er, daß die Entstehung des Embryos bei den verschiedenen Vogelarten verschieden lang dauere und stellt wie Aristoteles fest, daß sich beim Hühnchen am dritten Tage als erstes das Herz bilde, in dem der Lebenshauch (spiritus) sitze, der die bildende Kraft sei, die die anderen Glieder bilde. Neu ist die Aussage, daß der Hauch durch die Systole und Diastole des Herzens verteilt werde, um die Organe zu bilden.

Die Beschreibung der Adergänge, die vom Herzen ausgehen, ist differenzierter als bei Aristoteles, der nur von zwei Adern sprach. Albertus stellt ebenfalls fest, daß zwei Adern vom Herzen ausgehen, aber er ergänzt, daß diese viele Äste bilden. Die größere der beiden Adern führe zu der Haut, die das Weiße umgebe (modern: Chorio-Allantois) und zu der Stelle, wo der Kopf des Hühnchens gebildet werde. Aus dem feinsten Material werde der Kopf und das Gehirn gebildet. All dies werde durch die Kraft bewirkt, die durch die Ader vom Herzen zum Kopf gelange (vena capitis); diese Ader sei ein Ast der Ader, die zum Weißen führe (modern: Allantoisvene). Als Beweis führt Albertus an, daß man, wenn man ein Ei zu diesem Zeitpunkt aufbreche, den Kopf in der Flüssigkeit des Eies von den unteren Körperteilen entfernt finde. Auch die andere der beiden Adern spalte sich, und zwar in einen Ast, der dorthin führe, wo die Lunge gebildet werde, und in einen zweiten, der durch das "Zwerchfell" (gemeint ist wiederum wohl das Bauchfell) hindurch zum Dottersack führe; um diesen herum bildeten sich Leber und Magen (VI 31); der Dottersack vertrete die Stelle des Nabels, durch ihn werde aus dem Gelben Nahrung herangezogen; die Bildung der ersten Körperteile (radicilia membra) erfolge aus dem Weißen. Die detaillierte Beschreibung der Aufgliederung der Adergänge kann nur durch neue Beobachtungen am Objekt gewonnen sein.

Bevor Albert zur Beschreibung des zehn Tage alten Hühnchens übergeht, fügt er ein, daß all das, was er zuvor beschrieben habe, in der Zeit bis zum zehnten Tag ausgebildet werde[28]. Auch diese Aussage deutet darauf hin, daß Albertus im Gegensatz zu Aristoteles die Entwicklung des Hühnchens auch zwischen dem dritten und zehnten Tag weiterverfolgt hat. Am zehnten Tag, gibt Albertus an, sei das Hühnchen dann vollständig ausgebildet, alle seine Teile seien noch feucht und weich, aber schon deutlich sichtbar, wenn man das Ei aufbreche. Wie Aristoteles bemerkt Albertus, daß der Kopf des Hühnchens noch erheblich größer sei als der gesamte Körper, aber er fügt eine Erklärung dafür an: Das flüssige Mark des Gehirns habe sich noch nicht gesetzt, ähnlich wie auch beim Menschen das Gehirn erst allmählich nach der Geburt austrockne. Auch dafür, daß die Augen zu diesem Zeitpunkt noch nichts Festes enthalten, gibt Albertus eine Begründung: die Flüssigkeiten seien noch nicht vereinigt (VI 32).

Auch die Eingeweide seien bereits erkennbar. Dann fügt er wieder eine neue Beobachtung ein: Zwei Adergänge führen vom Herzen zu den Augen und sie haben Äste, die sich zum Dottersack erstrecken und von dort die Nahrung für die Augen heranführen. Wie Aristoteles beschreibt Albertus auch die Aderäste, die zur Chorio-Allantois und zum Dottersack führen (modern: Allantoisvene und Dottervene), aber er spricht nicht von einem Ast, sondern von vielen Ästen, von denen mehrere zu den jeweiligen Häuten führen. Dies läßt darauf schließen, daß Albertus nicht nur die Venen, sondern vielleicht auch die Arterien gesehen hat, die seit Galen ebenfalls als blutführende Adergänge identifiziert waren. Bei der Beschreibung der einzelnen Häute (Amnion, Chorion, Dottersack und Schalenhaut) und des Aufbaues des gesamten Eies fügt Albertus nur unwichtige erklärende Bemerkungen ein.

Abschließend wendet er sich dann ebenfalls der Beschreibung eines zwanzig Tage alten Hühnchens zu (VI 35). Interessant ist dabei, daß die von Aristoteles übernommene Beschreibung, wie das Küken liegt (Kopf über dem rechten Schenkel, Flügel über dem Kopf) nicht dem zwanzigsten, sondern dem zehnten Tag zugeschrieben wird bzw. der Entwicklung bis zum zehnten Tag. Wieder beschreibt Albertus, fast wortwörtlich Aristoteles folgend, den Aufbau des Eies und seine Häute und fügt bei der Angabe, daß das Küken bereits Ausscheidungen habe, ein, daß diese sehr feuchten Ausscheidungen zwischen die beiden Häute erfolgen, und zwar in der Nähe der Stelle, wo der After des Kükens gebildet werde. Albertus hat hier möglicherweise erstmals die Funktion der Allantois

---

28 VI 32: "Et quando sic transierint decem dies a principio cubationis in quibus huismodi fiunt distinctiones membrorum, erit pullus complete lineatus in omnibus suis, ..."

als embryonale Blase umschrieben[29]. Wie Aristoteles erwähnt er, daß das Küken bis zum zwanzigsten Tag gleichsam schlafend sei, und fügt als Beobachtung hinzu, daß die Augen zittern. Dieses Phänomen erklärt er damit, daß die Augen noch keinen vereinigten Blick hätten. Weiterhin beschreibt Albertus das Pulsieren des Blutes in Augen und Herz und wertet es als Zeichen für eine Art Atmung (VI 37).

2.3.3.3. Weitere Beobachtungen zur Vogelentwicklung (Buch 17; Questiones de animalibus)

Weitere Bemerkungen zur Vogelentwicklung finden sich im Buch 17 der Tiergeschichte, für das das dritte Buch von "De generatione animalium" als Vorlage diente. Diese Beschreibung der Vogelentwicklung ist ganz kurz abzuhandeln, da es sich dabei um eine fast wortwörtliche Wiedergabe der Aristotelischen Vorlage handelt, ohne daß wesentliche Ergänzungen vorgenommen werden. Etwas anders verhält es sich mit der zweiten Quelle, den "Fragen zu den Tieren" (Questiones de animalibus). Die Echtheit dieses Werkes ist umstritten[30]. Obwohl nur der Inhalt mit Sicherheit auf Albertus zurückzuführen ist, nicht aber die überlieferte Form, sollen die entsprechenden Textpassagen dennoch zur Ergänzung herangezogen werden, da sie die Methode des Albertus verdeutlichen können.

Die "Questiones de animalibus" enthalten Fragestellungen zu den in der Tiergeschichte behandelten Themen; sie sind daher wie das Hauptwerk gegliedert. Die Fragestellungen zum sechsten Buch der Tiergeschichte bieten keine über das Hauptwerk selbst hinausgehenden Informationen. Die Fragen zum siebzehnten Buch dagegen ergeben einige neue Aspekte, besonders die Fragen 4 bis 6 speziell "Zum Hühnchen". Um die den Questiones zugrundeliegende Methode zu verdeutlichen, sollen diese Abschnitte in den Einzelheiten referiert und einige Passagen in einer möglichst wortgetreuen Übersetzung wiedergegeben werden.

Fragen 4 bis 6: Über die Hühner

"Weiterhin ist zu fragen, wird das Hühnchen vom Dotter ernährt?"

---

29 Noch genauer gibt Albertus die Funktion der Allantois bei seiner Beschreibung der Verhältnisse beim Menschen an; dort heißt es, daß die Allantois Schweiß und Urin enthalte (IX 128); dazu ist zu bemerken, daß die Allantois beim Menschen fast völlig zurückgebildet ist.
30 Filthaut gelangt in den Prolegomena seiner Ausgabe dieser Schrift zu dem Schluß, daß der Inhalt zweifellos aus den Vorlesungen des Albertus stamme (S. XLIII f.), daß sich aber die Ausführung der einzelnen Teile und die Formulierung nicht eindeutig erschließen ließen, da die Form der verschiedenen Codices stark von einander abweiche; sie seien wohl von verschiedenen Schülern des Albertus als Berichte geschrieben und bestimmt vor 1300 verfaßt. Als Beweis für die Echtheit des Inhalts dient Filthaut unter anderem die Tatsache, daß sich auch in diesem Werk der für Albertus so typische Zug der Selbstbeobachtung finde; vgl. Sancti doctoris ecclesiae Alberti Magni ordinis fratrum praedictorum episcopi opera omnia. Tomus XII: ... Quaestiones super de animalibus. Primum edidit Ephrem Filthaut. Münster 1955, S. XLIV.

(1) Albertus erstes Argument ist, daß Tiere gewöhnlich vom Menstruationsblut ernährt werden, und daß dem Küken ein Organ fehlt, das den Dotter in Blut verwandeln könne, zumindest fehle dem Embryo in der Anfangsphase noch die für diese Aufbereitung notwendige Leber.

(2) Außerdem müsse sich der Dotter zum Küken wie das Menstruationsblut zum Menschen verhalten, aber das Menstruationsblut ernährt den Menschen nur, wenn es in der Leber aufbereitet wird, ebenso verhält es sich beim Küken mit dem Dotter. Daher stellt sich die Frage, wie das Küken ernährt wird, bevor die Leber gebildet ist.

"Das Gegenteil behauptet der Philosoph [sc. Aristoteles]."

Frage 5: Entsteht das Küken durch den differenzierenden Einfluß der äußeren Wärme?

(1) Es scheint so zu sein, da ein Küken nur durch Bebrütung, d.h. unter dem Einfluß äußerer Wärme ausgebildet wird.

(2) Außerdem verhält sich die Umgebung des Eies zum Ei wie der Uterus zum Embryo, und der Embryo entsteht in dem Uterus nur unter dem Einfluß der Wärme.

Gegenargument: Die wirkende Kraft (agens) und die Materie (materia) bewirken die Zeugung und beide sind im Ei eingeschlossen.

Frage 6: Legen Raubvögel weniger Eier?

Dies scheint nicht so zu sein, da die Anzahl der Eier mit der Tapferkeit der Vögel steigt und die Raubvögel sehr tapfer sind.

"Das Gegenteil sagt der Philosoph."

Es folgt die Stellungnahme zu den drei andiskutierten Fragen:

"Zum ersten ist zu sagen, daß der Embryo durch den Dotter ernährt wird. Aber es gibt zwei Stadien des Embryos: Eines vor der Vollendung der Körperteile und ein anderes danach. Vor der Vollendung der Körperteile erhält der Embryo seine Nahrung nicht durch den Magen und die Leber, sondern durch die proportionalen Wege der Vene; und weiterhin muß es nicht sein, daß die Nahrung des Embryos das Menstruationsblut ist, sondern es kann eine ähnliche Flüssigkeit sein; aber dennoch wird der Embryo nach der Vollendung vom Menstruationsblut ernährt, und dann wird er nur durch das ernährt, was durch den Magen oder die Leber geht. Dies zeigen die ersten Überlegungen. Nichtsdestotrotz entsteht, sobald das Herz entsteht, das Menstruationsblut in den Ventrikeln des Herzens, und aus diesem ernährt sich das Herz bis zur Vollendung der anderen Körperteile. Aber vor der Entstehung des Herzens gibt es keine Entstehung des Menstruationsblutes, und die geschieht erst im Ei."

Der Text spricht für sich und zeigt, welch detaillierte Überlegungen Albertus zu den einzelnen Fragestellungen zur Entwicklung des Embryos angestellt hat. Neu ist die Erklärung, daß es zwei Phasen der Ernährung des Embryos gibt, eine vor der Bildung der Leber, zu dieser Zeit wird der Embryo durch das vom Herzen gebildete Blut ohne weitere Aufbereitung ernährt. Es folgt eine zweite

Phase, in der von der Leber der Dotter als Nahrung, d.h. als Blut aufbereitet wird, und zur Ernährung des Embryos dient.

> "Zum zweiten ist zu sagen, daß sich im Ei natürliche Wärme befindet, doch ist sie gebunden, wie die Sinneswahrnehmung beim Schlafenden, und kann nicht zu eigener Wirksamkeit gelangen, außer wenn sie von außen in Bewegung gesetzt wird. So erzeugt der Pflanzensame nichts, wenn er nicht auf die Erde fällt, weil, indem er auf die Erde fällt, seine Wirkkraft (virtus) durch die Wärme der Erde erregt wird, genauso wie beim Ei, weil die innere Wärme von der äußeren angeregt wird, und also kein Hühnchen hervorgebracht wird, außer nach Bebrütung oder Erwärmung durch irgendjemanden. Von daher ist zur Frage zu sagen, daß das primäre Instrument die innere Wärme ist, die alles bewirkt, weil sie von der wirkenden Kraft (potentia ad actum) abgeleitet ist. Die äußere Wärme ist das sekundäre Instrument. Beide müssen zusammenwirken, keine kann etwas aus sich bewirken."

Neu ist hier die Aussage, daß die äußere Wärme gleichsam die Initialzündung für die im Ei liegende Bildungskraft liefern muß.

Die Argumentation zum dritten Punkt läßt sich kurz zusammenfassen: Die Menge der Eier hänge vom Überfluß der Flüssigkeit ab, nicht von der Tapferkeit der Vögel. Raubvögel besäßen zwar große Tapferkeit, aber keinen Überfluß an Flüssigkeit, also legten sie weniger Eier.

Die hier in den Einzelheiten vorgeführte Argumentation zu den zur Hühnchenentwicklung aufgeworfenen Fragen ist ein gutes Beispiel für die in den "Questiones" angewandte Methode. Die anderen zur Vogelentwicklung im allgemeinen diskutierten Fragen ergeben keine neuen Gesichtspunkte, alle Argumente sind auch im Hauptwerk enthalten. Insgesamt hat sich gezeigt, daß sich Albertus in aller Ausführlichkeit mit den Fragestellungen auseinandergesetzt hat und sich nicht scheut, auch das kleinste Detail auszudiskutieren. Dies gilt allerdings nicht nur für die Vogelentwicklung, sondern auch für viele andere Fragen zur Tiergeschichte.

2.4. ZUSAMMENFASSUNG

Insgesamt ist deutlich geworden, daß die abendländischen Kirchenväter und das islamische Mittelalter kein Interesse an der Beobachtung der Vogelentwicklung hatten. Nur Albertus Magnus, der die Aristotelischen Texte als unmittelbare Vorlage für sein eigenes Werk benutzte, behandelt die Vogelentwicklung in aller Ausführlichkeit. Er übernimmt alle von Aristoteles beschriebenen Einzelheiten und fügt teilweise einige ergänzende und kommentierende Bemerkungen ein. Da Albertus Erkenntnisse hinzufügt, die nur auf neuen Beobachtungen beruhen können, ergibt sich, daß er selbst oder eine uns unbekannte Person neue Untersuchungen am Hühnchen vorgenommen hat, die zwar nicht systematisch Tag für Tag durchgeführt wurden, aber mehr als nur die drei von Aristoteles beobachteten Entwicklungsstadien miteinbezogen. Die allgemein in Albertus' Werk sichtbare Betonung der Beobachtung bzw. der experimentellen Untersuchung der behandelten Sachverhalte ist bei der Analyse der Vogelentwicklung besonders deutlich zu spüren. So hat die Vogelentwicklung für Albertus, der sich sehr für Fragen der Entwicklungslehre interessierte, als primäres Beobachtungsobjekt wieder zentrale Bedeutung. Allerdings scheint er, wie seine Ausführungen zeigen, neben Vogeleiern auch Fischeier untersucht zu haben, so daß der Hühnerembryo nicht mehr das alleinige Untersuchungsobjekt ist. Insgesamt hat Albertus den ersten Schritt zu einer modernen Embryologie vollzogen.

TEIL 2:

DYNAMISCHE CONTRA STATISCHE BETRACHTUNGSWEISE IN DER EMBRYOLOGIE (RENAISSANCE-HUMANISMUS)

3. Die Wiederaufnahme des antiken methodischen Ansatzes

3.1. BEOBACHTENDE EMBRYOLOGIE IN DEN GROßEN ENZYKLOPÄDIEN DER RENAISSANCE

Im 15./16. Jahrhundert gibt es zwei Bereiche, in denen die embryologischen Kenntnisse tradiert und erweitert werden: 1. die enzyklopädischen Werke, deren Anliegen die Erfassung allen bekannten Wissens zu dem jeweiligen Thema ist; 2. Die Ergänzung der Kenntnisse über die Anatomie des Geschlechtsapparates und die foetale Anatomie durch die Anatomen. Für den ersten Bereich soll stellvertretend das Werk des großen Polyhistors Conrad Gesner behandelt werden, da es die umfassendste Zusammenfassung aller bis zu diesem Zeitpunkt zum Thema Vogelentwicklung bekannten Erkenntnisse enthält. Für den zweiten Bereich stehen stellvertretend die Werke Ulisse Aldrovandis und Volcher Coiters, die gleichzeitig einen Neubeginn darstellen. Während das primäre Interesse ihrer Vorgänger der foetalen Anatomie und nicht der Embryologie galt, sind diese beiden Autoren erstmals an der systematischen Untersuchung eines Entwicklungsvorganges interessiert[1].

3.1.1. Conrad Gesners "Vogelbuch"

3.1.1.1. Conrad Gesners enzyklopädisches Werk

Der schweizerische Naturforscher und Polyhistor Conrad Gesner (1516-1565) wird oft als "deutscher Plinius" bezeichnet[2]. Gesner selbst vergleicht sein

---

1 Adelmann (The Embryological Treatises of Hieronymus Fabricius of Aquapendente. The Formation of the Egg and of the Chick. The Formed Fetus. Facsimile Edition with Introduction, Translation and Commentary by Howard B. Adelmann. 2 Bde, Ithaca, N. Y. 1942; Nachdruck: Ithaca 1967, S. 53-70) bespricht eine Vielzahl von Autoren, namentlich Leonardo da Vinci (1452-1591), Alexander Benedictus (1460-1525), Andreas Vesalius (1515-1564) und Bartholomaeus Eustachius (1523-1563) und stellt ihren jeweiligen Beitrag zum Embryologie (keiner behandelt die Vogelembryologie!) kurz dar. Abschließend stellt er fest (S. 66): "Embryology was the primary interest of none of the sixteenth century writers so far discussed. ... It apparently never occured to any of them to purse systematically the development of the embryo."

2 Zu Gesners Leistung als Zoologe vgl. die ausführliche Darstellung bei Änne Bäumer: Geschichte der Biologie. Band 2: Zoologie der Renaissance - Renaissance der Zoologie. Frankfurt etc. 1991, S. 42-73.

Hauptwerk, die "Historia animalium", mit der "Naturgeschichte" des Plinius. Er gibt an, er habe ein umfassendes Nachschlagewerk zur Zoologie schreiben wollen, einen "Thesaurus" bzw. "Pandekten", die eine ganze Bibliothek ersetzen sollten. Er versteht seine "Tiergeschichte" als enzyklopädisches Nachschlagewerk für Gelehrte, Professoren und Bibliotheken. Deshalb werden die Tiere auch in alphabetischer Reihenfolge in einzelnen monographischen Darstellungen behandelt. Gesner entscheidet sich damit bewußt gegen die von Aristoteles in der Einleitung zu "De partibus animalium" beschriebene Methode. Es werden dabei ganz im Stile des Plinius auch viele Themenbereiche angesprochen, die man nach heutiger Sicht nicht mehr in ein naturwissenschaftliches Werk aufnehmen würde. Alles, was in irgendeinem Zusammenhang mit einem Tier steht, wird aufgeführt. Zu seinen Beschreibungen und Abbildungen ist Gesner durch ein ausgedehntes Literaturstudium, durch zahlreiche eigene Beobachtungen und durch eine umfangreiche Korrespondenz gelangt. Auf biologischem Gebiet diente das von Gesner zusammengetragene Material lange Zeit als Grundlage für weitere Forschungen.

Bei seinen Quellen unterscheidet Gesner a) alte, nicht mehr existierende Werke, b) alte Werke im Originaltext, c) alte Werke, die bisher nur in verfälschter, arabischer Tradition vorliegen, d) zeitgenössische Werke. Diese Unterscheidung beruht auf Gesners humanistischer Überzeugung, er will das Alte in seiner Reinheit wiederherstellen. Dabei zeigt er großen Respekt vor dem überkommenen Wissen, aber er will die 'Alten' nicht nur lesen und zusammenstellen, sondern er will sie durch Beobachtung der Dinge selbst verstehen, ergänzen und erweitern, d. h. sie gleichsam zur Vollendung bringen. Er erkennt die Autorität der antiken Autoren nur so weit an, wie sie seinen eigenen durch Beobachtung gewonnenen Erfahrungen nicht widersprechen. Gesner steht als typischer Vertreter des Renaissance-Humanismus im Spannungsfeld zwischen Empirie und Tradition.

In seiner "Tierkunde" (Historia animalium, 1551-1558) gibt Gesner eine umfassende Darstellung des Tierreiches[3]. Priorität vor den antiken Kenntnissen erhalten allerdings immer seine eigenen Beobachtungen und die Beobachtungen seiner Zeitgenossen[4]. Rein systematisch ist Gesner nicht wesentlich über Aristoteles hinausgekommen. Er gibt selbst zu, daß ihm die Aufgabe, eine Systematik der Tiere zu erstellen, zu schwer und kompliziert war. Gesners besonderes Inter-

---

3 Vgl. dazu Rudolf Steiger, In: Conrad Gesner, 1516-1565. Universalgelehrter, Naturforscher, Arzt. Mit Beiträgen von Hans Fischer, Georges Petit, Joachim Staedtke, Rudolf Steiger und Heinrich Zoller. (Jubiläumspublikation zur 450-jährigen Geschichte des Art. Institut Orell Füssli, 1519-1969, Bd 2) Zürich 1967, S. 130: "Zu keiner Zeit, weder vor- noch nachher, ist das Tier von einem einzelnen so umfassend dargestellt worden. Wissenszweige, die heute separat behandelt werden, wie Medizin, Heilmittelgeschichte, Veterinärmedizin, Tierpsychologie, Nahrungsmittelkunde, Kochkunst, Landwirtschaft, Fleischverwertung, Kürschnerei, Weberei, Etymologie, Vergleichende Sprachwissenschaft, Literaturgeschichte, Religionsgeschichte, Volkskunde usw. - alles findet sich hier vereinigt, sofern sie über ein bestimmtes Tier etwas aussagen. In Gessners Werk herrscht noch die Überzeugung von der Einheit und Unteilbarkeit aller Wissenschaft, und zwar, weil er das Wissen der Antike miteinbezieht, sowohl im räumlichen wie im zeitlichen Sinne."
4 Vgl. dazu Caroline Aleid Gmelig-Nijboer: Conrad Gesner's "Historia animalium". An Inventory of Renaissance Zoology. (Communicationes biohistoricae Ultrajectinae, 72) Meppel 1977, S. 65 f. und auch S. 127.

esse galt den Vögeln[5]. 1555 wurde das dritte Buch der "Historia animalium" "qui est de Avium natura" - "Welches von den Vögeln handelt" bei Froschauer gesondert herausgegeben, und 1557 erschien eine erste deutsche Fassung, das berühmte "Vogelbuch" im selben Verlag. Diese Übersetzung ist gegenüber dem Original verkürzt, da der Übersetzer, der Pfarrer Rudolf Häußlin, das 'philologische Beiwerk' weggelassen hat. Für die vorliegende Untersuchung konnte sie dennoch verwendet werden, da philologische Fragestellungen im hier behandelten Zusammenhang nicht vorkommen[6].

3.1.1.2 Conrad Gesners Beschreibung der Vogelentwicklung

Bei der Behandlung der Henne (Gallina)[7] wird zunächst das Huhn allgemein und die Frage diskutiert, welche Hühnerrassen wieviele Eier legen. Dann werden die Fortpflanzungsgewohnheiten und die Entwicklung der Vögel beschrieben. Gesner betont, daß sich diese Aussagen auf alle Vögel beziehen (S. 179). Seine gesamte Darstellung ist eine Kombination der Theorien des hippokratischen Autors, des Aristoteles, des Galen und des Albertus. So verbindet Gesner z.B. die Beschreibung der vier farblich unterschiedenen Entwicklungsphasen des Eies im Mutterleib, wie sie bei Aristoteles und Albertus vorliegt, mit der Annahme des hippokratischen Autors, daß das Küken den Lebenshauch durch die Schale anziehe. Die Theorie des hippokratischen Autors, die kurz referiert wird, schreibt Gesner allerdings fälschlicherweise Galen zu, und führt als Gegenposition die Theorie des Aristoteles an, der er sich anschließt. Dann geht Gesner in einem nächsten Abschnitt nochmals auf die Teile des Eies ein. (S. 181: "Von den Teilen des Eies"); wieder wird zunächst Aristoteles zitiert und ergänzend die Meinung des Albertus angeführt, daß das Albumen ein Schleim sei, der zur Nahrung des Jungen diene. Von Albertus wird auch die Beschreibung des Samens und die Identifikation der Eischnüre als männlicher Samen übernommen. Der nächste Abschnitt: "Vom Ey/ und desselben Theilen/ Natur und Eygenschaft" besagt nichts über Aufbau und Entwicklung des Eies, sondern über die unterschiedlichen Substanzen des Eies und ihre Eigenschaften; für unser Thema ist diese Passage nicht von Interesse. Im folgenden Abschnitt werden die unterschiedlichen Ansichten angeführt, wie das Ei geformt sein muß, damit aus ihm ein männlicher oder ein weiblicher Embryo hervorgeht. Anschließend werden die mögli-

---

5 Hans Fischer (Conrad Gesner. Leben und Werk. [Neujahrsblatt herausgegeben von der Naturforschenden Gesellschaft in Zürich, 168] Zürich 1966) bemerkt dazu (S. 46): "Gessners Darstellungen der Vögel und der Tiere überhaupt beruhen in viel größerem Ausmaß als das bei seinen Vorgängern, auch bei Albertus Magnus, der Fall war, auf Naturbeobachtung. Wenn er in seiner Systematik Aristoteliker war, so war er mit der lebendigen Natur im wissenschaftlichen Sinn, was Tierbeobachtung und Tierbeschreibung betrifft, aufs beste vertraut. Oft seine besten Helfer waren nichtgelehrte Beobachter von großer Erfahrung. Das biologische Wissen der einheimischen Vogelsteller wurde durch Gessner der Wissenschaft erschlossen."

6 Zugrundegelegt wurde die in der Literatur angegebene Ausgabe von 1669, da diese durch den Nachdruck (Hannover 1981) jederzeit leicht zugänglich ist. Vgl. Gesneri redivivi, aucti et emendati Tomus II. Oder Vollkomenes Vogel-Buch... 2 Bde, Frankfurt am Main 1669; Nachdruck: Hannover 1981.

7 In der genannten Ausgabe (wie Anm. 6), S. 178 ff.

chen Mißbildungen[8] und die Windeier behandelt. Was Gesner sonst über das Brüten, die Auswahl der Hennen, Bau der Hühnerhäuser, vom Mästen, von der Verwendung der Eier als Speise, Medizin, Öl usw. sagt, ist in vielem originell, aber für den hier behandelten Zusammenhang ohne Bedeutung.

Eine genaue Untersuchung des Textes insgesamt und ein Vergleich mit den Quellen ergab, daß über die Vogelentwicklung keine neuen Erkenntnisse gewonnen werden, sondern daß bei Gesner nur eine umfassende Synthese der schon bestehenden Theorien vorliegt. Diese Methode ist typisch für die enzyklopädischen Werke dieser Zeit. Da die Theorien bereits im einzelnen vorgeführt wurden, genügte der vorliegende kurze Überblick über Aufbau und Anordnung der Themen und über die verwendete Methode.

Etwa zur gleichen Zeit verfaßte *Pierre Belon* du Mans seine "L'histoire de la nature des oyseaux, avec leur decriptions, & naifs portraicts retirez du naturel" (Paris 1555). Auch Belon befaßt sich mehrmals unter verschiedenen Gesichtspunkten mit der Fortpflanzung der Vögel[9]. Zur eigentlichen Entwicklung des Embryos referiert er im Chap. IX: "De la nature des oeufs" ("Über die Natur der Eier", S. 27-32) ganz knapp die Meinungen von Hippokrates, Aristoteles und Plinius, fügt aber selbst nichts Neues hinzu.

Auch Conrad Gesners unmittelbarer Nachfolger Ulisse Aldrovandi ist ein typischer Vertreter des Renaissance-Humanismus. Er übernimmt viel Wissen von Gesner, und sein Werk zeigt einen ähnlichen Aufbau. Auf dem Gebiet der Vogelentwicklung hat er selber Untersuchungen vorgenommen, die im folgenden vorgestellt werden sollen.

3.1.2. Ulisse Aldrovandis "Ornithologia" - Erste systematische Untersuchung der Vogelentwicklung

3.1.2.1. Ulisse Aldrovandi, ein Universalgelehrter

Der italienische Universalgelehrte Ulisse Aldrovandi (1522-1605) setzte Gesners Werk der enzyklopädischen Katalogisierung der Tiere, Pflanzen und Fossilien fort[10]. Aldrovandis Ziel war eine Restauration der Antike auf empirischer Basis. Das gesamte tradierte Wissen wird zusammengestellt, verglichen und aufgrund eigener Beobachtungen kritisch hinterfragt. Eine derartig umfassende Darstellung aller einschlägigen Textpassagen mutet den modernen Leser überladen an, da das, was man heute unter Naturwissenschaft versteht, nur ein Teilaspekt der Darstellung ist. Darauf ist wohl auch die Fehleinschätzung in der Sekundärliteratur zurückzuführen, da ein oberflächlicher Eindruck ein völlig falsches Bild

---

8 Hier ergänzt der Bearbeiter Rudolf Häußlin (wie Anm. 6, S. 182) eine eigene Beobachtung.

9 Vgl. Pierre Belon: L'histoire de la nature des oyseaux avec leur descriptions. Paris 1555; Chap. III: Distinction de diverses generations, & conceptions des oyseaux, & plusieurs autres animaux allez (S. 12-14); Chap. V: Description des choses necessaires servantes à la conceptions, & generation des oyseaux, conferee avec celles des autres animaux (S. 14-17); Chap. IX: De la nature des oeufs (S. 27-32); Chap. XVII: La saison en laquelle les oyseaux font leur nides, oeufs, s'acouplent (S. 51-52).

10 Vgl. dazu die Analyse bei Bäumer (wie Anm. 2), S. 74-119.

vermittelt[11]. Aldrovandi ist kein "Sammler", kein "kritikloser Kompilator"; für ihn sind entsprechend seiner humanistischen Überzeugung "Buchwissenschaft" und Empirie untrennbare Bestandteile der Naturgeschichte der Tiere; literarische und reale Quellen haben den gleichen Stellenwert. Sein großes Vorbild war Aristoteles, dessen Werk er in plinianischer Manier zur Vollendung zu bringen suchte. Als typischer Vertreter des Renaissance-Humanismus liefert er eine neuartige, von den Texten gelöste Zusammenfassung der antiken Kenntnisse und Vorstellungen. Ausgangspunkt der Darstellung sind die antiken Erkenntnisse, die durch eigene und zeitgenössische Beobachtungen überprüft und ergänzt und erstmals unter systematischen Gesichtspunkten zusammengestellt werden.

Die Neubearbeitung des antiken Wissens entsprechend einer eigens zu diesem Zweck entwickelten Klassifikation der Tiere führt gleichzeitig zur Ausdifferenzierung eines zoologischen Spezialgebietes, nämlich der Entomologie. Gerade im Band über die Insekten leistet Aldrovandi Pionierarbeit. Da ihm zu diesem Bereich keine Vorlage zur Verfügung stand, weil sowohl die antiken Autoren als auch seine Zeitgenossen diese Tiergruppe weitgehend vernachlässigt hatten, mußte Aldrovandi hier eigenständiger vorgehen. Da er das spärliche überlieferte Material gleichzeitig durch zahlreiche neue Beobachtungen ergänzte, gilt er zu Recht als Begründer der Entomologie.

Vergleicht man die zoologischen Enzyklopädien von Gesner und Aldrovandi, so ergeben sich folgende Unterschiede: Im Gegensatz zu Gesner legte Aldrovandi sein enzyklopädisches Werk nicht alphabetisch, sondern systematisch an. Der wesentlichste Unterschied zu Gesner besteht darin, daß er die Anatomie

---

11 Die Beurteilung Aldrovandis in der Sekundärliteratur fiel bisher sehr unterschiedlich aus. Vgl. dazu Friedrich Simon Bodenheimer: Materialien zur Geschichte der Entomologie bis Linné. 2 Bde, Berlin 1928-1929, S. 249: "Seiner wissenschaftlichen Richtung nach ist Ulysse Aldrovandi als gelehrter Eklektiker anzusehen, der noch stark unter dem Einfluß von Aristoteles und der Scholastik steht, sich aber in gewisser Hinsicht auch schon von ihnen freigemacht hat, seiner Methode nach ist er als Sammler zu bezeichnen."; und S. 257: "Die folgenden Schilderungen [zu den Schmetterlingen] beweisen aufs neue, daß es gänzlich verfehlt ist, in Aldrovandi nur einen Kompilator erblicken zu wollen. Wo er nicht von der Last der überlieferten Literatur erdrückt wird, zeigt er sich als guter, selbständiger und geschickter Beobachter. Seine Art-Beschreibungen und Abbildungen erfordern eine große Selbständigkeit."; ähnlich positive Einschätzung bei Nils Adolf Erik Nordenskiöld: Die Geschichte der Biologie. Ein Überblick. Jena 1926; Nachdruck: Wiesbaden 1967, S. 97: "An Fleiß und Arbeitskraft glich Aldrovandi Gesner, da er aber länger lebte und unter günstigeren Bedingungen arbeiten konnte, gelangte er sehr viel weiter." - Völlig konträre Beurteilung durch Erwin Stresemann: Die Entwicklung der Ornithologie von Aristoteles bis zur Gegenwart. Aachen und Berlin 1951, S. 22 f.: "Zu kritischem Urteil wenig befähigt, verfuhr er nicht viel anders als der Mönch Thomas von Cantimpre und mengte unter Erlerntes seine eigenen Fragestellungen nur spärlich ein, obwohl er in Bologna mit den Schülern Vesals verkehrte und, wie seine sorgfältige Beschreibung der Muskulatur des Steinadlers, der Zunge des Grünspechts oder der Trachea von Schwan und Säger zeigt, wenigstens zu zootomischen Untersuchungen recht gut imstande war."; ähnlich Victor Carus: Geschichte der Zoologie bis auf Joh. Müller und Charl. Darwin. (Geschichte der Wissenschaften in Deutschland, Neuere Zeit, Bd 12) München 1872; Nachdruck: New York 1965, S. 293: "Bei Aldrovandi wiegt die Compilation vor"; Carus ist übrigens davon überzeugt, daß man zur Beurteilung Aldrovandis nur die von ihm selbst noch herausgebrachten Werke heranziehen dürfe (S. 292). Diese Einschätzung ist zwar richtig, aber gerade die von Aldrovandi selbst herausgebrachten Bände zeigen ein völlig anderes Profil als Carus hier angibt.

wieder mit in die Darstellung einbezog; es findet sich stets ein entsprechendes Kapitel zur Anatomie eines Tieres oder einer Tiergruppe. Aufgrund seiner besseren finanziellen Lage war es Aldrovandi möglich, weite Forschungsreisen zu unternehmen, um so in fremden Ländern vor Ort Naturstudien zu betreiben. Er konnte so bereits vorliegende Darstellungen durch eigene Beobachtung überprüfen und gleichzeitig eine große Materialsammlung zusammentragen. Dies schlägt sich auch in der umfangreichen Bebilderung seiner Werke nieder. Insgesamt ist Aldrovandis Werk noch umfassender und bei weitem umfangreicher als das Gesners, außerdem ist es eleganter und luxuriöser ausgestattet. Dies ist wohl auf zweierlei Ursachen zurückzuführen: Zum einen lag ihm Gesners Werk als Ausgangspunkt und zur Vergleichung bereits vor, und es waren nach Gesners Tod noch weitere Monographien zu bestimmten Tiergruppen erschienen, die Aldrovandi zusätzlich auswerten konnte. Zum anderen ist bei Aldrovandi das Bemühen, eine umfassende Enzyklopädie zu erstellen, noch stärker zu spüren als bei Gesner. Dadurch finden sich bei ihm noch mehr Themenbereiche, die man nach heutiger Sicht nicht mehr in ein naturwissenschaftliches Werk aufnehmen würde. Man muß Aldrovandi allerdings bescheinigen, daß er insgesamt systematischer vorgeht als Gesner. Er vertritt auch gegenüber den Fabelwesen eine ebenso kritische Haltung wie dieser.

In der Embryologie liegt Aldrovandis besondere Leistung darin, daß er als erster die Anregung des hippokratischen Autors aufnahm und jeden Tag ein bebrütetes Hühnerei öffnete, um die Entwicklungsstadien in sukzessiver Folge betrachten zu können. Auch seinen Schüler, Volcher Coiter, regte Aldrovandi zu einer systematischen Beobachtung der Hühnchenentwicklung an, die dieser im Mai 1564 durchführte. Obwohl Aldrovandis "Ornithologia" erst 1600 publiziert wurde, dürfte kein Zweifel daran bestehen, daß die Idee auf ihn zurückgeht und daß er seine Untersuchungen unabhängig von und zeitlich vor Coiter durchführte[12]; dafür spricht auch, daß seine Untersuchungen weniger genau sind und daß er Coiter nicht erwähnt, während dieser auf Aldrovandi als Initiator seiner Untersuchung hinweist.

3.1.2.2. Aldrovandis Untersuchung der Vogelentwicklung

Die Anatomen hatten im 16. Jahrhundert erstmals auch die Embryonen anderer Tiere untersucht. Da sie sich aber nur für die foetale Anatomie interessierten, hatten sie keine Antwort auf die Frage gegeben, die bereits in der Antike und im Mittelalter im Mittelpunkt des Interesses stand: Welcher Teil entsteht zuerst? Hier wurde erst durch den bewußten Rückgriff auf die Denkmodelle und Kenntnisse der Antike ein neuer Zugang zur Lösung des Problems gefunden. Aldrovandi gibt an, daß die Frage nach dem Primat der Teile ihn zur Untersuchung der Hühnchenentwicklung motiviert habe. Zweifellos angeregt durch den Vorschlag

---

12 Vgl. dazu Adelmann (wie Anm. 1), S. 66: "Although Coiter's work appeared twenty-eight years before that of Aldrovandus, it was, no doubt, Aldrovandus who first saw the gleam. It was at his suggestion and in his presence, at Bologna in May 1564, that, probably for the first time since Aristotle Coiter examined the developing chick on each successive day of incubation."; vgl. auch Howard B. Adelmann: Marcello Malpighi and the Evolution of Embryology. 5 Bde, Ithaca, N.Y. 1966, S. 757.

des Autors der hippokratischen Schrift "Über die Natur des Kindes" untersuchte er erstmals den Entwicklungsvorgang bei einem Tier, nämlich dem Hühnchen, systematisch, indem er sukzessive in kurzen Zeitabständen unterschiedliche Entwicklungsstadien betrachtete.

Im Rahmen seiner "Ornithologia" wendet sich Aldrovandi, wie sein unmittelbarer Vorgänger Gesner, auch der Entwicklung der Vögel zu. Auch bei ihm findet sich eine Diskussion der alten Theorien und Auszüge aus den Werken der früheren Autoren. Dazwischen steht Aldrovandis eigene Beobachtung zur Hühnchenentwicklung, die ebenso kurz wie bemerkenswert ist; in seiner drei Bände, d.h. über 2000 Folio-Seiten umfassenden "Ornithologia" (1599-1603) hat Aldrovandi nur etwas mehr als zwei Seiten der Darstellung der Hühnchenentwicklung gewidmet[13]. Und, obwohl sein Werk ansonsten reich illustriert ist, findet man nur eine Abbildung eines schon älteren Embryos. Bevor Aldrovandi die Vogelentwicklung darstellt, diskutiert er zunächst die Fortpflanzung der Vögel (S. 205 ff.) und dann Fragen allgemeiner Art: Wie Windeier entstehen, ob das Ei mit dem spitzen Ende zuerst herauskommt, ob die Chalazen der Samen des Hahnes sind, ob das Hühnchen aus Albumen oder Dotter gebildet wird, etc. Meistens schließt sich Aldrovandi Aristoteles an; wenn aber seine Beobachtungen der Aristotelischen Theorie widersprechen, korrigiert er diese auch.

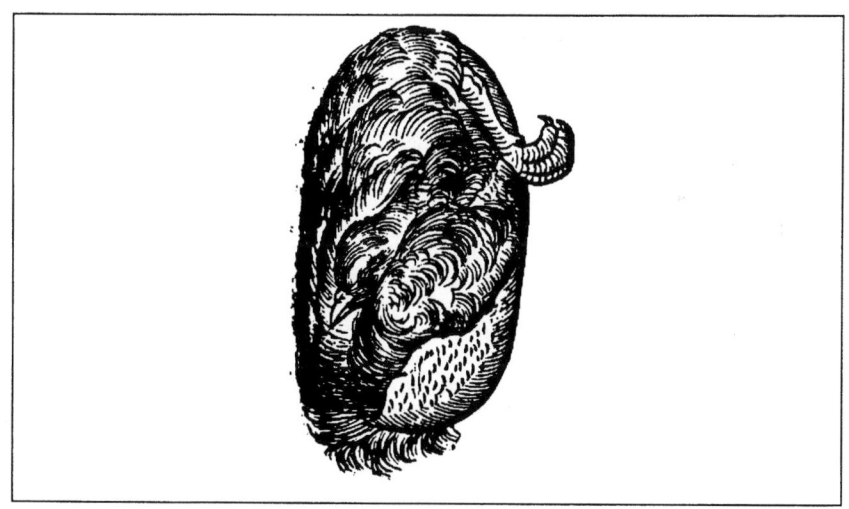

Älterer Hühnerembryo im Ei
(Aldrovandi, Ornithologia, Bd 2, S. 219)

---

13 Ulissis Aldrovandi philosophi et medici Bononiensis Ornithologiae Tomus alter ad illustrissimum principem Alexandrum peritium S. R. E. Card. Montaltum vice cancellarium & Bononiae legatum cum indice copiossimo variarum linguarum. Bologna 1600, S. 216 f.

So stimmt er Aristoteles bei der Beschreibung der Entstehung der Windeier zu, korrigiert ihn aber in einem Punkt (S. 208). Es sei nicht richtig, wenn Aristoteles angebe, ein Windei sei durch Begattung nur noch in ein fruchtbares Ei zu verwandeln, wenn sich das Weiße noch nicht um das Gelbe gelegt habe. Dies widerspreche auch der Aristotelischen Überzeugung, daß sich das Küken aus dem Weißen bilde, denn dann müsse sich ja das weiße Bildungsmaterial viel leichter als der gelbe Nahrungsstoff mit dem Samen als Träger des Bildungsprinzips mischen. Als Erklärung gibt Aldrovandi dann an, daß die Häute, die fast unmittelbar mit dem Albumen um das Ei gelegt werden, ein Eindringen des Samens verhindern, was auch mit der Theorie des Aristoteles in Übereinstimmung zu bringen sei. Aldrovandi zieht dazu als Unterstützung die Lehre des Albertus heran, daß der weiße Samen des Weibchens (=Albumen) den männlichen Samen anziehe.

Auch die Darstellung der Bildung des Eies im Mutterleib meint Aldrovandi ergänzen zu müssen. Es wundert ihn, daß Aristoteles keine Beschreibung des Uterus gegeben hat, und er fügt deshalb eine detaillierte Darstellung des Geschlechtsapparates der Henne an, die die ersten (auf Sektionen beruhenden) Illustrationen desselben enthält. Aldrovandi zeichnet die Stellen ein, an denen die einzelnen Umwandlungen des Eies, die den von Aristoteles beschriebenen Farbänderungen entsprechen, vorgenommen werden. Aldrovandi hat die Bedeutung des Ovars als Organ und die Rolle des Eileiters bei der Bildung des Eies noch nicht richtig erkannt. In einem Punkt allerdings korrigiert er Aristoteles, ohne dies selbst zu vermerken; er gibt die Stelle an, wo die Eischale hart wird, d.h. er nimmt im Gegensatz zu Aristoteles an, daß die Eischale vor dem Austritt des Eies hart wird[14].

Mit Albertus identifiziert Aldrovandi die Chalazen als männlichen Samen und übernimmt auch dessen Beschreibung des Samens. Dann diskutiert er (S. 214 f.) die Frage, ob das Hühnchen aus dem Gelben oder dem Weißen des Eies entstehe. Als Gegenposition zu Aristoteles' Meinung, daß es aus dem Weißen entstehe, zitiert er in aller Ausführlichkeit Hippokrates[15]. Aldrovandi lehnt die Meinung des hippokratischen Autors ab, da sie der täglichen Erfahrung widerspreche ("contra quotidianam experientiam, S. 219); Aristoteles dagegen lehre, was der Erfahrung (experientia, S. 215) entspreche. Aber Aldrovandi gibt eine andere Begründung als Aristoteles: Der Dotter werde durch Wärme, d.h. auch bei der Bebrütung verflüssigt, das Weiße dagegen verhärte sich. Wenn das Hühnchen aber aus dem Gelben entstünde, müßte dieses statt dessen hart werden, was aber nicht der Fall sei.

Im folgenden beschreibt Aldrovandi, wie Aristoteles sich den Aufbau des Eies und die Eihäute vorstellte[16] und zitiert fast wortwörtlich die Beschreibung des Eies am 3., 10. und 20. Tag, wie sie in der "Tiergeschichte" vorliegt[17]. Richtig

---

14 Aldrovandi (wie Anm. 13), S. 54 A, Abb. 5 u. 9.
15 Eigentlich korrigiert Aldrovandi nicht Hippokrates selbst, sondern den Autor von "De natura pueri". Dies war ihm selbst nicht bewußt, da die Schrift unter Hippokrates' Namen überliefert wurde.
16 Vgl. Aristoteles, De generatione, Buch III. Kap. 2.
17 Vgl. Aristoteles, De historia animalium, Buch 6, Kap. 2-3; bei Aldrovandi (wie Anm. 13), S. 215 f.

bemerkt Aldrovandi, daß Plinius Aristoteles irgendwie mißverstanden haben müsse, da er angebe, das Herz entstehe mitten im Dotter; Aldrovandi zeigt dann, daß diese Aussage in Widerspruch zu der von Plinius vertretenen Meinung steht, daß die Körpersubstanz das Weiße des Eies ist. Dann zitiert er ausführlich die Darstellung des Plinius[18]. Anschließend weist er Galens Ansicht zurück, daß die Leber zuerst entstehe; dagegen spreche seine eigene Beobachtung (ego meis oculis vidi,... mihi obstat propria observatio, S. 216). Aldrovandi gibt an, daß die Frage nach dem Primat der Teile für ihn der Anlaß zur systematischen Untersuchung der Hühnchenentwicklung war (S. 216)[19]:

> "Um diese triviale Kontroverse zwischen Medizinern und Philosophen der Wahrheit entgegenzubringen, habe ich von 22 von einer Henne bebrüteten Eiern täglich eines mit größter Sorgfalt und Aufmerksamkeit untersucht und die Meinung des Aristoteles als die wahre gefunden."

Aldrovandi übernimmt damit die Anregung des hippokratischen Autors, ohne auf diesen Bezug zu nehmen.

Aldrovandi beginnt seine Beschreibung mit dem *2. Tag* (S. 217) und bemerkt, es sei Aristoteles entgangen, daß sich im Zentrum des Dotters etwas Weißes gebildet habe; - eine solche kleine Bildung (Keimscheibe) sieht man tatsächlich, aber bereits am 1. Tag, was wiederum Aldrovandi entgangen ist. Weiterhin gibt Aldrovandi an, er habe die Samen vorgefunden, wie Albertus sie beschrieben habe, d.h. er hat die Chalazen gesehen.

Zum *3. Tag* gibt Aldrovandi an, daß er das Ei am stumpfen Ende geöffnet habe[20]. Dort habe er das Weiße gesehen und abgetrennt davon die übrigen materiellen Teile des Eies im unteren Ende der Eischale. Das Weiße habe sich von der Eischale zurückgezogen, und auch die drei von Aristoteles beschriebenen Häute seien erkennbar. Falsch sei allerdings die Angabe, daß die zweite Haut (Chorion) erst gerade gebildet sei; man finde sie auch beim unbebrüteten Ei, aber nicht so stark ausgebildet. Auch den springenden Punkt, d.h. das Herz, wie es Aristoteles beschreibt [hier erstmals von Aldrovandi als "punctum saliens" (S. 217) bezeichnet] habe er im Weißen gesehen[21]. Aldrovandis folgende Beschreibung der Adergänge ist präziser als die des Aristoteles, sie ähnelt der des Albertus Magnus. Aldrovandi gibt an, daß eine Ader vom Herzen ausgehe, die sich in zwei Äste gliedere. Diese führen zu der das Weiße umgebenden Haut und dem Dottersack. Ergänzend fügt Aldrovandi, wie Albertus, an, daß diese Adern pul-

---

18 Vgl. Plinius, Historia naturalis. 10, 148.
19 Die Zitate der bisher nicht in deutscher Übersetzung vorliegenden Werke werden in eigener möglichst wortgetreuer Übersetzung wiedergegeben.
20 Die Übersetzung von Lind (Aldrovandi on Chickens. The Ornithology of Ulisse Aldrovandi (1600). Vol. 2, Book 14. Translated and edited by L. R. Lind. Norman 1963, S. 91) ist nicht korrekt. "On the third day when the shell was removed I saw the albumen in the blunt part of the egg and the remaining part of the substance of the egg separated in the upper shell." - Die Angabe "am stumpfen Ende" bezieht sich, durch die Kommasetzung in der lateinischen Ausgabe gekennzeichnet, auf die Stelle, an der die Eischale geöffnet wurde; dies zeigen auch ähnliche Stellen im folgenden Text.
21 Vermutlich sah Aldrovandi die area pellucida und die Keimhöhlenflüssigkeit und hat sie versehentlich für das Albumen gehalten.

sieren und das reinste Blut führen, das zur Bildung der wichtigsten Teile des Körpers verwendet wird, wie zur Bildung der Leber, der Lunge und ähnlicher Organe.

4. Tag: "Am vierten Tag sah man zwei Punkte, und jeder von ihnen bewegte sich. Dies waren zweifelsohne das Herz und die Leber des Kükens." Aldrovandi hält hier fälschlicherweise die beiden Vesikel, die zu Vor- und Hauptkammer des Herzens werden, für die ersten Ausbildungen von Herz und Leber. Auch wenn er die beiden Vesikel so falsch interpretiert, muß man Aldrovandi zugestehen, daß er der erste war, der die unterschiedlichen Schläge von Atrium und Ventrikel erkannte. Dann beschreibt Aldrovandi zwei weitere schwarze Punkte, die er richtig als Augen identifiziert. In alter Tradition gibt er an, daß die Bildung des Fleisches bei allen Tieren vom männlichen Samen bewirkt werde.

5. Tag: Das Herz bewegt sich nicht mehr nach außen, sondern ist verborgen und bedeckt. Die beiden Adern sind deutlich sichtbar, wobei die eine (rechte Dottervene) größer als die andere (linke Dottervene) ist. Aldrovandi korrigiert dann Albertus' Feststellung, daß sich Adern in der Haut zeigen, die das Weiße umgibt (Weißeisack); nur die äußere Haut (Chorion), die das gesamte Ei umgebe, enthalte Blutäderchen; vielleicht liege eine Verwechslung dieser beiden Häute vor. Aldrovandi fährt fort, daß das Eiweiß durch die natürliche Kraft der Venen gelblich verfärbt ist und daß kleine Adern zu der Stelle führen, wo der Kopf gebildet wird, der noch sehr roh und ungeformt ist. Die Augen sind hervorstehend und so groß wie "Erven" (Linsenwicken).

6. Tag: Aldrovandi gibt an, daß nach Entfernung der Schale und der beiden oberen Häute (vermutlich der beiden Schalenhäute) eine mit Äderchen durchzogene Haut (Bereich des Chorions, wo die Allantois das Chorion bereits erreicht hat, und Dottersack) sichtbar ist. Zwischen dieser und der vierten Haut befinde sich eine wäßrige Flüssigkeit, welche nach Aldrovandis Meinung der serumartige Teil des Weißen ist, der beim Ausschlüpfen des Kükens zurückbleibe, als tauge er nichts zur Zeugung[22]. Der Embryo bewegt sich bereits, und auch die Augen erscheinen größer als am Tag zuvor. Aber die unteren Körperteile sind noch sehr unvollkommen, so daß man sie noch nicht gut unterscheiden kann. Insgesamt ist der Kopf größer als der übrige Teil des Körpers.

8. Tag: Die Augen erscheinen noch größer, so groß wie Kichererbsen. Auch die Beine und Flügel sind nun klar erkennbar. Der Schnabel ist noch schleimig. Aldrovandi glaubt, daß die oberen Teile deshalb zuerst entstehen, weil sie mehr Wärme enthalten.

9. Tag: Es ist alles deutlicher als am 8. Tag.

10. Tag: Der Kopf ist nicht mehr größer als der gesamte Körper, aber immer noch groß, weil das Gehirn noch feucht ist. Aldrovandi korrigiert die Aristotelische Ansicht, daß die Augen noch nichts Festes enthalten: Schon seit dem 8. Tag hätten die Augen Pupillen. Auch Herz, Leber und Lunge sind deutlich sichtbar. Interessant ist Aldrovandis Beobachtung, daß das Herz des Embryos noch weiter schlägt, wenn man den Thorax geöffnet hat[23]. Der Embryo ist eingewickelt in die vierte Haut (Dottersack?/Amnion), die von vielen Adern durchzogen ist, da-

---

22 Damit kann eigentlich nur die Allantoisflüssigkeit gemeint sein, tatsächlich bleiben beim Ausschlüpfen nur Ausscheidungen zurück.
23 Dies zeigt wieder, daß Aldrovandi auch an der Anatomie des Embryos interessiert ist.

mit das Küken nicht in Flüssigkeit liegt[24]. Weiterhin gibt Aldrovandi an, daß der Embryo durch die Nabelschnur mit dem Dotter verbunden sei und sich so durch den Dotter ernähre. Auf dem Rücken zeigen sich schon erste Keime der Federn, was Aristoteles übersehen habe.

11. Tag: Es ist alles wie am 10. Tag, nur noch deutlicher. Neu ist eine Bildung auf der höchsten Stelle des Schnabels; sie ist weißlich, sehr knorpelig und recht hart, was man am *13. Tag* deutlicher sieht. Die Bildung ist rund wie die Körner der Hirse. Aldrovandi vermutet, daß diese Bildung dazu da ist, daß die Häute und Venen und die anderen weicheren Teile des Eies nicht verletzt werden. Die Frauen berichten, daß das Küken nach dem Ausschlüpfen erst fressen kann, wenn der Eizahn entfernt ist[25].

14. Tag: Nun ist das Küken ganz mit Federn bedeckt.

Am *15. Tag* erscheinen weiße Klauen oder Nägel an den Zehen.

Aldrovandi gibt an, am *16. Tag* habe er ein Ei von der entgegengesetzten Seite geöffnet, wo die Geburtshaut (tunica nativa) liegt [gemeint ist wohl die Chorio-Allantois]. Aldrovandi fährt fort, er habe nur eine der Häute gesehen, sie sei weiß gewesen. Die andere, die er zuvor gesehen hatte, habe er nicht mehr ausmachen können. Daher vermutet er, daß diese Haut nur zum Schutze des Weißen diene, solange das Ei frisch sei oder zum Schutze des Kükens im bebrüteten Ei. Tag für Tag scheine dieses Häutchen immer mehr zusammenzufallen und dem Embryo zu folgen, der aufgrund seines Gewichtes immer mehr nach unten sinke.

Abschließend gibt Aldrovandi an, daß alle diese Teile immer mehr wachsen und mit der Zeit deutlicher werden, so wie sie beim fertigen Küken erscheinen. Am *20. Tag* habe die Mutterhenne die Schale geöffnet - was nicht richtig sein kann. Am *22. Tag* sei dann das Küken selbständig geschlüpft. Dann folgt noch eine Abbildung, die das Küken "im Uterus" zeigt, was wohl im Sinne des Aristotelischen Vergleiches zwischen Uterus und Ei zu verstehen ist und somit bedeutet, daß das Küken im Ei dargestellt ist (s.o.).

Aldrovandi fährt fort, nach dem Schlüpfen habe er im Ei noch zwei Häute gefunden[26], in denen sich weiße Ausscheidungen befanden. Am Küken zeigen sich drei Adergänge, zwei Arterien und eine Vene, und die Mündung des Nabels sei zusammengezogen. Den Dotter mitsamt Dottersack hat das Küken in sich hineingewälzt, und er trete durch den Nabel, oder, was Aldrovandi für wahrscheinlicher hält, durch den After wieder aus. Im Dottersack sind zwei Adern eingewachsen, eine Arterie und eine Vene. Die Leber ist gelblich, wohl weil sie sich von Dotter ernährt.

Die Darstellung der Hühnchenentwicklung wurde in dieser Ausführlichkeit vorgestellt, weil es sich um die erste systematische Untersuchung eines Ent-

---

24 Diese größtenteils von Aristoteles übernommene Darstellung ist falsch: Wie schon bei der Behandlung des Aristotelischen Textes angegeben wurde, liegt der Embryo in der Amnionflüssigkeit, damit er sich auch bei Erschütterungen und Bewegungen nicht verletzt. Allerdings ist das Amnion so hauchdünn, daß man es beim Herausholen aus dem Ei häufig bereits verletzt, so daß die darin enthaltene Amnionflüssigkeit ausläuft. So ließe sich Aldrovandis ungenaue Beobachtung erklären.

25 Aldrovandi beschreibt hier erstmals den Eizahn, deutet seine Funktion aber völlig falsch: Nicht um zu verhindern, daß der Schnabel die weicheren Teile des Eies verletzt, wird der Eizahn gebildet, sondern um beim Ausschlüpfen das Ei zu öffnen.

26 Entsprechend der Beschreibung sind Chorio-Allantois und Amnion gemeint.

wicklungsvorganges überhaupt handelt. Wenn sie auch noch sehr oberflächlich ist, einzelne Tage übergeht und nur wenige Details anführt, liegt hier doch ein entscheidender Neubeginn. Aldrovandis primäres Anliegen war zwar eine Aufarbeitung des tradierten Wissens, und seine eigene Untersuchung fällt im Verhältnis dazu sehr kurz aus, doch bedeutet sein Werk auch für den Bereich der Embryologie bereits eine innovative Restauration. Noch moderner war die Darstellung seines Schülers Volcher Coiter.

3.2. VOLCHER COITER - ERSTE LÜCKENLOSE UNTERSUCHUNG EINES ENTWICKLUNGSVORGANGES

3.2.1. Aldrovandis Schüler Volcher Coiter

Volcher Coiter (1534-1576) war ein Repräsentant des blühenden deutschen Bürgertums, er war Protestant aus Überzeugung und ein Humanist von bester Qualität[27]. Nachdem es ihm 1561/62 durch ein Stipendium seiner Vaterstadt Groningen möglich war, in Bologna zum "Doctor artium et medicinae" zu promovieren, arbeitete er wissenschaftlich zwei Jahre bei Ulisse Aldrovandi, von dem man lange Zeit annahm, daß er auch der Doktorvater gewesen sei[28]. Schon im Mai 1564 hatte Coiter seine Untersuchungen über die Entwicklung des Hühnchens gemacht, die er erst später, während seiner Nürnberger Zeit (1572) zur Veröffentlichung brachte[29]. Er publizierte seine Ergebnisse früher als sein Lehrer Aldrovandi, aber er selbst war aufrichtig genug, Aldrovandi als Inspirator seiner Untersuchung der Entwicklung des Hühnchens zu bezeichnen[30]. Nachdem Coiter 1565/66 von der Inquisition in Haft gehalten worden war, kehre er 1566 nach Deutschland zurück, zunächst nach Amberg und dann nach Nürnberg, wo er 1569 Stadtarzt wurde.

Coiter verfaßte zwei Kompendien zur Anatomie, die keine wesentliche Bedeutung erlangten. Anders verhält es sich bei seinem Hauptwerk "Externarum et internarum humani corporis partium tabulae" (1572)[31], einem Sammelband, der in seiner Gesamtheit ein vollständiges anatomisches Lehrbuch darstellt[32]. Neben Tabellen über die menschliche Anatomie (äußere Körperteile, innere Organe, Knochen, Skelettaufbau, Vergleich Skelett Mensch - Skelett Affe, Aufbau des Auges, des Gehörs, Sektionen von Tieren) enthält dieses Werk auch eine acht Seiten umfassende Beschreibung der Entwicklung des Hühnchens. Bevor diese Darstellung im einzelnen betrachtet wird, sei noch kurz auf eine Tatsache ver-

---

27 Vgl. dazu Änne Bäumer: Der Nürnberger Arzt Volcher Coiter, Anatom und Zoologe. In: Medizinhistorisches Journal 23 (1988), S. 224-239.
28 Vgl. dazu Robert Herrlinger: Volcher Coiter (1534-1576). (Beiträge zur Geschichte der medizinischen und naturwissenschaftlichen Abbildung, Bd 1) Nürnberg 1952, S. 19 f.
29 Vgl. dazu Volcher Coiter: De ovorum gallinaceorum generationis primo exordio progressuque, et pulli gallinacei creationis ordine. In: ders.: Externarum et internarum principalium humani corporis partium Tabulae, atque anatomicae exercitationes observationesque variae... Nürnberg 1572, ²1573, S. 33.
30 Vgl. Coiter (wie Anm. 29), S. 33.
31 Vgl. Coiter (wie Anm. 29).
32 Vgl. dazu die Analyse bei Bäumer (wie Anm. 2), S. 222-233.

wiesen, die viel zu wenig bekannt ist: Bei seinen Studien zu den Geschlechtsorganen der Wiederkäuer beschreibt Coiter zwei verschiedenartige Gebilde, die er im Eierstock entdeckt hat: 1. gewisse Bläschen, die klares Wasser enthalten, 2. andere, die mit gelblicher Flüssigkeit gefüllt sind. Herrlinger[33] weist zu Recht darauf hin, daß hier zweifellos die Graafschen Follikel und die Corpora lutea gemeint sind. Weiterhin gibt er an, daß nur Haller Coiter die Entdeckung der Corpora lutea zuerkannt habe.

3.2.2. Erste lückenlose Untersuchung der Hühnchenentwicklung

Coiter hat zu den Vögeln im allgemeinen zoologische und vergleichende anatomische Untersuchungen vorgenommen, die von hohem Wert sind. Besonders die Physiologie der Flugmuskulatur und das geringe Gewicht des Vogelskeletts, das er durch die Diploëkonstruktion der Knochen (Pneumatisierung der Knochen) erklärte, hat er genauestens erörtert. Er war auch der erste, der die Luftsäcke der Vögel beschrieb. Seine Darstellung der Entwicklung des Hühnchens beginnt Coiter mit einer Beschreibung des Geschlechtsapparates der Vögel. Die anschließende Darstellung der Entwicklung ist so ausführlich, daß nur die wesentlichen, d.h. die besonders detaillierten oder neuen Angaben vorgestellt werden können. Wiederholende Beschreibungen derselben Teile sind verkürzt wiedergegeben oder ganz weggelassen.

Coiters Darstellung ”Über die erste Entstehung der Hühnereier und ihre Entwicklung und über Ordnung bei der Entwicklung des Hühnchens” (”De ovorum gallinaceorum generationis primo exordio progressuque, et pulli gallinacei creationis ordine”) beschreibt zunächst den Geschlechtsapparat der Vögel (S. 33). Korrekt gibt er an, daß die unfertigen Eier im oberen Teil des Uterus in eigenen Höhlungen mit Blutgefäßen eingebettet sind. Zunächst befinden sie sich im ”oberen Uterus” und dann wandern sie in den ”unteren Uterus”, damit ist der Eileiter gemeint. Hier tritt der männliche Samen hinzu. In diesem Teil werden auch Albumen und Eischale um das Ei gelegt. Im Gegensatz zu Aristoteles gibt Coiter richtig an, daß die Eischale im Eileiter schon fest wird. Von Coiter wird erstmals der Geschlechtsapparat der Henne adäquat beschrieben. Allerdings erkennt er nicht die Bedeutung des Ovars als Organ.

Bevor die eigentliche Darstellung der Entwicklung des Hühnchens beginnt, fügt er ein, er habe seine Untersuchungen im Mai 1564 auf die Anregung von Ulisse Aldrovandi hin unternommen. Unter zwei Hennen habe er je 23 Eier gelegt und sie auf zwei spezielle Gesichtspunkte hin untersucht: 1. um den Ursprung der Venen, 2. um die Frage nach dem Primat der Teile zu klären. Dann folgt eine Beschreibung der Entwicklung sukzessive Tag für Tag.

1. Tag:

”Am ersten Tag sah ich auf dem Ei [sc. Dotter] einen weißen Kreis, nicht allzugroß, in dessen Mitte sich ein Punkt oder kleine Scheibe gleicher Farbe befand. Von der Scheibe flossen zwei ähnliche Kreise, deren einer dicker und länger war als der andere. Der Dotter war flüssiger als der Dotter eines frischen Eies.”

---

33 Herrlinger (wie Anm. 28), S. 84 f.

Hier wird zum ersten Mal die *Keimscheibe* mit der Zona pellucida und der Zona opaca richtig beschrieben. Die Beschreibung ist wesentlich genauer als Aldrovandis vage Angabe zum 2. Tag.

2. Tag: Coiter beschreibt erstmals korrekt die *äußere* und *innere Schalenhaut* und die sich zwischen beiden bildende Luftkammer am stumpfen Ende des Eies. der Dotter ist zum spitzen Ende des Eies gewandert. Coiter fährt fort: "in der Mitte sah ich etwas, was dem Samen ähnelte"[34]. Die Substanz, die man gemeinhin als Samen des Hahnes identifiziert hat [d.h. die Chalazen] sind fester, Dotter und Eiweiß weicher.

3. Tag: Hier beschreibt Coiter, ähnlich wie Aldrovandi, das Herz als springenden Punkt, von dem eine Blutader, die sich in zwei Äste aufgliedert [Dottervenen], ausgeht[35]. Diese Äste wiederum haben viele kleine Arme, die den pulsierenden Punkt[36] umgeben und von einer Haut unterstützt werden, die die Rolle der Gebärmutter übernimmt [Dottersack]. Daneben gibt es drei weitere Häute: 1. Die Haut, die der Schale am nächsten ist [äußere Schalenhaut], 2. die Haut, die das gesamte Ei umschließt [innere Schalenhaut], 3. die Haut der "Gebärmutter" [Chorion] - Coiter beschreibt den extraembryonalen Gefäßhof noch detaillierter als Aldrovandi.

4. Tag: Wie Aldrovandi gibt auch Coiter seine Methode an: Er habe das Ei von der stumpfen Seite geöffnet und einen fingerbreiten Hohlraum gefunden. Das Herz pulsiert, die Adern nicht. Auf der einen Seite sind drei glasartige Tropfen [damit dürften die ersten Gehirnbläschen gemeint sein], auf der anderen Seite zwei Blutgefäße [Dottervenen][37].

5. Tag: Coiter gibt an, daß die Haut, die das gesamte Ei umgibt, nun von Blutgefäßen durchzogen ist[38]. Diese ist von der Eihaut so weit entfernt und so fest, daß man sie mit dem Embryo abtrennen kann. Coiter gibt an, er habe zum Vergleich je ein Ei von beiden Hennen weggenommen und einige Unterschiede festgestellt. Das *eine* Ei beschreibt er folgendermaßen: Noch ist der blutige Punkt formlos, umgeben von zwei Blutbahnen. Die seitlichen Tropfen [Augen] sind nun schwarz, dazwischen finden sich kleinere Tropfen, die verbunden sind, aus denen das Gehirn gebildet wird. Es folgt eine weitere Angabe, deren Zuordnung

---

34 Howard Bernhardt Adelmann (The "De ovorum gallinaceorum generatione primo exordio progressuque et pulli gallinacei creationis ordine" of Volcher Coiter. In: Annals of Medical History, n. s. 5 [1933], S. 327-341 und S. 444-457; hier S. 451, Anm. 25) vermutet, daß Coiter hier den Primitivstreifen meint.

35 Vgl. dazu Adelmann (wie Anm. 34), S. 450, Anm. 19.

36 Coiter spricht, wie Plinius, vom "punctus, sive globulus sanguineus", während Aldrovandi erstmals vom "punctum saliens" sprach; ein weiteres Argument für die Unabhängigkeit beider Texte.
   - Coiter gibt hier an "der blutige Punkt oder Tropfen, welcher früher im Dotter gefunden wurde, ist nun eher im Weißen gefunden worden"; damit weiß Adelmann (wie Anm. 34, S. 453, Anm. 28) nichts rechtes anzufangen und vermutet einen Irrtum Coiters. Diese Stelle läßt sich aber sehr leicht durch die sprachliche Anlehnung an Plinius interpretieren: Plinius hatte das Herz fälschlicherweise als Tropfen im Dotter angesehen - worauf auch Aldrovandi hinweist. Darauf könnte sich auch dieser Hinweis bei Coiter beziehen.

37 Wenn man voraussetzt, daß der von Coiter beobachtete Embryo auf der Seite lag, wie es in diesem Stadium meistens der Fall ist, ist die Beschreibung völlig korrekt.

38 Gemeint ist hier wohl in erster Linie der Dottersack und auch die sich bildende Chorio-Allantois, d.h. das Zusammenwachsen von Allantoisblase mit dem Chorion.

nicht klar ist: "Der dritte Tropfen war nur in der Größe verändert." [Vielleicht ist hiermit ein weiteres Gehirnbläschen gemeint.] Beim *anderen* Ei erscheint Coiter der Kopf sehr groß im Verhältnis zum Körper, auf beiden Seiten sieht er schwarze Augen mit einem klaren Teil in der Mitte. Zwischen beiden befindet sich ein dritter Tropfen [Gehirn]. Abschließend gibt Coiter an, daß er nicht in der Lage gewesen sei, eine Spur Leber zu finden.

6. Tag: Coiter beschreibt, daß alles nun größer ausgebildet ist und daß der Embryo im Albumen schwimmt[39]. Die Augen sind bereits vollständig ausgebildet, alle Teile und Flüssigkeiten sind erkennbar. Zwischen den Augen ist die große Gehirnblase deutlich sichtbar und unter den Augen eine schnabelähnliche Bildung.

7. Tag: Wieder gibt Coiter an, alles sei klarer erschienen als zuvor. Besonders die "secundina" [Chorio-Allantois]. Der Kopf ist sehr groß und vollendet, der Rest des Körpers formlos. Eingeweide kann man bei Sektion des Embryos noch nicht unterscheiden.

8. Tag: Die Entwicklung ist noch weiter fortgeschritten, der Embryo macht bereits Bewegungen im Albumen [richtig in der Amnionflüssigkeit] und einige Blutbahnen [Dottervenen und Dotterarterien] führen in den Nabel.

9. Tag: Coiter bemerkt eine Vergrößerung der "secundia" [Chorio-Allantois]. Der Dotter erscheint ihm zweigeteilt[40]. Dann gibt Coiter an, er habe die Haut entfernt, die verhindere, daß der Embryo in Flüssigkeit liege[41]. Der freigelegte Embryo hat bereits große Poren, aus denen die Federkeime hervorwachsen. Die Augen sind vollendet und mit Lidern versehen. Auch die drei Gehirnblasen sind deutlich erkennbar. Das Herz hat seine Form erhalten, ist weißlich gefärbt und schlägt noch eine Weile außerhalb des Embryos[42]. Jetzt sind auch die Eingeweide alle erkennbar, aber sie sind noch flüssig und schwach. Coiter erkennt zwei weiße Flüssigkeiten in getrennten Häuten [Amnionflüssigkeit im Amnion und Albumen im Weißeisack]. Zur einen gibt Coiter [hier wieder richtig] an, daß in ihr der Embryo schwimme. Die andere liege am Boden des Eies und sei der ausgeschiedene Teil des Weißen. - Coiters Beschreibung ist auch hier wieder wesentlich genauer als die seiner Vorgänger.

10. Tag: Der vollständig in allen Teilen ausgebildete Embryo liegt nun auf dem Dotter wie auf einem Kissen; Rücken, Schenkel und Hinterbacken sind mit Federn bedeckt. Und, im Gegensatz zu Aristoteles' Angabe, ist nun schon der Körper größer als der Kopf. Wieder beschreibt Coiter Augen, Gehirn und Herz und zusätzlich die Lunge, die nun auch gebildet ist, Leber, Magen und Därme. Zwei Nabelgefäße [Dottervene und Dotterarterie]) führen vom Magen des Embryos, in der Nähe des Afters, zum Dotter. Der größte Teil des Albumens ist aufgebraucht, dagegen nur ein geringer Teil des Dotters.

---

39 Diese Angabe ist nicht korrekt, Coiter identifiziert die Amnionflüssigkeit fälschlich als Albumen; aber es ist ein Fortschritt gegenüber allen seinen Vorgängern, daß er erkannt hat, daß das Küken nicht von Flüssigkeit abgetrennt ist, sondern in Flüssigkeit schwimmt.
40 Manchmal wird der Dotter tatsächlich zweilappig.
41 Gemeint ist das Amnion; diese Aussage steht eigentlich in Widerspruch zu der Beschreibung zum 7. Tag, wo Coiter feststellt, daß der Embryo in Flüssigkeit schwimme. Die Beschreibung zum 9. Tag ist vielleicht in der Tradition der älteren Theorien zu erklären; Coiter selbst bemerke den Widerspruch nicht.
42 Coiter hat offensichtlich den kleinen Embryo seziert und das Herz herausgetrennt.

11. Tag: Kein Unterschied zum vorherigen Tag außer in der Größe.
12. Tag: Hier werden nochmals die vier Häute genauer untersucht: 1. die erste Haut, deren Aufgabe die Unterstützung der Eischale ist [*äußere Schalenhaut*]; 2. die Haut, die das gesamte Ei umgibt; sie wird zusammengezogen und erweitert für die Zusammenziehung und Erweiterung des Eies, womit ein Ausfließen und Vermischen der Eisubstanzen bei Erschütterung verhindert wird [*innere Schalenhaut*]; 3. diese Haut ist stark von Venen und Arterien durchzogen und umgibt ebenfalls das gesamte Ei und übernimmt die Funktion der Gebärmutter [Chorio-Allantois]; 4. es folgt die Haut, die neben dem Embryo auch einiges Wasser enthält [hier wieder korrekt beschrieben: *Amnion* und *Amnionflüssigkeit*]. Coiter gibt an, ihm sei es so erschienen, als breite sich diese neben den Nabel aus und bekleide die Dottergefäße.
Der Embryo ist weiter ausgebildet, und etwas Weißes hängt am oberen und unteren Ende des Schnabels[43]. Coiter fügt noch eine ähnliche Aussage wie Aldrovandi an: Die Frauen sagen, daß dieses Gebilde das Küken hindere, Körner zu fressen und deshalb entfernen sie es, sobald das Küken ausgeschlüpft ist.
13. Tag: Das Küken vergrößert sich, die umgebenden Substanzen werden verringert.
14. Tag: Das Küken ist proportional zur Abnahme des Albumens gewachsen und vollständig mit kleinen Federn bedeckt. Wieder werden Weißeisack und Dottersack korrekt beschrieben. Coiter glaubt, fünf Nabelgefäße zu erkennen: 1. eine Vene zur dritten Haut [Allantoisvene], 2. zwei andere Venen zum Dottersack [Dottervenen[44]], 3. zwei kleine Arterien, gebogen wie Regenwürmer [Dotterarterien[45]]. - Die Beschreibung des Gefäßsystems ist genauer als bei allen Vorgängern und nach meiner Meinung korrekt.
15. Tag: Die "secundia" [Chorio-Allantois] ist von ganz feinen Äderchen durchzogen, die bei der feinsten Berührung mit dem Messer verletzt werden. Die blutführenden Äderchen schließen sich zu einem dicken Ast [Allantoisvene] zusammen, der sich ein langes Stück durch das "Chorion" erstreckt. In dieser ist wäßrige Flüssigkeit enthalten [Allantoisflüssigkeit]. Wieder werden Amnion, Amnionflüssigkeit und Dotter im Dottersack korrekt beschrieben. Diese Haut [Amnion] ist an die "secundia" [Chorio-Allantois] angeheftet wie das Amnion ans Chorion beim Menschen[46]. Der Dotter ist zweigeteilt, aber in einer Haut, die vom Nabel oder der Haut des Embryos ausgeht[47].

---

43 Coiter beschreibt hier, wie Aldrovandi, den Eizahn, der sich allerdings nur am oberen Ende des Schnabels befindet. Die Beschreibung bei Aldrovandi ist genauer, obwohl die Funktionsdeutung falsch ist.
44 Anders Adelmann (wie Anm. 34, S. 455, Anm. 68), der glaubt, daß hier Dottervenen und Dotterarterien gemeint sind.
45 Adelmann (wie Anm. 34, S. 455, Anm. 69) vermutet, daß hier eher Därme als Adern gemeint sind.
46 Hier verwendet Coiter selbst im Vergleich die heute noch üblichen Termini. Gemeint ist wohl die Seite der Allantois, die mit dem Amnion verwachsen ist.
47 Gemeint ist damit wohl, daß der Nabelstrang Dottersack und Embryo verbindet. Adelmann (wie Anm. 34, S. 455, Anm. 75) findet diese Beschreibung inkorrekt, da nur der Nabelstrang den Dottersack mit dem Embryo verbindet; aber oberflächlich betrachtet läßt sich dieser Sachverhalt meines Erachtens so beschreiben, wie Coiter es tut.

16. Tag: Alles ist gewachsen, ansonsten wie zuvor beschrieben. Besonders die Eingeweide sind weiter ausgebildet. Im Bauch findet man eine saftartige Flüssigkeit, deren größter Teil sich im Ende des Bauches, neben dem Magen befindet. Zwei wurmartige Gebilde, die eher Därmen als Arterien gleichen, hängen außerhalb des Bauches[48].

17. Tag: Hier beschreibt Coiter nochmals die Amnion- und Allantoisflüssigkeit, die er allerdings als gleiche Flüssigkeit, nur unterschiedlich verteilt kennzeichnet. Drei Venen und eine Arterie gehen vom Nabel aus[49]. Weiterhin beschreibt er einen Auswuchs von den Därmen zum Dotter. Coiter sieht hier erstmals den Dottergang, vermag seine Funktion aber nicht zu deuten. Zwei Venen führen zu den Mensenterial-Venen [Allantois- und Dotterarterie, die von der dorsalen Aorta ausgehen]; die dritte führt zur "vena cava" [Dottervene]. Die "größere Arterie" führt zum Herzen. Wieder gibt Coiter an, er habe Gedärme aus dem Nabel hängen sehen, die bis zum Dotter führten[50]. Im Magen des Kükens ist Saft gemischt mit Wasser und viel Dotter ist in den Magen gezogen.

18. Tag: Hier gibt Coiter eine Lagebeschreibung des Hühnchens, wie sie bereits bei Aristoteles vorliegt: Der Kopf liegt unter dem rechten Flügel und Schenkel. Es ist keine wäßrige Flüssigkeit mehr vorhanden[51]. Dann wird wieder die Amnionflüssigkeit beschrieben, und erneut führt Coiter an, daß der Dottersack von der Haut des Kükens entspringe[52]. Der Dotter ist nach innen gezogen und absorbiert; in den Därmen findet sich kein Dotter, im Gegensatz zu den Angaben von Albertus Magnus[53]. Das Küken besitzt bereits Hoden und einen Kamm, weil es ein Hahn ist. Außerdem piepst es schon.

20. Tag: Coiter beschreibt nochmals die vier Häute und die vier Blutbahnen. Die Nabelöffnung ist nun bereits geschlossen. Bei der Sektion kann man den Dotter mit seiner ganzen Haut herausziehen. Auch der Nabelstrang, die pulsierende Allantoisvene und die Allantois- und Dotterarterie werden nochmals beschrieben. Gelbliche Flüssigkeit findet sich im Magen. Die Lunge ist jetzt rot, die Leber gelblich gefärbt.

3.2.3. Abschließende Bewertung - Vergleich mit Aldrovandi

Obwohl Volcher Coiters Leben kurz war - er wurde nur 42 Jahre -, ist sein wissenschaftliches Werk beeindruckend. Als typischer Vertreter des Renaissance-Humanismus stand er im Spannungsfeld zwischen Tradition und Empirie. Sein

---

48 Adelmann (wie Anm. 34, S. 455) vermutet, daß hier wie oben tatsächlich heraushängende Gedärme gemeint seien, die am 16.-18. Tag in den Körper zurückgezogen werden.

49 Eigentlich müßten es fünf sein: rechte und linke Allantoisarterie, linke Allantoisvene, Dottervene und Dotterarterie. Adelmann (wie Anm. 34, S. 455, Anm. 79) vermutet, daß Coiter die kleine rechte Allantoisarterie übersehen hat.

50 Dies würde bedeuten, daß der Nabelstrang nicht als Einheit, sondern als in Gänge aufgeteilt angesehen ist.

51 Es ist richtig, daß das Albumen bei den älteren Stadien völlig aufgebraucht ist.

52 Adelmann (wie Anm. 34, S. 455, Anm. 85) vermutet, daß hier nicht der Dottersack, sondern das sich zu diesem Zeitpunkt über den Dotter ausbreitende Amnion gemeint sei.

53 Vgl. Albertus Magnus, De animalibus VI 4, 37.

Werk ist fast völlig frei von scholastischem Einfluß[54]; er selbst gibt in seiner Einleitung zur Behandlung der Vogelentwicklung (S. 32) an, daß er die Verdunkelung und Kompliziertheit, die durch das Einarbeiten früherer Theorien entstehen könnte, vermeiden wollte. Als Zugeständnis an den Geist seiner Zeit hat er allerdings an seine eigene Darstellung kurze Zitate aus den Werken des Hippokrates, Aristoteles und Plinius angeführt, jedoch ohne sie zu kommentieren.

Coiter erkennt die Autorität der tradierten Werke nur dort an, wo sie seiner eigenen Erfahrung nicht widerspricht. Zuerst kommt die Empirie, dann erst das überlieferte Wissen. Er erschöpft sich auch nicht, wie er selbst hier andeutet, in ausführlichen Zitaten aus früheren Werken und ihrer Diskussion, wie es viele Vertreter der Renaissance vor ihm getan haben, sondern gibt jeweils nur eine knappe, aber recht objektive Zusammenfassung der tradierten Lehrmeinungen und stellt dann seine Meinung ebenso knapp dagegen. Er sieht die humanistische, d.h. eher philologische Aufarbeitung des tradierten Wissens offensichtlich als abgeschlossen an; sein Werk wirkt daher trotz seines frühen Erscheinungsdatums sehr modern.

Fassen wir die wichtigsten neuen Erkenntnisse, die sich bei Coiter finden, nochmals zusammen:
1. Entdeckung der ersten Blastodermbildung am 1. und 2. Tag.
2. Genaue Beschreibung der Blutgefäße und der extraembryonalen Häute, die viel detaillierter und akkurater ist als bei allen seinen Vorgängern.
3. Entdeckung des Eizahnes.

Vergleicht man Coiters Darstellung mit der seines Lehrers Aldrovandi, findet man einige Ähnlichkeiten in der Beschreibung:
1. Beide geben an, daß die Frage nach dem Primat der Teile das Moitv für ihre Untersuchungen war.
2. Beide beschreiben die ersten Blastodermbildungen vor dem 3. Tag, wobei Coiters Angaben wesentlich genauer sind.
3. Beide beschreiben die Bildung des Eizahnes beim 11. Tage alten Embryo, obwohl sie die Funktion nicht richtig zu deuten vermögen.

Insgesamt zeigt ein genauer Vergleich keine Anleihen, d.h. keine direkte Abhängigkeit. Allerdings ist Coiters Werk akkurater, systematischer und detaillierter angelegt als das Aldrovandis[55]; Singer[56] bezeichnet ihn daher als Vater der Embryologie, und Montagu[57] spricht von einem ”Meilenstein in der Geschichte

---

54 Vgl. dazu Adelmann (wie Anm. 34), S. 333: ”One of the most remarkable features of Coiter's account is its freedom from scholastic influence; there is no futile quarreling over trifles, no pompous arguments, no theoretical bias, and except for a few references to Aristotle, Lactantius, Columella and Albertus no appeal to authority, but simply a calm dispassionate, impartial and concise record of his observations with implicit confidence that truth will prevail.”; ähnlich Adelmann (wie Anm. 1), S. 67.
55 So auch Montagu (wie Anm. 55), S. 1021; Adelmann (wie Anm. 12), S. 756.
56 Charles Joseph Singer: A Short History of Biology: A General Introduction to the Study of Living Things. Oxford und New York 1931; Zweite Auflage unter dem Titel: A History of Biology. A General Introduction to the Study of Living Things. London/New York ²1950, ³1959; hier S. 148: ”Coiter opened incubated eggs day by day, and the descriptions of his findings must have acted as a guide to the concerned, Coiter is unquestionably the father of embryology.”
57 Montagu (wie Anm. 55), S. 1020: ”Coiter's account of the development of the chick must always rank as one of the great landmarks in the history of science.”

der Wissenschaft". Bloch charakterisiert das Verhältnis Coiter/Aldrovandi treffend[58]:

> "In der Fähigkeit, richtig zu beobachten und das Beobachtete kritisch zu sichten und zu ordnen, ist er seinem Lehrmeister bedeutend überlegen."

Aldrovandi gebührt aber der Ruhm, als erster systematische Untersuchungen eines Entwicklungsvorganges durchgeführt zu haben; er hielt sie für so wichtig, daß er auch seinen Schüler dazu anregte.

---

58 Bruno Bloch: Die Grundzüge der älteren Embryologie. In: Zoologische Annalen 1 (1905), S. 51-73; hier S. 69.

4. Beobachtende Embryologie zu Beginn des 17. Jahrhunderts: Einführung der vergleichenden Methode

Die großen im Bereich der Physik und Astronomie gemachten Fortschritte von Nicolaus Copernicus, Johannes Kepler und Galileo Galilei beeinflußten die weitere Entwicklung aller Naturwissenschaften im 17. Jahrhundert. Auch das berühmte 1600 erschienene Werk William Gilberts über den Magnetismus, in dem er erstmals eine fernwirkende immaterielle Kraft für ein Phänomen im Bereich der Physik, nämlich die Magnetkraft, annahm, förderte die Diskussion fernwirkender Kräfte auch in anderen Naturwissenschaften. Im 17. Jahrhundert erfolgte der Übergang von einer mehr qualitativen zu einer quantitativen Erfassung der Naturphänomene. Gleichzeitig wurden durch die erstmalige systematische Anwendung der experimentellen Methode sehr schnell viele neue Erkenntnisse gewonnen. Das Experimentieren und quantitative Messungen fanden auch Verwendung bei der Erforschung der Lebensvorgänge. Mit dem Mikroskop stand den Forschern gleichzeitig ein neues Forschungsinstrument zur Verfügung, das der Entwicklung in den biologischen Wissenschaften ähnliche Impulse gab wie das Teleskop der Astronomie. Es wurden zahlreiche Gruppen mikroskopisch kleiner Tiere entdeckt, und es war möglich, die innere Struktur von Organen und kleinen Organismen näher zu untersuchen. Die bei diesen mikroskopischen Studien gewonnenen neuen Erkenntnisse förderten gleichzeitig die Bemühungen um die Aufstellung einer Tiersystematik. Durch die Entdeckungsreisen waren die Europäer mit einer Vielzahl exotischer Pflanzen und Tiere bekannt geworden, die sich nach den bisherigen Ordnungskriterien nicht klassifizieren ließen. Dadurch war die Suche nach sinnvollen Ordnungskriterien zur Aufstellung einer Systematik intensiviert worden. Neue Beobachtungen und Erkenntnisse über die Anatomie der Wirbeltiere, die in erster Linie in der Medizin aus dem Bemühen um die Kenntnis des menschlichen Körpers erwuchsen, stimulierten auch Untersuchungen auf anderen Gebieten der Biologie, insbesondere der Pflanzenanatomie und der Embryologie. Besonders die Funktion des Herzens und die Bildung und Verteilung des Blutes wurden immer intensiver erforscht.

Voraussetzung für die Entwicklung einer Theorie des Kreislaufes, wie sie erstmals von Miguel Serveto (1511-1553) und später von Realdo Colombo (1516-1559) in der Theorie vom "kleinen Kreislauf" vertreten wurde, war eine zumindest teilweise Loslösung von der vorherrschenden galenischen Physiologie[1]. Gleichzeitig mußte die aristotelische Vorstellung überwunden werden, daß nur Himmelskörpern, die aus feinstem Äther bestehen, eine natürliche Kreisbewegung zukomme. Seit jeher hatte man das Herz als Zentrum der lebenden Organismen betrachtet, und Copernicus hatte in Anlehnung an diese Vorstellung die Sonne als das Herz der Welt bezeichnet. Allerdings war die Sonne bei ihm nicht nur das Zentrum, sondern gleichzeitig gleichsam der Motor des gesamten

---

1 Zusammenfassende Darstellung der Geschichte der Entdeckung des Blutkreislaufs bei Änne Bäumer: Geschichte der Biologie. Bd 2: Zoologie der Renaissance - Renaissance der Zoologie. Frankfurt am Main etc. 1991, S. 270-283.

Weltsystems. Vielleicht angeregt durch diese Vorstellung wurde nun auch das Herz als zentraler "Motor" des Körpers betrachtet, der im Mikrokosmos Tier wie die Sonne im Makrokosmos eine kreisförmige Bewegung (des Blutes) antreibe. Diese Vorstellung findet man erstmals bei William Harvey, der als Entdecker des allgemeinen Blutkreislaufes anzusehen ist.

Die weitere Entwicklung der anatomischen und vor allem der physiologischen Forschungen erfolgte im ausgehenden 17. Jahrhundert unter dem Einfluß mathematisch-mechanischer Auffassungen, unter denen die Philosophie Rene Descartes' besonders hervorzuheben ist. Descartes forderte eine mechanische Erklärung aller Naturphänomene, seine "Physik" umfaßte auch die Tier- und Pflanzenwelt. Tiere und Pflanzen wurden als Maschinen aufgefaßt, die aus den Gesetzen für Materie und Bewegung erklärbar sind und keine "verborgenen Qualitäten" besitzen. Im Anschluß an die cartesische Philosophie bemühten sich viele Naturforscher und Ärzte, die Lebensvorgänge auf die Gesetze der Physik, Mechanik oder Chemie zurückzuführen. Die Folgezeit ist geprägt durch die Auseinandersetzung zwischen teleologisch-vitalistischem Denken einerseits und aitiologisch-mechanistischem Denken andererseits[2].

4.1. FABRICIUS VON AQUAPENDENTE - EINFÜHRUNG DER VERGLEICHENDEN METHODE

Girolamo Fabrici (1533-1619) aus Aquapendente, bekannter unter dem Namen Fabricius von Aquapendente sah sich in der Nachfolge des Aristoteles und Galen und geriet ständig in Konflikt zwischen Beobachtung und Tradition. Insgesamt ging es ihm mehr darum, die zugrundeliegenden philosophischen Prinzipien aufzustellen, als morphologische Details zu finden. Dennoch hat er auch durch viele exzellente Beobachtungen die Entwicklung der Anatomie, Embryologie und Chirurgie entscheidend gefördert[3]. Besonders seine Beschreibung der Venenklappen ("De venarum ostiolis", 1603), deren Funktion er zwar noch nicht erkannte, hat seinem Schüler William Harvey den entscheidenden Anstoß zur Entwicklung der Lehre vom Blutkreislauf gegeben.

Insgesamt setzt sich das embryologische Werk des Fabricius aus drei Teilen zusammen, der erste Teil behandelt die Struktur, Tätigkeit und Funktion des Geschlechtsapparates der Henne und die Funktion des Samens, der zweite das Ei, d.h. die Bildung und Entwicklung des Embryos, der dritte den "gebildeten Foetus". Die ersten beiden Teile sind in der Vorlesung "De formatione ovi et pulli" enthalten und der dritte Teil ist die Vorlesung "De formato foetu".

---

2 Anmerken möchte ich hier, daß der auf diesen eineinhalb Seiten vorgelegte Überblick über das 17. Jahrhundert natürlich in keiner Weise die Entwicklung der Naturwissenschaften, auch nicht der biologischen Wissenschaften, adäquat wiedergeben konnte. Dies muß Spezialuntersuchungen zum 17. Jahrhundert, das sicherlich eines der am meisten diskutierten Jahrhunderte ist, vorbehalten bleiben. Eine, wenn vielleicht auch etwas oberflächliche Zusammenfassung erschien dennoch sinnvoll, um die embryologischen Forschungen nicht ganz isoliert vorzustellen. Bei der Fülle der im 17. Jahrhundert im Bereich der Biowissenschaften gewonnenen Erkenntnisse mußte sich die Darstellung leider fast ganz auf die Analyse der innerwissenschaftlichen Komponenten beschränken.

3 Vgl. dazu Bäumer (wie Anm. 1), S. 234-248.

4.1.1. Die Schrift "Über die Bildung des Eies und des Hühnchens" ("De formatione ovi et pulli", 1621)

Fabricius schließt sich mit seiner (1621 posthum von Prevotius herausgebrachten) Vorlesung "Über die Bildung des Eies und des Hühnchens" ("De formatione ovi et pulli") eng an Aristoteles an. Auch hier, wie in anderen Werken, erweist er sich als Mischung aus unabhängigem Beobachter und treuem 'Nachfolger' der antiken Autoritäten. Er war ein Meister der Argumentation, aber viele seiner Erklärungen sind falsch - Harvey verwendete später viel Zeit darauf, diese zu korrigieren. Wie in seinen anatomischen Werken war es auch in der Embryologie Fabricius' Ziel, eine umfassende Aufarbeitung des antiken Wissens zu liefern. Da von den antiken Autoren keine tageweise Darstellung der Hühnchenentwicklung gegeben worden war, war es nicht notwendig, seine eigenen Beobachtungen, die sich in den Abbildungen widerspiegeln, zur Bestätigung oder Widerlegung heranzuziehen. Deshalb stehen die Illustrationen unverbunden neben dem Text. Insgesamt bleiben seine Forschungen hinter Coiters kleinem anspruchslosem Werk zurück[4]; es ist bemerkenswert, daß Fabricius seine unmittelbaren Vorläufer Aldrovandi und Coiter nicht erwähnt und auch nicht eingearbeitet hat; vermutlich hat er ihre Abhandlungen tatsächlich nicht gekannt.

Als typischer Vertreter des Renaissance-Humanismus setzt Fabricius sich mit den antiken Theorien in aller Ausführlichkeit auseinander. In aristotelischer Tradition sucht er nach den unterschiedlichen zugrundeliegenden Prinzipien (causae). Seine Abhandlung enthält keine genauen Beschreibungen der einzelnen Entwicklungsstadien, sondern nur eine Diskussion der allgemeinen Fragen zu Aufbau, Entwicklung und Funktion der einzelnen Teile des Eies. An die Stelle kurzer Referate über Beobachtungen sind wieder "weitschweifige theoretisch-spekulative Betrachtungen und Diskussionen"[5] getreten.

Fabricius gibt die beste Darstellung des Geschlechtsapparates der Henne bis zu seiner Zeit[6]. Hier werden erstmals die Funktionen des Ovars und die nach ihm benannte "Bursa Fabricii" (lymphatisches Organ) beschrieben, deren Funktion er aber falsch deutete, indem er sie als Samenreservoir identifizierte. Fabricius führt auch einige Termini ein, die bis heute Gültigkeit haben, der bekannteste ist wohl der des "ovarium", den er für Ovar und Ovidukt verwendet. Er unterscheidet grundsätzlich zwischen einem "Uterus des Eies" und einem "Uterus des Kükens"

---

4 So auch Bruno Bloch: Die geschichtlichen Grundlagen der Embryologie bis auf Harvey. In: Nova Acta. Abhandlungen der kaiserlich Leopoldinisch-Carolinischen Deutschen Akademie der Naturforscher 82 (1904), S. 213-343; hier S. 311.

5 Vgl. dazu Bloch (wie Anm. 4), S. 97; M. F. Ashley Montagu (Embryology from Antiquity to the End of the Eighteenth Century. In: Ciba Symposia 10 (1949), S. 1009-1028; hier S. 1022) wertet die Leistung des Fabricius treffend: "In his De formatione ovi et pulli Fabricius perpetuates many errors and perpetuates a number of his own, and in so doing Fabricius undoubtedly served to retard the development of embryology, quite as much as he served his readers well, and it is for these that he should be remembered."

6 Montagu (wie Anm. 5), S. 1023 f.: "In this work [sc. De formatione ovi et pulli] Fabricius gave the best account, written up to this time of the reproductive tract of the hen, and in it for the first time established the role played by the ovary and oviduct in the formation of the hen's egg."

(S. 2 ff.)[7]; Eileiter und Eierstock sind also oberer Uterus (des Eies), die Gebärmutter (als der Uterus im modernen Sinne) als unterer Uterus (des Kükens)
identifiziert. Fabricius beschreibt genau die Bildung des Dotters im Eierstock,
dann verlasse der Dotter den oberen Teil des "Ovariums", und im unteren Teil
(dem Eileiter) würden zuerst die Chalazen, dann das Albumen und die beiden
Eimembranen (innere und äußere Schalenhaut) um das Ei gelegt; Fabricius beobachtet, daß das Ei dabei Rotationsbewegungen ausführt (S. 8 ff.). Das
Wachstum des Dotters erklärt er durch Zuführung von Blut, das des Albumens
durch Beifügung und Anheftung weiteren Materials (S. 12). Abschließend
werde die Eischale gebildet, die im Gegensatz zur Ansicht des Aristoteles bereits
im Inneren des Huhnes hart werde (S. 12 f.). Hier muß Fabricius sich gegen Aristoteles stellen, was ihm schwerfällt, aber die Beobachtung ist wichtiger als die
Tradition (S. 14):

> "Und, wie ich sagte, habe ich dies lange zuvor für einsichtig gehalten, da die
> ganze vernünftige Argumentation (ratio) ruhen muß, wo sie durch Beobachtung
> (experientia) zurückgewiesen wird."

Das dritte und letzte Kapitel des ersten Teils ist dann der Substanz und Funktion der einzelnen Teile des Uterus gewidmet. In seiner Beschreibung des Geschlechtsapparates der Vögel hat Fabricius seine Vorgänger übertroffen; auch die
zugehörigen Illustrationen (Tafel I) sind akkurat.

4.1.2. Die Entwicklung des Hühnchens im Ei

Wie bereits angedeutet, beschreibt Fabricius nicht die einzelnen Entwicklungsstadien in sukzessiver Reihenfolge, sondern behandelt in aristotelischer Tradition
grundlegende Fragestellungen. Entsprechend stellt er nach einer kurzen Einleitung zunächst die verschiedenen Arten der Eier vor und diskutiert kurz die
Windeier. Dann folgt eine Beschreibung der einzelnen Teile des fertigen Eies
und ihrer Funktionen (S. 22 ff.): Dotter und Albumen dienen der Nahrung des
Kükens; das Bildungsmaterial sitzt in der größeren der beiden Chalazen. Zwei
Eihäute (äußere und innere Schalenhaut) umgeben das gesamte Ei, eine weitere
den Dotter (Dottermembran), damit dieser sich nicht mit den anderen Flüssigkeiten vermischt. Fabricius beschreibt weiterhin die Luftkammer am stumpfen
Ende des Eies, deren Funktion er richtig erkennt, und die Keimscheibe, die er als
cicatrix bezeichnet und fälschlich als Narbe deutet, die durch das Abreißen des
Dotters im Uterus entstehe (S. 24).

---

7 Die Seitenangaben hier und im folgenden beziehen sich auf die Ausgabe von Adelmann,
   die auch den Originaltext als Faksimile enthält; vgl. The Embryological Treatises of Hieronymus Fabricius of Aquapendente. The Formation of the Egg and of the Chick. The
   Formed Fetus. Facsimile Edition with Introduction, Translation and Commentary by Howard B. Adelmann. 2 Bde, Ithaca, N. Y. 1942; Nachdruck: Ithaca 1967.

Der nächste Abschnitt behandelt die Bildung, das Wachstum und die Ernährung des Kükens, d.h. die drei Hauptfunktionen des Eies[8].
In langer Diskussion zeigt Fabricius, daß weder Dotter noch Albumen Bildungsmaterial darstellen, sondern der Nahrung dienen. Typisch für die Methode des Renaissance-Humanismus ist es, daß er versucht, die antiken Autoren zu entschuldigen, falls sie nach seiner Meinung etwas Falsches berichten. So behauptet er z.B., Hippokrates müsse durch die Untersuchung eines Eies, das zwei Dotter enthalten habe, zu seiner Ansicht gelangt sein, daß das Küken aus dem Dotter entstehe; er habe doppelte Extremitäten und einen doppelten Kopf gesehen und daraus geschlossen, daß der doppelte Dotter dafür verantwortlich sei (S. 29). Fabricius selbst nimmt eine Mittelhaltung ein und sagt, daß eigentlich sowohl Aristoteles als auch Hippokrates recht haben, da Dotter und Albumen beide der Nahrung dienen (S. 31). Fabricius versucht dann die Frage nach dem Wirkprinzip (causa movens bzw. agens), das die Entwicklung auslöst, zu klären. Für Fabricius besteht kein Zweifel, daß es sich dabei um den Samen des Hahnes handelt, obwohl der Samen im Ei nicht sichtbar ist. Aber es muß im Ei auch Bildungsmaterial geben, das den Impuls des Samens aufnimmt. In ausführlicher Diskussion schließt Fabricius Dotter, Albumen und die Eihäute für diese Funktion aus (S. 32 f.) und gelangt schließlich zum Ergebnis, daß das Bildungsmaterial in den Chalazen sitzen müsse (S. 34) - die von ihm beschriebene Keimscheibe ignoriert er in diesem Zusammenhang vollständig. Die wirkliche Funktion der Chalazen als Anheftebänder hat Fabricius auch erkannt, aber er glaubt, daß dies ihrer zweiten (wichtigeren) Funktion nicht widersprechen müsse (S. 34). Die Verhältnisse beim dreitägigen Embryo und vor allem die Tatsache, daß beim ausgebildeten Embryo keine Chalazen mehr vorhanden sind, sprächen dafür, daß der Embryo aus den Chalazen gebildet werde (S. 35). Entsprechend werden die Knoten der Chalazen als Vorstufen späterer Teile des Embryos gedeutet (S. 35):

"Wenn sich in den Chalazen nur drei Knoten befinden, scheinen diese tatsächlich den drei Höhlungen des Kopfes, des Thorax und des Abdomens zu entsprechen, oder den drei Hauptteilen, dem Gehirn, dem Herz und der Leber. Wenn man fünf zählt, entsprechen sie außer jenen, auch den Flügeln und den Beinen. Aber wenn man vier Knoten nie bei den Chalazen beobachtet, ist dies ein ganz klarer Beweis dafür, daß die Knoten der Chalazen an Zahl den Hauptteilen des Embryos entsprechen."

Allerdings stellt sich die Frage, warum dann nicht aus beiden im Ei vorhandenen Chalazen je ein Küken entsteht. Fabricius erklärt dies folgendermaßen: Beide Chalazen werden nicht gleichermaßen befruchtet. Da die Chalaze am stumpfen Ende näher am Ausgang, d.h. auch am Eintrittspunkt des Samens liegt

---

8 Bloch (wie Anm. 4), S. 312: "Mit einem Aufwand von grosser Gelehrsamkeit und mit einer dialektischen Kunst, die manchmal an die besten Zeiten der Scholastik erinnern, erörtert er alle Gründe und Gegengründe der beiden Theorien." - Adelmann (wie Anm. 7, S. 92) charakterisiert diesen Abschnitt: "The treatment consists largely of a series of long and involved but close-knit arguments in scholastic mode, and forms what is in many ways one of the most interesting chapters in the entire work, for nowhere is the mind and method of Fabricius more clearly revealed."

und gleichzeitig größer als die andere Chalaze ist, erhält diese als erste die Wirkkraft des Samens und seine Befruchtungsfähigkeit und gewinnt dadurch selbst
größere Kraft (S. 36).

Dann versucht Fabricius, die zweite Grundfrage zu klären: Wie wirkt der Samen, wenn er doch im Ei nirgends sichtbar ist? (S. 37 ff.). Durch die Länge des
Uterus werde verhindert, daß der Samen in den oberen Uterus eindringe und
wenn das Ei in den unteren Uterus gelange, sei es schon von der Schale umschlossen, die ein Eindringen des Samens verhindere. Deshalb werde der Samen
des Hahnes in einem kleinen Sack, den er als Bursa bezeichnet, aufbewahrt; von
dieser Stelle aus wirke der Same durch seine immaterielle fernwirkende Kraft
und befruchte den ganzen Uterus und die Eier (S. 38).

Als nächstes werden die Tätigkeiten des Eies "Entwicklung, Wachstum und
Ernährung" behandelt (S. 41 ff.). Dabei versucht Fabricius, die Frage nach dem
Primat der Teile zu klären. Er glaubt, daß weder Aristoteles recht hatte, der annahm, das Herz entstehe zuerst, noch Galen, der die Leber als primäres Organ
ansah. Es läßt sich nicht eindeutig erschließen, was nach Fabricius' Ansicht nun
wirklich zuerst entsteht. Zunächst gibt er an, daß zuerst (primum) die Knochen
als Basis entstehen (S. 43); sie müßten auch deshalb zuerst entstehen, da sie zuerst weich seien und längere Zeit zum Erhärten brauchten. Weiterhin gibt er an,
daß das Rückgrat, die Rippen und der Kopf zu Beginn der Entwicklung (a principio statim) gebildet werden. Da aber das Rückgrat vor dem Rückgrat entstehen müsse, da es von diesem umschlossen werde, müsse das Rückenmark und
auch das Gehirn zuvor entstehen, da es der Ursprung (principium) des Rücken-
marks sei (S. 44). Auch die Augen müssen sehr früh entstehen, da sie sich aus
vielen sehr unterschiedlichen Teilen zusammensetzen und die Trennung des
Materials und Zusammenfügung zu so unterschiedlichen Teilen sehr viel Zeit in
Anspruch nehme. Bei den Organen müssen diejenigen zuerst entstehen, die für
die vegetative Seele und ihre Funktion notwendig sind, d.h. Herz und Leber.
Auch Venen und Arterien müssen früh entstehen, da sie die von der Leber gebildete Nahrung und die vom Herzen gebildete Lebenswärme durch den entstehenden Körper verteilen müssen (S. 45) - hier übernimmt Fabricius die Theorie Galens. Insgesamt gibt er auf die Frage nach dem Primat der Teile folgende Antwort (S. 45):

> "Es ist daher klar, daß bei der Entwicklung des Hühnchens zuerst die Leber, das
> Herz, die Venen, die Arterien, die Lungen und alle im Abdomen enthaltenen Or-
> gane entstehen; und ebenso werden der Kiel (carina), d.h. der Kopf mit den Au-
> gen, und das Rückgrat und der Thorax gebildet, so daß während der ersten vier
> oder fünf Tage alle genannten Teile zu sehen sind; und nur die Gliedmaßen, d.h.
> die Flügel und die Beine und die Teile aus denen sie gebildet werden, wie Kno-
> chen, Gelenke und Muskeln fehlen."

Fabricius gibt also keine eindeutige Antwort auf die Frage nach dem Primat
der Teile, sondern stellt nur fest, welche Teile als erste, d.h. innerhalb der ersten
vier bis fünf Tage entstehen[9].

---

9 Vgl. dazu Adelmann (wie Anm. 7), S. 729-731, Anm. 123.

Im dritten und letzten Kapitel wendet sich Fabricius dann den Nützlichkeiten der Eier zu und beantwortet nochmals Fragen allgemeiner Art, die das zuvor Ausgeführte vertiefen, aber keine wesentlichen neuen Informationen enthalten. Insgesamt hat sich gezeigt, daß Fabricius in einigen Punkten neue bzw. andersartige Antworten als seine antiken Vorgänger findet. Leider hat er keine Tag-für-Tag-Untersuchung vorgenommen, wie sie bei Aldrovandi und Coiter vorliegt. An die Stelle kurzer objektiver Referate über Beobachtungen sind wieder ausführliche theoretisch-spekulative Betrachtungen getreten. Der eigentliche Wert von Fabricius' Werk liegt tatsächlich in seinen Illustrationen, die die erste bildliche Darstellung eines Entwicklungsvorganges darstellen, die uns überliefert ist.

4.1.3. Erste Illustrationen eines Entwicklungsvorganges

Die Illustrationen, die Fabricius von einem Künstler für sein Werk, vielleicht bereits als Anschauungsmaterial für seine Vorlesung, erstellen ließ[10], sind so detailliert und akkurat, daß man sich wundert, wie Fabricius einige derartige Fehldeutungen der Funktionen einzelner Teile unterlaufen konnten, wie sie uns im Text begegnen. Leider sind die Abbildungen nicht in den Text integriert, und es finden sich auch keine Hinweise am Rand des Textes, mit Ausnahme zu den ersten beiden Tafeln, die den Bau des Geschlechtsapparates der Henne und die Bildung des Eies wiedergeben. Die folgenden fünf Tafeln, die die (für unsere Untersuchung wichtige) Entwicklung des Hühnchens im Ei darstellen, stehen in keinerlei Bezug zum Text. Adelmann[11] vermutet, daß sie Fabricius als direktes Anschauungsmaterial in der Vorlesung dienten und dort jeweils von ihm erläutert wurden. In siebzig Einzelabbildungen werden die einzelnen Entwicklungsstadien dargestellt, die beigefügte Zahl gibt jeweils den Entwicklungstag an. Dabei ist es verwunderlich, daß die Numerierung bis 24 fortgeführt wird[12]. Diese Numerierung steht übrigens auch im Widerspruch zum Text, wo Fabricius (S. 59) angibt, daß das Hühnchen am zwanzigsten Tag schlüpfe[13]. Daher liegt die Vermutung nahe, daß dem Künstler beim Numerieren Fehler unterlaufen sind und daß Fabricius in Wirklichkeit eine Rasse untersuchte, die sich innerhalb von zwanzig Tagen entwickelt.

Bloch wertet die Illustrationen insgesamt[14]:

"Die frühen Stadien sind noch recht unbeholfen und mangelhaft gezeichnet; vieles, wie z.B. die erste Anlage des Körpers, ist einfach übersehen. Weit mehr Verständnis wird der späteren Ausgestaltung der Körperformen, der Organe in ihren gegenseitigen Lagebeziehungen, des Dotterkreislaufs und der Eihäute entgegengebracht. Das Ganze lässt jedenfalls auf ein fleissiges und sorgfältiges Studium

---

10 Adelmann (wie Anm. 7), S. 73.
11 Adelmann (wie Anm. 7), S. 73.
12 Daher stellt Adelmann (wie Anm. 7, S. 97) Überlegungen an, welche Hühnerrasse Fabricius wohl benutzt habe, so daß eine derartig lange Entwicklungsperiode zustande kam.
13 Dies scheint Adelmann (wie Anm. 7, S. 97) entgangen zu sein.
14 Bloch (wie Anm. 4), S. 316.

zahlreicher Hühnerembryonen in einer Reihe aufeinander folgender Entwicklungsstadien schließen."

Die Beurteilung trifft zu, allerdings muß man berücksichtigen, daß Fabricius
noch ohne Mikroskop oder Vergrößerungsglas arbeitete, und es somit sehr
schwierig war, die Einzelheiten in den ersten drei Entwicklungsstadien genau zu
beobachten und wiederzugeben. Zu diesen ersten, weniger genauen Illustrationen (zu Tafel 1 - die ersten 13 Tage der Entwicklung) existieren beschreibende
Legenden, die der Herausgeber Prevotius wohl nach Notizen des Fabricius an-
fertigte, da einige Teile und Buchstaben, für die Erklärungen da sind, auf den
Zeichnungen fehlen, während andere ganz offensichtlich falsch zugeordnet sind.
Es läßt sich nicht feststellen, ob hier Fabricius selbst oder dem Bearbeiter Fehler
unterlaufen sind[15]. Für die anderen vier Tafeln fehlen jegliche Erklärungen;
wahrscheinlich war es für Prevotius zu kompliziert, diese zu beschriften[16].
Im folgenden werden die Abbildungen des Fabricius angefügt, wobei die Le-
genden zur ersten Tafel übersetzt wurden. Auf eine Interpretation der einzelnen
Abbildungen wurde verzichtet, um nicht mit modernen Termini und modernem
Wissen anachronistisch Dinge hineinzudeuten. Die einzelnen Details des Ent-
wicklungsvorganges waren für Fabricius nur von geringer Bedeutung. Ihm ging
es hauptsächlich darum, die den Entwicklungsvorgängen zugrundeliegenden
Prinzipien zu finden. Zur Erklärung der Illustrationen kann man die im vorigen
Kapitel ausgeführten Beschreibungen Volcher Coiters heranziehen bzw. Harveys
Analyse, der wiederholt auf die Abbildungen bei Fabricius Bezug nimmt.

ERKLÄRUNG DER ABBILDUNGEN ZUR ENTWICKLUNG DES HÜHNCHENS

Erste Figur zu einem *zwei Tage* bebrüteten Ei
A. Das stumpfe Ende des Eies, in dem nichts gebildet zu sein scheint; nur das Albumen hat
eine viel größere Dichte erhalten.

Zweite Figur zu einem *drei Tage* bebrüteten Ei
B. Die Membran, die als Chorion bezeichnet wird - [in Wirklichkeit Blastoderm].
C. Die Nabelgefäße, die durch das Chorion laufen [Dottergefäße].
D. Die größeren Arme, die vom Zentrum ausgehen und einen Kreis in der Peripherie bilden.
E. Der Dotter, auf dem dies alles schwimmt.

Dritte Figur zu einem *vier Tage* bebrüteten Ei
F. Der Körper des Kükens erscheint im Zentrum wie eine kleine Fliege.
G. Die chorionartige Membran von der Größe einer Silbermünze[17].
H. Viele kleine Arme der Gefäße, die vom Körper des Kükens ausgehen.

Vierte Figur [auch] zu einem *vier Tage* bebrüteten Ei
I. Der abgetrennte Embryo, der [bereits] Kopf und Rückgrat besitzt.
K. Der Embryo, der sich zur Mitte des Eies neigt.

---

15 Adelmann bemerkt dazu (wie Anm. 7, S. 95): " ... but it is impossible to say whether the
author, the editor, or the engraver is responsible for these errors."
16 Vgl. dazu Adelmann (wie Anm. 7), S. 95 f.
17 "Daotto" nach Adelmann (wie Anm. 7, S. 231) eine Silbermünze im 16. Jahrhundert.

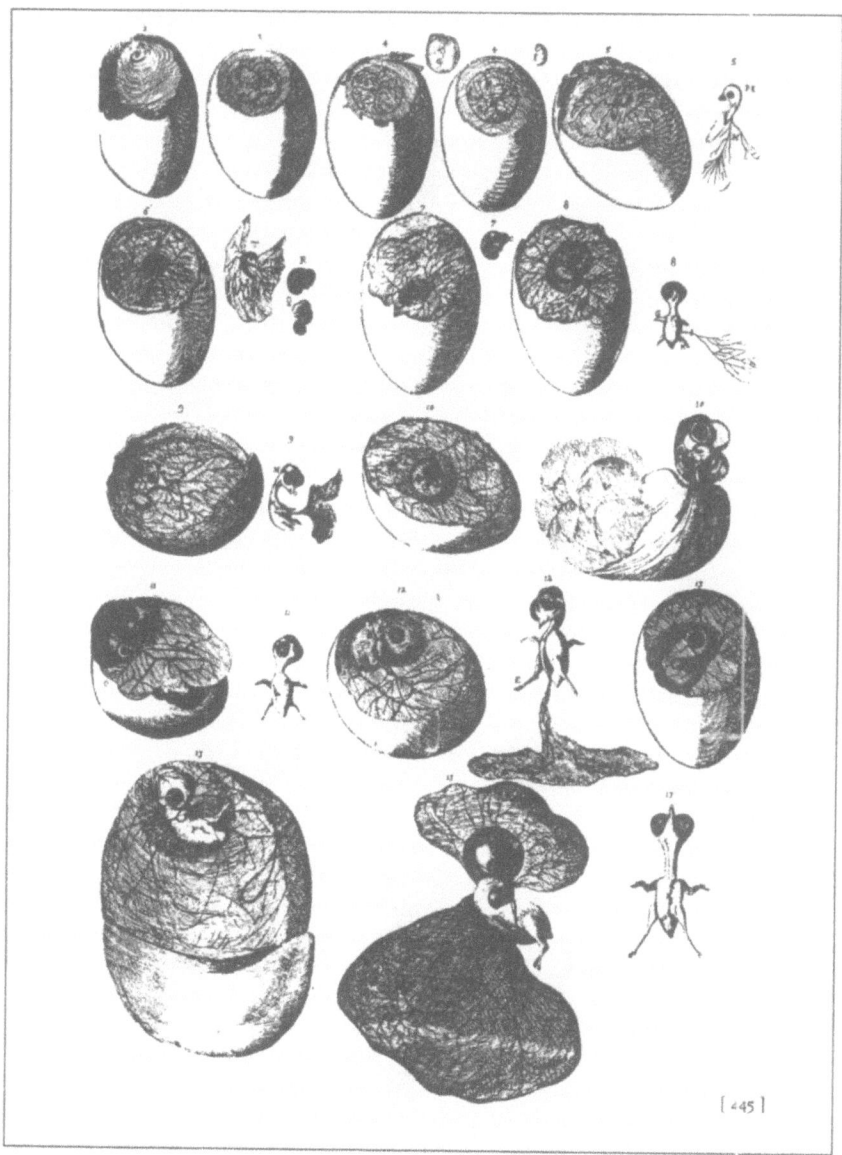

[445]

Fabricius, Tafel 1 zur Entwicklung des Hühnchens im Ei

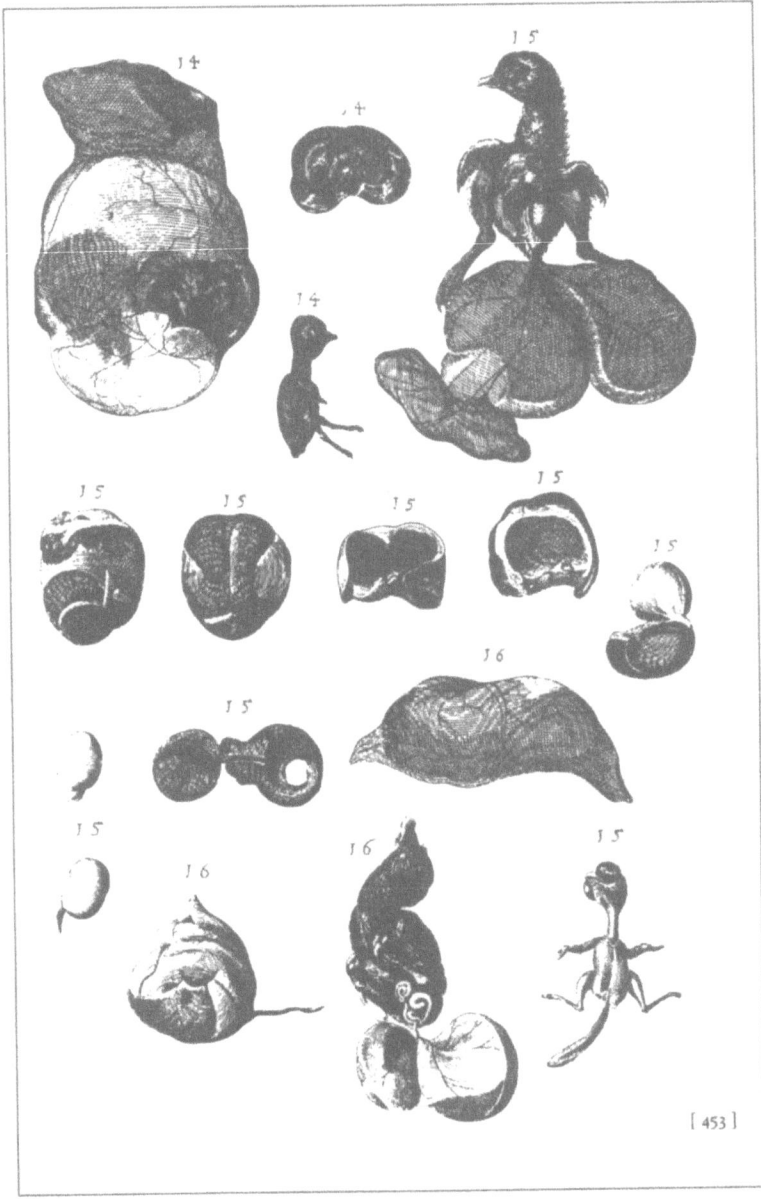

[453]

Fabricius, Tafel 2 zur Entwicklung des Hühnchens im Ei

Fünfte Figur zu einem *fünf Tage* bebrüteten Ei
L. Die Haut [Blastoderm] und der Embryo sind größer.
M. Der abgetrennte Embryo, der Kopf und Rückgrat besitzt.
N. Die Nabelgefäße, die vom Embryo abwärts führen.

Sechste Figur zu einem *sechs Tage* bebrüteten Ei
O. Der Embryo, der nun größer ist und wie eine runde Masse erscheint.
P. Die Nabelgefäße sind nun größer.
Q. Der abgetrennte Embryo, eingehüllt in eine Haut [Amnion].
R. Ein anderer Embryo, der abgetrennt eine runde Masse bildet.
S. Ein dritter abgetrennter Embryo.
T. Der Kopf, welcher größer als der Rest [des Körpers] ist.
V. Die großen, hervorstehenden Augen.

Siebte Figur zu einem *sieben Tage* bebrüteten Ei
A. Der Dotter, der kleiner als bei den vorangehenden Stadien ist.
B. Der abgetrennte Embryo; er hat dieselbe Größe wie am 6. Tag.
C. Ein Sack, der vom Kopf hervorragt und als Gehirn angesehen wird [Mittelhirnanlage].

Achte Figur zu einem *acht Tage* bebrüteten Ei
D. Der Embryo erscheint größer und der Körper ausgebildet.
EE. Die Vene und Arterie, die in den Nabel führen [Dottervene und -arterie].
F. Der abgetrennte Embryo.
G. Die Flügel, die sich zu bilden beginnen.
H. Die Beine.
I. Die Nabelgefäße, die in den Nabel führen.
K. Der große Kopf.

Neunte Figur zu einem *neun Tage* bebrüteten Ei
L. Der Embryo und die Gefäße, die beide größer [als am achten Tag] sind.
M. Der abgetrennte Embryo.
N. Die Augen, welche vollständig gebildet zu sein scheinen.
O. Der geformte Rücken.
P. Die Blutgefäße mit der Membran, die dem Nabel angeheftet ist [Dottergefäße und Dottersack].

Zehnte Figur zu einem *zehn Tage* bebrüteten Ei
Q. Der Embryo, der in der Mitte des Eies liegt.
R. Der abgetrennte Embryo.
S. Eine Blase, die einer Bohne oder Schminkbohne ähnelt und den Kopf bedeckt [Mittelhirnanlage].
T. Der Kopf, vollständig und perfekt gebildet [Richtig dem Herzen zuzuordnen].
V. Die chorionartige Haut, welche erscheint, wenn der Embryo in Wasser getaucht ist.

Elfte Figur zu einem *elf Tage* bebrüteten Ei
A. Der Embryo, der jetzt größer ist.
B. Die Augen des abgetrennten Embryos; sie sind größer als die übrigen Teile.

Zwölfte Figur zu einem *zwölf Tage* bebrüteten Ei
C. Der Embryo, der gekrümmt im Ei liegt.
D. Die Blutgefäße, die jetzt größer und ausgedehnter sind.
E. Der rechte Fuß des abgetrennten Embryos ist gebildet, die Zehen sind getrennt, und die Blutgefäße, welche mit der Membran an dem Nabel haften [Dottersack und Dottergefäße].

Fabricius, Tafel 3 zur Entwicklung des Hühnchens im Ei

Fabricius, Tafel 4 zur Entwicklung des Hühnchens im Ei

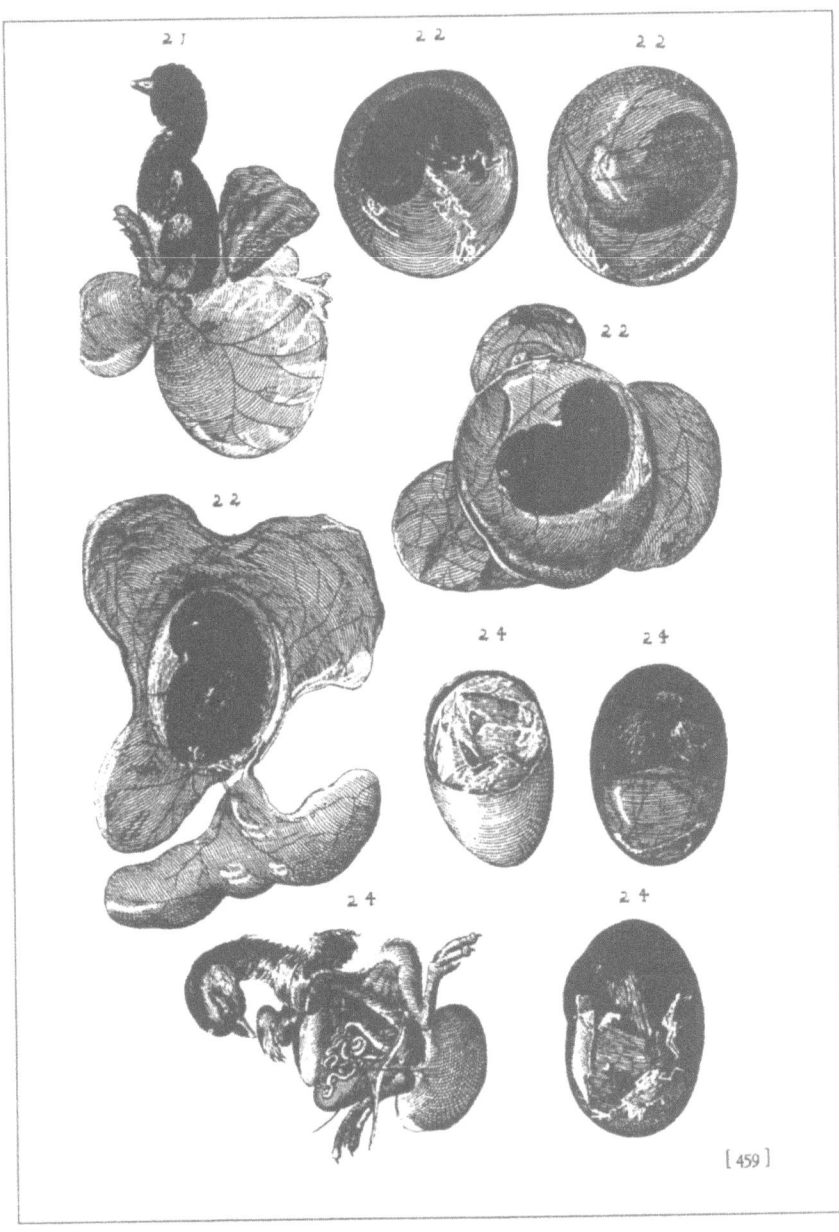

Fabricius, Tafel 5 zur Entwicklung des Hühnchens im Ei

Dreizehnte Figur zu einem *dreizehn Tage* bebrüteten Ei
F. Der Embryo, der jetzt größer ist.
H. Ein erster abgetrennter Embryo mit Dotter, Albumen und Gefäßen.
I. Die Gefäße, die sich über den Dotter und das Albumen ausbreiten, und die Äste der Gefäße, die von den Augen ausgehen.
K. Ein weiterer abgetrennter Embryo.
L. Die Haut, die das Albumen umgibt [Teil des Dottersacks][18].
M. Die Haut, die den Dotter umgibt [Dottersack].
N. Die dritte Haut, die den Embryo umgibt [Amnion][19].
O. Ein dritter vollständiger Embryo, bei dem sich die Federn zu bilden beginnen.

Zu den Tafeln IV- VII
Die vier folgenden Tafeln, welche vor den Index hätten gestellt werden müssen, illustrieren die täglichen Beobachtungen der Teile, die bei der Entwicklung des Embryos gebildet werden, vom 14. bis zum 24. Tag, das ist die Zeit des Schlüpfens.
Die jeder Figur beigefügten Zahlen bezeichnen das Alter in Tagen, gerechnet vom Beginn der Bebrütung. Die Teile dürften sich leicht nach der vorangehenden Liste des Index identifizieren lassen; deshalb war es wohl unnötig, Buchstaben auf die Figuren zu drucken, die für bereits bekannte Einzelteile stehen.

---

18 Vgl. dazu Adelmann (wie Anm. 7), S. 233.
19 Adelmann (wie Anm. 7, S. 233) vermutet, daß Chorio-Allantois gemeint sei.

4.1.4. Begründung der Vergleichenden Embryologie ("De formato foetu", 1604)

Fabricius hat nicht nur in der Anatomie, sondern auch in der Embryologie die vergleichende Methode angewendet; sein Werk über das intrauterine Leben des Embryos ("De formato foetu", 1600) enthält vergleichende Studien über morphologische Details zur Anatomie des Foetus und des Uterus bei Hunden, Katzen, Kaninchen, Mäusen, Meerschweinchen, Schafen, Schweinen, Vögeln und Menschen. Im Widmungsschreiben äußert Fabricius seine Verwunderung darüber, daß nur wenige der antiken Autoren und keiner der zeitgenössischen Forscher sich mit diesem Thema befaßt hätten:

> "Warum dies der Fall ist, weiß ich nicht; da es wirklich unpassend ist, daß solche Wunder der Natur uns verborgen liegen sollen, werde ich sie so kurz als möglich darstellen, und, indem ich sowohl Illustrationen als auch schriftliche Beschreibungen anfüge, werde ich jeden dadurch in die Lage versetzen, die ersten Anfänge des Lebens eines jeden Tieres zu begreifen und bei sich zu erwägen. Indem ich dies tue, werde ich Aristoteles, dem großen Interpreten der Natur, folgen und ihn erläutern, ihn, der der erste und einzige Mensch war, der diese Geheimnisse untersuchte, und wenn ihm etwas entgangen ist, werde ich darauf hinweisen."

Fabricius orientiert sich also bewußt an Aristoteles, den er zur Vollendung führen will.

Im ersten Kapitel (S. 1) gibt Fabricius an, daß er sich in dieser Schrift nur mit dem Embryo befasse, der bereits fertig geformt sei, aber im Uterus bleibe, um Nahrung aufzunehmen und zu wachsen. Sein primäres Interesse gelte den Teilen, durch die der Embryo versorgt werde. Er wolle sie in der üblichen Art behandeln, d.h. zunächst ihre Struktur beschreiben, dann ihre Aktion und zum Schluß die Funktion ihrer Teile. Vier Strukturen außerhalb des Embryos seien für seine Versorgung zuständig: Gefäße, Membranen, Flüssigkeiten und die fleischige Substanz (= Uterus). Diese unterschiedlichen Teile werden im folgenden detailliert besprochen (Teil 1, S. 3-107)[20]. Die meisten Dinge, die Fabricius beobachtete, hatten bereits Galen, Fallopius, Vesal und Arantius beschrieben, aber Fabricius' hervorragende Abbildungen bezeugen, daß er tatsächlich selbst Sektionen durchführte. Die Abbildungen sind zwar generell besser in den Text integriert als bei der Schrift "De formatione ovi et pulli", dennoch wird auf ein Drittel von ihnen kein Bezug genommen. Der Text des ersten Teils beschränkt sich auf 23 Seiten, dem 87 Seiten mit Abbildungen (auf 33 Tafeln) und deren Erläuterungen (auf 54 Seiten) gegenüberstehen. Die 33 Tafeln der Schrift illustrieren verschiedene Aspekte der Anatomie des Uterus und des Foetus des Menschen (Tafel I-X), des Schafes (XI-XVIII), des Rindes (XIX), des Pferdes (XX-XXIII), des Schweins (XXIV-XXVI), des Hundes (XXVII-XXVIII), der Ratte und der Maus (XXIX), des Meerschweinchens (XXX), des Hais (XXXI-XXXII) und der Schlange (XXXIII). Die Abbildungen beweisen Fabricius' gute Beobachtungsgabe, sie sind sehr sorgfältig ausgeführt. Natürlich wurden einige Strukturen

---

20 Zu den Einzelheiten vgl. Adelmanns Einführung zu dieser Schrift (wie Anm. 7), S. 99-113.

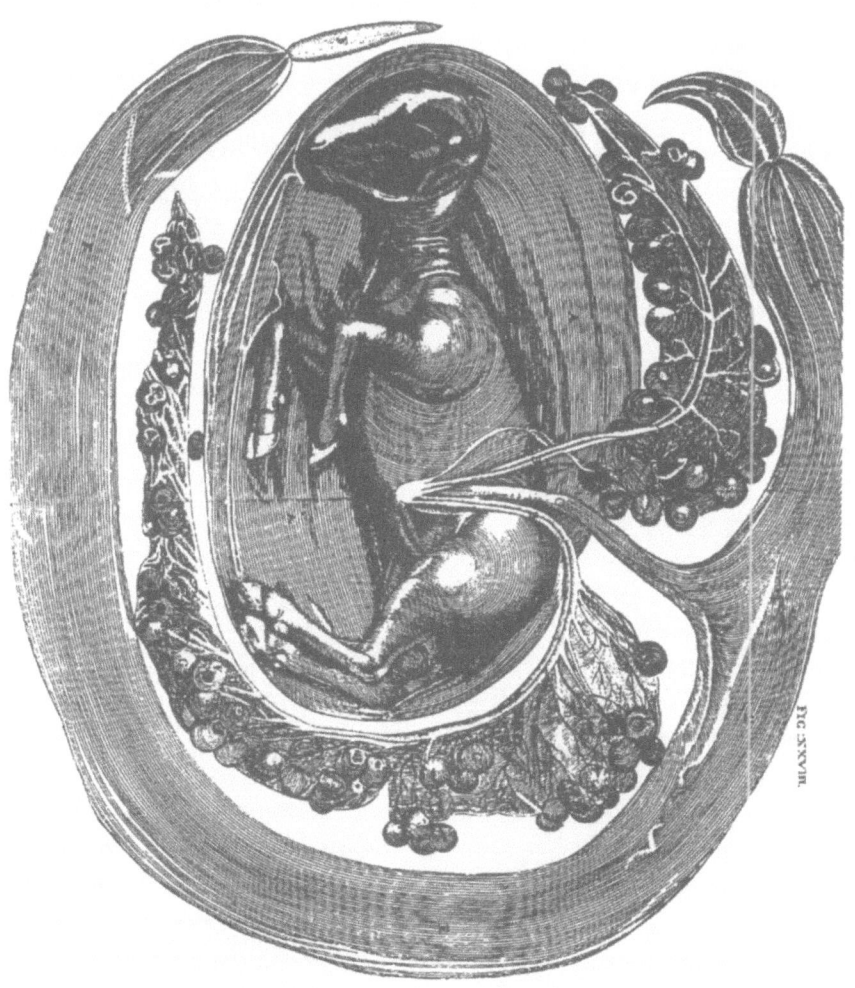

Schafembryo im Uterus, Abbildung S. 59

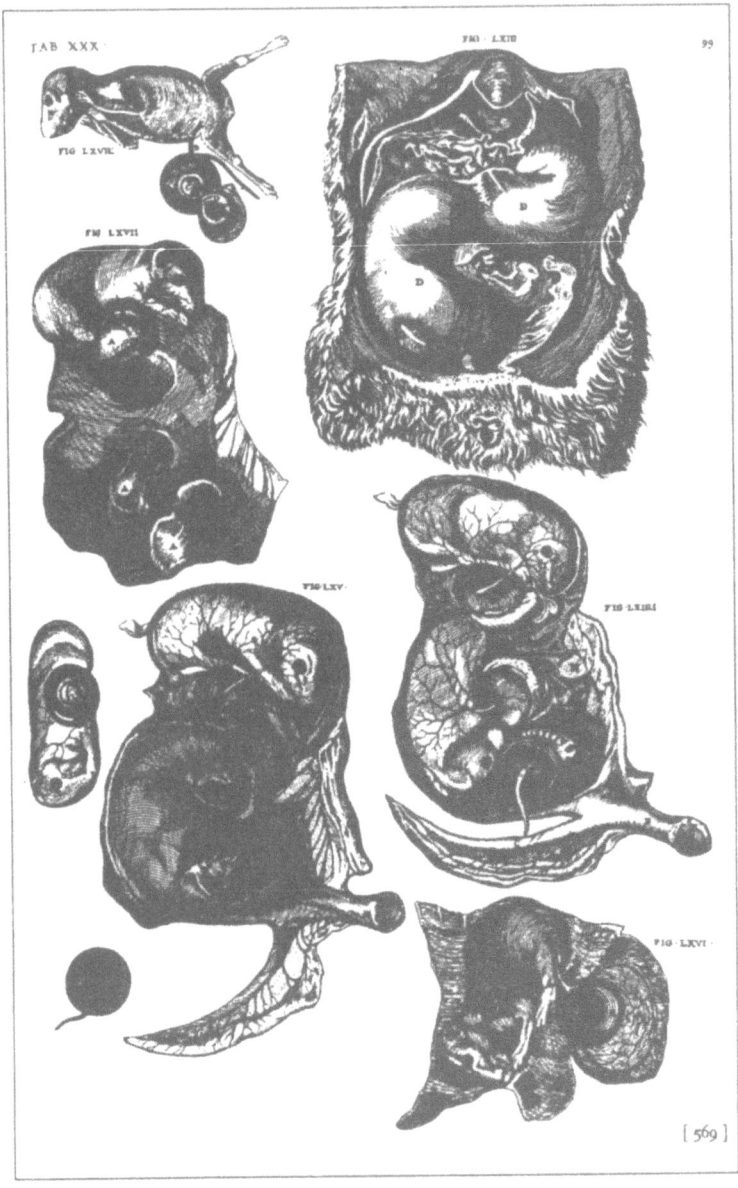

Embryonalentwicklung der Maus,
Abbildung zu S. 75

falsch interpretiert, da Fabricius noch keine ausreichende Kenntnis von der Physiologie besaß. Alle seine Beobachtungen fußen noch ganz auf der Physiologie Galens. Dies zeigt sich deutlich in Teil 2 und 3, in denen Fabricius die Funktion und Aktion der Teile diskutiert (S. 108-145).

In dieser Schrift ist Fabricius' Ansatz tatsächlich vergleichend, was in seinen anatomischen Schriften nur selten der Fall war[21]. Bei der Beschreibung der einzelnen Teile, wie etwa der Nabelgefäße, des Amnions, des Chorions, des Uterus, etc., wies Fabricius stets auf die unterschiedliche Form bei den behandelten Tierarten hin, wobei (in Marginalien) auf die Tafeln verwiesen wird. So stellte er die Analysen der Vorgänger auf eine breitere Basis, indem er eine größere Anzahl von Formen untersuchte. Der Text ist durchsetzt mit zahlreichen Zitaten aus antiken und zeitgenössischen Autoren. Auch in diesem Werk war es Fabricius' primäres Ziel, das tradierte Wissen aufzuarbeiten und zu ergänzen. Bei der Frage nach dem "Was", also nach der Struktur, lieferte Fabricius noch eigene Beschreibungen. Die Fragen nach dem "Wie" (Aktion) und "Warum" (Funktion) beantwortete er mit einer Zusammenfassung der Physiologie Galens. Auf dieser Basis führte er seine Sektionen durch, deren Ergebnisse sich in den hervorragenden Abbildungen widerspiegeln, aber noch nicht in den Text integriert wurden. Der Hauptwert auch dieser embryologischen Schrift des Fabricius liegt in den Illustrationen. Durch die Übertragung des vergleichend-anatomischen Ansatzes auf die Embryologie hat Fabricius der embryologischen Forschung eine neue Richtung gegeben, die es ihren Vertretern ermöglichte, ihre Ergebnisse auf eine breitere Basis zu stellen. So hat er wesentlich dazu beigetragen, daß die Embryologie als Spezialgebiet anerkannt wurde.

4.1.5. Zusammenfassung

Insgesamt läßt sich feststellen, daß Fabricius' Werk nichts wesentlich Neues zur Entwicklung der Vogelembryologie beigetragen hat. Allerdings muß man berücksichtigen, daß die Schrift als Vorlesungsmanuskript gedacht war. Vielleicht war sie nie zur Publikation vorgesehen; dafür spräche auch die Tatsache, daß sie erst posthum veröffentlicht wurde. Fabricius diskutiert nochmals in aller Ausführlichkeit die antiken Theorien und kommt auf der Basis, daß es stets zwei Kriterien für die Wahrheit gibt, die Autoritäten und die eigene Beobachtung, oft zu abstrusen Ergebnissen. Einige Einzelbeobachtungen sind neu und einige von Fabricius eingeführte Termini (ovarium, infundibulum, mesometrium, cloaca, cicatrix, bursa) haben heute noch Geltung. Fabricius stellt so zugleich einen Rückschritt und einen Fortschritt dar. Der eigentliche Wert seines Werkes liegt in den Illustrationen, den ersten Abbildungen zu einem Entwicklungsvorgang überhaupt[22].

---

21 Vgl. dazu Bäumer (wie Anm. 1), S. 234-248.
22 Adelmann (wie Anm. 7) bewertet Fabricius viel zu positiv.

4.2. AEMILIO PARISANO UND MARTIN SCHOOCK

- In der Nachfolge des Fabricius haben viele Autoren das Thema der Vogelentwicklung immer wieder aufgenommen. Bevor wir uns der Behandlung des Werkes seines großen Schülers William Harvey zuwenden, sollen kurz noch zwei
Autoren Beachtung finden, die zeitlich noch vor Harvey das Thema wieder auf-
griffen, und von denen der eine zumindest die Erkenntnis Harveys, daß die
Keimscheibe das Bildungsmaterial des Hühnchens darstellt, in modifizierter
Form bereits vertreten und damit Harveys eigene Theorie vorbereitet hat.

4.2.1. Aemilio Parisano "De subtilitate"

Der römische Arzt Aemilio Parisano (1577-1643) befaßte sich in den ersten
sechs Büchern seines zwölf Bücher umfassenden Werkes "De subtilitate"
(Venedig 1623) mit Fragen der Embryologie: Buch 1 (S. 1-63) und 2 (S.
64-140) behandeln den Samen, Buch 3 (S. 141-210) die Ähnlichkeit mit den
Eltern, Buch 4 die Seele, die angeborene Lebenswärme und den Hauch (S.
211-241), Buch 5 die Materie des Embryos und die Wirkursachen (S. 242-266),
Buch 6 das Primat der Teile, Art und Ordnung bei der Entwicklung (S.
267-315).
Parisano vertritt eine Zwei-Samen-Lehre, die der Theorie Galens sehr ähnlich
ist (S. 24 ff. und S. 134 ff.); alle Organe entwickeln sich aus Sperma und entstehen gleichzeitig. Im sechsten Kapitel der zweiten Abhandlung des sechsten Buches wendet sich Parisano dann speziell der Entwicklung des Embryos im Ei zu
("De Foetu, ac eius ortus modo in ovo diligentissime observato mira perinde ac
vera historia"). Parisano eröffnet seine Untersuchung der Vogelentwicklung mit
einer Begründung (S. 299):

> "Wann auch immer irgendwo die Sinne nichts lehren können, wird man vergeblich
> nach vernünftigen Erklärungen suchen. Deshalb haben wir mit größtem Eifer und
> äußerster Sorgfalt dort, wo es möglich war, nämlich bei der Bildung des Hühn-
> chens immer wieder zahlreiche Beobachtungen vorgenommen und sie gesam-
> melt."

Das Hühnchen steht also wieder einmal, wie schon bei Hippokrates und
(unmittelbar vor Parisano) bei Fabricius, stellvertretend für die schwerer zu beobachtende Entwicklung bei anderen Tieren. Parisano hat sich aufgrund der
Schwierigkeit bei den Beobachtungen die einzelnen Entwicklungsstadien häufiger angesehen, um sichere Erkenntnisse zu gewinnen[23]. Auch er gibt leider
keine Beschreibung der täglichen Entwicklung des Hühnchens, sondern beschränkt sich auf einige wesentliche Fakten des gesamten Entwicklungsvorganges. Im einzelnen braucht daher seine Darstellung (S. 299-315) nicht vorgestellt
zu werden, nur einige originelle Beobachtungen werden angeführt.
Interessant ist Parisanos Beschreibung des Blastoderms am zweiten Tag; er
spricht von einem weißen Körper, der in Form und Größe der Frucht einer Linse
ähnele, und bezeichnet dieses Gebilde als Samen mit einer darüberliegenden wei-

---

23 Vgl. dazu besonders auch Parisanos Ausführungen auf S. 305.

ßen Haut, die Spinnennetzen ähnlich, aber kräftiger als diese sei. Parisano erkannte also richtig, daß sich der Embryo aus dem Blastoderm bildet, wenn er
dieses auch irrtümlich für den Samen hielt. Auch die Beschreibung des Herzens
ist insofern originell, als Parisano angibt, daß das Herz zunächst weiß sei und
erst später (mit Blut gefüllt) rot werde (S. 301). Bereits vor der Rotfärbung pulsiere das Herz. Da dies schwierig zu beobachten sei, empfiehlt Parisano folgen-
des Experiment (S. 301):

Mit einer kleinen Schere solle man geschickt das Ei öffnen, die Gefäße entfernen und den Embryo heraustrennen und ihn auf den Daumennagel oder ein Gefäß legen, dann sei es leicht, unabhängig von der Lage des Embryos, das
Pulsieren des Herzens zu beobachten. Daraus folgt für Parisano, daß das Herz
bereits lebt und sich bewegt, solange es noch weiß ist und aus Parenchym
besteht. Nach der Beschreibung der Entstehung des Auges fordert Parisano dann
nochmals in aller Ausführlichkeit dazu auf, zahlreiche Untersuchungen an
Hühnereiern durchzuführen, um zu sicheren Erkenntnissen zu gelangen (S.
303). Die dritte Abhandlung des sechsten Buches befaßt sich dann mit der
Frage, ob das Hühnchen aus dem Dotter oder dem Weißen entsteht. Zunächst
wird im ersten Kapitel Aristoteles' Meinung vorgestellt und widerlegt, im
zweiten wird dann die 'richtige' Ansicht dagegen gestellt (S. 306). Wie
Fabricius nimmt Parisano an, daß sowohl Dotter als auch Albumen der Nahrung
(zunächst des Samens und dann) des Embryos dienen. Im dritten Kapitel führt er
dann abschließend noch Beobachtungen und Argumente vor, die die Meinung
des Aristoteles widerlegen und seine eigene Position nochmals bestätigen sollen
(S. 308-315), leider bietet die Argumentation nichts wesentlich Neues.

Insgesamt hat sich gezeigt, daß Parisano, der in seinem umfangreichen Werk
(12 Bücher - etwa 500 Seiten) nur sechzehn Seiten der Diskussion der Vogelentwicklung widmet, immerhin zwei neue Gedanken anführt:

1. Das Blastoderm, fälschlich als Samen identifiziert, ist das Bildungsmaterial
des Embryos.

2. Das Herz des Embryos pulsiert bereits, wenn es noch weiß ist.

Man sollte daher Parisanos Stellung in der Geschichte der Vogelembryologie
nicht zu negativ bewerten[24].

4.2.2. Martin Schoocks "Dissertatio de ovo et pullo" (1643)

Martin Schoock (1614-1665) war zunächst (1636) als Professor der griechischen
und lateinischen Sprache an der Universität zu Utrecht tätig; ab 1638 lehrte er am
Gymnasium in Deventer. 1640 ging Schoock dann nach Groningen und wurde
an der dortigen Universität Professor für Logik, "Physica" und "Philosophia
practica". Im Rahmen dieser Tätigkeit hat er auch eine Abhandlung zum Ei und
zum Hühnchen "Dissertatio de ovo et pullo" (Utrecht 1643) verfaßt. Diese Ab-

---

24 Vgl. Howard Bernhardt Adelmann: Marcello Malpighi and the Evolution of Embryology. 5
Bde, Ithaca, N.Y. 1966, S. 760: "But his account is strongly colored by philosophical bias,
and the few grains of good in the five [sic!] pages he devotes to his observations on the
chick and to his interpretations of what he saw are planted in a desert of over five hundred
pages of verbiage cast in form of scholastic argument."

handlung bezeichnet Needham als[25] "A mere Compendium of quotationes from Coiter and Aldrovandus". Diese Charakterisierung erzeugt eine falsche Vorstellung von dem Werk. Tatsächlich bietet uns Schoock überhaupt nichts Neues, sondern eine bloße Zusammenstellung der Ergebnisse seiner Vorgänger. Allerdings beschränkt er sich dabei keineswegs auf Coiter und Aldrovandi. In seiner 183 Seiten umfassenden Schrift zitiert er vornehmlich Aristoteles und übliche Autoren wie Hippokrates, Plinius, Galen, Avicenna, Albertus Magnus, Gesner, Aldrovandi, Coiter und Fabricius; daneben aber auch eine Unzahl von Autoren, die nur einzelne Äußerungen zum Hühnerei gemacht haben, wie z.B. Censorinus, Homer, Isidor von Sevilla, Juvenal, Macrobius, Plutarch, Sueton, Varro etc. Ein kurzer Überblick über den Aufbau des Buches soll die unterschiedliche Gewichtung der einzelnen Themen verdeutlichen:

1. Etymologie des Wortes "Ei" und Definition (I-II).
2. Welche Tiere legen Eier (III-IL) - Enthält auch Fabelgeschichten, wie "Götter entstehen aus Eiern".
3. Die Teile des Eies (L-LXIII).
4. Die unterschiedliche Färbung, Größe und Form der Eier (LXIV-XCIV).
5. Die inneren Teile des Eies (XCV-CXXXVI).
6. Die Zahl der Eier, Zeit der Fortpflanzung, Bau des Geschlechtsapparates (CXXXVII-CLXX).
7. Windeier (CLXXI-CXCVII).
8. Entstehung des Eies - Wirkursache - vegetative Seele (CXCVIII-CCXL).
9. Beeinflussung der Bebrütungsdauer durch äußere Einflüsse (CCXLI-CCXLV).
10. Beschreibung der Entwicklung des Hühnchens vom 1. -21. Tag - Kurzfassung des Textes von Coiter (CCXLVI-CCLXVII).
11. Gegenüberstellung einiger Aussagen bei Coiter und Aristoteles (CCLXVIII-CCLXXV).
12. Verwendung von Fiern: 1. als Lebensmittel, 2. als Medizin, 3. zur Vorhersage, 4. versteckte Eigenschaften im Ei (CCLXXVI-CCCLXXXVII).
13. Aufforderung, die Werke Gesners, Aldrovandis und des Fabricius mit seinem Werk zu vergleichen (CCCLXXXVIII).
14. Eier anderer eierlegender Tiere (Fische, Seidenraupe, Ameise) (CCCLXXIX-CCCXCIV).

Eine genaue Untersuchung des gesamten Buches ergab, daß nicht einmal der für die hier behandelte Problemstellung besonders relevante Abschnitt zur täglichen Entwicklung des Hühnchens (S. 103-117) etwas Neues bietet. Es handelt sich um eine Kurzfassung des Textes von Volcher Coiter. Schoock selber gibt zwar an, er habe auch Fabricius eingearbeitet (S. 103), dies trifft aber nicht zu. Er hat fast wortwörtlich den Text Coiters übernommen, dabei einige schwierige Wörter und Konstruktionen durch einfachere ersetzt und einige Aussagen ganz weggelassen[26]. Schoocks Werk ist eine bloße Zusammenstellung fremden Wissens nach systematischen Gesichtspunkten, noch weniger originell als die enzy-

---

25 Joseph Neeu...m: A History of Embryology. Cambridge 1934. Second Edition, Revised with the Assistance of Arthur Hughes. Cambridge 1959 und New York 1959, S. 282.
26 So sind besonders die Ausführungen zum 6., 10., 15., 17. und 20. Tag gekürzt. Bei der Beschreibung des 9. Tages wurde durch eine Textänderung sogar der Sinn entstellt, da die bei Schoock verwendeten Formulierungen "emissoque humido" und "pullus omnibus numeris absolutus" kaum verständlich oder zumindest mißverständlich sind; gemeint ist zum einen, daß sich Flüssigkeit im Amnion befindet, und zum anderen, daß das Hühnchen jetzt in allen Teilen ("omnibusque partibus" bei Coiter) ausgebildet ist.

klopädischen Werke des Albertus Magnus und des Conrad Gesner. Ganz anders ist dies bei Fabricius' großem Schüler William Harvey.

5. 'Dynamische' contra 'statische' Betrachtungsweise

5.1. WILLIAM HARVEY

5.1.1. Die Abfassungszeit von "De generatione"

William Harvey (1578-1657) ist besonders durch seine Entdeckung des Blutkreislaufes berühmt geworden; seine embryologischen Leistungen sind weniger bekannt, aber Fragen der Entwicklung haben ihn wohl sein ganzes Leben über interessiert. Aus Bemerkungen in seiner Abhandlung zur Entwicklungslehre (Exercitatio VI) geht hervor, daß Harvey Fabricius in Padua bei der Beobachtung bebrüteter Hühnereier geholfen hat; das muß zwischen 1597 und 1602 gewesen sein. Auch in seinem frühen Werk, den Praelectiones[1] von 1616 zeigt sich deutlich das Interesse an der Embryologie; weitere Bezüge zur Embryogenese des Hühnchens finden sich besonders im vierten Kapitel von Harveys epochemachendem Werk zur Lehre des Blutkreislaufes ("De motu cordis", 1628). Harveys Freund, der Schriftsteller John Aubrey (1627-1697), berichtet, daß Harvey 1642 in Oxford bebrütete Eier untersucht habe. Vermutlich hat Harvey 1625-1637 bereits das Material für seine Abhandlungen zur Entwicklungslehre gesammelt, ab 1638 hat er das Werk bearbeitet und nur noch ergänzendes Material hinzugefügt; das Werk ist also frühestens 1638, spätestens 1648, in der vorliegenden Form fertig gewesen[2]. Sicher ist, daß es sich um ein Lebenswerk handelt, das durch die Untersuchungen langer Jahre herangereift ist[3]. Harveys Freund George Ent gelang es schließlich 1650, Harvey zur Publikation des Werkes zu überreden, das dann im März 1651 zunächst in Latein, 1653 dann auch in englischer Übersetzung erschien.

Ein häufiger Streitpunkt in der Sekundärliteratur zu Leben, Werk und Leistung William Harveys war die Frage, ob Harveys embryologisches Werk

---

1 The Anatomical Lectures of William Harvey, ed. G. Whitteridge. Edinburgh/London 1964, S. 127, 179, 257.
2 Vgl. dazu Charles Webster: Harvey's De generatione. Its Origins and Relevance to the Theory of Circulation. In: The British Journal for the History of Science 7 (1967), S. 262-274; hier S. 270.
3 Webster (wie Anm. 2), S. 270: " The ideas expressed in De generatione developed over several decades, ... De generatione therefore occupies a central position in Harvey's biological thought, representing the trend of his ideas following the convincing experimental study of the circulation of the blood"; vgl. Arthur William Meyer: An Analysis of the De Generatione animalium of William Harvey. Stanford, Calif. 1936, S. 2: "Harvey's interest in generation was lifelong ... His interest in generation undoubtedly extended throughout his long scientific carreer of over fifty years, and this treatise was not the child of a moment or of odd moments."

gleichwertig zu der Abhandlung über den Blutkreislauf sei[4]. Harveys Entdeckung des Blutkreislaufes war revolutionär und wird daher meistens höher bewertet, aber ebenso revolutionierend hat Harveys Abhandlung zur Entwicklungslehre auf die Embryologie gewirkt. Dies soll im folgenden gezeigt werden.

5.1.2. Die wissenschaftliche Methode in "De generatione"

Harvey selbst hat sich als Aristoteliker verstanden; dabei beschränken sich Harveys Beziehungen zu Aristoteles nicht nur auf die Anatomie und Physiologie, sondern betreffen auch die Philosophie und Epistemologie, besonders das Organon[5]. In der Einleitung zu seiner Schrift "De generatione animalium" führt Harvey aus, daß die Anschauung und Erkenntnis direkt aus der Natur (natura) gewonnen werden müssen; durch mehrmalige Beobachtung und Experimente sollten einmal gewonnene Erkenntnisse überprüft werden, um ganz sicher zu sein (experimentum)[6]. Der zweite Schritt, das Vordringen zu den zugrundeliegenden Prinzipien (causae) durch Syllogismus war auch von Francis Bacon als besonders wichtig betont worden: die Befunde müssen ausgewertet werden (observatio) und von den Einzelbeobachtungen muß man schrittweise zur Verallgemeinerung vordringen (inductio). In Anlehnung an Aristoteles achtet Harvey streng darauf, daß der wahrgenommene Befund (aisthesis) und die theoretische Durchdringung (logos) stimmig sein müssen; auch die Spekulation hat ihren Platz, nämlich dort, wo die Wahrnehmung aufhört - darauf ist bei der Behandlung der Befruchtungstheorie Harveys noch genauer einzugehen.

Hierzu, wie auch zum folgenden, beruft sich Harvey auf Aristoteles[7]. Beobachtung und Experiment sind für Harvey so wichtig, daß er sich berechtigt fühlt, von den Lehrmeinungen seines großen Vorbildes Aristoteles abzuweichen, wenn diese den beobachteten Tatsachen nicht entsprechen. Dies sei ganz im Sinne des Aristoteles selbst. Durch die Einführung neuer Untersuchungsmethoden in die

---

4 Nachdem Henry Peter Bayon (William Harvey [1578-1657]. His Application of Biological Experiment, Clinical Observation and Comparative Anatomy to the Problems of Generation. In: Journal for the History of Medicine 2 [1947], S. 51-96) zunächst unterschiedliche Bewertungen der beiden Werke vorgeführt hat, gelangt er selbst in seinem Summary (S. 96) zu dem Schluß, daß beide Werke Harveys gleichwertig seien und gemeinsam die Grundlage für die Forschungen gelegt hätten, die zu den Erfolgen der modernen Biologischen Medizin geführt hätten. - Meyer (wie Anm. 3, S. 24 f.) schätzt Harveys Abhandlungen zum Blutkreislauf viel höher ein als seine Entwicklungstheorie, besonders auch S. 138: "The De Motu Cordis was revolutionary in its effect, and to say that the De Generatione has equal value with it is a serious error; it is, in fact, to say that a great failure is of the same value as one of greatest achievements."

5 Vgl. Walter Pagel: William Harvey's Biological Ideas. Selected Aspects and Historical Background. Basel 1967, S. 28 ff.

6 Vgl. George Kimball Plochmann: William Harvey and His Methods. In: Studies in Renaissance 10 (1963), S. 192-210; bes. S. 197: "Harvey's preface to his own treatise on animals generation is virtually a paraphrase of sections of the Posterior Analytics and the Physics of Aristotle."; Charles B. Schmitt: William Harvey and Renaissance Aristotelianism. A Consideration of the Praefatio to 'De generatione animalium' (1651). In: Rudolf Schmitz/Gundolf Keil (Hrsg.): Humanismus und Medizin. Humanismus und Medizin (Mitteilungen der Kommission für Humanismusforschung, 11) Weinheim 1984, S. 117-138.

7 Vgl. Aristoteles, Physik 1,1. 184 a 16 ff.

biologische Forschung, die eine Kombination aus Sektion und Vivisektion verbunden mit einfachen Experimenten waren, gelang Harvey erstmals ein entscheidender Bruch mit der antiken Naturphilosophie[8]. Inwieweit seine Methodologie direkt von Francis Bacon beeinflußt wurde, läßt sich nicht feststellen. Allerdings sind sehr starke Ähnlichkeiten vorhanden[9]. Dies schließt bei Harvey aber keineswegs eine Aristotelesnachfolge aus, denn Harvey belegt seine 'Methodologie' mit zahlreichen Aristotelesstellen. Die von Aristoteles gezeichnete Stufenleiter des Erkenntnisprozesses, wie sie Harvey nachzeichnet, deckt sich genau mit dem von Bacon postulierten Weg, wobei sinnliche Wahrnehmung und Erfahrung (sensus und experientia) als unabdingbare Voraussetzungen jeder wissenschaftlichen Wahrheitsfindung gelten[10]. Harvey leitet auch das Verfahren der Induktion aus Aristotelischen Textstellen her[11]. Der Aristotelismus Harveys ist

"nicht blinde Aristotelesnachfolge, sondern eine ebenso aktive wie selektive Auseinandersetzung mit dem Denker, wobei die Art der Selektion vielfach von der die Zeit beherrschenden Problematik bestimmt wird".[12]

Die Aristotelische Empfehlung, daß bei der Erforschung der Natur in Konkordanz von Aisthesis (Wahrnehmung) und Logos (Vernunft) vorzugehen sei, bildet den Kern von Harveys Erkenntnislehre und Untersuchungsmethode[13].

Neben Aristoteles hatte sein Lehrer Fabricius den größten Einfluß auf Harvey; er bezeichnet Aristoteles als Führer (dux) und Fabricius als Vorweiser

---

8 Vgl. dazu Elisabeth Gasking: The Rise of Experimental Biology. (Random House Studies in the History of Science) New York 1970, S. 10 ff.; Bayon (wie Anm. 4), S. 94: "But apart from this, Harvey was definitely the first to apply demonstrative experimental tests and comparative anatomy for the solution of biological problems that interested him. Thus he became pioneer of dynamic biological outlook which so profoundly altered ancient physick that it became modern medicine and contemporary biology."

9 Vgl. dazu W. Hale-White: Harveian Oration on Gilbert, Bacon and Harvey. In: Lancet 213/2 (1927), S. 847-853; Henry Peter Bayon: William Gilbert, Robert Fludd and William Harvey as Medical Exponents of Baconian Doctrines. In: Procceedings of the Royal Society of Medicine 32 (1938), S. 31-42; bes. S. 37: "... some sentences in Harvey's works might have been written by Bacon, e. g. in the introduction to the De generatione animalium..."; ähnlich Erna Lesky: Harvey und Aristoteles. In: Sudhoffs Archiv 41 (1957), S. 289-316 und 349-378; hier S. 296: "Diese Einleitung möchten wir geradezu als eine Variation über das Baconsche Grundthema Natura, Experimentum, Observatio, Inductio bezeichnen."

10 Wichtigste Belegstellen sind Aristoteles, An. Post. 1,1. 184 a 16 ff.; 2, 23. 68 b 5 f.; Metaph. 1,1. 980 a 21 ff. - vgl. dazu Lesky (wie Anm. 9); hier werden diese und auch alle weiteren Aristotelesstellen im einzelnen diskutiert.

11 Aristoteles, An. Post. 71 b 33 ff. und 81 a 38 ff.

12 Lesky (wie Anm. 9), S. 300.

13 Vgl. dazu Aristoteles, De gen. an. 3,10. 760 b 27 ff. - zitiert bei Harvey: Exercitationes de Generatione Animalium. Amsterdam 1651, S. 12^{r-v}.

(praemonstrator)[14]. Das heißt aber nun wieder nicht, daß Harvey Aristoteles kritiklos folgt, aber er will nicht unüberlegt von Aristoteles abweichen (Ex. 11, S. 220):

> "... so sehr hat für mich immer die Autorität des Aristoteles Geltung, daß ich meine, von ihr nicht unüberlegt abweichen zu sollen."

Hierin liegt das Neue gegenüber dem scholastischen Aristotelismus "die Einsicht in die Möglichkeit, ja Notwendigkeit autoritätsfreier Meinungsbildung im Bereiche der Forschung"[15]. Harvey korrigiert Aristoteles bei von ihm als fehlerhaft erkannten Beobachtungen; dazu fühlt er sich von Aristoteles selbst aufgefordert.

Wichtig ist auch bei den embryologischen Untersuchungen das Zurückgehen zu den Ursachen (causae)[16]. Man muß vom fertigen Tier die Schritte zurück zum Anfangspunkt gehen, um zu den zugrundeliegenden Prinzipien zu gelangen, d.h. zurück zum Embryo. Harvey beschränkt sich dabei nicht auf die Untersuchung von Hühnereiern, sondern hat auch Sektionen bei anderen Tieren vorgenommen, um die Entwicklung im Mutterleib zu untersuchen - besonders bei Hunden und Rehen, die ihm von König Karl I., an dessen Hof Harvey als Leibarzt tätig war, aus seinem Wildbestand zur Verfügung gestellt wurden. Harvey hat die Notwendigkeit des Vergleichens immer wieder betont, und Zirnstein[17] bezeichnet ihn zu Recht als "Pionier der vergleichenden Zoologie, speziell der vergleichenden Physiologie", man könnte "der vergleichenden Embryologie" hinzufügen.

5.1.3. Überblick über Aufbau und Hauptgedanken des Werkes

Zentral für Harvey war im Anschluß an Aristoteles die Frage nach den zugrundeliegenden Prinzipien, nicht die Darstellung irgendwelcher Details des Entwicklungsvorganges - dies zeigt sich bereits im Aufbau des Werkes[18]:

Ex. 1-7: Anatomie und Physiologie des Geschlechtsapparates der Henne.
Ex. 8-12: Entstehung des Hühnereies.
Ex. 13-24: Entwicklung des Embryos im Ei.

---

14 William Harvey: Exercitationes de Generatione Animalium. Amsterdam 1651, Praefatio S. 20. - Lesky (wie Anm. 9, S. 292) bemerkt dazu treffend: "Eine so klare Differenzierung zwischen den von Harvey gewählten Vorbildern kann keine zufällige sein. Denn Anerkennung als 'Führer' bedeutet eine viel weiter reichende Bereitschaft zur Nachfolge, bedeutet grundsätzliche Übereinstimmung in den leitenden Ideen, während er dem 'Vorweiser' Fabricius nicht weiter folgt, als es die Behandlung des Gegenständlichen am Einzelfalle des Untersuchungsobjektes jeweils erfordert."

15 Lesky (wie Anm. 9), S. 292.

16 In der Praefatio beginnt Harvey den Abschnitt "De Methodo in cognitione Generationis adhibenda: "Quoniam igitur in Generatione animalium (...) inquisitio omnis a caußis petenda est, praesertim a materiali, et efficiente ..."; vgl. auch Meyer (wie Anm. 3), S. 29 f.

17 Gottfried Zirnstein: William Harvey. (Biographien hervorragender Naturwissenschaftler und Mediziner, Bd 28) Leipzig 1977, S. 52.

18 Die von Joseph Needham (A History of Embryology. Cambridge 1934, [2]1959 und New York 1959, S. 134 f.) vorgelegte Gliederung des Textes ist nicht korrekt.

Ex. 25-61 und 70-72: Behandlung embryologischer Theorien des Aristoteles, Galen und anderer.
Ex. 62-69: Appendix zur Embryogenese der Lebendgebärenden, besonders bei Rehen und Hirschen.

Harvey ist auch der erste, der sich nicht nur intensiv mit der Rolle Gottes beim Entwicklungsvorgang befaßt, sondern gleichzeitig seine so gefundenen Erklärungen am Objekt überprüft[19]. In treuer Aristotelesnachfolge sucht er nach den Ursachen der Dinge; primäre Ursache für alle Entwicklung sei der allmächtige Gott, der in der Zeugung aller Tiere anwesend sei[20]:

"Denn sicherlich ist, wie wir wissen, Gott, der höchste und allmächtige Schöpfer, bei der Bildung aller Tiere überall anwesend und zeigt sich in seinen Werken wie durch Fingerzeige; seine Werkzeuge bei der Zeugung des Hühnchens sind der Hahn und das Huhn. Es steht ganz offensichtlich fest, daß bei der Entstehung des Hühnchens im Ei alles mit einzigartiger Vorsorge, mit göttlicher Weisheit und bewundernswerter und unvergleichlicher Kunstfertigkeit eingerichtet und ausgebildet wurde. Niemandem kommen diese Attribute angemessener zu als dem allmächtigen Prinzip der Dinge, mit welchem Namen man dieses selbst schließlich benennen mag: göttlicher Geist mit Aristoteles oder Weltseele mit Platon oder mit anderen zeugende Natur oder mit den Heiden Saturn oder Jupiter oder eher, wie es sich ziemt, Schöpfer oder Vater von allem, was im Himmel und auf Erden ist, von dem die Lebewesen und ihre Ursprünge abhängen, durch dessen Walten und Gebot alles entsteht und erschaffen wird."

Hier zeigt sich ein tiefer Glaube an die Allmacht Gottes, der alles in seiner unendlichen Weisheit geschaffen habe. Harvey philosophiert aber nicht nur allgemein über die göttliche "anima vegetativa", die als allumfassende Kraft die Natur gestalte und im Makro- wie im Mikrokosmos durch ihr Wirken offensichtlich sei[21], sondern er prüft die aufgrund seiner religiösen Überzeugung gewonnene Theorie unmittelbar an seinem Untersuchungsobjekt, an der Entwicklung des Hühnchens im Ei. Die Hühnchenentwicklung steht nach Harveys Meinung nämlich paradigmatisch für die Entwicklung allgemein; der göttliche Architekt habe das Hühnerei als eine Art Modell der allgemeinen Entwicklung geschaffen[22], aus dem uns die Allmacht Gottes entgegenleuchte[23]:

---

19 Vgl. dazu Änne Bäumer: Das Ei als Instrumentum Dei. Religion und Embryologie im 17. und 18. Jahrhundert. In: Annali dell' Istituto Storico italico-germanico 11 (1985 [1986]), S. 79-102; dies.: Zum Verhältnis von Religion und Zoologie im 17. Jahrhundert (William Harvey, Nathaniel Highmore, Jan Swammerdam). In: Berichte zur Wissenschaftsgeschichte 10 (1987), S. 69-81.
20 Harvey (wie Anm. 14), Exercitatio 53, S. 217; vgl. auch Ex. 37, S. 130; Ex. 40, S. 141; - Gott ist in der Entwicklung der Lebewesen täglich evident, S. 144; Ex. 45, S. 161.
21 Harvey (wie Anm. 14), Ex. 26, S. 106; Ex. 27, S. 109; Ex. 45, S. 161 f.; Ex. 48, S. 172; Ex. 49, S. 179, 184-186; Ex. 53, S. 216: "Es sehen nämlich alle, was aller Dinge Anfang und Ende ist, was ewig und allmächtig besteht, was als Urheber und Schöpfer von allem durch den mannigfaltigen Wechsel der Geschlechter die hinfälligen Dinge der Sterblichen bewahrt und ihnen Dauer verleiht, was allgegenwärtig ist, was in den einzelnen Werken der Natur nicht weniger zugegen ist als im ganzen All, was durch sein Walten, mag es Vorsehung, Kunst oder göttlicher Geist heißen, alle Lebewesen erschafft."
22 Harvey (wie Anm. 14), Ex. 1, S. 1-2; Ex. 45, S. 161-163.
23 Harvey (wie Anm. 14), Ex. 53, S. 216.

"Fürwahr, wie sie uns sagen, wie im großen Kosmos "alles voller Jupiter ist", so
leuchtet in gleicher Weise im Körperchen des Hühnchens der Finger Gottes oder
die Göttlichkeit der Natur durch die einzelnen Vorgänge und Tätigkeiten hervor."

Wenn man in richtiger und frommer Weise untersuche, werde die Göttlichkeit
der Natur und damit Gott selbst in der Entwicklung des Hühnchens evident[24].

Bei Harvey findet sich eine Vorform physikotheologischen Denkens: Er
spricht zwar nicht, wie die Physikotheologen des 18. Jahrhunderts davon, daß
die Erforschung der Natur "Gottesdienst" sei, aber er macht immer wieder deutlich, daß die Natur Gottes Herrlichkeit zeigt und Naturerforschung dem Aufzeigen göttlicher Wirkkraft dienen muß - denn Gottes Wirken werde offensichtlich,
wenn man richtig, das heißt gottesfürchtig Naturforschung betreibe.

Wie wirkt sich diese religiöse Überzeugung Harveys auf seine Entwicklungslehre aus? Zum einen begründet er, wie gesehen, die Wahl seines Untersuchungsobjektes "theologisch". Das Hühnchen sei das von Gott zur Verfügung
gestellte Entwicklungsmodell; denn: "Ex ovo omnia", "Alles aus dem Ei". Diese
Sentenz findet sich zwar nicht im Text, sondern nur auf dem Titelkupfer der ersten Auflage der Schrift, das Jupiter zeigt, der eine eiförmige Dose in der Hand
hält, aus der allerlei Getier herauskriecht und die die Inschrift trägt: "Ex ovo omnia". Dennoch gibt sie Harveys Vorstellung sehr gut wieder: Gott, in der Tradition ähnlicher zeitgenössischer Abbildungen dargestellt als Jupiter[25], ist die Ursache jeder Entwicklung; jedes Tier und jede Pflanze entwickelt sich aus "Ei".
"Ei" ist für Harvey ein universeller Begriff und bezeichnet jeden Uranfang
(primordium), der potentiell ein Tier oder eine Pflanze ist[26]. Es wird häufig in
Analogie zu den Pflanzensamen gesehen[27].

Die Universalität des Eibegriffes wird aus einer bereits von Empedokles be-
nutzten Analogie abgeleitet[28]:

"Wir aber behaupten [...], überhaupt alle Tiere, auch die Lebendgebärenden und
sogar der Mensch selbst, entstehen aus einem Ei; und ihre ersten Empfängnisse,
aus denen die Keime entstehen, sind eine Art Ei wie auch die Samen aller Pflanzen. Deshalb sagt auch Empedokles nicht unpassend: das Geschlecht der Bäume
legt Eier."

Dieser universelle Eibegriff wird mit der aristotelischen Vorstellung von Ak-
tualität und Potentialität verbunden und Harvey versucht, Stellen aus dem Aristotelischen Werk heranzuziehen, die seine These unterstützen. Das Ei (ovum)
besitze angeborene Impulse: die tierische Wirkkraft (virtus animalis) als den Ur-

---

24 Harvey (wie Anm. 14), Ex. 49, S. 186: "Deshalb erwägt derjenige in richtiger und (meiner
   Meinung nach) frommer Weise, der die Erzeugung aller Dinge von derselben allmächtigen
   Göttlichkeit ableitet, von deren Wink die Gesamtheit der Dinge selbst abhängt."
25 Vgl. dazu besonders I. Bernhard Cohen (A Note on 'Harvey's Egg' as 'Pandora's Box'.
   In: M. Teich/R. Young (Eds.): Changing Perspectives in the History of Science. London
   1973, S. 233-249), der die Originalität des Titelkupfers bezweifelt.
26 Harvey (wie Anm. 14), Ex. 61, S. 210.
27 Lesky (wie Anm. 9) führt "13 Stellen u. ö." an und wertet abschließend (S. 353): "Vor allem aber hat Harvey zwei Realitäten, die es nach heutiger Meinung sind, zueinander in Beziehung gesetzt: den Vegetationspol des Pflanzenkeimes zur Keimscheibe des Tierkeimes."
28 Harvey (wie Anm. 14), Ex. 1, S. 2.

sprung der Bewegung (principium motus), der Veränderung (transmutationis), der Ruhe (quietis) und der Bewahrung (conservationis)[29]. Der alles Leben erzeugende Faktor sei eine Flüssigkeit (humor), der Harvey ein eigenes Kapitel (Ex. 71, S. 325-330) widmet, in dem er sie als "humidum primigenium" bezeichnet: "das, was bei der Bildung des tierischen Organismus zuerst entsteht und gleichsam den übrigen Teilen als Fundament dient"; sie sei der Stoff, aus dem beim Hühnchen das Eiweiß gebildet werde und entspreche der Flüssigkeit der Keimeshöhle; sie werde "colliquamentum" genannt.

Eine der wichtigsten Fragen, die von Anfang an die Gemüter bewegte, ist diejenige, wann die Seele in den Körper eingeht, von Aristoteles wurde dieser Vorgang mit der Form(Seele)-Stoff-Hypothese erklärt. Harvey sucht nach den biologischen Substraten im tierischen Organismus, die diesen "Ideen" (Form und Stoff) entsprechen. Hier löst er sich von seinem großen Vorbild Aristoteles und entwickelt eine eigene Theorie, die er aber ganz bewußt als Arbeitshypothese bezeichnet, weil hierzu keine direkte Beobachtung möglich sei. Da er trotz intensivster Suche nach der Befruchtung weder im Uterus noch im Ei bzw. Keim bei den Lebendgebärenden eine Spur des Samens finden konnte, sah er sich gezwungen, die Aristotelische Theorie abzulehnen[30], der Same dringe nicht bis in den Uterus vor. Er könne daher nur einen immateriellen Impuls liefern, wirke auf das Ei also aus der Ferne, wie ein Magnet auf Eisen[31]. Im Ei dagegen liege eine von der Natur eingepflanzte Neigung ("insita a natura propensio", Ex. 26, S. 286) zum Tier oder zur Pflanze, die Harvey auch als "inneres Bewegungsprinzip" ("internum principium movens", Ex. 63, S. 486) bezeichnet. In dieser Formulierung hat der Entwicklungsgedanke erstmals Gestalt angenommen: Harvey vertritt eine dynamische Auffassung des sich aus innerem Antrieb entwickelnden Organismus[32]; vor ihm war die Embryologie noch statisch-anatomisch gewesen.

Hier kommt nun wieder Harveys religiöse Überzeugung ins Spiel: Der Bewegungsimpuls, den der Same liefert, und das innere Bewegungsprinzip des Eies, das diesen Impuls umsetzt, sind Teil der "anima vegetativa", der für jegliche Entstehung verantwortlichen göttlichen Wirkkraft[33]. Gott benutze Huhn und Hahn als Instrumente, durch die seine Kraft in Form der "anima vegetativa" wir-

---

29 Harvey (wie Anm. 14), Ex. 25, S. 97.
30 Meyer (wie Anm. 3, S. 109 f.) wies darauf hin, daß gerade die von Harvey neben dem Huhn untersuchten Objekte Cervus elaphus, Cervus capreolus und Cervus dama besonders ungünstige Verhältnisse für das Studium embryologischer Frühstadien bieten, da das befruchtete Ei mit bloßem Auge nicht sichtbar ist und während eines anfänglichen Ruhezustandes (etwa 4 Monate) seine Größe kaum verändert.
31 Thaddeus Bilikiewicz (Die Embryologie im Zeitalter des Barocks und Rokokos. [Arbeiten des Instituts für Geschichte der Medizin der Universität Leipzig, 2] Leipzig 1932, hier S. 31) kommentiert dies: "Dieser Vergleich mit der magnetischen Kraft zeigt deutlich, daß Harvey diesen Lebensfaktor als eine Art Kraft ansieht, die sich mit gewissen immateriellen Kräften, die der Materie innewohnen, vergleichen läßt." Vermutlich hat Harvey (und vielleicht auch schon sein Lehrer Fabricius) diese Vorstellung im Anschluß an die von William Gilbert (1600) aufgestellte Theorie des Magnetismus entwickelt. Gilbert faßte die Magnetkraft als eine immaterielle fernwirkende Kraft auf, also ganz in dem Sinne, wie sie Harvey hier in seiner Analogie verwendet.
32 Bilikiewicz (wie Anm. 31, S. 24) sieht darin die Haupttat Harveys, er verkörpere damit die anbrechende Barockepoche am reinsten.
33 Vgl. dazu insbesondere Harvey (wie Anm. 14), Ex. 49, S. 179-185.

ken könne. Harvey steigert diesen Gedanken noch und betont, daß ebendieser Seelenteil auch beim Menschen der göttlichste sei, göttlicher als (wie allgemein angenommen) der Vernunftteil, da er am reinsten die Gottähnlichkeit verkörpere (Ex. 49, S. 185):

> "Da bei der Bildung des Hühnchens die Kunst und Vorsehung nicht weniger hervorleuchten als bei der Bildung des Menschen, müssen wir bekennen, daß bei der Entwicklung des Menschen die Wirkursache (causa efficiens) im Menschen selbst höher und hervorragender einzuschätzen ist bzw. daß die vegetative Kraft oder der Teil der Seele, der den Menschen schafft und erhält, viel hervorragender und göttlicher ist und mehr zur Ähnlichkeit Gottes beiträgt als der rationale Teil derselben."

Es wäre deshalb sicherlich falsch, Harveys Befruchtungstheorie nur als Verlegenheitslösung aufzufassen und anzunehmen, daß er nur dort, wo seinen Beobachtungsmöglichkeiten Grenzen gesetzt waren, Gott ins Spiel bringe. Seine Grundüberzeugung ist ein tiefer Glaube an die Allmacht Gottes, deren Wirken er auch in der Entwicklung nachzuweisen sucht; denn diese liefere den besten Beweis für Gottes Existenz[34]. Daß Harvey aufgrund seiner religiösen Überzeugung die Befruchtung falsch erklärte, tut seinen Verdiensten keinerlei Abbruch. Er spricht ja auch selbst nur von einer Arbeitshypothese, weil die Umstände sich der Beobachtung entzögen. Sein religiöser Vitalismus führte ihn zu einer dynamischen Auffassung der Entwicklung, die stark befruchtend auf die nachfolgenden Embryologen eingewirkt hat und noch unsere heutige Vorstellung prägt.
Es stellt sich die Frage, ob die These "Ex ovo omnia" von Harvey wirklich generell gemeint war, wie Harvey also zur "generatio spontanea" stand[35]. Er erwähnt die Theorie der "generatio spontanea" zwar, ohne sich direkt ablehnend gegen sie zu äußern, sagt aber auch nicht, daß er sie akzeptiere. Er selber spricht von "spontaner Entstehung", wenn ein Ei ohne vorherige Kopulation gebildet wird, wie das unbefruchtete Ei der Henne (d. h. das normale als Speise verwendete Hühnerei); die Henne pflanze sich "spontan" fort[36]. Auch alle Insekten entstünden zunächst "spontan" ("sponte nascentia", Ex. 1, S. 2), das bedeutet für ihn aber nicht abiogenetisch. Harvey unterscheidet zwischen Erzeugung, die "univoce" erfolgt, wenn das Ei also von derselben Art wie der Erzeuger ist, und "aequivoce" erfolgender Fortpflanzung, wenn das Ei von anderer Art als die Eltern ist; dies sei bei den Insekten der Fall, da die Larve keine Phänokopie des Insektes darstelle[37]. Die Puppe des Insektes sei das eigentliche, vollständige Ei, das erste, abgelegte Ei sei ein "ovum imperfectum". Der Satz "Ex ovo omnia" besitzt also bei Harvey allgemeine Gültigkeit: Alle Entwicklungsprozesse werden von Eiern gesteuert, wenn diese auch manchmal so klein sein können, daß sie nicht sichtbar oder noch unvollkommen sind.
Harvey faßt die Entwicklung wie das Blutkreislaufsystem als dynamischen, und zwar als zyklischen Prozeß auf: die Entwicklung soll stets die Spezies wie-

---

34 Harvey (wie Anm. 14), Ex. 48, S. 172.
35 Zur generatio spontanea bei Harvey vgl. Edward T. Foote: Spontaneous Generation and the Egg. In: Annals of Science 25 (1969), S. 139-163.
36 Harvey (wie Anm. 14), Ex. 13; 38; 51.
37 Harvey (wie Anm. 14), Ex. 1; 39.

derholen, der Blutkreislauf dagegen hat die Aufgabe, durch Ernährung den Körper zu regenerieren. Beide sind im Mikrokosmos Ausdrücke der ewigen Natur der zyklischen Prozesse des Makrokosmos. Die Selbständigkeit des Eies[38] wird zusätzlich dadurch betont, daß Harvey angibt, das Ei entstehe in der Henne, aber es sei nie ein Teil der Henne (Ex. 27, S. 296 u. 299); wiederholt wird die Selbständigkeit zusätzlich durch Analogien verdeutlicht: 1. Ei-Samen-Analogie (Ex. 26, S. 296; Ex. 27, S. 296); 2. Vergleich mit den Parasiten des Menschen (Maden- und Spulwürmer, Läuse usw. - Ex. 27, S. 297); 3. Autonomie von Geschwülsten (Ex. 28, S. 298). Auch die in den Analogien angeführten Phänomene besitzen, wie das Ei, eine anima vegetativa, die auch dem unbefruchteten Ei zukommt. Diese vegetative Seele ist die Wirkursache für alles Entstehen: sie läßt die Eltern zeugen, ihre Keime sich entwickeln, die Spinne ihre Netze weben, den Vogel sein Nest bauen und die Eier bebrüten, die Bienen und Ameisen ihre Wohnstätten errichten usw. (Ex. 50, S. 384 f.) sie hat also mit der gleichnamigen Aristotelischen Kraft nichts mehr als den Namen gemein[39].

Dies alles mußte sehr ausführlich dargestellt werden, um zu erklären, welche zentrale Bedeutung die Untersuchung der Vogelentwicklung bei Harvey hat. Nicht allein die Tradition ist für Harvey ausschlaggebend gewesen, die Entwicklung des Hühnchens im Ei als primäres Untersuchungsobjekt zu wählen, sondern die Natur selbst hat dazu aufgefordert: Die Hühnchenentwicklung steht gleichsam paradigmatisch für die Entwicklung allgemein. Harvey gibt an, der göttliche Architekt habe das Hühnerei als eine Art Modell der allgemeinen Entwicklung geschaffen[40]; da die Hühnereier die "klaren und deutlichen Uranfänge der Entwicklung" ("clara et distincta generationis primordia", S. 1) sind, kann man die bei ihrer Beobachtung gewonnenen Erkenntnisse auch bei der Analyse der Entwicklung der Lebendgebärenden heranziehen (Ex. 1, S. 2; Ex. 63, S. 279). Wenden wir uns nun dem Archetypus der Entwicklung, der Entwicklung des Hühnchens im Ei zu.

5.1.4. Die Bildung des Eies in der Henne (Ex. 8-12)

Harvey gibt in seiner Einleitung selbst an, daß es schwierig sei, einen solch komplexen Gegenstand wie die Vogelentwicklung richtig darzustellen; deshalb sei Aristoteles oft schwer verständlich ("obscurus"), und Fabricius habe es vorgezogen, die Hühnchenentwicklung nur in Illustrationen darzustellen, ohne eine Kommentierung zu versuchen (Praefatio S. 20). Harvey selbst will sich aber dieser schwierigen Aufgabe unterziehen. Er beginnt mit einer Darstellung der Anatomie und Physiologie des Geschlechtsapparates der Henne (Ex. 1-7). In den Abhandlungen 8-12 beschreibt er dann die Entstehung des Eies in der Henne und schließt sich dabei weitgehend den Ausführungen seines Lehrers Fabricius an.

---

38 Lesky (wie Anm. 9, S. 369 f.) glaubt, daß die Selbständigkeit des Eies bei der Entwicklung in Parallele zur Impetustheorie zu sehen sei; zur Impetustheorie vgl. Anneliese Maier: Die Impetustheorie der Scholastik. Leipzig/Wien 1940.
39 Vgl. dazu Lesky (wie Anm. 9), S. 374: "Jetzt bedeutet anima vegetativa nicht nur und nicht mehr einen distinkten Seelenteil, die unterste Seinsfunktion wie bei Aristoteles, sondern jene allumfassende, selbständige und selbstgenügsame Kraft, die Natur schlechthin, deren Wirken sich ebenso im Mikrokosmos jeder Kreatur wie im Makrokosmos offenbart."
40 Wie Anm. 22.

Neu ist allerdings die Aussage, daß das Ei nicht ein Teil der Henne ist und von ihr die Lebenskraft zur Entstehung und zum Wachstum empfängt, sondern sich aufgrund eines ihm innewohnenden natürlichen Prinzips selbständig zu entwikkeln vermag (Ex. 9, S. 32: "ab interno principio naturali, sibique proprio"). Bei der Frage, wie das Ei wächst, nimmt Harvey eine Mittelposition zwischen Aristoteles und Fabricius ein: Im Ovar (als "racemus" bezeichnet) erhalte das Eigelb seine "Nahrung" (alimentum) durch die Blutgefäße, im Uterus finde es bereits Nahrung vor, die es in sich hineinsauge; das Weiße dagegen wachse, indem Material angefügt werde ("juxta positio"). Bei der Behandlung der Frage, ob die Eischale bereits im Huhn fest wird, zeigt sich Harveys Haltung zu Aristoteles besonders deutlich; er beginnt seine eigene Stellungnahme mit den Worten (Ex. 10, S. 35):

> "Bei dieser Ansicht des Aristoteles bin ich lange geblieben, bis mich sichere Beobachtungen (certa experientia) das Gegenteil lehrten."

Entsprechend schließt er sich dann der schon von Fabricius vertretenen Ansicht an, daß die Schale bereits vor dem Austreten aus dem Mutterleib hart wird.

In der zwölften Abhandlung wendet sich Harvey der Entstehung der übrigen Teile des Eies zu. Er stellt fest, daß es nicht eine oder mehrere Arten von Weißem gebe, sondern genau zwei: eine zartere, flüssigere Masse, die das gesamte Ei umgibt und beim Öffnen des Eies ausfließt (modern: Albumen), und eine festere, dickere, weißere Flüssigkeit, die erst bei etwas länger bebrüteten Eiern auftritt und von einer eigenen Membran umgeben ist (modern: Albumen im Weißeisack). Die Chalazen werden als weißliche längliche Gebilde beschrieben, eine längere am stumpfen und eine kürzere am spitzen Ende des Eies. Harvey lehnt die bis zu seiner Zeit häufig (auch von seinem Lehrer Fabricius) vertretene Meinung ab, daß die Chalazen den Samen des Hahnes darstellen, bzw. zumindest das Bildungsmaterial des Eies sind. Völlig korrekt beschreibt er die sich bildende Luftkammer am stumpfen Ende des Eies und gibt an, daß sie sich bei der Entwicklung des Embryos von Tag zu Tag vergrößert; er erklärt ihre Vergrößerung durch die Abnahme der weißen Flüssigkeiten, ihre wirkliche Funktion (beim Gasaustausch) hat er wohl nicht erkannt. Als letzten Teil des Eies beschreibt Harvey die Keimscheibe, die er mit dem von Fabricius geprägten Terminus 'cicatricula' ("kleine Narbe") bezeichnet. Er deutet sie aber nicht, wie Fabricius, als Narbe, die beim Abreißen des Dotters im Ovar entstehe, sondern er identifiziert sie (wie bereits Parisano) richtig als Bildungsmaterial des Eies[41]:

> "Sie ist nämlich der hervorragende Teil des gesamten Eies, um dessen willen alle übrigen Teile geformt werden, und aus dem das Küken seinen Ursprung nimmt."

Darauf geht Harvey bei der Beschreibung der täglichen Entwicklung des Hühnchens genauer ein. Zuvor aber führt er noch die Unterschiede bei verschiedenen Eiern vor: wie sich frische Eier von älteren unterscheiden, ob die unter-

---

41 Harvey (wie Anm. 14), S. 45: "est enim praecipua totius ovi pars, cuius gratia reliquae omnes efformantur, et ex qua pullus originem suam ducit."

schiedliche Form der Eier Aussagen über das zukünftige Geschlecht des Embryos ermöglicht - Harvey schließt sich Aristoteles an und stellt fest, daß aus runderen Eiern Männchen und länglichen ovalen Weibchen entstehen (Ex. 12, S. 46) -, wie sich die Eier unterschiedlicher Vogelarten und wie sich Windeier von befruchteten Eiern unterscheiden; auch die unterschiedliche Anzahl der Eier bei den verschiedenen Vogelarten und die verschiedene Häufigkeit der Legezeiten werden angegeben und mannigfache Mißbildungen vorgestellt; dies alles bietet nichts Neues gegenüber seinen Vorgängern. Anschließend wendet sich Harvey der Bildung des Hühnchens im Ei zu.

5.1.5. Die Entwicklung des Hühnchens im Ei (Ex. 13 - 24)

Zu Beginn seiner Darstellung (Ex. 13, S. 54) betont Harvey nochmals, wie schwierig es ist, die Entwicklung des Hühnchens richtig zu beobachten; denn das heißt, der Natur ihre geheimsten Geheimnisse abzulauschen. Harvey sieht die Entwicklung als zyklischen Vorgang, der in Analogie zu den zyklischen Vorgängen im Kosmos, wie dem täglichen Auf- und Untergang der Sonne, zu sehen ist und ständig die Art reproduziert. Als Vorläufer bei der täglichen Beobachtung des Hühnchens nennt er Aristoteles, Aldrovandi, Coiter, Parisano und Fabricius, deren Leistungen er unterschiedlich bewertet; einleitend führt er kurz (S. 55 f.) die verschiedenen Vorstellungen der Autoren über das Bildungsmaterial vor und zeigt damit bereits, worauf es ihm besonders ankommt, nämlich endgültig die Frage zu klären, welcher Teil des Eies das Bildungsprinzip enthält.

Auch bei seiner Darstellung des ersten Tages, die die einzelnen Teile des Eies nochmals sehr akkurat beschreibt, betont Harvey die Wichtigkeit seiner Entdeckung, daß die Keimscheibe das Bildungsmaterial des Eies enthält (S. 57):

> "Sobald nun durch die Wärme der brütenden Henne oder durch die Heranführung der angenehmen Wärme aus irgendeiner anderen Quelle das Ei sich zu verändern beginnt, um das Küken zu bilden, vergrößert sich dieser Fleck, er erweitert sich zur Größe der Pupille eines Auges; von da an, als ob er das besondere Zentrum des Eies wäre, bricht die verborgene Bildungskraft hervor und keimt auf. Doch dieser erste Ursprung des Eies ist bisher von niemandem (soweit ich weiß) beobachtet worden."

Richtig beschreibt Harvey hier die erste Blastodermbildung und identifiziert die Keimscheibe als Bildungsmaterial des Eies; falsch ist aber seine Angabe, das habe bisher niemand vor ihm beobachtet. Parisano, den Harvey selbst als Vorläufer angibt, hat, wie gesehen, bereits vor Harvey die Keimscheibe als Bildungsmaterial erkannt, sie aber fälschlicherweise zusätzlich als Samen des Hahnes gedeutet. Während Parisano noch traditionelles Denken und neue Beobachtung vermischt, beschreibt Harvey nur noch korrekt und objektiv den Tatbestand; insofern ist seine Entdeckung tatsächlich originell.

Die zweite Beobachtung hat Harvey nach vierundzwanzig Stunden, also nach einem Bebrütungstag, vorgenommen. Genauestens beschreibt er die Lage und das Aussehen der Keimscheibe: Sie liege auf dem Dotter und stelle gleichsam die Verbindung des Dotters zur sich vergrößernden Luftkammer dar, sie habe nun die Größe einer Erbse oder Linse und bilde konzentrische Kreise um einen wei-

ßen Punkt. Harvey gibt an, Aldrovandi, Coiter und Parisano hätten bereits vor
ihm dieses Gebilde entdeckt und beschrieben, aber keiner habe vor ihm die Bedeutung der "Cicatricula" als Ursprung des Kükens ("pulli origo" S.
58) erkannt
- was, wie bereits oben bemerkt, nicht ganz zutrifft. Am zweiten Tag habe sich
diese Keimscheibe bis zur Größe des Nagels eines Ringfingers vergrößert und in
zwei Regionen unterschiedlicher Färbung geteilt - gemeint sind area pellucida
und area opaca - und werde wegen der Ähnlichkeit mit einem Auge als "Auge
des Eies" ("oculum ovi", S. 60) bezeichnet. Innerhalb dieser Kreise glänze eine
kristalline Flüssigkeit (Keimhöhlenflüssigkeit), die Harvey "weiße Flüssigkeit"
("colliquamentum candidum ", S. 60) nennt; er hält sie für einen besonders reinen und klaren spiritualisierten Teil des Albumens, der die angeborene Lebenswärme und die Materie des zukünftigen Embryos enthalte ("materiam praepara-
tam futuro foetu", S. 60). Diese Flüssigkeit nehme noch am selben Tage zu, wie
die zweite Figur bei Fabricius zeige - Harvey selbst hat keine Abbildungen in
sein Werk aufgenommen, bezieht sich aber im folgenden häufiger auf die im
Werke seines Lehrers abgedruckten Illustrationen. Die beschriebene Flüssigkeit
sei von einer eigenen Haut umgeben und damit vom übrigen Albumen abgetrennt.

Am dritten Tag (Figur 3 bei Fabricius) wechsele der Embryo vom Pflanzen-
zum Tiersein, deshalb gingen an diesem Tage besonders deutliche Veränderungen vor. Mit dem Sichtbarwerden des Herzens als springender Punkt sei der erste
Anfang des Tierlebens vorhanden. Selbst mit einem Vergrößerungsglas
(perspicillum) könne man das Herz vor dem Ende des dritten Tages nicht erkennen, da es eine so zarte, kleine rotgefärbte Linie sei, daß die Bewegung des
"springenden Punktes" nicht wahrnehmbar sei ("punctique salientis adeo imper-
ceptibilis motus", S. 63). Wie seine Vorgänger sieht Harvey die zwei sich bildenden Blutbahnen, von denen er eine als Dottervene und die andere als Dotterarterie identifiziert[42]. Im Gegensatz zu Parisano nimmt Harvey an, daß das Herz
erst mit Blut gefüllt pulsiere (S. 65). Diese Angabe ist falsch; wie bereits Parisano erkannte und durch Experimente nachzuweisen versuchte, pulsiert das Herz
bereits, bevor es rot gefärbt wird, nämlich etwa nach 44 Stunden. Gegen Ende
des vierten Tages sehe man dann schon das Blut durch das Herz hindurchwan-
dern. Hier wird besonders deutlich, daß sich die Sehweise bei Harvey von einer
statischen zu einer dynamischen verändert hat: Es werden nicht mehr die Verhältnisse an einzelnen Tagen in allen Einzelheiten dargestellt, sondern die Entwicklung eines bestimmten Organes wird über mehrere Tage hin verfolgt. Harvey stellt nochmals klar heraus, daß der Beginn des Pulsierens des Herzens den
Übergang vom Pflanzen- zum Tierdasein markiert, jetzt tritt die Seele des Hühnchens ein, die aus dem Ei das Hühnchen bildet (S. 66). Um dies zu beweisen,
hat Harvey durch viele Experimente geprüft, ob das Herz auch Wahrnehmung
(sensus) besitzt: Die kleinste Berührung führt zu Veränderungen seines Bewe-
gungsrhythmus; auf die Berührung durch unterschiedliche Gegenstände reagiert
das Herz unterschiedlich, durch häufige Berührung kann es völlig aus dem
Rhythmus gebracht, durch Wärmezufuhr beschleunigt, durch Kälte bis zu völli-

---

42 Harvey (wie Anm. 14), S. 64: " Non sunt autem ambae venae neque utraque pulsat; sed altera *arteria*, altera *vena* est; ut postea dicemus: simulque meatus hos foetui vasa umbicalia
fieri, docebimus."

gem Stillstand verlangsamt werden (S. 66 f.). Aufgrund seiner Experimente gelangt Harvey zu dem Schluß (S. 66):

> "Daher kann kein Zweifel bestehen, daß dieser Punkt (nach der Art eines Tieres) lebt, sich bewegt und Empfindungen hat."

Harvey ist also der erste, der echte embryologische Experimente durchführt und sich nicht auf Beobachtungen des von Natur Gegebenen beschränkt. Interessant ist auch Harveys Bemerkung, daß sich seine Beobachtungen auch auf weniger lang bebrütete Eier beziehen können, da die Eier, ähnlich wie die Früchte der Bäume, unterschiedlich schnell wachsen (S. 67). Hier wird wieder Harveys dynamische Sehweise deutlich: Er sieht eben die Entwicklungsvorgänge, nicht die Entwicklungsstadien in Momentaufnahmen an bestimmten Tagen. Sein Interesse am Blutkreislauf und seiner Entstehung führt ihn dann auch in diesem Bereich zu genaueren Beobachtungen als seine Vorgänger: er sieht zwei Vesikel, die in gleicher Frequenz alternierend pulsieren, d.h. wenn der eine sich zusammenzieht (Systole), erweitert sich der andere (Diastole) (S. 68). Dadurch läßt sich klar ihre Funktion erkennen: sie pumpen Blut in die "Venen"[43]. Harvey weist darauf hin, daß Aldrovandi diese beiden Punkte fälschlich als Herz und Leber identifizierte, obwohl auch er erkannte, daß beide pulsieren. Harvey gibt richtig an, daß der eine Ventrikel zur Vorkammer (auriculus), der andere zur Hauptkammer des Herzens (ventriculus) werde, wie er es bereits in "De motu cordis" ausgeführt habe. Je weiter sich der Embryo entwickele, desto weiter breiteten sich Gefäße über die die Flüssigkeiten umgebenden Häute (Dottersack und Allantois) aus.

In der siebzehnten Abhandlung (S. 70 ff.) nimmt Harvey zur Darstellung des Aristoteles Stellung. Er interpretiert Aristoteles' Beschreibung dreier zeitlich auseinanderliegender Stadien als eine Aufteilung des gesamten Entwicklungsvorganges in drei Klassen ("classes", S. 70), eine vom ersten bis zum fünften Tag der Bebrütung (Harvey korrigiert Aristoteles' Angabe dritter Tag nach seinen eigenen Beobachtungsergebnissen), die zweite vom fünften bis zum zehnten oder fünfzehnten Tag und schließlich die dritte bis zum zwanzigsten Tag. Diesen Zeitabschnitten entsprächen Tage ("diebus decretoriis"), die drei Entwicklungsabschnitte begrenzen (S. 71):

> "Am vierten Tage nämlich erscheinen die ersten Teile des Embryos, der springende Punkt natürlich und das Blut, und später nimmt der Embryo Gestalt an [1. Phase]. Am siebten Tag differenziert sich das Hühnchen in seinen Teilen aus und bewegt sich. Am zehnten bekommt es Federn [2. Phase]. Vor dem zwanzigsten atmet, piepst es und sucht den Ausgang [3. Phase]. Das Leben, das bis zum vierten Tag in ihm ist [1. Phase], scheint dem der Pflanzen zu ähneln, und man muß annehmen, daß es bis dahin eine vegetative Seele hat, von da an bis zum zehnten Tag [2. Phase] ist die Seele von der Art, daß es eine sensitive und bewegende Seele benutzt, durch die es heranwächst; später [3. Phase] bildet es seine Wahr-

---

43 Hierzu sei bemerkt, daß Harvey hier eine andere Unterscheidung zwischen Venen und Arterien trifft, als die heute übliche. Venen hätten dünnere Wände als Arterien. So kommt es, daß er einige Gefäße, die nach moderner Vorstellung Arterien sind, da sie nicht Blut zum Herzen hin führen, als Venen bezeichnet.

nehmung völlig aus, wird mit Federn geschmückt und mit einem Schnabel, mit
Krallen und den übrigen Teilen ausgerüstet, und eilt schon zum Ausschlüpfen,
damit es schließlich nach seiner Art selbständig wird."

Man erkennt hier, wie sich die embryologische Sehweise geändert hat: Aristoteles untersucht einzelne Tage, er beschreibt die Entwicklung in drei
'statischen Momentaufnahmen'; Harvey dagegen sieht die gesamte Entwicklung
als dynamischen Vorgang und interpretiert sein großes Vorbild in diesem Sinne
um: Aristoteles habe Entwicklungsschritte gemeint, wobei der erste durch Harveys Interpretation besonders deutlich gekennzeichnet wird: Bis zum vierten Tag
führt das Hühnchen nur ein Pflanzendasein, dann tritt die sensitive bewegende
Tierseele in den Körper. Der Einschnitt am zehnten Tag ist nicht so klar markiert, es heißt nur, daß das Hühnchen nun seine Wahrnehmung, Federn und
Schnabel erhält und sich insgesamt zum Ausschlüpfen bereit macht. Eine Umdeutung der Aristotelischen Theorie im Sinne Harveys dynamischer Entwicklungslehre läßt sich eben doch nicht problemlos vornehmen. Im folgenden beschreibt Harvey dann die Verhältnisse am dritten Tag sehr genau und detailliert,
er arbeitet alles mit ein, was seine Vorgänger entdeckt haben, und verbindet es
zu einer ausführlichen Theorie; etwas Neues fügt er allerdings nicht an. Bei der
Besprechung der Frage, ob das Hühnchen aus dem Gelben oder dem Weißen des
Eies entsteht, gibt Harvey an, daß beide Flüssigkeiten der Nahrung des Kükens
dienen, daß der Embryo aus der Keimscheibe entsteht, und er interpretiert den
Aristotelischen Text in diesem Sinne um. Wieder zeigt sich Harveys Bemühen,
Aristoteles in seinem Sinne zu "entlasten".

Im folgenden will Harvey die Entwicklung der einzelnen Körperteile beschreiben, wie sie entstehen und in welcher Reihenfolge (S. 73 f.); er beginnt
mit der Darstellung der Verhältnisse am fünften Tag (S. 74). Neu ist hier nur die
Beschreibung des sich entwickelnden Kreislaufes; dies ist natürlich, da Harvey
selbst erst zwanzig Jahre zuvor die Lehre vom Blutkreislauf aufgestellt hat (S.
75):

"Bei diesen beiden sich bewegenden und abwechselnd pulsierenden Bläschen
sieht man deutlich zwei Kontraktionen und in ähnlicher Weise zwei Verzögerun-
gen; die erste Kontraktion des einen Bläschen bewirkt die Ausdehnung des anderen; das Blut nämlich wird aus der Höhlung des ersten Bläschens zusammengepreßt; und in das zweite herausgestoßen und füllt dieses an, dann dehnt es sich aus
und tut einen Schlag; bald schon zieht dies [d.h. das zweite Bläschen] sich zusammen, treibt das Blut, das es aus dem ersten Bläschen erhielt, in den Anfang der
zuvor genannten Vene; gleichzeitig dehnt es diese aus. Was ich bisher Vene genannt habe, halte ich nach dem Schlag für eine Aorta. Die Arterien nämlich unterscheiden sich von den Venen noch nicht durch die Dichte der Häute."

Diese Beschreibung zeigt, daß Harvey die aus der Beobachtung des Kreislaufes beim erwachsenen Lebewesen gewonnenen Kenntnisse auf den sich entwickelnden embryonalen Kreislauf überträgt. Für ihn steht fest, daß die pulsierenden Punkte, die Venengänge und die "vena cava" zuerst gebildet werden; das
Herz treibe das Blut in die "Vene", aus dem der Körper ernährt werde und

wachse (S. 75). Bevor aber überhaupt irgendein Teil des Körpers gebildet werde, existiere das Blut; aus ihm werde die Materie des Embryos und später seine Nahrung zum Wachstum gewonnen; das Blut ist der erste zeugende Teil ("primam particulam genitalem, S. 76) - wie aus seinen späteren Ausführungen, auf die Harvey selbst verweist, deutlich wird, ist es gleichzeitig der Sitz der angeborenen Lebenswärme und der sensitiven Seele. Harvey hat damit auf die Frage nach dem Primat der Teile eine neue Antwort gefunden. Ebenfalls originell ist Harveys Angabe, daß zu diesem Zeitpunkt von Stunde zu Stunde Veränderungen vorgehen - das bedeutet, daß er in Stundenabständen Eier geöffnet haben muß, um die Entwicklung in ihrem Ablauf zu beobachten. Man könne fast zusehen, wie alles wachse und sich verfestige. Zur Ausbildung des Embryos verweist Harvey wieder auf Fabricius' Illustrationen (Nr. 5 und 6). Die Beschreibungen der übrigen Teile des Embryos und des Eies finden sich in ähnlicher Weise bereits bei Aldrovandi, Coiter und Fabricius.

Zum sechsten Tag gibt Harvey an, daß nun alle Eingeweide gebildet sind; der Embryo beginnt sich zu bewegen, dreht sich leicht herum und streckt seinen Kopf aus. Wieder zeigt sich, daß Harvey in kürzeren Abständen als bisher üblich (Tag für Tag) Eier geöffnet hat. Er gibt an, daß sich gegen Ende des siebten Tages die Zehen der Füße ausdifferenzierten und der Schnabel erscheine. Harvey hat auch Sektionen an Embryonen vorgenommen; er beschreibt, daß er nach Abtrennen des Kopfes mit Hilfe des Vergrößerungsglases eine zum Gehirn aufsteigende Blutbahn gefunden habe (S. 79). Auch die erste Ausbildung des Rückgrates ist erkennbar, zwar noch milchfarben, aber von festerer Konsistenz; in ähnlicher Weise zeigen sich als winzige milchfarbene Linien im ganzen Körper die ersten Anfänge der Rippen und der anderen Knochen (S. 80). Als Beispiel für die Entstehung von Eingeweiden beschreibt Harvey die Entwicklung der Leber (S. 80 f.):

> "Dies alles ist von uns besonders zu dem Zweck gesagt worden, daß klar feststeht, daß die Leber aus den Gefäßen heranwächst, und kurz nach ihrer Entstehung schließlich Blut erzeugt, daß ihr Parenchym aus den Arterien entsteht (von wo die Materie herbeiströmt), daß sie, wenn sie eine Weile des Blutes beraubt ist, weiß wird, was sie auch mit den übrigen Teilen unseres Körpers gemeinsam hat. Wie wir nämlich die Entstehung aus dem Ei beschrieben haben, auf ganz und gar dieselbe Weise und in derselben Reihenfolge vollzieht sich die Entstehung des Menschen und der anderen Lebewesen."

Hier wird nochmals in aller Deutlichkeit gesagt, daß die Vogelentwicklung gleichsam der Archetypus der Entwicklung überhaupt ist. Allerdings sind die Ausführungen Harveys nur teilweise zutreffend die Leber ist als Verdauungsdrüse ein Abkömmling des Darmes. Allerdings ist es richtig, daß die Leber beim Hühnchen (neben dem Dottersackepithel) für die Blutbildung zuständig ist.

Am siebten Tag sei der Embryo bereits in allen Teilen ausgebildet, aber viele Teile seien nur feine Andeutungen ihrer selbst (S. 82). Vom siebten bis zum zehnten Tag macht Harvey dann einen Sprung, da in diesem Zeitraum nichts Bemerkenswertes geschehe, was nicht schon von den Autoren vor ihm berichtet worden sei (Ex. 19, S. 82 f.). Auch zum zehnten Tag sei zur Darstellung des Aristoteles kaum etwas hinzuzufügen (Ex. 20, S. 83), deshalb paraphrasiert

Harvey den Aristotelischen Text. Er korrigiert Aristoteles nur in einem Punkt: Nicht alle Blutbahnen seien Venen: Sowohl die Blutbahnen, die zum Dotter führen, als auch die, die zum Albumen führen, seien von Arterien begleitet (S. 84). Ergänzend fügt Harvey an, daß ein Teil des Albumens in die Flüssigkeit verwandelt werde, in der das Küken schwimme (Amnionflüssigkeit). Bis zu diesem Zeitpunkt werde nur Albumen, erst später der Dotter als Nahrung verwendet (S. 84).

In der Zeit vom siebten bis zum vierzehnten Tag wird alles vergrößert und verfestigt. Das Hühnchen zeigt jetzt die ersten Federkerne als schwarze Punkte. Das Gehirn ist ausgebildet und in einen Schädel eingeschlossen (Ex. 21, S. 85 f.). Nach dem vierzehnten Tag werden die zuvor weißen Eingeweide rot. Die Därme sind noch nicht in den Körper eingeschlossen, sondern hängen heraus. Eine Vene und eine Arterie führen neben dem After aus dem Magen in den Nabel. Die Beschreibung der Nabelgefäße an den folgenden Tagen ist noch detaillierter (S. 86):

> "In den folgenden Tagen sind fünf Nabelgefäße zu sehen; eines von ihnen ist die größte Vene [vena maxima], die aus der Höhlung oberhalb der Leber entspringen muß, und sich in Arme zum Albumen hin aufspaltet; zwei Venen, die aus der Pforte [porta] ihren Ausgang nehmen (sie haben beide denselben Ursprung), teilen sich zu den beiden Teilen des Dotters hin auf (die wir eben beschrieben haben), jede von beiden wird von einer kleinen Arterie, die aus den Lenden hervorgeht, flankiert."

Auch die Beschreibung der einzelnen Eihäute ist sehr detailliert (S. 86 f.); neu ist die Angabe, daß der Dotter um den achtzehnten Tag durch tägliche Kontraktionen in den Bauch des Embryos gezogen werde (S. 87). Weiterhin beschreibt Harvey, daß die Gallenblase in der Leber gebildet werde und daß sich in Bauchhöhle und Gedärmen die Flüssigkeit finde, in der der Embryo zuvor geschwommen sei; in der Bauchhöhle sei sie noch unverändert, in den Gedärmen dagegen werde sie zu einem festen Saft, ändere ihre Farbe und ähnele Ausscheidungen. Da die Flüssigkeit (colliquamentum) nun aufgebraucht sei, schwimme das Küken nicht mehr, sondern liege auf dem Dotter. Mal sei es wach, mal schlafe es, bewege sich, atme und piepse; wenn man das Ei ans Ohr halte, könne man das Küken hören (S. 87 f.). Auch durch ein Experiment lasse sich dies zeigen (S. 88):

> "Auf dieselbe Weise wird das Ei, wenn man es Schritt für Schritt in warmes Wasser herabläßt, im Wasser schwimmen; das Hühnchen darinnen wird durch die umgebende Wärme aufgeweckt einen Hüpfer machen, und das Ei wird, wie gesagt, von hier nach dort gewälzt."

Harvey hat dieses Experiment nicht selbst erfunden, sondern es entstammt, wie er selbst angibt, der Praxis der Hühnerzüchter; die Frauen benutzen diese Methode, um die fruchtbaren von den unbefruchteten Eiern zu unterscheiden. Die folgenden Angaben zu den Eingeweiden und Ausscheidungen finden sich bereits bei Coiter.

Wenn sich auch die eierlegenden Tiere von den Lebendgebärenden sonst bei der Entwicklung nicht unterscheiden, ist dies bei der Geburt anders. Da das Küken bereits im Ei selbständig gelebt, geatmet und sich bewegt habe, sei es auch direkt nach dem Ausschlüpfen viel selbständiger als die Jungen der Lebendgebärenden (Ex. 22, S. 90) - was übrigens für Nesthocker nicht zutrifft. Es schlüpfe am einundzwanzigsten oder zweiundzwanzigsten Tag. Bei der Beschreibung des Schlüpfvorganges sei seinem Lehrer Fabricius, wie auch schon Hippokrates, ein großer Fehler unterlaufen: beide gäben an, daß die Henne auf ein Zeichen des Kükens das Ei öffne; die Erfahrung lehre aber, daß das Küken selbst die Schale öffne und völlig ohne Hilfe schlüpfe. Richtig weist Harvey darauf hin, daß sonst 'künstliche' Ausbrütung nicht funktionieren könne (S. 91).

Abschließend (Ex. 23, S. 93 f.) wendet sich Harvey dann noch der Entstehung von Zwillingen zu. Auch hier korrigiert er seine Vorgänger: Es gebe nicht nur Zwillingseier mit zwei getrennten Dottern, sondern auch mit zwei getrennten oder verwachsenen Albumina. Harvey selbst hat (entsprechend unserer modernen Erfahrung) nie lebende Zwillingshühner gesehen; er begründet dies damit, daß zumindest eines der Küken stets bereits im Ei oder beim Schlüpfen sterbe; Harvey führt dies darauf zurück, daß eines der Küken schwächer ausgebildet und damit weniger lebensfähig sei bzw. daß das schneller entwickelte Küken durch sein früheres Schlüpfen das andere gleichsam zum Abort werden lasse (S. 94). Aufgrund seiner neuen Erkenntnis, daß der Embryo aus der Keimscheibe gebildet wird, kann Harvey auch für die Bildung von "Monstren" mit vier Flügeln, vier Beinen und zwei Köpfen eine neue Erklärung geben: Die Keimscheiben sind bereits verwachsen und führen daher zu den entsprechenden Mißbildungen. In der Abhandlung 24 gibt Harvey dann an, daß er im folgenden aus den an der Hühnchenentwicklung gewonnenen Beobachtungen allgemeine Theoreme ableiten will, die zu den generellen Erkenntnissen zur Entwicklung führen, die im Überblick bereits einleitend vorgestellt wurden.

5.1.6. Appendix zur Embryogenese der Lebendgebärenden

In den Exercitationes 62 bis 70 (S. 274-324) stellt Harvey der embryonalen Entwicklung der eierlegenden Tiere die der lebendgebärenden gegenüber. Ausgehend von der Annahme, daß das Hühnerei von Gott gleichsam als Modell jeder Entwicklung zur Verfügung gestellt worden sei, stellt er einleitend (S. 275) fest, daß man bei den Lebendgebärenden dasselbe beobachte wie beim Hühnchen. Wie bei den eierlegenden Tieren sieht er es auch hier als ausreichend an, die Entwicklung einer Tierart, nämlich des Rehs, exemplarisch zu untersuchen; auf die Verhältnisse bei den anderen Lebendgebärenden könne man dann per Analogie schließen (S. 275; 279). Mit dieser Vorgehensweise schließt er sich Aristoteles an, der ebenfalls jeweils nur die Entwicklung einer Tierart untersuchte und dann per Analogie auf die anderen Arten dieses 'Entwicklungstyps' schloß.

Bei der Darstellung verfährt er wie bei der Behandlung der Hühnchenentwicklung: Er untersucht zunächst den Uterus beim erwachsenen Tier (Ex. 64, S. 280-287), beschreibt den Coitus (Ex. 65, S. 287-289) und wendet sich dann der Veränderung des Uterus mit dem sich entwickelnden Embryo zu, wobei deutlich wird, daß er im Abstand von etwa jeweils einer Woche nach der Befruchtung

Sektionen trächtiger Rehe vorgenommen hat. Der Bericht erfolgt jedoch monatsweise: Verhältnisse des Uterus im September (Ex. 66, S. 289 f.), im Oktober (Ex. 67, S. 291-294), im November (Ex. 68, S. 295-304) und im Dezember (Ex. 69, S. 305-314). Am 21. November, also etwa zwei Monate nach der Befruchtung, sieht er erstmals den Embryo (S. 297). Wie beim Hühnerei sei eine weiße, von einer zarten Haut umgebene Flüssigkeit (colliquamentum; modern: Keimhöhlenflüssigkeit) vorhanden. In ihrer Mitte sehe man blutige Fäden und das "Punctum saliens", das das "Fundament des künftigen Embryos" sei. Jetzt enthalte der Keim also bereits die animalische Seele, die die weitere Entwicklung steuere und initiiere - wie beim Hühnchen.

Harvey berichtet weiter, Ende November seien alle Teile bereits klarer zu erkennen gewesen (S. 300). Der Embryo habe die Größe einer größeren Bohne oder Nuß, der Kopf rage hervor wie beim Hühnchen, aber die Augen seien kleiner. Der Embryo schwimme in einer Flüssigkeit im Amnion (S. 301). Weiterhin habe man bereits das Gehirn und das Herz erkennen können; ein Ast der Nabelgefäße entspringe aus dem Herzen, durchlaufe die Leber, gehe in einen Ast der "Vena Porta" über und teile sich dann in die zahllosen Gefäße des Chorions auf. Außer dem Herz seien auch bereits andere Eingeweide klar erkennbar, ebenso die Därme. Dann berichtet Harvey, er habe zu diesem Zeitpunkt auch Zwillinge gefunden, die insgesamt etwas kleiner als normale Embryonen gewesen seien, aber ansonsten genauso ausgesehen hätten. Jeder Zwillingsembryo sei in einem eigenen Amnion geschwommen (S. 302). Auch bei den Lebendgebärenden beschreibt Harvey die umgebenden Häute und Flüssigkeiten und setzt sie in Parallele zu den Strukturen des Hühnereies.

Anfang Dezember sei der Foetus bereits viel größer und ausgebildeter gewesen, er habe die Länge eines Fingers gehabt (S. 305). Wenn man den kleinen Embryo in diesem Stadium seziere, finde man alle inneren Strukturen, insbesondere den Magen, die Därme, das Herz, die Nieren und die Lungen bereits klarer als zuvor unterschieden und vollkommener ausgebildet (S. 306). Die Farbe der Lungen sei doppelt so rot wie bei Lungen, die schon Luft geatmet hätten. Dies wertet Harvey als Beweis dafür, daß der Embryo noch ganz vom Leben und Sterben der Mutter abhänge (S. 306). Im Magen des Embryos finde sich eine weißliche Materie, die der Milch ähnele, die die Mutter später aus den Zitzen ausscheide. Die Leber sei noch unförmig, auch das Gehirn sei noch nicht ausgestaltet; die Knochen der Brust verhärteten sich langsam, und die Farbe der Muskeln wechsle von Weiß zum Rot (S. 307).

Ende November habe der Embryo die Länge einer Spanne und bewege sich bereits heftig; er öffne und schließe auch schon seinen Mund (S. 308). Wenn man das kleine Herz freilege, sehe man es beständig und stark schlagen. Alle Eingeweide seien größer und klarer ausgebildet. Der Schädel sei teils noch knorpelig, teils bereits knöchern. Man könne auch schon die Zehen erkennen. Die Betrachtung der Häute und Gefäße führt Harvey insgesamt zu dem Ergebnis, daß der Embryo im Uterus nicht anders bewahrt und ernährt werde als das Hühnchen im Ei (S. 309). Im Januar und Februar und in den folgenden Monaten gebe es nichts Neues zu berichten, außer daß nun auch Haare, Zähne, Hörner und ähnliches gebildet würden und alles insgesamt vergrößert und vollkommen ausgebildet werde (S. 312).

Dieser kurze Überblick über Harveys Darstellung zur Entwicklung der Lebendgebärenden dürfte deutlich gemacht haben, daß es ihm primär darum ging, die bei der Untersuchung der Hühnchenentwicklung gewonnenen Erkenntnisse als allgemeingültig zu erweisen. Mit seiner Vorgehensweise schloß sich Harvey Aristoteles an. Fabricius' Ansatz war naturhistorisch; er wollte die Unterschiede erforschen. Harvey hingegen interessierte sich für das Gemeinsame, d.h. für die Physiologie und Funktion; sein Ansatz ist naturwissenschaftlich/physiologisch. Eine vergleichende Studie im Sinne des vergleichend-anatomischen Ansatzes, wie Fabricius ihn auf die Embryologie übertrug, lag Harvey daher fern.

5.1.7. Zusammenfassung: Erneuerung der embryologischen Forschung auf der Basis aristotelischer Theorien

Auch Harveys Werk zeigt noch humanistischen Einfluß, aber sein Umgang mit dem Material ist unvoreingenommener als dies bei Fabricius, Parisano oder Schoock der Fall gewesen ist. Aber auch Harvey läßt sich in treuer Aristotelesnachfolge auf viele langwierige Diskussionen ein; gleichzeitig enthält sein Werk eine große Anzahl origineller Beobachtungen. Harvey geht von der These aus, daß alles Leben aus dem "Ei" entsteht, das er als allgemeines Substrat der Entwicklung jeglichen Lebens auffaßt. Im Hühnerei habe Gott quasi ein Modell zur Verfügung gestellt, damit der Mensch die Entwicklung in den Einzelheiten studieren könne. Harveys Untersuchungen des Eis sind viel vollständiger und klarer als die seiner Vorgänger. Da er die Entwicklung als dynamischen Vorgang auffaßte, begnügte er sich nicht damit, in Tagesabständen Eier zu öffnen, sondern untersuchte die Hauptphasen der Entwicklung in Stundenabständen.

Auch seine Darstellung zeugt von der neuen Betrachtungsweise: er beschreibt nicht nur den momentanen Zustand des Embryos, sondern weist jeweils auf die weitere Entwicklung eines Organes oder Körperteiles hin. Besonders sein Versuch, die drei Aristotelischen Stadien als drei Entwicklungsschritte zu interpretieren, zeigt den neuen Geist seines Werkes[44]. Der aristotelische Vitalismus wird dem neuen Weltbild angepaßt, das stark durch die dynamischen Strömungen in der Physik geprägt ist. In diesem Rahmen sind die beiden großen Entdeckungen Harveys zu sehen: Sowohl die Entwicklung wie das Blutkreislaufsystem werden als dynamische, und zwar als zyklische Prozesse aufgefaßt; die Entwicklung soll stets die Spezies wiederholen, der Blutkreislauf dagegen hat die Aufgabe, durch Ernährung den Körper zu regenerieren. Beide sind im Mikrokosmos Ausdrücke der ewigen Natur der zyklischen Prozesse des Makrokosmos. Der neue Geist zeigt sich auch in der Tatsache, daß Harvey erstmals mehrere embryologische

---

44 Bilikiewicz (wie Anm. 31, S. 24 f.) bezeichnet Harvey als "Meilenstein in der Entwicklung der Embryologie" und führt sein Denken auf den Einfluß des englischen Empirismus zurück: "Nicht die Menge der gewonnenen Tatsachen, nicht die Menge an Kenntnissen veranlassen uns, in Harvey einen Meilenstein in der Entwicklung der Embryologie zu sehen, sondern einzig und allein der neue Geist, der sich in seinen Werken niedergeschlagen hat.... Seine epochemachenden wissenschaftlichen Taten verdanken ihre Entstehung der Synthese des englischen Empirismus mit den dynamischen Tendenzen der Barockmedizin."

Experimente durchführt[45]. Außerdem hat er durch seine Studien zu den lebendgebärenden Tieren die aristotelische Tradition fortgesetzt. Deshalb hat er sich
wohl der vergleichend-anatomischen Methode seines Lehrers Fabricius nicht angeschlossen, denn nur auf der Basis einer umfassenden embryologischen Theorie
hat eine vergleichend-anatomische Betrachtung einen Sinn. Diesen Schritt hat
Harvey in seinem Werk geleistet und damit die Embryologie entscheidend gefördert[46].

Durch seine Entwicklung der Lehre vom Blutkreislauf gelingt es Harvey, auch
das Blutgefäßsystem des Embryos, seine Bildung und Funktion genauer zu erfassen, als dies bei seinen Vorgängern der Fall war. Allerdings unterläuft ihm ein
großer Irrtum, wenn er annimmt, daß das Herz erst, wenn es mit Blut gefüllt sei,
sichtbar werde und pulsiere - damit bleibt er hinter Coiter und Parisano zurück,
was umso verwunderlicher ist, da er die Werke der beiden Autoren kannte[47].
Dieser Irrtum war umso verhängnisvoller, als Harvey hauptsächlich auf diese
Beobachtung seine Theorie vom Blut als Träger des Lebens aufbaute. Damit
glaubte Harvey endgültig eine Antwort auf die Frage nach dem Primat der Teile
gefunden zu haben: Das Blut entstehe zuerst und mit seiner Entstehung trete die
Seele in den Körper. Bahnbrechend war Harveys Erkenntnis, daß der Embryo
aus der Keimscheibe gebildet wird; damit war auch die Frage, welcher Teil des
Eies Nahrungs-, welcher Bildungsmaterial ist, endgültig geklärt, die über zweitausend Jahre die Gemüter bewegt hatte. Weiterhin beobachtete Harvey, daß die
Embryonalorgane aktiv sind, und begründete damit, daß der Embryo selbständig
ist und ohne externe Hilfe erste physiologische Funktionen ausüben kann. Harveys gravierendster Fehler hingegen ist wohl die Beschreibung der Funktion des
Samens bei der Befruchtung.

Insgesamt muß man feststellen, daß Harvey einige originelle Einzelbeobachtungen dem Wissen seiner Zeit hinzufügte, aber mehr durch die Einführung
neuer Methoden als durch diese Erkenntnisse Einfluß auf die Entwicklung der
Embryologie hatte. In ähnlicher Weise wie Harvey im Bereich der Physiologie
durch die Entdeckung des Blutkreislaufes eine bahnbrechende Wende einleitete,

---

45 Bayon (wie Anm. 4), S. 94: "But apart from this, Harvey was definitely the first to apply
demonstrative experimental tests and comparative observations for the solution of biological problems that interested him. Thus he became the pioneer of the dynamic biological
outlook which so profoundly altered ancient physick that it became modern medicine and
contemporary biology."

46 Etwas verfälschende Darstellung bei Francis Joseph Cole: A History of Comparative Anatomy from Aristotle to the Eighteenth Century. London 1949, S. 129: "Even his detailed
study on generation, based as it is largely on the chick, includes numerous acute and original observations on other animals, and it is thus one of the earliest essays in comparative
anatomy."; ähnlich Zirnstein (wie Anm. 17), S. 52: "Harvey, der die Notwendigkeit betonte, ist als Pionier der vergleichenden Zoologie, speziell der vergleichenden Physiologie
zu sehen."

47 Deshalb läßt sich diese Mißdeutung auch nicht mit dem Mangel eines Mikroskops als
Hilfsmittel entschuldigen, wie es Needham versucht, besonders deshalb nicht, weil Harvey
als erster zumindest ein Vergrößerungsglas (perspicillum) als optisches Hilfsmittel bei der
Beobachtung verwendete. Vgl. Needham (wie Am. 18), S. 137: " No doubt his lack of
microscopical facilities or of the desire to use them affords the reason, for this error, but it
was a rather unfortunate one, for it was to a large extent upon it that he formulated his
doctrine "the life is in the blood"."

hat er durch seine Wiedereinführung der dynamischen Betrachtungsweise die Embryologie revolutioniert. Auch in der Embryologie war die bewußte Rückbesinnung auf die Antike die entscheidende Voraussetzung für den Neubeginn.

5.2. KENELM DIGBY: EMBRYOLOGIE AUF MECHANISTISCHER BASIS

Kenelm Digby war ein Vertreter der Gegenreformationsbewegung der katholischen Theologie in England. Er wollte wie sein Lehrer Thomas White alle Christen wieder in einer ökumenischen Kirche vereinigen[48]. Beide waren überzeugt, daß es nur einen wahren Glauben gebe. Aus diesem Grunde wollten sie eine philosophische Theologie entwickeln, die auf drei Quellen basierte: der Heiligen Schrift, der Tradition und der Vernunft. Ein wesentlicher Schritt zur Gegenreformation wurde von Digby in seinem Hauptwerk, den "Two Treatises"[49] (1641) unternommen, das aus zwei Teilen besteht. Auf etwa 500 Seiten behandelt er im ersten Teil die Körper und die herrschenden Naturgesetze. Digbys Hauptthema ist aber die Entwicklung einer umfassenden Physiologie der menschlichen Seele (Teil 2). Die körperlichen Voraussetzungen wollte er nur insofern studieren, als sie der Kenntnis der Seele dienen[50]. Aber dafür hielt er eben eine Behandlung der Natur der Körper für notwendig. Gerade die Erklärung aller Körperfunktionen auf mechanistischer Basis sollte beweisen, daß sich die Funktionen der Seele nicht auf dieser Basis erklären lassen. Ziel war es zu zeigen, daß die Seele unkörperlich und unsterblich ist, somit nicht mechanistisch (materialistisch) zu verstehen ist.

Digbys Hauptwerk stellt eine Mischung aus alter Autoritätsgläubigkeit und neuem Empirizismus dar[51]. Zum einen war Digby der erste, der ein vollständiges System einer mechanistischen Philosophie in englischer Sprache entwickelte[52]. Er war stark beeinflußt von Galilei und Descartes und vertraut mit den Ideen von Hobbes und Gassendi. Zum anderen mußte er sich (auch) auf aristotelische Prinzipien stützen, weil er die katholische Kirche restaurieren wollte und die aristotelischen Theorien ein fester Bestandteil der Tradition der katholischen Kirche

---

48 Zu Digbys Verhältnis zu seinem Lehrer Thomas White und beider Zugehörigkeit zur Blackloist-Gruppe vgl. John Henry: Atomism and Eschatology. Catholicism and Natural Philosophy in the Interregnum. In: British Journal for the History of Science 15 (1982), S. 211-239.
49 Vgl. Kenelm Digby: Two Treatises in the One of Which, the Nature of Bodies, in the Other, the Nature of Mans Soule is Looked into: in the Way of Discovery, of the Immortality of Reasonable Soules. Paris 1644; Nachdruck: Stuttgart-Bad Cannstatt 1970.
50 Digby (wie Anm. 49), Widmungsbrief S. a IV.
51 Vgl. dazu Robert Torsten Petersson: Sir Kenelm Digby. The Ornament of England 1603-1665. London 1956, S. 121: "In contrast stood the bewildered dualist Digby, half-medieval, half-modern, partly devoted to experimentation, partly to the traditional framework of thought."
52 Vgl. Henry (wie Anm. 48), S. 225: "It is quite evident that Digby's Treatise on body, the earliest full worked-out system of mechanical philosophy in English was written to provide a philosophical basis on which to erect a new eschatology."

waren. Auf dieser Basis entwickelte Digby einen "aristotelischen Atomismus"[53].
Digbys Werk steht am Ende der aristotelischen minima-naturalia-Tradition; es
unterscheidet sich aber so stark von allen anderen Werken dieser Tradition, daß
es laut Henry[54] "eine Klasse für sich darstellt". Digby benutze nicht nur Teile der
atomistischen Lehre, um die "bröckelnde Struktur des Aristotelismus" zu stützen, sondern er baue das gesamte Gebäude wieder auf, indem er den Atomismus
bzw. Mechanismus als "Mörtel" verwendete.

Digby belächelte alle magischen Vorstellungen und glaubte, daß man durch
Experimente und genaue Untersuchungen die Geheimnisse der Welt ergründen
könnte. Noch sei unser Wissen unvollständig, aber durch intelligentes und sorgfältiges Studium könne man die Welt ganz erfassen. Er verglich die externe Welt
mit einer großen Uhr, die von Gott, dem großen Architekten und Ordner, eingerichtet sei und rein mechanisch funktioniere. Jedes Teil sollte aus "Atomen" oder
kleineren Teilen bestehen. Digby lieferte das erste voll entwickelte atomistische
System des 17. Jahrhunderts[55].

Digby beginnt mit den fundamentalen Eigenschaften der Körper, der Dünn-
heit und Dichte (Rarity and Density, Kapitel 3, S. 15-26). Sie werden aus der
Quantität abgeleitet, die wiederum auf Teilbarkeit beruhe. Durch die Primär-Ei-
genschaften entstehe die Bewegung, die Digby ausführlich diskutiert. Dabei
nimmt er auch wiederholt auf Galileis "Discorsi e dimonstrazione matematiche
intorno à due nuove scienze" (1638) Bezug, die 1644 noch nicht viele gelesen
hatten. Er übernimmt Galileis Gesetz der fallenden Körper, kritisiert ihn aber,
weil seine Ansicht zu funktionell und eng sei. Digbys "kleinste Teilchen", die er
manchmal als "Atome" bezeichnet, sind nicht voll charakterisiert; sie scheinen
weder epikureisch noch cartesisch zu sein, aber sie wirken sicherlich mechanistisch. Obwohl Digby von sehr vielen neuen wissenschaftlichen Strömungen
seiner Zeit beeinflußt ist, bleibt für ihn aber Aristoteles die größte Autorität; ihm
ist er hauptsächlich gefolgt, wie er selbst angibt (S. 342). Er habe Aristoteles
aber auch korrigiert; hierzu fühle er sich aufgrund der christlichen Überzeugung
berechtigt, daß jeder Mensch Fehler mache. Daß seine Lehre nicht genau mit der
des Aristoteles übereinstimme, liege daran, daß er selbst noch mehr in die Einzelheiten gegangen sei (S. 343). Dies macht sich besonders bei Digbys Theorie
von der Entwicklung bemerkbar, mit der er sich in den Kapiteln 23-26 (S. 203-
242) befaßt.

Das 'Funktionieren' der Pflanzen und Tiere wird mit der Arbeit von Maschinen verglichen (Kap. 23). Bei den Tieren sei zwar jeder Teil des Körpers ein

---

53 Henry (wie Anm. 48, S. 214) weist darauf hin, daß diese von ihm geprägte Bezeichnung
   sehr hybrid erscheine, aber Digby selbst habe beide Ansätze in Einklang zu bringen versucht. Vgl. dazu z. B. Digby (wie Anm. 49), S. 343: "Lett any man reade his [sc. Aristotle's] bookes of Generation and Corruption, and say whether he doth not expressely
   teach, that mixtion (which he delivereth to be the generation or making of a mixt body) is
   done per minima, that is in our language and in one word, by atomes."
54 Henry (wie Anm. 48), S. 215.
55 Vgl. dazu Joshua C. Gregory: A Short History of Atomism. London 1931, S. 22; Kurt
   Lasswitz: Geschichte der Atomistik vom Mittelalter bis Newton. 2 Bde, Hamburg/Leipzig
   1890; Bd 2, S. 188-207; R. H. Kargon: Atomism in England from Hariot to Newton.
   Oxford 1966, S. 70-73; B. J. T. Dobbs: Studies in the Natural Philosophy of Sir Kenelm
   Digby. In: Ambix 18 (1971), S. 1-25; 20 (1973), S. 143-163; 21 (1974), S. 1-28.

kompletter Teil für sich, gleichzeitig seien aber alle Bewegungen der Teile aufeinander abgestimmt, um irgendetwas zu erreichen (S. 208). Deshalb definiert Digby ein Lebewesen als "Automatum" oder "se movens" (S. 208). Auch die Entstehung muß demnach automatisch ablaufen. Zunächst diskutiert Digby, übrigens als erster nach Albertus Magnus, die kontroversen Entwicklungstheorien der Präformation und Epigenese (Kap. 23). Präformation lehnt er strikt ab; Hauptargument ist dabei die Überzeugung, daß generatio spontanea nicht möglich sei, wenn die Teile von allen Teilen der Eltern stammen sollen (S. 214 f.). Es sei aber auch nicht möglich, daß eine innere Ursache die Entwicklung steuere - wie bei Aristoteles der männliche Same - denn diese müßte überall gleichzeitig aktiv sein, was bei einer lokalisierbaren Substanz nicht möglich sei (S. 214). Im großen und ganzen schließt sich Digby aber bei seiner Entwicklungstheorie Aristoteles an.

Wie Aristoteles geht Digby davon aus, daß ein Teil der überflüssigen Nahrung an einer passenden Stelle im Körper gelagert und dort durch die Körperhitze weiteraufgearbeitet werde, bis eine "homogene Substanz" entstehe (S. 216 f.). Diese homogene Flüssigkeit werde später bei der Entwicklung durch unterschiedliche Temperaturen differenziert[56]. Die Entwicklung werde durch äußere Ursachen gesteuert (S. 219):

> "Lett us then confidently conclude, that all generation is made of a fitting, but remote, homogeneall compounded substance: upon which, outward Agents working in the due course of nature, do change it into another substance, quite different from the first, and do make it lesse homogenall then the first was. And other circumstances and agents, do change this second into a thirde, that thirde, into a fourth; and so onwardes, by successive mutations (that still make every new thing become lesse homogeneall, then the former was, according to the nature of heat, mingling more and more different bodies together) untill that substance be produced which we consider the periode of all these mutations."

Diese Passage klingt wie eine Vorwegnahme der modernen Auffassung der embryologischen Entwicklung, die das Ei als physiko-chemisches System auffaßt, das in sich selbst nur einen variierenden Grad irgendeiner Lokalisation enthält, die der Lokalisation im Erwachsenen entspricht und bereit ist, sich selbst zu verändern, wenn ein passender Stimulus erreicht wird, einerseits durch die Aktionen und Reaktionen seiner eigenen Bestandteile und andererseits durch den Einfluß der passenden Faktoren der Umgebung; so wird der komplette Embryo gebildet.

Digby faßte die Embryologie als physikalische Wissenschaft auf und versuchte, seine Theorien durch Experimente zu belegen. Dazu untersuchte er, entsprechend der Tradition, das Hühnchen im Ei. Er habe dieses Tier gewählt, weil es jederzeit für Beobachtung parat stehe (S. 220). Seine Betrachtung zur Hühn-

---

56 Vgl. dazu Digby (wie Anm. 49), S. 216: "And thus; by the course of nature, and by passing successively many degrees of temper, and by receiving a totall change in every one of them; att the length an animal is made of such iuice as afterwardes serveth to nourish him."

chenentwicklung umfaßt nur knapp eineinhalb Seiten, was auf eine sehr begrenzte Erfahrung schließen läßt[57].

Im folgenden (S. 222) entwickelt Digby seine Theorie genauer, zunächst entspricht sie völlig der Theorie des Aristoteles, ohne daß er auf diesen Bezug nimmt. Die zuvor als Rest der überflüssigen Nahrung bezeichnete Substanz wird nun als Blut identifiziert. Neu ist allerdings der Zusatz, daß das Blut - entsprechend der Theorie vom Blutkreislauf - im Körper des Tieres umlaufe und überall Partikel der Teile aufnehme; ein Teil des Blutes werde dann in geeigneten Gefäßen gelagert und weiter aufbereitet. Wenn ein Teil im Tier fehle oder zu schwach oder zu stark ausgebildet sei, könne sich dies auch im Blut und damit bei der späteren Ausbildung des Jungen auswirken. Dann trennt er sich von Aristoteles: Es sei kein innerer Verursacher (agent) für die weitere Entwicklung verantwortlich, sondern ein äußerer, der durch Temperaturänderung die weitere Entwicklung bewirke. Dieser äußere Verursacher sei jeder Teil des Tierkörpers, durch den das Blut zuvor gelaufen sei, und der damit dem Blut seine spezifische Temperatur vermittelt habe, so daß die "virtues" aller Teile im Blut vorhanden seien. Als erster Teil entstehe das Herz (S. 223), und es enthalte in sich bereits die Fähigkeiten (virtues) aller Teile, es sei gleichsam "the compendium or abridgement of the whole animal" (S. 223). Vom Herzen aus verteile sich das Blut und werde nun, von der Hitze des Herzens entlassen, an den vorgesehenen Stellen zu den entsprechenden Teilen des Körpers differenziert. Das Herz und seine Hitze sei gleichsam der Architekt (S. 225).

Dies alles sei von Gott so kunstvoll eingerichtet, daß es dann wie eine (Gewichts-)Uhr von selbst ablaufe (S. 226 f.):

"This latter then being supposed; our labour and endeavour will be, to unfold (as farre as so weake and dimme eyes can reach) the excellency and exactnesse of Gods providence, which can not be enough adored, when it is reflected upon, and marked in the apt laying of adequate causes to produce such a figure out of such a mixture first layed. From them so artifically ranged, we shall see this miracle of nature to proceed; and not from an immediate working of God or nature without conveniant and ordinary instruments to mediate and effect this configuration, through the force and vertue of their owne particular natures. Such a necessity to interest the cheife workeman att every turne, in particular effects, would argue him of want of skill and providence, in the first laying of the foundations of his designed machine: he were an improvident clockemaker, that should have cast his worke so, as when it were wound up and going, it would require the masters hand att every hour to make the hammer strike upon the bell. Lett us not then too familiarly, and irreverently ingage the Almighty Architect his immediate handy worke in every particular effect of nature; Tali non est dignus vindice nodus."

---

57 Vgl. dazu Howard Bernhardt Adelmann: Marcello Malpighi and the Evolution of Embryology. 5 Bde, Ithaca, N.Y. 1966, Bd 2, S. 770: "Digby's experience was obviously limited, and certainly it cannot be said that this theory of generation bears any direct relation to his own experience with the developing chick, to what he had learned of the generation of vivipara from "that learned and exact searcher into nature", his friend, Doctor Harvey, or to his examination of the developing seed.". Anders Needham (wie Anm. 40, S. 124), der die Beschreibung der Hühnchenentwicklung zwar als kurz, aber sehr akkurat betrachtet und deshalb Digby umfassende Erfahrung im Bereich der Embryologie zuspricht. Allerdings ist beiden entgangen, daß Digby selbst sagt, daß er im Bereich der Embryologie kaum über Erfahrung verfüge; vgl. Digby (wie Anm. 49), S. 229.

Es bedeutet nach Digby also, Gottes weise Vorhersehung anzuzweifeln, ginge man davon aus, daß Gott bei jeder einzelnen Entwicklung wieder neu eingreife - wie es Harvey beschreibt[58]. Nach Digbys mechanistischer Vorstellung funktioniert die ganze Welt und auch jedes einzelne Teil nach der Einrichtung durch Gott wie eine perfekte Uhr und bedarf keiner weiteren Einwirkung Gottes. Deshalb bedarf es auch keiner formenden Kraft, um die Entwicklung zu steuern (S. 231):

> "Out of our short survey of which (answerable to our weake talents, and slender experience) I persuade my selfe it appeareth evident enough, that to effect this worke of generation, there needeth not to be supposed a forming vertue or Vis formatrix of an unknowne power and operation, as those that consider thinges soddainely and but in grosse, do use to putt. Yet, in discourse, for conveniency and shortenesse of expression we shall not quite banish that terme from all commerce with us; so that what we meane by it, be rightly understood, which is, the complexe, assemblement, or chayne of all the causes, that concurre to produce this effect; as they are fett on foote, to this end by the great Architect and Moderator of them, God almighty, whose instrument nature is, that is, the same thing, or rather the same thinges so ordered as we have declared, but expressed and comprised under an other name."

Den Begriff "vertue" oder "vis formatrix" lehnt Digby dennoch nicht völlig ab, aber er will ihn anders verstanden wissen, nämlich als Kette der Ursachen, die von Gott so perfekt eingerichtet wurde, daß jede Entwicklung automatisch abläuft.

Wie Harvey orientierte sich Digby stark an Aristoteles und gelangte durch eine Verknüpfung von einander an sich widersprechenden antiken und modernen Theorien zu einem neuen Ansatz.

5.3. NATHANIEL HIGHMORE: ATOMISTISCHE EMBRYOLOGIE

Während seines Studiums am Trinity College (1632-1639) in Oxford freundete sich Nathaniel Highmore mit William Harvey an, dem er sein erstes Werk zur Anatomie des menschlichen Körpers und zum Blutkreislauf widmete[59]. Es handelt sich dabei um eine für diese Zeit typische Abhandlung zur Anatomie, die sowohl den Bereich der Vergleichenden Anatomie als auch die normale (gesunde) Struktur des menschlichen Körpers und pathologische Erscheinungen umfaßt. 1651 publizierte Highmore dann sein Hauptwerk "The History of Generation, Examining the Several Opinions of Diverse Authors, Especially of Sir Kenelm Digby", das Robert Boyle gewidmet ist. Das Werk ist, wie der Titel bereits sagt, in Auseinandersetzung mit der Theorie Kenelm Digbys entstanden; es ist folgendermaßen gegliedert:

---

58 Digby war, wie er selbst angibt, mit Harveys Untersuchungen zur Embryologie vertraut, obwohl dessen Werk ja erst später veröffentlicht wurde; vgl. dazu Digby (wie Anm. 49), S. 221: "In like manner: in other creatures; which in latin are called Vivipara (...) we have, by the relation of that learned and exact searcher into nature, Doctor Harvey...".
59 Nathaniel Highmore: Corporis humani disquisitio anatomica in qua sanguinis circulationem prosequutus est. Den Haag 1651.

Kap. 1: Die Meinung der Philosophen über die Entwicklung (S. 1-4).
Kap. 2-3: Sir Kenelm Digbys Konzept zur Entwicklung der Tiere (S. 5-12, 12-25).
Kap. 4-5: Highmores eigene Entwicklungstheorie und Diskussion der Argumente einiger Autoren (S. 25-40, 40-46).
Kap. 6: Entwicklung der Pflanzen (S. 46-57).
Kap. 7: Entwicklung der Tiere, insbesondere der Insekten (S. 57-61).
Kap. 8: Entwicklung der eierlegenden Tiere (S. 62-84).
Kap. 9: Entwicklung der Lebendgebärenden (S. 84-91).
Kap. 10: Ursachen der Geschlechtsentwicklung und der Ähnlichkeit bei den Nachkommen (S. 91-96).
Kap. 11: Diskussion einiger Fragestellungen zur vorgelegten Theorie (S. 96-112).

Nachdem Highmore die antiken Vorstellungen, insbesondere die des Aristoteles, und die Theorie Kenelm Digbys von der Entwicklung vorgestellt hat, wendet er sich im vierten Kapitel seiner eigenen Theorie zu. Auch sein Hauptuntersuchungsobjekt ist das Hühnerei und dessen Entwicklung. Er ist der erste, der beobachtende Embryologie vom atomistischen Standpunkt aus betreibt. Vermutlich im Anschluß an den neuen Atomismus des 17. Jahrhunderts, wie er uns bei Daniel Sennert begegnet, sah Highmore auch die organischen Körper als aus kleinsten Teilchen zusammengesetzt an. Seine Entwicklungstheorie ist eine Mischung aus Atomismus und Vitalismus. Er nimmt zwei Sorten von Samenatomen an, aus denen Lebewesen entstünden: die materiellen würden durch die spirituellen gesteuert und belebt[60]. Die spirituellen Samenatome stammen vom Männchen, die materiellen vom Weibchen. Highmore vertritt dann eine dynamische Version der aristotelischen Form (Männchen) - Stoff (Weibchen) - Hypothese: Die Samenatome zirkulieren als ein Extrakt der am feinsten verarbeiteten Nahrung im Blut[61]. Im Blut sind daraufhin Atome der Teile aller Tiere und Pflanzen vorhanden; Aufgabe der Hoden ist es, bestimmte spirituelle Atome herauszufinden, die kleinste Teile der einzelnen Körperteile darstellen[62]; diese bewirken dann später die Anlagerung ähnlicher Atome, und durch die Verbindung gleichartiger Teilchen werden die einzelnen Körperteile gebildet[63]. Die Entwicklung läuft also durch die Wirkung spiritueller Atome, die die Seele tragen[64], automatisch ab.

Spielt Gott dann nach Highmores Ansicht bei der Entwicklung überhaupt eine Rolle? Es wird deutlich, daß Highmore an die Schöpfung in der "Genesis" glaubt, aber seit der Schöpfung läuft nach seiner Meinung alles ohne Gottes Eingreifen, d. h. vom spirituellen Samen gesteuert ab (S. 26)[65]:

---

60 Nathaniel Highmore: The History of Generation, Examining the Several Opinions of Diverse Authors, Especially that of Sir Kenelm Digby. London 1651, S. 27 f., 86 f.
61 Highmore (wie Anm. 60), S. 41 f.
62 Highmore (wie Anm. 60), S. 44-46.
63 Highmore (wie Anm. 60), S. 42.
64 Highmore (wie Anm. 60), S. 26.
65 Vgl. auch Highmore (wie Anm. 60), S. 12 f. (The finger of the Creator fixt on every species).

"The production of alle Creatures after the first Omnipotent Fiat was executed; is by Philosophers called Generation. Which is performed by parts selected from the generators, retaining in them the substance, forms, properties, and operations of the parts of the generators, from whence they were extracted: and this Quintessence or Magistery is called the seed. By which the Individuals of every Species are multiplied; and that which the Almighty for its transgression, made to have an end; by the fertility of this Sperm is continued to immortality."

Gott hat also mit dem ersten spirituellen Samen, d. h. mit der ersten Seele, bei jeder Tiergattung die "Initialzündung" geliefert und die Natur so eingerichtet, daß sich die einzelnen Spezies immer in gleicher Weise reproduzieren. Die Seele ist multiplizierbar, sie ist unzerstörbar, eine unsterbliche Substanz wie Gott selbst (S. 28-29):

"It being a substance incorruptible, immortal, like the Creator, the breath of his own mouth, which still retains so much of that nature, from whence it was breathed; that without the least diminuation, it is able to communicate, and dilate it self into many Millions, and yet still remain the same entire substance that at first it was."

Es zeigt sich also, daß Highmore wie Harvey an eine göttliche Seele glaubt, die die Entwicklung steuert. Ähnlich wie Harvey macht auch er die Seele der Eltern verantwortlich für die Neubildung der Seele des Keimes. Hier aber trennen sich die Wege der beiden Autoren. Nach Harveys Ansicht ist Gott in jeder Zeugung erneut zugegen, nach Highmores Meinung hingegen läuft nach der einmaligen Schöpfung alles ohne weiteres Einwirken Gottes ab. Highmores Lehre ist eine Vorform präformistischer Theorien, wie sie zu Beginn des 18. Jahrhunderts dann allgemein vertreten werden. Er ist der erste, der derartige Ideen mit der Bibel in Einklang zu bringen versucht und die "Genesis" als Grundlage voraussetzt.

Wie diese Entwicklung im einzelnen erfolgen soll, zeigt Highmore zunächst am Beispiel der Pflanzen (Kap. 6, S. 45-57); er wendet sich dann den Tieren zu und behandelt hier zunächst die Insekten (Kap. 7, S. 57-61) und in Kapitel 8 die eierlegenden Tiere (S. 62-84). Highmore gibt an, daß das Ei Samenatome beider Eltern enthalte (S. 62). Er lehnt Fabricius' Meinung ab, daß der Embryo aus einer Chalaze gebildet werde, und übernimmt Parisanos Theorie in modifizierter Form (S. 66): Die Cicatricula (Keimscheibe) sei das Bildungsmaterial des Hühnchens, aber sie sei nicht der Samen des Hahnes, sondern sie sei aus den Samenatomen beider Eltern zusammengesetzt. Highmore gelangt also im selben Jahr, in dem Harvey sein Werk publizierte, ebenfalls zu der richtigen Einsicht, daß die Keimscheibe das Bildungsmaterial des Kükens darstellt; anders als Harvey nimmt er aber auf Parisano als erstem Vertreter dieser Ansicht Bezug und behauptet nicht, es sei eine originelle Idee von ihm selbst.

Es folgt die tageweise Beschreibung der Entwicklung des Hühnchens (S. 67 ff.), wobei Highmore auf seinem Werk vorangestellte Abbildungen[66] verweist. Diese sind eher gefällig als korrekt und bleiben in ihrer Aussagekraft weit hinter

---

66 Tafel 1, Abb. 7: 3. Tag der Bebrütung; Abb. 8: Das Hühnchen kurz vorm Schlüpfen; Tafel 2, Abb. 1: 1. Tag; Abb. 2: 2. Tag; Abb. 3: 4. Tag; Abb. 4-5: 5. Tag der Bebrütung.

denen des Fabricius zurück. Dies ist besonders deshalb verwunderlich, weil Highmore als erster mikroskopische Beobachtungen des frühen Blastoderms und des sich entwickelnden Embryos vorgenommen hat; die Beschreibung des Blastoderms am ersten und zweiten Tag ist auch entsprechend genau (S. 67-69). Highmore ordnet den drei am zweiten Tag sichtbaren Kreisen erstmals spezielle Bildungsfunktionen zu: Der innere weiße Kreis und der Fleck [nucleus von Pander] würden zur Carina des Hühnchens und zum Herzen; die zwei klaren Kreise enthielten die Flüssigkeit, in der die zarten "Atome" des Embryos schwämmen, während sie sich sammelten und aneinanderlagerten; der äußere gelbe Kreis schließlich sei für die Blutbildung verantwortlich. - Auch hier liegt, wie bei Harvey, eine dynamische Betrachtungsweise zugrunde, wobei Highmore Harvey insofern übertrifft, als er bereits für das Blastoderm angibt, welcher Teil bei der weiteren Entwicklung welche Funktion ausübt. Allerdings beschränkt er sich bei der folgenden Beschreibung der einzelnen Tage wieder auf 'Momentaufnahmen'.

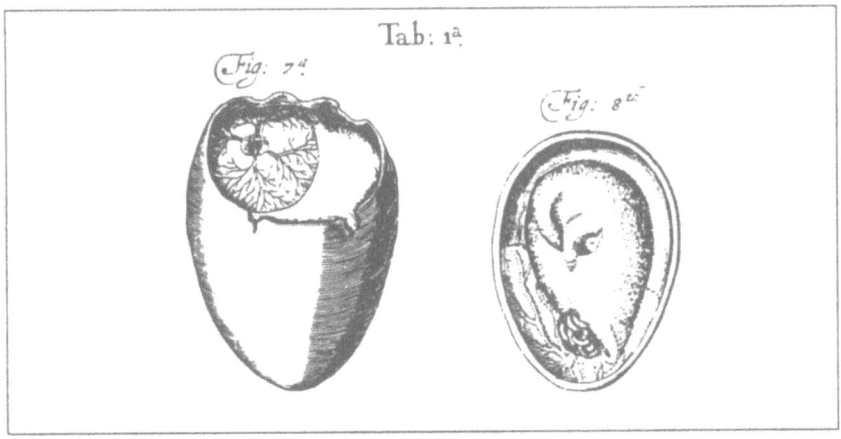

Highmore, Tafel Ia

Die folgende Darstellung der täglichen Entwicklung des Hühnchens ist manchmal etwas oberflächlich, aber sonst sehr akkurat[67]; sie bietet allerdings nur zwei originelle Beobachtungen: Zum einen gibt Highmore an, daß die Eischale bei der Bebrütung immer spröder wird (S. 80); zum anderen beschreibt er erstmals den Dottersackkreislauf als in sich geschlossenen, extraembryonalen Kreislauf (S. 77):

---

67 Ähnlich Charles W. Bodemer (Embryological Thought in 17th Century England. In: Charles W. Bodemer/Lester S. King (eds.): Medical Investigations in Seventeenth Century England. Papers Read at a Clark Library Seminar, Oct. 14, 1967. [Clark Memorial Library Seminar Papers] Los Angeles 1968, S. 11): "His observations on the developing chick embryos are quite full, complete, and exact, and he also records some interesting facts regarding development of plant seeds."

"To these two venal Umbilical vessels are added two Arteries, arising from the Lumbary Arteries. Which accompanying the veins throughout the white and yolk, make a perfect circulation here, as well as betwixt the Mother and the Foetus in Viviparis: by which means the new concocted blood mixt with this, is without trouble or danger brought to the Foetus."

Insgesamt dient Highmore die Hühnchenentwicklung als Gegenbeweis gegen die von Digby vertretene Entwicklungstheorie[68]. Nachdem er abschließend noch die Entwicklung der Lebendgebärenden dargestellt hat, diskutiert und widerlegt er schließlich (S. 96 ff.) Harveys Theorie von der Befruchtung, mit der er durch Kenelm Digby vertraut gemacht wurde (S. 100).

Durch eine Verbindung von Vitalismus und Korpuskulartheorie gelangte Highmore zu einer dynamischen Version der aristotelischen Form-Stoff-Hypothese und dieser theoretische Überbau diente ihm als Basis für neue Beobachtungen.

5.4. ZUSAMMENFASSUNG

Als erster Naturforscher der Renaissance befaßt sich Conrad Gesner mit der Embryologie. Seine Entwicklungstheorie ist eine Kombination der Theorien des hippokratischen Autors, des Aristoteles, des Galen und des Albertus, die kritisch gegeneinander abgewogen werden. Die Leistung des zweiten großen Polyhistors, Ulisse Aldrovandis, im Bereich der Embryologie ist hingegen höher zu bewerten. Durch die bewußte Rückbesinnung auf antike Denkmodelle, d. h. auf den methodischen Ansatz des hippokratischen Autors, gelingt ihm ein neuer Zugang zur Lösung der uralten Frage nach dem Primat der Teile. Das Ergebnis ist die erste systematische (wenn auch noch oberflächliche) Untersuchung eines Entwicklungsvorganges. Auch Aldrovandi stellt die tradierten Lehrmeinungen in aller Ausführlichkeit vor; seine eigene Untersuchung fällt dagegen sehr kurz aus. Sein Schüler Volcher Coiter setzt diese Entwicklungslinie kontinuierlich fort. Die tradierten Lehrmeinungen werden nur noch ganz kurz referiert, sie bilden den theoretischen Hintergrund für neue Beobachtungen. Coiters Beschreibung ist ausführlicher, akkurater, systematischer und detaillierter als die Aldrovandis. Aber dann setzt sich die zeitliche Linie nicht mehr kontinuierlich in einer Weiterentwicklung fort. Fabricius von Aquapendente setzt sich mit den antiken Theorien noch ausführlicher auseinander als Aldrovandi; es finden sich kaum neue Beobachtungen. Fabricius' Ziel war eine umfassende Aufarbeitung der tradierten Entwicklungstheorien, da zu seiner Zeit ein solches Kompendium noch nicht erarbeitet worden war. Bemerkenswert ist weiterhin, daß sein Werk die er-

---

68 Highmores Ausführungen zur Entwicklung der Insekten (Kap. 7, S. 57-62) und der Lebendgebärenden (S. 84-91) bieten nichts Neues. Zu den Insekten modifiziert er die Theorie der generatio spontanea auf der Basis seiner "atomistischen" Entwicklungslehre. Bei den Lebendgebärenden bemerkt Highmore einleitend (S. 84 f.), er habe zuerst die Hühnchenentwicklung untersucht, weil sich an ihr die allgemeinen Entwicklungsgesetze leichter beobachten ließen. Diese könne man dann auf die Lebendgebärenden übertragen, da sich im Uterus im Grunde dasselbe abspiele wie im Ei. Highmore äußert sich nicht zur Entwicklung des Embryos der Lebendgebärenden, er gibt nur eine Beschreibung der Sammlung, Einlagerung und weiteren Versorgung der beiden Sorten von Samenatomen.

sten Illustrationen zu einem Entwicklungsvorgang überhaupt enthält. In seiner zweiten embryologischen Schrift überträgt Fabricius dann erstmals den vergleichend-anatomischen Ansatz auf die Embryologie und ermöglicht es den nachfolgenden Forschern, ihre Untersuchungen auf eine breitere Basis zu stellen. Dieser Ansatz wurde allerdings erst gegen Ende des 17. Jahrhunderts wieder aufgenommen.

Aemilio Parisano ist ähnlich einzuschätzen wie Fabricius; er bringt nur zwei neue Beobachtungen, ansonsten bleibt er den tradierten Lehrmeinungen verhaftet. Der stärkste Rückschritt ist bei Martin Schoock festzustellen, dessen Abhandlung sich in reiner Kompilation tradierter Theorien erschöpft.

Kontinuierlich an Coiters Werk läßt sich das des William Harvey anreihen. Durch die bewußte Rückbesinnung auf antike, Aristotelische Denkmodelle, sowohl im Bereich der wissenschaftlichen Methode als auch in der Embryologie, leitet er in der Embryologie eine ebenso bahnbrechende Wende ein wie durch die Entdeckung des Blutkreislaufs in der Physiologie. So gelingt ihm die Wiedereinführung der dynamischen Betrachtungsweise des Entwicklungsvorganges. Er ist ein typischer Repräsentant der Endphase des Renaissacne-Humanismus, auf dem Hintergrund antiker Denkansätze ordnet er seine neuen durch sie gewonnenen Beobachtungsergebnisse und begründet so die neuzeitliche Embryologie als Spezialgebiet.

Nathaniel Highmore ist dann der erste, der beobachtende Embryologie vom atomistischen Standpunkt aus betreibt. Durch eine Verbindung von Vitalismus und Atomismus gelangt er zu einer dynamischen Version der aristotelischen Form(Männchen)-Stoff(Weibchen)-Hypothese. Wie Digby ist er überzeugt, daß jede Entwicklung nach Gottes einmaliger Schöpfung von selbst ablaufe. Er versucht seine mechanistische Entwicklungstheorie durch erste mikroskopische Untersuchungen von Entwicklungsvorgängen beim Hühnchen zu untermauern. Wie Harvey gelangt Highmore durch bewußte Rückbesinnung auf antike (bei ihm allerdings atomistische) Gedanken zu einer dynamischen Betrachtungsweise der Entwicklung, aber auf mechanistischer Basis.

Die Werke der humanistischen Embryologen bewirkten, daß sich Embryologie als Spezialgebiet der zoologisch/medizinischen Forschung etablierte.

TEIL 3:
BEGRÜNDUNG DER NEUZEITLICHEN EMBRYOLOGIE (ZWEITE HÄLFTE DES 17. JAHRHUNDERTS)

6. Erster Einsatz des Mikroskopes

Bevor in die Diskussion der einzelnen Theorien eingetreten werden kann, gilt es drei Begriffe zu klären, die für die embryologischen Theorien des ausgehenden 17. Jahrhunderts bezeichnend waren: Epigenese, Präformation und Prä-Existenz.

Unter *Epigenese* werden Theorien verstanden, die von einer allmählichen sukzessiven Entwicklung des Embryos aus einer mehr oder weniger undifferenzierten Materie ausgehen.

Mit Roger[1] wird in der folgenden Untersuchung weiterhin zwischen Präformation und Prä-Existenz unterschieden: *Präformation* bedeutet, daß eine Miniatur des erwachsenen Tieres im Körper eines Elternteiles fertig gebildet wird. *Prä-Existenz* hingegen meint, daß alle Lebewesen als Miniaturen seit der Schöpfung der Welt bereits existieren. Die Prä-Existenzlehre lieferte die Basis für die am Ende des 17. Jahrhunderts populär werdenden Einschachtelungstheorien[2].

6.1. ROBERT BOYLE, LAURENTIUS STRAUSS UND NIELS STENSEN

6.1.1. Robert Boyle

Robert Boyle (1627-1691) war von seiner Ausbildung her Mediziner, hat sich aber besonders als Physiker und Chemiker verdient gemacht; seine Untersuchungen haben bahnbrechend für das neuzeitliche naturwissenschaftliche Denken gewirkt. Sein berühmtestes Werk ist wohl "The Sceptical Chymist" (1661): Skeptisch verwarf er sowohl die vier Elementenlehre des Aristoteles als auch die Theorie des Paracelsus; Grundlage seiner neuen Chemie war die atomistische Denkweise. Boyle war ein führendes Mitglied der Royal Society; in den "Philosophical Transactions" dieser Gesellschaft veröffentlichte er am 7. Mai 1666 (S. 199-201) einen Traktat über die (chemische) Konservierung von Hühnerembryonen "A Way of preserving birds taken out of the Egge, and other small foetus's". Zur eigentlichen Entwicklung berichtet Boyle nichts, aber seine Angaben, wie man Hühnerembryonen konservieren kann, sollen kurz referiert werden, weil sie die ersten dieser Art sind.

Boyle gibt an, er habe täglich ein Hühnchen aus dem Ei genommen und in je ein eigenes Glas gesetzt, das mit Weingeist gefüllt und luftdicht verschlossen wurde. So stünden sie ihm immer zur Verfügung, so daß er ständig Beobachtun-

---

1 Jacques Roger: Les sciences de la vie dans la pensée française du XVIIIe siècle. La génération des animaux de Descartes à l'Encyclopédie. Paris 1963, [2]1971, S. 325.
2 Vgl. Peter J. Bowler: Preformation and Preexistence in the 17th Century. A Brief Analysis. In: Journal of the History of Biology 4 (1971), S. 221-244; hier S. 238-244.

gen an ihnen vornehmen könne. Er führt dann einige Punkte der Entwicklung an, die ihm besonders beachtenswert erscheinen und die er seinen Freunden an den Embryonen zeigen will. Abschließend gibt Boyle an, er habe bei älteren Embryonen ein bißchen Ammoniaksalz hinzugefügt. Außerdem habe er jeden Embryo zunächst in reinen Weingeist gelegt, um ihn von den Resten des Eies zu reinigen. Dann habe er die Embryonen in frischen Weingeist oder Weingeist mit Ammoniaksalz überführt. Die Embryonen seien nun schon einige Monate konserviert und seien noch genauso wie zu Anfang. Boyle hat damit als erster eine Methode entwickelt, die es ermöglichte, Hühnerembryonen ständig als Beobachtungsmaterial zur Verfügung zu haben; dies war ein weiterer Schritt zur modernen Embryologie.

6.1.2. Laurentius Strauss - De ovo pulli (1669)

Auch der nächste Autor kann relativ kurz behandelt werden: Laurentius Strauss (1633-1687) war Doktor der Medizin in Ulm, wurde hessen-darmstädtischer Leib-Medicus und später Professor der Medizin und Naturlehre (Physices) in Gießen. 1669 verfaßte er ein Werk mit dem Titel "Exercitatio physica de ovo galli".

Im ersten Kapitel befaßt sich Strauss mit der Natur und den Gewohnheiten der Henne (S. 3-21); für unseren Zusammenhang interessanter erscheinen das zweite Kapitel, das "die verschiedenen Theorien der Gelehrten über das Hühnerei vorführen" (S. 21-30) soll, und besonders das dritte Kapitel, das Strauss' eigene Meinung zu diesem Thema enthält (S. 30-40 - Ende der Abhandlung). Wer nun aber erwartet, daß Strauss im zweiten Kapitel die Meinungen seiner Vorläufer zur Hühnchenentwicklung referiere, so wie es seine Zeitgenossen zu tun pflegten, sieht sich bitter getäuscht. Allgemeine Meinungen zum Naturverständnis und Zitate verschiedendster Autoren zur Naturauffassung werden aneinandergereiht. Auf Seite 24 wendet sich Strauss dann schließlich den Ausführungen William Harveys zu und berichtet, daß dieser die Ansicht vertreten habe, daß alles Leben aus dem Ei entstehe. Mit dieser Aussage begnügt er sich und referiert dann lieber die Anekdote, daß aus einem Hühnerei eine Eidechse hervorgekrochen sei (S. 24), und zitiert zu dieser Begebenheit einige Autoren, die daraus eine Theorie verschiedener Eidechsenarten mit unterschiedlicher Entstehungsweise abgeleitet haben. Er selbst wagt nicht, dazu eindeutig Stellung zu nehmen (S. 25). Allerdings weist er die Theorie zurück, daß diese besonderen Eier "vom Hahn gebildet würden" (S. 28 f.).

Auch das dritte Kapitel "Er stellt die eigene Meinung vor " ("Propriam sententiam exponit") ist enttäuschend. Wieder findet sich mehr 'Wortgeklingel' als wissenschaftlicher Inhalt. Strauss referiert in aller Kürze diverse Meinungen zur Funktion des Uterus und diskutiert sie, um sich am Schluß weitgehend der Meinung Harveys anzuschließen, daß nur der Uterus als Ort der Entwicklung des Eies in Frage komme (S. 40). Kein weiteres Thema wird behandelt; zum Ei oder zur Entwicklung des Hühnchens im Ei wird überhaupt nichts gesagt[3]. Es wird eigentlich nur mit viel verbalem Aufwand ein Thema behandelt, nämlich die Funktion des Uterus bei der Eientstehung. So ist auch schon der Titel des Werkes irreführend; denn das Ei an sich wird gar nicht behandelt. In der Geschichte der Vogelembryologie hat Strauss' Abhandlung daher keinerlei Bedeutung.

6.1.2. Niels Stensen - Die Entdeckung des Dotterganges (1664, 1673)

Niels Stensen (1638-1686) hat besonders durch seine Erkenntnis, daß die Fossilien organischen Ursprungs sind, bahnbrechend gewirkt, und durch seine Schrift über die Fossilien die Paläontologie und Geologie begründet. Auch bei der Erforschung der Drüsen und Muskeln gelangen ihm mehrere aufsehenerregende Entdeckungen. Seine anatomischen und embryologischen Forschungen fallen vor allem in die Zeit in Paris und Florenz (1664-1667). Allerdings nahm er diese Studien in Kopenhagen erneut auf. Viele Ergebnisse seiner vielseitigen Forschungen sind in dem Werk "De musculis et glandulis observationum specimen cum epistolis duabus anatomicis" zusammengefaßt. Für die Embryologie von besonderem Interesse ist die letzte Abhandlung mit dem Titel: "Ein Brief an Paul Barbette, einen sehr erfahrenen praktischen Arzt, über den Eidottergang zu den Gedärmen des Hühnchens" ("Ad Celeberrimum Paullum Barbette, Practicum Experientissimum, De Vitelli in intestina pulli transitu epistola", S. 94-111), datiert am 12. Juni 1664 in Kopenhagen. In diesem Brief beschreibt Stensen seine Entdeckung des Dotterganges; dieser Gang verbinde den Dottersack mit dem Dünndarm des Embryos; durch ihn könne der zur Ernährung bestimmte Dotter direkt in den Darm geleitet werden. Stensen meinte damit erstmals die umstrittene Frage geklärt zu haben, wie der Embryo seine Nahrung aus dem Dotter erhalte. Er beschreibt seine Entdeckung folgendermaßen (S. 99)[4]:

> "Ob nun der Dotter frei außerhalb der Bauchhöhle hängt oder hineingezogen sich in ihr verbirgt, benützt dieser jedenfalls einen besonderen Gang, durch den er mit dem Darm in Verbindung steht. Dieser Gang ist auf beiden Seiten mit Blutgefäßen bedeckt, die weiter und vorbei am mittleren Teil des Darmes verlaufen. Der Umstand, daß die Blutgefäße also diesen dritten Gang verbergen, hat sich seiner Entdeckung hindernd in den Weg gestellt. Die Dotterhaut hat die Form eines sehr weiten Sackes mit einer geringen Öffnung, von welcher der Gang zu einer Stelle der Gedärme mitten zwischen ihren beiden Enden läuft."

Was Stensen nicht bewußt ist, ist die Tatsache, daß bereits Aristoteles, Albertus Magnus und Volcher Coiter vor ihm die Existenz des Dotterganges feststellten, aber nicht erkannten, daß er eine direkte Verbindung zwischen Darm und

---

3 Deshalb ruft Needhams Einschätzung des Werkes als eine armselige Imitation von Harveys Werk einen falschen, noch zu positiven Eindruck hervor: Das Werk hat keineswegs das Niveau von Harveys Entwicklungsgeschichte, nicht einmal das einer Imitation derselben. - Vgl. Joseph Needham: A History of Embryology. Cambridge 1934; Second Edition, Revised with the Assistance of Arthur Hughes. Cambridge und New York 1959, S. 152: "Strauss soon wrote a rather poor book on the bird's egg in imitation of him."
4 Die Übersetzung dieser Stelle wurde aus der Biographie von Gustav Scherz (Niels Stensen. Denker und Forscher im Barock, 1638-86. [Große Naturforscher, Bd 28] Stuttgart 1964, S. 184) übernommen; die folgenden Stellen sind in eigener Übersetzung wiedergegeben.

Dottersack darstellt. Stensen deutet die Funktion des Dotterganges folgendermaßen (S. 100 f.)[5]:

> "Um über den Sachverhalt bessere Klarheit zu erhalten, habe ich den Darm geöff-
> net, und als ich den kleinen Sack preßte, sah ich zuerst eine zarte Flüssigkeit, spä-
> ter dann eine dickere aus dem eben beschriebenen Gefäß herausrinnen; weil dies
> immer in derselben Weise geschah, wenn ich es versuchte, kam ich schließlich zu
> dem Schluß, daß dies der Gang ist, durch den der Dotter in den Körper des Kü-
> kens eintritt, und daß der Vorgang, der Verflüssigung (chylificatio) genannt wird,
> in Wirklichkeit in den Gedärmen in gleicher Weise wie auch im Magen stattfin-
> det."

Diese Deutung der Funktion des Dotterganges ist nach modernen Erkenntnissen nicht richtig. Der Dotter wird nur vom Dottersackepithel resorbiert und dann
im Blut durch den Dottersackkreislauf dem Embryo zugeführt. Wichtig ist Stensens Erkenntnis aber insofern, als durch sie die Verbindung zwischen Darm und
Dottersackepithel aufgezeigt wurde, die, wie wir heute wissen, beide entoder-
malen Ursprungs sind, und beide der Resorption von Nahrungsstoffen dienen[6].

6.2. MARCELLO MALPIGHI - ERSTE SYSTEMATISCHE UNTERSUCHUNG EINES ENTWICKLUNGSVORGANGES MIT HILFE DES MIKROSKOPES

Marcello Malpighi (1628-1694) war Leibarzt des Papstes Innozenz XII. und Professor der Medizin in Bologna, Pisa und Messina. Malpighi verband eine einzigartige Freundschaft mit den Mitgliedern der Royal Society, zu deren Ehrenmit-
glied er 1669 gewählt wurde. Die Freundschaft mit der Royal Society war für
Malpighi besonders wichtig, weil er als Vertreter der "Neuen Wissenschaft" in
Padua sehr isoliert war. Gleichzeitig eröffnete sie ihm wie anderen eine will-
kommene Publikationsmöglichkeit, welche Verbreitung der Ansichten und Ansehen garantierte. Durch den systematischen Gebrauch des Mikroskopes bei der
Untersuchung tierischer und pflanzlicher Gewebe wurde Malpighi zum Begrün-

---

5 Walter Needham veröffentlichte drei Jahre nach Stensen eine Schrift "Diquisitio anatomica
 de formato foetu" (London 1667), in der er den Dottergang und seine vermeintliche Funktion beschrieb; er gibt an, er habe diese Entdeckung schon dreizehn Jahre zuvor gemacht
 und einigen Männern mitgeteilt. Needham geht so weit, zu vermuten, daß Stensen von diesen Personen über die Entdeckung unterrichtet wurde, sie nachvollzog und dann als seine
 eigene ausgab. May meint, ein solches Verhalten würde Stensens Charakter nicht entsprechen, und vermutet deshalb, daß beide die Entdeckung unabhängig voneinander gemacht
 haben; vgl. dazu Nicholas Stensen: On the Passage of the Yolk into the Intestines of the
 Chick. Translated with an Introduction and Commentary by Margaret Tallmadge May. In:
 Journal of the History of Medicine 5 (1950), S. 119-143; hier S. 127. Sie beruft sich dabei
 auf V. Maar (Om Opdagelsen af ductus vitello-intestinalis. In: Obser. danske Vidensk.
 Selk. Forh. 5 (1908), S. 233-265), S. 257. In der Literatur von Needham (1667) bis Haller
 (1758) wird die Entdeckung immer Stensen zugeschrieben.
6 1673 erschien in den "Acta Medica et Philosophia Hafniensia" eine neue Arbeit über
 "Beobachtungen am Ei und am Küken" ("In ovo et pullo observationes", S. 81-92), die
 Stensen zusammen mit Jan Swammerdam durchgeführt hatte. Stensen legt hier eine kurze
 Darstellung der täglichen Entwicklung des Hühnchens im Ei vor, die zwar sehr klar ist,
 aber nur wenig Neues bietet und sogar in einzelnen Punkten hinter das Wissen seiner Vorgänger, besonders hinter das Harveys, wieder zurückschreitet.

der der mikroskopischen Anatomie. 1661 entdeckte er den Kapillarkreislauf des Blutes und 1666 die roten Blutkörperchen. Den feineren Bau von Haut, Nieren, Lungen und Milz hat er genauestens erforscht. Auf die embryologischen Leistungen soll im folgenden eingegangen werden.

6.2.1 Malpighis epigenetische Entwicklungstheorie (1672)

Insgesamt basieren Malpighis embryologische Untersuchungen wohl auf dem Bestreben, Harveys These "Ex ovo omnia" mit Hilfe des Mikroskopes auf eine möglichst allgemeine Grundlage zu stellen. So untersuchte er genauestens den Eierstock der Säugetiere, um Regnier de Graafs (1641-1673) Forschungen fortzusetzen, der den eindeutigen Beweis erbracht hatte, daß die Säugetiereier im Eierstock entstehen. Durch die Zuhilfenahme des Mikroskopes gelangte Malpighi zu der richtigen Ansicht, daß die von Graaf entdeckten Bläschen nicht die eigentlichen Eier seien, sondern das Material für den Gelbkörper liefern, in welchem vermutlich das Ei versteckt sei; das eigentliche Säugetierei wurde erst im 19. Jahrhundert von Karl Ernst von Baer entdeckt.

Als Grund für seine Untersuchung der Hühnchenentwicklung gibt Malpighi an, daß diese Studien viel zur Anatomie und Physiologie beitragen könnten[7]. Zweimal hat er sich sehr ausführlich mit der Hühnchenentwicklung beschäftigt und äußert dazu selbst, daß seine ersten Ergebnisse noch sehr dunkel und chaotisch gewesen seien, bis er eine neue Methode entwickelt habe, die Keimscheibe abzutrennen und auf einer Glasscheibe auszubreiten[8]. Durch diese Methode hatte Malpighi tatsächlich einen großen Fortschritt gemacht, aber auch seine erste Behandlung der Hühnchenentwicklung ist äußerst akkurat und detailliert. Entwicklungsvorgänge haben Malpighi besonders fasziniert, da sie so schwer durchschaubar sind und eine Art Wunderwerk der Natur darstellen. Bevor die Analyse der Vogelentwicklung erfolgt, soll zunächst noch versucht werden, die theoretische Basis seiner Untersuchungen zu erschließen; dabei gilt es vor allem, die strittige Frage zu klären, ob Malpighi Präformist war oder nicht.

Malpighi war mit der wissenschaftlichen Literatur seiner Vorgänger sehr wohl vertraut, und er verband dieses Wissen geschickt mit der Anwendung des neuen Hilfsmittels des Mikroskopes. Malpighi selbst lag wohl nichts daran, die Beobachtungen seiner Vorgänger in Mißkredit zu bringen; er verfaßte zwei kurze Abhandlungen, die nur seine eigenen Beobachtungen, aber keine Diskussion der Ergebnisse seiner Vorgänger enthalten. Immer wieder zeigt sich seine Bescheidenheit und Vorsicht[9]. Malpighi entwickelt an keiner Stelle eine Theorie an sich; was er über den Entwicklungsprozeß im allgemeinen dachte, muß aus seinen Einzelbeschreibungen abgeleitet werden[10].

---

7 Vgl. dazu Opera posthuma 1697; zitiert bei Howard B. Adelmann: Marcello Malpighi and the Evolution of Embryology. 5 Bde, Ithaca, N.Y. 1966, Bd 2, S. 865-868.
8 Adelmann (wie Anm. 7), S. 867.
9 Vgl. Adelmann (wie Anm. 7), S. 824-827.
10 Die Zitierung bzw. Übersetzung im folgenden erfolgt nach dem bei Adelmann in den Anmerkungen (wie Anm. 7, S. 852 ff.) abgedruckten Text; hinzugenommen sind die Ausführungen in den Opera posthuma 1697, bei Adelmann (wie Anm. 7), S. 865-868.

Am deutlichsten findet sich Malpighis Auffassung des Entwicklungsvorganges in einem Brief vom 1. November 1681, der am 20. Juni und 20. Juli 1684 in den Philosophical Transactions der Royal Society publiziert wurde. Nach Malpighis Auffassung liefert das Weibchen die Flüssigkeit (colliquamentum) des Eies, in dem die Teile gebildet werden; das Männchen dagegen steuert das aktive Prinzip bei, das wie ein Magnet die Richtung der formenden Teilchen angibt, indem es die Partikelchen anzieht und ordnet. Malpighi korrigiert ohne Namensnennung Harveys Befruchtungstheorie und gibt an, daß der Samen oder ein vom Samen befruchtetes Mittel (menstruum) das gesamte Ei befruchte[11]. Das Bildungsmaterial des befruchteten Eies liegt für Malpighi ohne Zweifel in der Keimscheibe (S. 867):

> "So kann man nun aus einer Reihe von Beobachtungen an bebrüteten Hühnereiern, die häufig wiederholt wurden, schließen, daß in *befruchteten* Eiern (foecundis ovis) gleichsam ein prinzipieller Teil (principem partem) vorhanden ist, die Keimscheibe, die nichts anderes ist als eine Ansammlung von Flüssigkeit, die gleichsam von einem Damm eingeschlossen ist, in der die ersten Anlagen der Tiere enthalten sind."

Diese und ähnliche Äußerungen Malpighis wurden häufig als Beweis dafür gewertet, daß Malpighi Präformist gewesen sei[12]. Adelmann weist dies immer

---

11 Adelmann (wie Anm. 7), S. 863: "Da ja die Natur bei den Hühnern nicht nur die Keimscheibe, in der die Anlagen der Teile verborgen liegen, mit den Samen des Hahnes oder einem anderen vom Samen befruchteten Menstruum besprengt und beschüttet, sondern das gesamte Ei, d.h. die Nahrung in Form des Albumens und des Dotters, und es mit der plastischen Kraft benetzt, so befruchtet sie das gesamte Ei, ...".

12 So z.B. Hans Fischer: Die Geschichte der Zeugungs- und Entwicklungstheorien im 17. Jahrhundert. In: Gesnerus 2 (1945), S. 49-80, hier S. 65: "Dies wurde ihm [sc. Malpighi] in mancher Hinsicht zum Verhängnis, seine extrem präformationistische Einstellung führte diesen Forscher zu Interpretationen seiner mikroskopischen Beobachtungen, welche mit der Wirklichkeit in keinem Falle übereinstimmen konnten. Wir sehen bei Malpighi an einem großen Beispiel, wie die Macht einer spekulativen, als Arbeitshypothese vielleicht brauchbaren Idee, den sinnlichen Befund zu beeinflussen, ja zu verfälschen vermag, eine Feststellung, welche sich durch die große Schar der präformistischen Embryologen des 17. und 18. Jahrhunderts verfolgen läßt." [Diese Wertung wird Malpighi in keinster Weise gerecht!]; M. F. Ashley Montagu (Embryology from Antiquity to the End of the Eighteenth Century. In: Ciba Symposia 10 (1949), S. 1009-1028, hier S. 1025 f.) hält Malpighi ebenfalls für einen Präformisten; ebenso auch Jane M. Oppenheimer: Essays in the History of Embryology and Biology. Cambridge, Mass./London 1967, S. 129 f., bes. 129: "This doctrine of preformation, however, was no clear and strong new reply to an old question by a new science. It was a principle deeply intrenched for many years of the scientific evidence once seeming to favor it."; vgl. auch Francis Joseph Cole: Early Theories of Sexual Generation. Oxford 1930, S. 48-50.

wieder zurück[13]; nach seiner Ansicht beziehen sich Malpighis Aussagen über "präexistierende Anlagen" immer nur auf befruchtete Eier, was bedeuten würde, daß Malpighi nur annahm, daß die Anlagen der einzelnen Teile schon existieren, bevor sie sichtbar werden. Für diese Interpretation spricht zum einen Malpighis immer wieder geäußerte Unsicherheit, ob er die Teile wirklich so früh gesehen habe, wie man sie habe beobachten können[14]. Weiterhin sind neben vielen Stellen in den beiden Abhandlungen zum Hühnchen, auf die bei der Darstellung der Vogelentwicklung noch genauer einzugehen ist, besonders seine Ausführungen in den Opera posthuma[7] anzuführen. Die oben zitierte Stelle zeigt, daß Malpighi hier eindeutig von befruchteten Eiern spricht, in denen die Anlagen der Tiere liegen. Die folgende Beschreibung der weiteren Entwicklung mutet eher epigenetisch als präformistisch an: Zuerst würden Begrenzungswände gebildet, durch die Höhlungen entstünden, die mit Flüssigkeit gefüllt würden. Aus der Flüssigkeit würden dann "gleichsam wie aus einer ersten Materie" (S. 867) die Teile wie in "kleinen Wannen" folgendermaßen gebildet (S. 868):

> "Aus all diesem und ähnlichem scheint hervorzugehen, daß in der Keimscheibe ein Kompendium der Tiere vorliegt, d.h. daß die ersten Begrenzungen der ersten Teile, die äußeren Grenzen nämlich, die durch die Kraft des Wachstums, nachdem den Flüssigkeiten eine Bewegung mitgeteilt wurde, sichtbar werden und schwellen. Da die Bebrütung allein die Bewegung den enthaltenen Flüssigkeiten mitteilt und alle Teile schwellen läßt, macht sie sie durchsichtig und befestigt sie schließlich. Daher erscheint es überflüssig zu untersuchen, ob das Herz zuerst geformt wird oder das Gehirn, oder das Blut vor dem Herzen, da für die Sinne deutlich ist, daß vor der Bebrütung die Carina in der Keimscheibe liegt und daß zu Beginn der Bebrütung die gefüllten Gefäße im Limbus durch ihr Schwellen deutlich werden, dann die Ventrikel des Herzens durch ihre Bewegung und dann die kleinen Röhren der Arterien, die von dort ausgehen."

Besonders Malpighis Stellungnahme zur Frage nach dem Primat der Teile zeigt seine Ansicht: Nach der Befruchtung liegen die Anlagen aller Teile bereits in den Flüssigkeiten vor; ihre Bildung ist, wie gesehen, durch das aktive Prinzip gesteuert. Durch die Bebrütung wachsen die Teile und werden nach und nach sichtbar. Von einer Präformationstheorie kann aber keine Rede sein, da sonst alle Teile in kleinster Form bereits vor der Befruchtung vorhanden sein müßten. Präexistieren bedeutet bei Malpighi daher meines Erachtens "Existieren vor dem Sichtbarwerden". Tatsache bleibt allerdings, daß Malpighi selbst nie eine kohärente Theorie entwickelt hat; dennoch dürften die Grundtendenzen seiner Auffas-

---

13 So z.B. Adelmann (wie Anm. 7), S. 842; S. 859: "It should be particularly noted that throughout Malpighi's discussion of the formation of the ovum there is not the slightest suggestion that it is not a produced structure, no suggestion in other words, that the cicatrix is a pre-existent or preformed thing."; S. 885: "There is not the slightest hint of encapsulement or emboitement in Malpighi's thinking."; u.ö.; Leonard G. Wilson (Malpighi and Seventeenth Century Embryology. In: Journal of the History of Medicine and Allied Science 22 (1967), S. 190-198; hier S. 197) stimmt Adelmann zu. Malpighi sei im Anschluß an Harvey eher als Epigenetiker denn als Präformist zu sehen; auch Bowler (wie Anm. 2) hält Adelmanns Interpretation für richtig.
14 Vgl. dazu Adelmann (wie Anm. 7), S. 846.

sung deutlich geworden sein, die im folgenden bei der Analyse der Abhandlungen zur Hühnchenentwicklung weiter verfolgt werden sollen.

6.2.2. Analyse der Vogelentwicklung

Da Malpighi zwei sehr ähnliche Abhandlungen zum selben Thema verfaßt hat und sich dadurch natürlich vieles wiederholt, wird im folgenden so verfahren, daß von der ersten Abhandlung ("De formatione pulli in ovo")[15] ausgegangen wird und nur an den Stellen, wo die zweite Abhandlung ("Appendix repetitas auctasque de ovo incubato observationes continens")[16] eine wesentliche Verbesserung bietet, diese herangezogen wird. Dies ist besonders bei den frühen Stadien der Fall, da es Malpighi zwischenzeitlich gelungen war, eine Methode zu entwickeln, die Keimscheibe abzutrennen und auf einer Glasscheibe auszubreiten. Er selbst sagt am Anfang der zweiten Abhandlung, er habe das Thema nochmals aufgegriffen, da ein Naturforscher wie ein Künstler verfahren und den bearbeiteten Gegenstand für eine Zeit beiseite legen solle, um ihn dann nochmal mit objektiver Kritik zu betrachten und zuvor übersehene Unebenheiten glätten zu können (S. 984).

Malpighi beginnt seine Darstellung der Hühnchenentwicklung mit der Feststellung, daß viele Forscher, die die Entwicklung untersucht hätten, der Ansicht gewesen seien, daß die Entwicklung wie der Bau einer Maschine Teil für Teil erfolge und klar erkennbar sei. Dies sei aber nicht der Fall, denn die Entwicklung sei eine sehr undurchsichtige Angelegenheit ("obscurum", S. 934). Es folgt ein Satz, der häufig als Zeugnis für eine Präformationstheorie gewertet wurde (S. 934/936):

> "Wenn wir uns nämlich eifrig bemühen, die Entwicklung der Tiere aus dem Ei zu beobachten, bewundern wir das Tier fast ausgebildet bereits im Ei selbst, so daß unsere Arbeit vergeblich erscheint. Weil wir den ersten Ursprung (primordium) nicht erreichen können, sind wir gezwungen, die sukzessive Manifestation der Teile abzuwarten (successive partium manifestationem)."

Auch diese Stelle paßt genau zu der oben vorgelegten Interpretation: Alle Teile existieren bereits, bevor wir Menschen sie wahrnehmen können; ihre ersten Anfänge entgehen uns daher immer. Das heißt aber noch lange nicht, daß ein vorgeformtes Tier von Anfang an existiert. Wie gesagt, mutet dies eher als eine Modifikation der von Harvey vertretenen Epigenesistheorie an. Auf Harvey nimmt Malpighi auch unmittelbar im Anschluß Bezug: Viele hätten sich bereits mit der Hühnchenentwicklung beschäftigt, besonders hervorzuheben seien dabei die Untersuchungen Harveys, die eine neue Arbeit fast überflüssig machten. Nur wegen der "Obskurität" des Entwicklungsvorganges fühlt sich Malpighi dennoch berechtigt, das Thema erneut aufzugreifen.

Malpighi beginnt seine Analyse mit einem fast wortwörtlichen Zitat aus Harveys Text (S. 938/940):

---

15 Text bei Adelmann (wie Anm. 7), Bd 2, S. 931-981.
16 Text bei Adelmann (wie Anm. 7), Bd 2, S. 981-1013.

"Den ersten Platz unter allen Teilen, aus denen das Ei gebildet wird, hat die "cicatricula" [Keimscheibe] bzw. der runde Fleck inne, um ihretwillen scheinen nämlich alle übrigen Teile gebildet zu werden."

Dann stellt er fest, er habe auch bei einem unbebrüteten Ei einen Tag nach der Eiablage bei warmem Wetter eine Veränderung der Keimscheibe feststellen können. Wahrscheinlich hatte die warme Außentemperatur das Ei bereits angebrütet. Es folgt eine genaue Beschreibung der Keimscheibe, die im Wortlaut wiedergegeben wird, weil sie die erste dieser Art ist - das Hilfsmittel des Mikroskopes macht sich sehr deutlich bemerkbar (S. 942/944 - vgl. dazu Tafel I, Fig. II und III):

"In ihrem [sc. der Keimscheibe] Zentrum befand sich ein aschfarbenes Säckchen B [Embryonalschild], das manchmal oval war, manchmal eine andere Farbe hatte. Dieses Säckchen bzw. Follikel schwamm in einer Flüssigkeit [Blastoderm und Subgerminalflüssigkeit], die sehr flüssigem Gas ähnelte und gleichsam in einer unregelmäßigen Grube [Subgerminalhöhle] lag. Diese Flüssigkeit umgab ein weißer Ring D aus festem Material wie ein Damm I [der lichtundurchlässige Rand des Keimwalles], dessen äußerer Teil von einer Flüssigkeit E [Ring der area opaca] bespült wurde. Es folgte eine etwas weißliche Flüssigkeit F [Teil der area vitellina interna], die oft verschiedenartig zerteilt und auf gleiche Weise in eine Flüssigkeit G getaucht war [G, H, I sind Teile der area vitellina externa]. Zusätzlich war sie von anderen größeren Kreisen H umgeben, die aus derselben festen Substanz gebildet und von kleinen Kanälen mit Flüssigkeit I durchzogen waren. Diese äußeren Kreise H bildete die Natur nicht auf einheitliche Weise, und das Material, aus dem sie hervorgingen, war nicht immer kontinuierlich (continua). In einem Säckchen, das ich später, indem ich es in die Sonnenstrahlen hielt, als Amnion identifizierte [falsch; area pellucida], erkannte ich den Embryo L [vermutlich Primitivstreifenstadium] eingeschlossen vom Amnion; und sein Kopf mit den ersten Fäden der Carina war deutlich sichtbar."

Die Beschreibung ist sehr genau, wenn auch nach heutiger Sicht noch einige Fehldeutungen vorliegen, was aber nicht verwunderlich ist, da Malpighi noch keinen Einblick in die Bildung des Blastoderms hatte. Malpighi fährt fort, ein Versuch, den Follikel mit der Nadel zu öffnen, sei wiederholt gescheitert, da die gesamte Keimscheibe dabei zerstört worden sei; dies ist, wie gesagt, in der zweiten Abhandlung anders, da Malpighi zwischenzeitlich eine bessere Methode zur Abtrennung entwickelt hat. Malpighi schließt seine ersten Beobachtungen mit einem Satz ab, der ebenfalls häufig als Beweis für eine Präformationstheorie herangezogen wurde (S. 944):

"Deshalb müssen wir feststellen, daß die ersten Anfänge (stamina) des Hühnchens im Ei präexistieren und einen tieferen Ursprung haben, ganz ähnlich wie in den Eiern der Pflanzen."

Im folgenden beobachtet Malpighi die Veränderungen meistens im Abstand von sechs Stunden Bebrütungsdauer. Bei der Wiedergabe mußten besondere Passagen ausgewählt werden - der vollständige Text läßt sich bei Adelmann jederzeit nachvollziehen.

6 Stunden: Beschreibung des Follikels, das den Embryo umgibt[17]; die äußeren breiten Kreise seien nun von Nabelgefäßen durchzogen.

12 Stunden: Die Kreise zeigten nun erste Bildungen der Spinalmedulla (spinalis medullae stamina)[18]. Die Anfänge des Gehirns [vermutlich Prosencephalon und Augenbläschen] seien nun sichtbar. Bei seinem Versuch, die Erscheinungen der Nabelgefäße nicht zu übersehen, geht Malpighi zu weit und beschreibt eine offensichtliche Irregularität in der area vitellina externa als erste Bildung der Gefäße[19]. Aber Malpighi sagt schon selbst einschränkend, daß er nicht ganz sicher gewesen sei, was von Selbstkritik zeugt. - In der zweiten Abhandlung findet sich als Ergänzung die Aussage, daß die Carina in diesem Stadium weiße Zonen zeige [Malpighi beschreibt damit erstmals die Neuralfalten] und daß man bereits Wirbelvesikel [Somiten] auf beiden Seiten der Carina sehe (S. 986).

18 Stunden: Wieder werden fälschlich area pellucida und die darunterliegende Subgerminalflüssigkeit als Amnion und Amnionflüssigkeit interpretiert. Der in dem Appendix beschriebene Embryo ist weniger weit entwickelt (S. 988), aber auch hier bietet die Beschreibung einige neue Details: Der Kopf sei durch eine weiße Zone gebildet, ebenso der Zug des Rückgrates [gemeint sind die Wände der Neuralrinne]; um den Kopf und den Hals sei üppig Fleisch ausgebildet [Mesenchym und bedeckendes Ektoderm][20]. Dann beschreibt Malpighi noch die area opaca und gibt an, er habe rote Bildungen gesehen, sei sich aber nicht ganz sicher, ob es sich dabei um Anlagen verborgenen Blutes gehandelt habe (S. 988).

24 Stunden: Anlagen des Kopfes und des Rückgrates, die in einer Flüssigkeit [Subgerminalflüssigkeit] schwimmen. Die umgebende Substanz [area vitellina] sei nun schon erweitert und von kleinen Kanälen durchzogen. Bei entwicklungsfreudigeren Eiern sei der Embryo länger gewesen und von vielen kleinen Wirbelbläschen [Somiten] flankiert; Malpighis Zeichnung enthält auf jeder Seite je elf Somiten. Malpighi sah drei Gehirnbläschen und die "Spinalmedulla" [vermutlich Myelencephalon] und zwei runde Bläschen an beiden Seiten des Kopfes, die er richtig als Augenbläschen interpretierte. Was Malpighi als erste verschlungene Zweige der Nabelgefäße beschreibt, sind wahrscheinlich die Entodermwülste. Malpighi glaubt, eine Bewegung des Herzens gesehen zu haben, er ist sich aber nicht sicher. - In dem Appendix untersucht Malpighi einmal kurz "Vor dem Endes des ersten Tages" und nochmal, "als ein Tag vorbei war"; diese Darstellungen ähneln sich durch den kurzen Abstand natürlich sehr. Fälschlich identifiziert Malpighi die Chorda als Spinalmedulla [er erkannte noch nicht, daß die Neuralfalten die Anfänge der Spinalmedulla sind]. Nach der Beschreibung

---

17 Adelmann (wie Anm. 7) glaubt, daß Malpighi den "nucleus von Pander" beschreibt (S. 947), d.h. eine Masse weißen Dotters, der der Nahrung dient und als Fleck im Zentrum der Keimscheibe liegt.

18 Was damit gemeint ist, ist nicht klar; vgl. dazu Adelmann (wie Anm. 7), Exkurs XI.

19 Vgl. Adelmann (wie Anm. 7), S. 948, Anm. 3.

20 Die Äste der omphalomesenterischen Venen hält Malpighi fälschlich für die Anfänge der Flügel. Generell ist anzumerken, daß normalerweise vor etwa 30 Stunden Bebrütungsdauer keine Blutgefäße gebildet werden. Malpighis Eier waren wahrscheinlich durch die warme Außentemperatur bereits angebrütet und deshalb in ihrer Entwicklung weiter fortgeschritten.

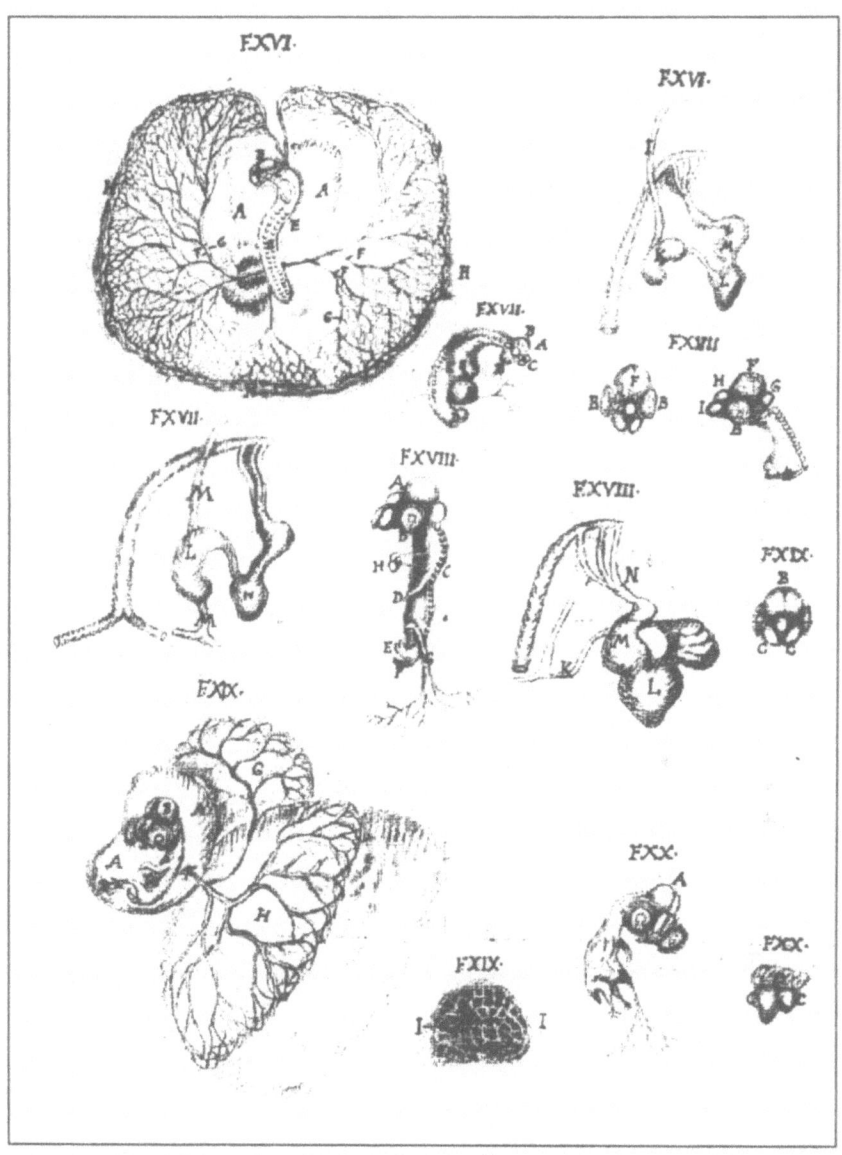

Malpighi, Abh. 1, Tafel III

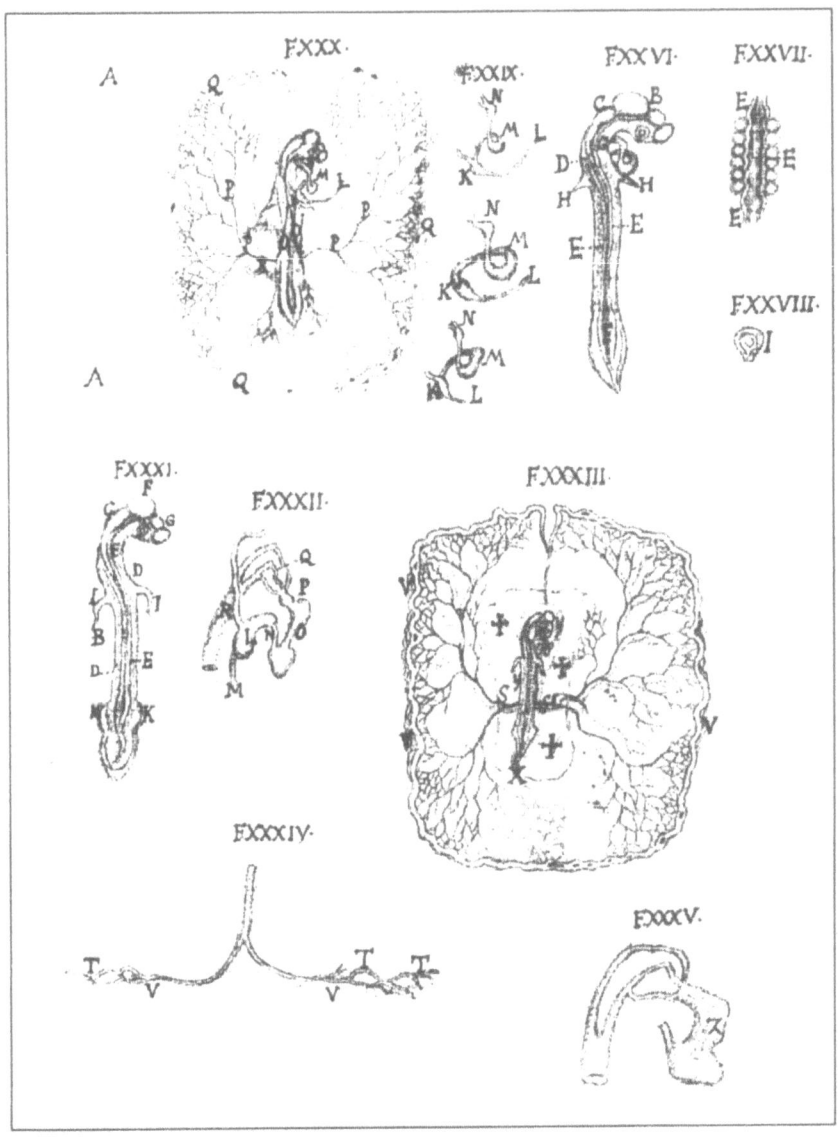

Malpighi, Abh. 2, Tafel IV

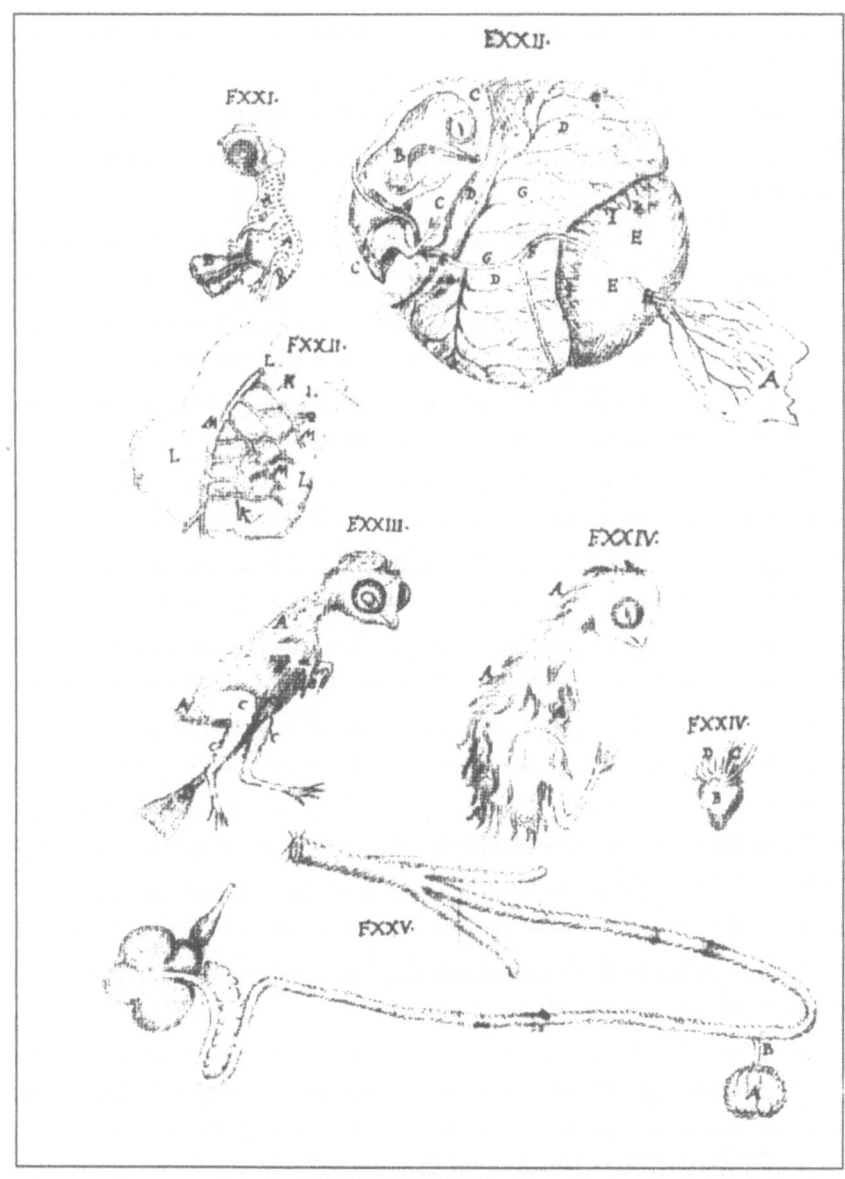

Malpighi, Abh. 1, Tafel IV

der übrigen Teile fügt Malpighi an, er habe an der Spitze eine Öffnung gesehen, die sich von Zeit zu Zeit geschlossen habe (S. 992) [Vermutlich der Neuroporus anterior, der sich allerdings nicht zu bewegen vermag.], die das Eindringen des Colliquaments ermögliche. Bei der Beschreibung nach dem ersten Tag gibt Malpighi zusätzlich an, daß sich im Nabelbereich (umbilicalis area) Gefäße bilden [area vasculosa der area vitellina]. Auch die ersten Anfänge des Herzens seien nun zu sehen.

36 Stunden: In dem Appendix: Die präexistierenden Nabelgefäße werden durch Schwellung und Bewegung der eindringenden Flüssigkeit sichtbar und bilden Äste.

38 Stunden: In "De formatione": Die drei Gehirnvesikel [Prosencephalon, Mesencephalon, Metencephalon] seien von Hüllen umgeben [umgebendes Mesoderm und Ektoderm] die auch um das aus runden Wirbelsäckchen [Somiten] bestehende Rückgrat herumreichen.

40 Stunden: Nun pulsiere das Herz noch mit weißer oder bereits mit rötlicher Flüssigkeit, die es aus den Venen erhalte. Der Sinus terminalis wird erneut beschrieben, von ihm öffnen sich Enden ins Herz [venae vitellinae anteriores]. Dann beschreibt Malpighi ähnlich wie Harvey den sich entwickelnden Kreislauf: Venen -› Aurikel -› Ventrikel -› [primitiver ungeteilter Ventrikel] -› Appendix [Bulbus cordis] -› Aorta [truncus arteriosus]. Von hier gingen große Zweige zum Kopf aus [Aortenbögen], und ein Ast führe nach unten [dorsale Aorta]; in der Mitte gingen "Nabeläste" [arteriae omphalomesentericae] ab, die sich in feinere Äste aufspalteten und in der Peripherie ein feines Netzwerk bildeten. Die pulsierenden Vesikel des Herzens hätten nun fleischige muskulöse Teile um sich, die aber noch nicht rot seien [durchsichtiges Epimyocardium - Vorstufe der Herzmuskulatur]. Im Gegensatz zu Harvey, den er allerdings nicht nennt, führt Malpighi das Schlagen des Herzens auf das Herz selbst, auf sein Zusammenziehen und seine Ausdehnung zurück, nicht auf das Schwellen des Blutes. Man könne nicht feststellen, ob das Blut vor dem Herzen existiere; man sehe zumindest in den äußeren Enden der Blutgefäße schon vorher eine rote Flüssigkeit. Deshalb entwickelt Malpighi die Theorie, daß das Herz aus ausgedehnten Blutgefäßen entstehe, um die flüssige Teile herumgelegt würden. Sicher sei, daß die Flüssigkeit vor dem Schlagen des Herzens existiere und daß wiederum das Herz zu schlagen beginne, bevor es rot werde. Da aber bereits, bevor sich die Flüssigkeit in Blut verwandele, die Carina mit den Anfängen des Kopfes, Gehirnes, der Spinalmedulla und der Flügel [omphalomesenterische Venenäste] vorhanden sei, gelangt Malpighi zu dem Schluß (S. 967):

> "... so ist nicht daran zu zweifeln, daß auch bei den Tieren urzeitliche und simultane Entstehung (primaeva et simultanea productio) stattfindet, weil wir annehmen können, daß das Hühnchen mit den begrenzenden Säckchen fast aller seiner Teile in der Flüssigkeit schwimmend im Ei verborgen liegt, und daß seine Natur durch die gemischten ernährenden und fermentativen Säfte hergestellt wird, durch deren wechselseitige Aktion das Blut nach und nach (successive) entsteht, und die zuvor angedeuteten Teile hervorbrechen und schwellen."

Da die Anlagen der Teile so klein sind, können sie den Beobachter leicht täuschen; weitere Vermutungen hält Malpighi daher für sinnlos und will sich wieder

der Beobachtung der sukzessiven Manifestation der Teile des Hühnchens zuwenden (ad indagandas successivas pulli manifestationes).

2 Tage: Nun sei das Blut bereits rot. Malpighi beschreibt ein von ihm durchgeführtes Experiment: er habe ein Ei aufbewahrt, der Dotter sei eingetrocknet, dennoch habe das Herz noch einen Tag später geschlagen. Besonders der Blutkreislauf und die Form des Herzens werden wieder detailliert beschrieben. - In dem Appendix findet sich eine erste Beschreibung des Primitivstreifens, des Primitivknotens und des sinus rhomboidalis.

2 Tage, 14 Stunden: Nun haben die kleinen Blutgefäße auch die Gehirnbläschen erreicht. Ein Teil der Flüssigkeit ist fester und dunkler geworden und umgibt den Körper wie eine Hülle.

3 Tage: In beiden Abhandlungen wird sehr genau das sich entwickelnde Gehirn beschrieben, da die zweite ausführlicher ist, wird sie im Wortlaut wiedergegeben, um die für Malpighi typische Ausführlichkeit und Exaktheit der Untersuchung und die Art der zeichnerischen Darstellung vorzuführen; vgl. Tafel IV, Fig. XXXI-XXXXV (S. 1002)

"Nach Ablauf von drei Tagen lag die Keimscheibe fast horizontal und ihre natürliche Größe ragte nicht über A hervor. Das Küken lag auf dem Bauch, so daß der Verlauf des Rückgrates B [Spinalmedulla] vom Cerebellum C [Metencephalon] ausgehend sichtbar war, flankiert an beiden Seiten von Wirbeln D [Somiten] und den Zonen E [Wände der Neuralrinne]. Der Kammvesikel des Gehirns F [Mesencephalon] stand weiter vor als die übrigen, war durchscheinend und mit Flüssigkeit angeschwollen; auch die übrigen Vesikel G [Telencephalon und Diencephalon] waren deutlich sichtbar. Die Kreise der Augen waren noch offen; die Flügel I waren ausgedehnter und die Anfänge der Beine K und das Uropygium [Schwanzknospe - von Adelmann fälschlich als Primitivknoten interpretiert] waren deutlich. Das Herz war größer geworden, von wo das aus dem Aurikel [ungeteiltes Atrium] aus der Vene M [Ast der omphalomesenterischen Venen] erhaltene Blut durch den Weg des Kanales N [Aurikularkanal] in den rechten Ventrikel [ungeteilter Ventrikel] vorangetrieben wurde, von dort durch O in den linken Ventrikel P [bulbus cordis], schließlich in die Arterien Q [Aortenbögen], aus diesen in den Ast R [Aorta]. Von diesem Ast traten die Nabeläste (umbilicales rami) [omphalomesenterische Arterien] aus; von diesen gingen kleine Äste aus und sie selbst endeten im Limbus [sinus terminalis] und bildeten ein netzförmiges Gefäßgeflecht (plexus). Manchmal verdeckten die Nabeläste T das Netzwerk der Venen V durch zwei Endäste, die auf dem Limbus lagen. Von dem unteren Ende der Carina gingen die Venen X aus [Venae vitellinae posteriores], die mit dem Limbus verbunden waren und führten von dort Blut zurück, gerade so wie es die oberen Venen [Venae vitellinae anteriores] tun. Wenn man das Herz heraustrennte, war es manchmal möglich diese Struktur [Fig. XXXV] zu beobachten; darin erschien der Gang, der vom rechten zum linken Sinus des Herzens führte [fretum Halleri], dicker, weil das Fleisch darum herum gelegt worden war. Das Hühnchen, so strukturiert, wie ich es beschrieben hatte, lag in dem eng gefügten Behälter (receptaculum) des Amnions Y, das von dem Chorion [area pellucida] umgeben war."

In der ersten Abhandlung beschreibt Malpighi zusätzlich noch die Allantois als mit Blutgefäßen versehenen Vesikel, der in der Nähe des Ausgangspunktes der Dottergefäße [omphalomesenterische Äste] aus dem Körper heraushänge; er hält sie aber fälschlich für den fleischigen Magen.

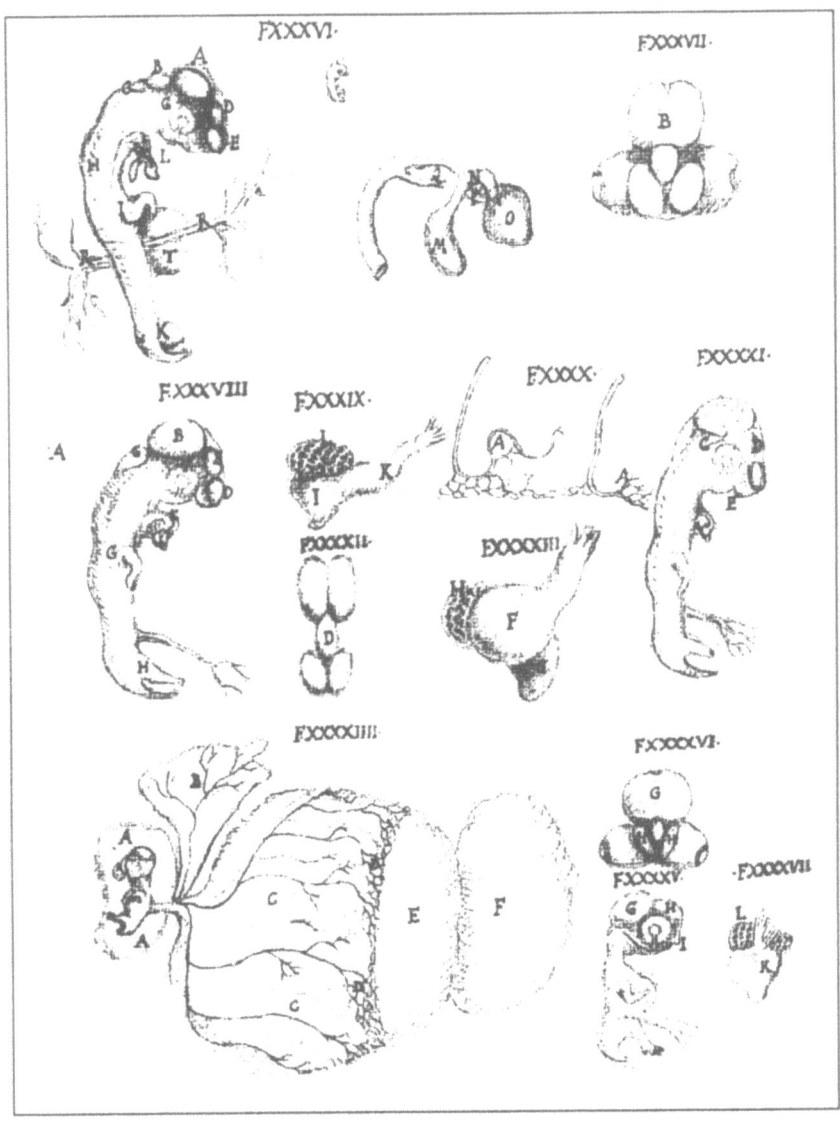

Malpighi, Abh. 2, Tafel V

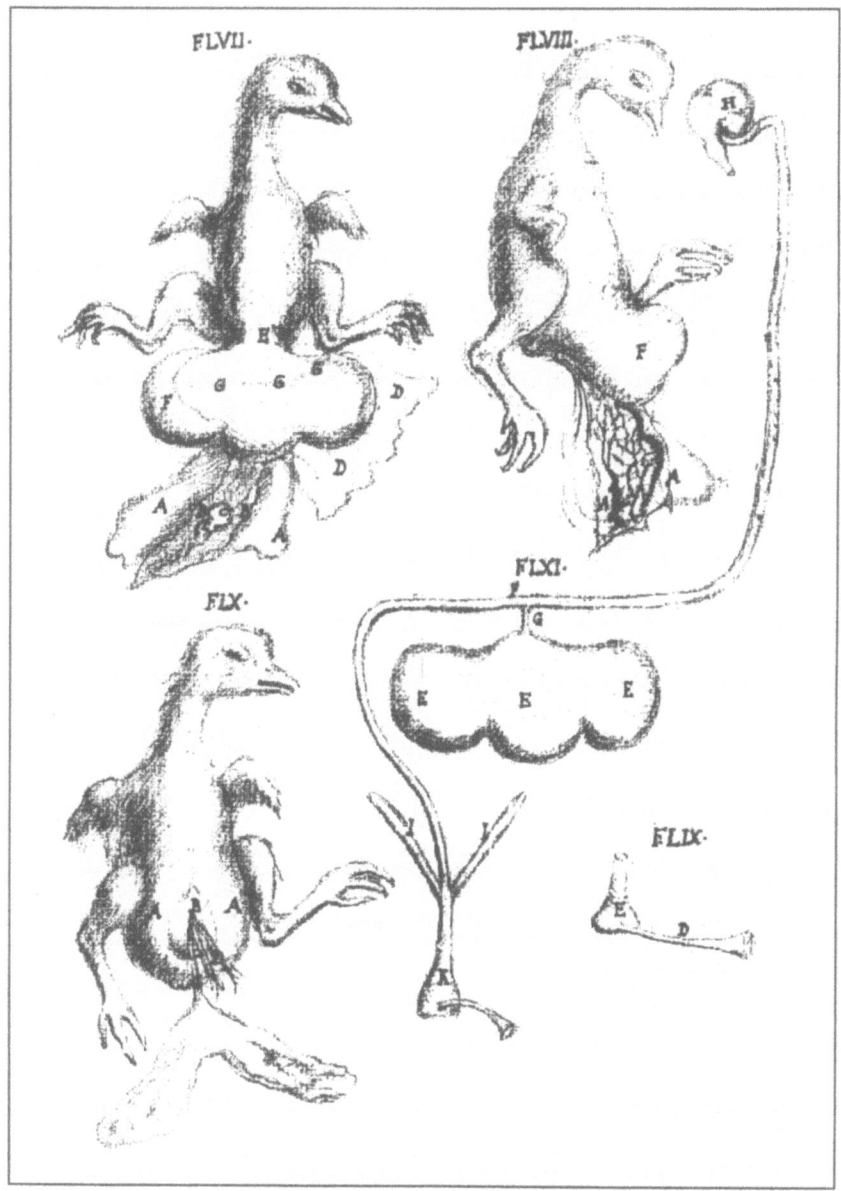

Malpighi, Abh. 2, Tafel VII

4 Tage: Alles sei stärker ausgebildet, und der gesamte Körper beginne, sich mit Muskelfleisch zu bedecken, und werde mit Blutgefäßen versorgt. Das Ende der "Carina", das zukünftige "Uropygium" rage hervor. Im Innern seien erste Anfänge der Leber, weiße Eingeweide und der fleischige Magen sichtbar.

5 Tage: Nichts Neues wird berichtet.

6 Tage: Malpighi beschreibt die geringen Veränderungen, die bereits bei der Gehirnbildung vonstatten gegangen sind: Der große Vesikel [Mesencephalon] ist nun zwiegespalten, die beiden größeren Vesikel [Cerebralhemisphären] sind niedriger geworden und werden durch das wachsende Fleisch verdeckt. In ihrer Nähe findet sich auch der erste Anfang des Schnabels; die anderen beiden Vesikel [Zwischenhirn und Kleinhirn] liegen nun verborgen. Die Nabelgefäße dehnen sich nun schon bis zum dünnen Albumen (tenue albumen) [Allantois] aus und führen teilweise zum Dotter [in die area vasculosa]. Das geschlossene Abdomen steht vor, als ob es an einem Bruch leide. Auch Herz und Leber sind jetzt klar ausgebildet. Die Oberfläche des Körpers ist mit Haut bedeckt und wird durch kleine Blutgefäße mit Flüssigkeit versorgt. Auch die Follikel der zukünftigen Federn [Federkerne] sind als kleine Schwellungen sichtbar.

7 Tage: Bei der Beschreibung des Gehirns zeigt sich, daß Malpighi die Gehirnvesikel für Säckchen hielt, in denen die Gehirnteile entstehen. Die Beschreibung des Herzens ist wiederum genauer als die seiner Vorgänger. Das Herz besitze nun einen gepaarten Ventrikel und liege im Körper; um beide Ventrikel seien spiralige Muskelfasern sukzessive herumgelegt, diese bildeten das Fleisch des Herzens. Auch die Aurikel seien durch Einlagerung von Muskeln uneben und faltig geworden und bildeten sozusagen ein neues winziges Herzchen (corculum). - Zu ergänzen ist aus der Appendix die Angabe, daß der rechte Aurikel [rechte Atrium] stärker ausgebildet ist als der linke.

8 Tage: Das Gehirn ist stärker ausgebildet; erste Bildung von Federn; die Eingeweide, Leber, Herz, Lungen sind verfestigt.

9 Tage: Malpighi gibt in dem Appendix eine sehr genaue Darstellung der Dottersackgefäße (S. 1006):

"Die Nabelgefäße, die auf der Oberfläche des Dotters lagen, waren Venen, und diese waren weiß; die Arterien dagegen waren enger und drangen tief in die Haut des Dotters ein. Der zweite Nabel B wurde durch eine erweiterte Fortsetzung der Haut gebildet. Seine Höhlung C wurde durch kleine Nabelgefäße und heraushängende Gedärme eingenommen."

Originell ist auch die sehr akkurate Beschreibung des Gehirns und der Nerven (S. 1008 - vgl. Fig. XLIX und Fig. L):

"Die Kammvesikel des Gehirns E [optische Lappen des Mesencephalon], die im Ausgangspunkt der optischen Nerven endeten [Thalamus], waren kleiner geworden, lagen tiefer und waren zur Seite geneigt. Dasselbe geschah mit den vorderen Vesikeln [Cerebralhemisphären]. Auch die Basis des Gehirns war ganz verfestigt und bot folgende Erscheinung: Die vorderen Vesikel G [Cerebralhemisphären] waren deutlich und in ähnlicher Weise lief der Ausgangspunkt der optischen Nerven [Thalamus] von dem Kammvesikel H [optische Lappen des Mesencephalon] in die Augen ein. Ein Teil des Infundibulum I, das aus dem angrenzenden Vesikel gebildet war, verstärkte die Fortsetzung des Gehirns, und nicht weit davon entfernt hing der Anfang der Spinalmedulla K [medulla oblongata]. Die beiden Füße L waren zu beobachten, und der knöcherne Schnabel war größer geworden."

10 Tage: Die in der ersten Abhandlung integrierte Abbildung (Fig. XXII) ist besonders gut gelungen. Malpighi gibt dazu folgende Erläuterungen: Eine dikkere Haut [Chorioallantois] umgibt das gesamte Ei und enthält den flüssigeren Teil des Albumens [Allantoisflüssigkeit]. Das Hühnchen liegt in einer Flüssigkeit C [Amnionflüssigkeit]. An der Hülle des Dotters D [Dottersack] hängt der dickere Teil des Albumens E [Weißeisack]; beide enthalten Nabelvenen F und Nabelarterien G. Eine große Vene führt in die Haut des dünneren Albumens A [Chorioallantois], auch zum Dottersack führen Gefäße, kleinere Äste I führen zum dickeren Albumen E. Die Arterien sind schmaler als die Venen, sie haften an dem Dottersack, aber ihre erweiterten Enden bilden wechselseitig Öffnungen und bilden gleichsam blinde Appendizes K, die von der Haut L herabhängen und in der dunklen Flüssigkeit des Dotters schwimmen. Die Dottergefäße rufen Malpighis besondere Bewunderung hervor. An den Arterien haften eine große Zahl von Säckchen M, die von umgebenden kleinen Blutgefäßen versorgt werden und durch die angehäufte Dottersubstanz schwellen.

12 Tage: Hier ist wieder die Darstellung des Appendix instruktiver (S. 1008):

"Am Ende des 12. Tages war das Chorion A [Chorioallantois] durch kleine Gefäße mit Flüssigkeit versehen und erhielt einen kleinen Teil des Saftes, der sich durch den Einfluß der Hitze in Bläschen verlor; es war mit der Membran B verbunden, die das dicke Albumen umgab, und enthielt Blutgefäße C [Weißeisack versorgt mit Allantoisgefäßen], eine Vene und eine Arterie, die vom Nabel ausgingen. Darunter lag das Küken, es war vom Amnion D umgeben, das [scheinbar] vom Nabel E ausging; vom Nabel ging auch der Dotter F aus, dessen Membran erweitert war und eine ölige, zähe Substanz enthielt. Diese Dottermembran war überall frei und überall mit dem dickeren Albumen entlang der Linie H nur durch den Limbus G wie durch ein feines Band verbunden [Dottersack ist mit dem Weißeisack durch den Ring des Dottersacknabels verbunden]. Eine Vene I und eine Arterie K [omphalomesenterische Adern] teilten sich in Äste bis zum Limbus über die Membran auf. Das durchsichtige dicke Albumen L hatte eine eigene Haut [Weißeisack] und erhielt Nabelvenen und -arterien [Allantoisgefäße]. Der Nabel E war, sozusagen wie ein Darm, aus einer dünnen röhrenförmigen Haut gebildet und enthielt die Gedärme M, die [aus dem Körper] hervorhingen, und ferner mit Krampfadern versehene Blutgefäße. Die Federn N sprangen auf der Oberfläche hervor."

14 Tage: In beiden Abhandlungen nichts Neues.
Insgesamt ist zu bemerken, daß Malpighi zu den älteren Stadien nur sehr wenige Angaben macht. In der ersten Abhandlung beschränkt er sich auf einige wenige Angaben zum Aussehen des Embryos und des Eies nach drei Wochen, d.h. unmittelbar vor dem Ausschlüpfen. In dem Appendix heißt es, in den folgenden Tagen habe eine Verfestigung aller Teile stattgefunden; Malpighi erkennt erstmals die Allantois (S. 1010) und gibt an, daß sie weißen Urin enthalte. Magen und Gedärme seien nun mit weißlicher Flüssigkeit gefüllt. Gesondert werden dann in dem Appendix der 19. und der 20. Tag behandelt.

19 Tage: Die Substanz des Chorions [Chorioallantois] ist dicker und fleischig, seine Höhlung ist fast ganz von der Allantois ausgefüllt. Das Küken im Amnion macht hüpfende Bewegungen. Der Nabel ist durch den hereingezogenen Dotter stark erweitert; die Gedärme sind nun auch in den Körper gezogen.

20 Tage: Die Eischale ist aufgebrochen; das Chorion ist nun ganz dick und enthält nur noch Allantois und keine Flüssigkeit mehr. Der Bauch ist durch den verborgenen Dotter angeschwollen und wenn man ihn öffnet, sieht man einen Einschnitt, der durch das Einziehen des Dotters entstanden ist, von dem der Urachus [Allantoisstiel] und die Nabelgefäße [Allantoisgefäße] ausgehen. - Zur entsprechenden Darstellung in der ersten Abhandlung (3 Wochen) bemerkt Adelmann[21], daß sich hier die erste Erwähnung der Blinddärme bei Vögeln überhaupt findet.

6.2.3. Malpighis Ergebnisse zur Hühnchenentwicklung im Überblick

Insgesamt ergibt sich, daß Malpighi besonders viele neue Details zu den sehr frühen Stadien (bis zum 4. Tag) liefert; dies ist auch nicht verwunderlich, da die Anwendung des neuen Hilfsmittels des Mikroskopes besonders bei den winzigen Anfangsstadien neue Einsichten liefern konnte. Außerdem entwickelte Malpighi erstmals eine Methode, die Keimscheibe vom Dotter abzutrennen und auf Glas auszubreiten. Fassen wir nochmals zusammen, welche Details bei Malpighi erstmals beschrieben werden[22]:

Das Blastoderm enthält nach Malpighi die ersten Filamente oder Anlagen des Embryos und eine mehr oder weniger homogene Substanz, die durch die Einwirkung der Brutwärme nach einem festgelegten Muster weiterentwickelt wird. Wie bereits Harvey nimmt auch Malpighi an, daß die Subgerminalflüssigkeit die Amnionflüssigkeit sei und die area pellucida das Amnion. In seiner zweiten Abhandlung bezeichnet er die area pellucida nicht mehr als Amnion, aber er hält daran fest, daß es ein Säckchen des Colliquaments sei und bezeichnet es zweimal als Chorion. Die area opaca erkannte er als festeres Material, das Ringe bildet: (1) einen inneren, der einen Damm bildet, um das Colliquament im Amnion zu halten, d.h. die Subgerminalflüssigkeit in der area pellucida wird vom inneren Rand des Keimwalles eingeschlossen; (2) eine breite Zone wird von diesem Wulst durch einen Ring mit Flüssigkeit getrennt, Malpighi bezeichnet sie als Nabelzone, da dort später die Nabelgefäße erscheinen und vielleicht von Anfang an da sind [innerer Rand der area vasculosa und area vitellina interna]; (3) ein weiterer Streifen Flüssigkeit [auch Teil der Subgerminalflüssigkeit]. Malpighi glaubte, daß das Colliquament durch die dazwischenliegenden Kreise aus festerem Material in die Höhlung des "Amnion" [Subgerminalflüssigkeit] eindringe. Es gehe auch in die Blutgefäße, von denen Malpighi annahm, daß sie im "Nabelbereich" präexistieren; durch mehrere Transformationen werde die Flüssigkeit dann schließlich zu Blut.

Mit der Allantois hatte Malpighi besondere Schwierigkeiten. In seiner ersten Abhandlung gelang es ihm nicht, sie zu erkennen. Er zeichnete sie zwar bei einem drei Tage bebrüteten Hühnchen ein, nannte sie aber den fleischigen Magen.

---

21 Adelmann (wie Anm. 7), S. 973, Anm. 17.
22 Bei der folgenden Zusammenfassung der Beschreibung der Details wurden die Ergebnisse von Adelmann übernommen. Ergänzungen schienen nur in wenigen Ausnahmefällen notwendig und wurden nicht besonders gekennzeichnet.

Bei späteren Stadien brachte er sie mit dem Chorion durcheinander. Seine zweite Untersuchung, so berichtet er in einem Brief an Henry Oldenburg (5. April 1672), habe er hauptsächlich durchgeführt, um die Frage nach der Allantois zu klären[23]. In seiner zweiten Untersuchung identifiziert er die Allantois erst bei einem 14 Tage alten Hühnchen; davor spricht er von einer "zweihörnigen Haut", die "sich in der Höhle des Chorions wie ein Sack ausdehnt". Malpighi hat also die Allantois erkannt, aber seltsamerweise nie realisiert, daß er sie auch bei frühen Studien gesehen hat. Aber er war der erste Autor, der dem Vogelembryo eine Allantois zuschrieb. Malpighi verstand nicht, wie der Dottersack entsteht, aber er kannte den von Steno entdeckten Dottergang; meisterhaft ist seine Beschreibung des Gefäßmusters in den Falten des Dottersacks. Interessant ist auch seine Beschreibung des Dottersackepithels als "Säckchen", die kleine "Bläschen" (globules) enthalten - damit sind zweifellos die Dotterzellen gemeint. Obwohl Langly und Steno die hervorragenden Stellen an der Oberfläche des Embryos sahen, die durch das Myotom[24] bewirkt werden, kann man dennoch Malpighi als den Entdecker der Somiten bezeichnen; er sah sie bereits nach zwölf Stunden und hielt sie für Anlagen der Wirbel, sie seien die Säckchen, in denen die Wirbel gebildet würden.

Malpighis Beschreibung der Entwicklung der area vasculosa und des Herzens bezeichnet Adelmann[25] als eine seiner größten Leistungen innerhalb der Embryologie. Malpighi sah niemals das Mesoderm der area vasculosa; falsch ist seine Annahme, daß die Gefäße dieses Bezirks und das Herz präexistieren und erst sichtbar werden, wenn sie mit Blut gefüllt sind. Dennoch sind seine Illustrationen des Musters der Blutgefäße so gut, daß sie mit geringen Verbesserungen dem heutigen Standard entsprechen. Malpighi vermutete, daß der Sinus terminalis nicht ein einziges breites Gefäß sei, und lag damit teilweise richtig. Auch den Herzschlauch beschrieb er mit erstaunlicher Genauigkeit; die meisten seiner Illustrationen zeigen genau das, was wir bei sorgfältiger Präparation sehen. Bei frühen Stadien sah und beschrieb er das primitive, ungeteilte Atrium, das er als Aurikel bezeichnete, den Aurikularkanal, den primitiven, ungeteilten Ventrikel, den er irrtümlich als rechten Ventrikel identifizierte, den engen Durchgang zwischen Ventrikel und Bulbus, und den Bulbus cordis, den er linken Ventrikel nannte. In der ersten Abhandlung sagt er, er habe vermutlich bei einem 24 Stunden alten Embryo das Herz schlagen sehen; in dem Appendix gibt er an, er habe es nach 30 Stunden beobachtet.

In beiden Abhandlungen beschreibt er den Weg des Blutes durch die Venen in den "Aurikel" (ungeteiltes Atrium), dann in den "rechten Ventrikel" (ungeteilter Ventrikel), dann in den "linken Ventrikel" (bulbus cordis) und schließlich durch die Aortenbögen in die Aorta; die Aortenbögen sind eine weitere Entdeckung Malpighis. Malpighi hat folgende Dinge falsch aufgefaßt: Er dachte, daß die Aurikel und Ventrikel getrennt entstehen und erst später zusammenwachsen. Er interpretierte fälschlich die proximalen Enden der omphalomesenterischen Venen

---

23 Adelmann (wie Anm. 7), S. 835.
24 Der dorsale Teil der inneren Wand der Somiten ist die Quelle der somatischen Muskulatur, daher wird er als Myotom bezeichnet.
25 Adelmann (wie Anm. 7), S. 836: "His description of the development of the area vasculosa and the heart is without doubt one of his greatest accomplishments in embryology."

als Flügel. Er übersah den Sinus venosus und erkannte nicht, daß die Aortenbögen paarig angelegt sind. Doch diese wenigen Fehldeutungen tun Malpighis epo-
chemachender Darstellung keinen Abbruch.

Hervorragend ist auch Malpighis Beschreibung der Entwicklung des Zentralnervensystems; sie illustriert besonders deutlich, wieviel weiter Malpighi mit seiner neuen Methode der Ablösung des Blastoderms gekommen ist. In seiner ersten Abhandlung übersah er die Neuralfalten, als er das Blastoderm in situ untersuchte, auch sind seine Beschreibungen der ersten Gehirnvesikel noch sehr un-
genau. Er erkannte das Myelencephalon, das Metencephalon, das Diencephalon,
die Cerebralhemisphären, die Augenblasen und den Thalamus und stellte sie mit
größerer Genauigkeit dar als je zuvor. Besonders hervorzuheben ist seine Entdeckung der Neuralrinne in der zweiten Abhandlung; hier sind auch die Illustrationen genauer. Malpighi unterschied allerdings noch nicht zwischen Primitiv-
und Neuralfalten. Die Primitivfalten, die Neuralfalten und die Wände der
Neuralrinne werden alle einfach als "zonae" bezeichnet. Für Malpighi sind es
nicht Falten des Blastoderms, sondern die äußeren Grenzen des entstehenden so-
lideren Materials, aus dem das Gehirn und die Spinalmedulla gebildet werden,
die er als selbständige getrennte Vesikel auffaßte, in denen sich alle Teile gesondert ausbilden. Auch die Augenvesikel sah er als selbständig und getrennt von
den Gehirnvesikeln. Bei frühen Stadien mißdeutete Malpighi die Chorda als Spinalmedulla. Adelmann wertet die Darstellung des Zentralnervensystems insgesamt[26]:

> "Despite all their shortcomings however, Malpighi's observations on the deve-
> lopment of the central nervous system were a magnificent beginning, an achie-
> vement that will for all time command admiration."

Montagu bezeichnet Malpighi zu Recht als "founder of modern embryology"[27].

6.3. WILLIAM CROONE, JOHN MAYOW, WILLIAM LANGLY, ANDREW SNAPE

6.3.1. William Croone - De formatione pulli in ovo (1672)

William Croone (1633-1684) war eine Zeit lang als praktischer Arzt in London
tätig, wurde dann Professor für Rhetorik am Gresham College in London und ab
1662 durch königliches Mandat Doktor der Medizin in Cambridge. Am 20. Mai
1663 wurde er zu einem der ersten Mitglieder und zum ersten Sekretär der Royal
Society gewählt, und am 29. Juli 1675 wurde er Mitglied des College of Physi-
cians; als Arzt hat er sehr viel geleistet. 1664 publizierte Croone ein Werk über
die Muskelbewegung ("De ratione motus musculorum"), und am 28. März 1672
hielt er vor der Royal Society "A Discourse on the Conformation of a Chick in

---

26 Adelmann (wie Anm. 7), S. 838.
27 Montagu (wie Anm. 12), S. 1025.

the Egge before Incubation" ("De formatione pulli in ovo"); das Original ist nicht erhalten, der Text wurde erst 1757 in Thomas Birch's "History of the Royal Society"[28] publiziert, was wohl auf Croones mangelndes Interesse an Publizität zurückzuführen ist.

Croone gibt an, daß er die Abhandlung eine ganze Weile zuvor geschrieben habe, aber es ist gut möglich, daß er Korrekturen und Vervollständigungen vornahm, als er Malpighis Untersuchungen kennenlernte. Cole datiert die Abfassungszeit auf 1670-1672[29]. Gleich zu Anfang seiner Abhandlung nimmt Croone auf Harvey Bezug, er wolle Harveys geniale Beobachtungen nicht verbessern, sondern nur Untersuchungen durchführen, um auch selbst die Freude am Beobachten dieser Dinge zu haben. Aber bei dem Studium dieser "Anfänge aller Tiere in der winzigen Masse des Eies" (in exigua ista ovi mole omnium animantium primordia, S. 31) habe er eine Beobachtung von größtem Wert gemacht, die bisher allen Beobachtern, selbst Harvey, entgangen sei, was Croone auf die Subtilität des Objektes zurückführt.

Als erstes beobachtet Croone ein unbebrütetes Ei. Die Beschreibung bietet hier nur insofern etwas Neues, als Croone erstmals quantitative Messungen vornimmt: Er gibt die Keimscheibe als ein Achtel des Gesamtdurchmessers des Eies an. Interessant ist weiterhin die Feststellung, daß die Zuhilfenahme eines Mikroskopes nichts Neues ergeben habe, obwohl er, wie er zugibt, nur zu gern einen Beweis für seine Theorie der instantanen Entstehung der Tiere durch Metamorphose (de instantanea animalium per metamorphosin productione) gefunden hätte. Dann habe er das Ei in der Nähe eines Herdes gelagert und kurz darauf habe er folgende Veränderungen feststellen können: Der Dotter unter der Cicatricula sei herabgesunken und im Dotter habe sich eine Höhlung gebildet von der Größe einer Bohne. Die Cicatricula sei verdunkelt, und die umgebenden Teile hätten sich zu verfestigen begonnen. Alle Teile habe er vorsichtig vom übrigen Dotter abgetrennt und in eine Schale mit warmem Wasser geworfen. Er habe eine mit Filamenten kleiner Adern durchzogene Haut (Dottersackepithel) gesehen und etwas, was sehr ähnlich wie der Kopf eines Hühnchens ausgesehen habe; die Identifikation sei eindeutig gewesen, da er einige in Weingeist konservierte drei bis vier Tage alte Embryonen zum Vergleich danebengehalten habe. Weiterhin gibt Croone an, er habe zwei größere Vesikel, die Augen und dazwischen den Schnabel gesehen, kleine Rippen milchiger Farbe und Rudimente der Füße und zwei vom Bauch ausgehende Nabelgefäße. Er habe diese Keimscheibe anderen gezeigt und sie dann zur Konservierung in Weingeist gelegt. Dies habe sich allerdings als Fehler erwiesen, da die Keimscheibe sofort dicht und weiß geworden sei [der gewöhnliche Effekt von Alkohol!]. Die beigefügte Zeichnung (Fig. III) ist eher witzig als aussagekräftig. Croone schließt seine erste Beobachtung mit den Worten (S. 33):

---

28 Bd III, 31-41; Nachdruck: Hildesheim 1968.
29 Vgl. dazu Dr. William Croone on the Generation [with a Translation of His De formatione pulli in ovo by Francis Joseph Cole]. In: Montagu Francis Ashley Montagu (Ed.): Studies and Essays in the History of Science and Learning. Offered in Hommage to George Sarton. New York 1946, S. 113-135; hier S. 116.

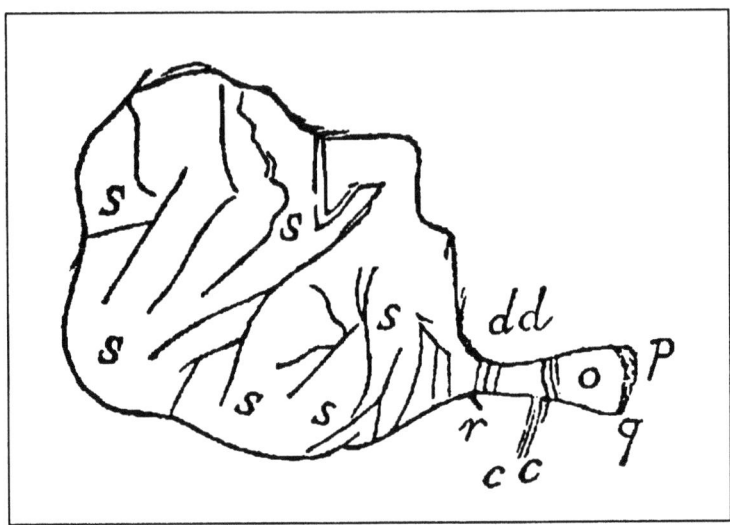

Abbildung des von Croone gesehenen Hühnchens im Blastoderm

"Ich selbst konnte nicht umhin, mir zu gratulieren, daß ich der erste war, dem es zufällig gelang, das Hühnchen im Ei nicht nur vor der Erscheinung von Harveys punctum saliens zu beobachten, sondern auch vor der Bebrütung durch eine Henne (oder zumindest nach Bebrütung von sehr geringer Dauer). Harvey erklärt, daß das Ei erst nach vier Tagen Bebrütung für den Embryo vorbereitet ist; aber daß ebendieser Embryo schon vorher im Ei unter der Cicatricula verborgen liegt (wo er später sichtbar wird) war ihm ganz und gar nicht klar geworden."[30]

Bei der vermeintlichen Beobachtung eines Embryos im Ei, die Croone hier als Beweis für seine These der Präformation wertet, liegt ein fataler Irrtum zugrunde, da er ein Fragment des Blastoderms für den Embryo hielt; im allgemeinen wird in der Sekundärliteratur von einem Fragment des Dottersackes gesprochen, aber in diesem frühen Stadium ist das Blastoderm noch nicht zum Dottersack differenziert. Wie Croone selbst zugibt, wollte er nur zu gern einen Beweis für seine Theorie finden; so deutete er in einigen Falten des Fragmentes eines Häutchens gleich einen ganzen Embryo hinein[31].

---

30 Andere Übersetzung von "ut post patebit" bei Cole (wie Anm. 29), S. 120 f.: "He did not realize that this foetus already existed in the egg, hidden beneath the cicatricula, as will presently be made clear."
31 Cole (wie Anm. 29), S. 116: "Croone's foetus is actually nothing but a fragment of a vitelline membrane which has accidentally caricatured the features of a bird. The very size of it should have warned him of his error; and he cannot have paused to reflect how such a preformed chick could be transformed into the well-known embryo of the fourth day. ... But Croone believed without seeing, and what was worse, proceeded to adapt observation theory."

Im folgenden diskutiert Croone dann Einzelheiten von Harveys Untersuchungen, um dessen epigenetische Auffassung des Entwicklungsvorganges zu widerlegen. Zu Recht wirft er Harvey vor, er habe sich fälschlicher Weise als Entdecker der Keimscheibe als Bildungsmaterial des Embryos hingestellt, da doch bereits Parisano diese Meinung in modifizierter Form vertreten habe. Croone geht soweit, Parisano zu unterstellen, auch er habe ein Ei untersucht, in dem ein ganzer Embryo vorhanden gewesen sei, aber Parisano habe diesen nicht gesehen, da er es nicht gewußt habe. Die folgende Diskussion von einzelnen Beobachtungen Harveys ist weniger interessant. Bemerkenswert ist allerdings noch, daß Croone selbst Bedenken anmeldet, ob seine Beobachtungen sich auf die Dauer als wahr erweisen werden (S. 38)[32].

Cole berichtet[33], daß Croone der Royal Society noch zweimal (8. November 1677, 16. Januar 1679) versichert habe, daß die vollständige Gestalt des Hühnchens in der Keimscheibe des Eies mit dem Mikroskop beobachtet werden könne. Mehr als einmal wurde er von der Royal Society eingeladen, diese Untersuchungen bei einem Treffen vorzuführen, aber er ist diesen Beweis wohl schuldig geblieben.

6.3.2. John Mayow - De respiratione foetus in utero et ovo (1674)

John Mayow (1643-1679) ging 1658 an das Wadham College in Oxford, 1660 wurde er zum Mitglied des All Souls College gewählt, studierte Jura und promovierte 1670. Er war aber als Arzt tätig und widmete sich besonders der Arzneiwissenschaft, die er in der Stadt Bath hauptsächlich in der Sommerzeit ausübte. 1678 wurde er zum Mitglied der Royal Society gewählt. Sein Hauptwerk "Tractatus Quinque medico-physici" (Oxford 1674) enthält fünf Abhandlungen (I. De Sal-Nitro et Spiritu nitro-aëro, II. De Respiratione, III. De Respiratione foetus in utero et ovo, IV. De Motu musculari et Spiritibus animalibus, V. De Rachitide), wobei die dritte "Über die Atmung des Foetus im Uterus und im Ei" von besonderem Interesse ist[34]. Mayows physiologische Entdeckungen sind von großer Bedeutung. Er entdeckte nicht nur das wahre Ziel der Atmung, sondern erklärte auch deren Mechanik bereits fast genauso, wie man es heute tut. Mayow war ein begeisterter Anhänger Descartes', der Einfluß der "mechanistischen" Erklärungsweise ist daher überall spürbar[35]. In der Luft existiere ein subtiles Etwas, das beim Verbrennen und Atmen mit den verbrennbaren Körpern

---

32 Adelmann bemerkt dazu treffend (wie Anm. 7), S. 916: "Posterity, alas has confirmed Croone's fears. But we should really repress our irony. Croone's paper is simply an extreme example of how for a hundred years and more after his time men of the greatest sincerity and ability were deduced by the feeling that more than met the eye ought to be present in the egg or in the spermatozoon."
33 Cole (wie Anm. 29), S. 116.
34 John Mayow: Tractatus tertius. De Respiratione foetus in utero, et ovo. In: John Mayow: Tractatus Quinque Medico-Physici. Oxford 1674. Weitere Auflage: Opera omnia medicophysica. Tractatus quinque comprehensa. Den Haag 1681, S. 271-292.
35 Vgl. dazu Walter Böhm: John Mayow und Descartes. In: Sudhoffs Archiv 46 (1962), S. 45-68.

reagiere, wodurch Wärme auftrete; denn die Wärme sei nichts anderes als die Bewegung des "Spiritus nitro-aëreus"[36].

Aus seiner Theorie der Atmung zog Mayow auch eine wichtige Folgerung, indem er die richtige Art und Weise erkannte, wie der Fötus den nötigen Atemstoff erhält, nämlich durch das Blut des Muttertieres. Mayow lehnte die Meinung ab, daß der Embryo durch den Mund atme. Das dem Embryo aus der Placenta zugeführte Blut diene nicht der Nahrung oder der embryonalen Zirkulation, der Embryo bilde selbst einen Nahrungssaft, der sonst überflüssig wäre, und eine embryonale Zirkulation könne auch im Innern des Foetus erfolgen. Mayow schließt sich der Meinung des "göttlichen Greises Hippokrates" an, daß die Nabelgefäße vornehmlich der Atmung dienen. Außer Nahrungssaft transportierten sie zusätzlich nitro-aëriale Teilchen zum Embryo. Das Blut des Embryos werde durch die Zirkulation in den Nabelgefäßen ähnlich mit Atemstoff versehen wie in den Lungengefäßen. Deshalb sei es richtig, die Placenta als "uterine Lunge", nicht als "uterine Leber" zu bezeichnen[37].

Der zweite Teil der dritten Abhandlung befaßt sich dann mit der Atmung des Hühnchens im Ei. Mayow glaubte, daß die Hitze bei der Bebrütung helfe, die nitro-aërialen Teilchen von den Flüssigkeiten des Eies zu trennen, und somit die Atmung erleichtere. Richtig nahm er an, daß der Verbrauch des Embryos an Gas sehr gering sein müsse, entsprechend der geringen Muskelkontraktionen und der geringen Tätigkeiten der Eingeweide. Fälschlich nahm er an, daß das Gas, das er bei einem Versuch aus dem Ei pumpte, reiner nitro-aërealer Geist sei. Sein fundamentaler Fehler war, daß er nicht erkannte, daß die Eischale luftdurchlässig ist. Weiterhin lehnte er Fabricius' Meinung ab, daß die Luft in der Luftkammer der Atmung diene, weil die Luft weder für den Verbrauch des Embryos ausreiche noch durch die innere Membran überhaupt zum Embryo dringen könne. Mayow glaubte statt dessen, daß die Luft, die in den Flüssigkeiten des Eies verteilt sei, durch die bei der Bebrütung bewirkte Fermentierung der Flüssigkeiten ihre elastische Kraft verliere. Dadurch würde ein Vakuum entstehen, wenn nicht die Natur vorgesorgt und in der Luftkammer eine kleinere Menge Luft zur Verfügung gestellt hätte, die im Bedarfsfall expandiere. Als Beweis dafür zieht er eine falsche Beobachtung heran: Bei weiter fortgeschrittenen Stadien kollabiere die Luftkammer, wenn man den Inhalt des Eies entferne, wieder zu ihrer ursprünglichen Größe. Mayow sagt selbst, daß diese Theorie nicht von der Lehre des horror vacui (Furcht vor dem Leeren)[38] abhänge, aber auch daß durch die zusammengedrängte Luft ein Druck auf die Flüssigkeiten des Eies ausgeübt werde, so daß diese in die Nabelgefäße gedrängt würden. Durch diesen Druck würden auch gleichzeitig die Teile des sich entwickelnden Embryos enger zusammengepreßt. Mayow hat auch erste quantitative Messungen der Eisubstanzen vorgenommen. Insgesamt schätzt Needham Mayows Leistung sehr gut ein, wenn er sagt[39]:

---

36 Henry Guerlac: John Mayow and the Aerial Nitre. In: Actes du VIIe Congrès International d'Histoire des Sciences (Jerusalem 1953), S. 332-349.

37 Needham (wie Anm. 3) kommentiert dies S. 173: "These splendid words informed by so much insight and scientific acumen, show that, by the time of Mayow, chemical embryology had certainly come into being."

38 Zur Theorie des Horror vacui vgl. Fritz Krafft: Horror vacui. In: J. Ritter (Hrsg.): Historisches Wörterbuch der Philosophie. Bd 3, Basel/Stuttgart 1974, Sp. 1206-1212.

39 Needham (wie Anm. 3), S. 174.

> "With this ingenious but erroneous supposition Mayow concludes what is undoubtedly the first great contribution to physiological or biophysical embryology."

Obwohl Mayows Theorie über die Atmung des Embryos nicht korrekt war, wurde sie dennoch bald von vielen akzeptiert und hat viel zur Entwicklung der physiologischen Embryologie beigetragen.

6.3.3. William Langly - Observationes quaedam de generatione animalium (1674)

William Langly war Senator und Arzt in Dordrecht in den Niederlanden. Er hat zwischen 1655 und 1667 zahlreiche Experimente zur Entwicklung des Hühnchens durchgeführt und sich bewußt damit an Harvey angeschlossen. Julius Schrader nahm Langlys Abhandlungen 1674 in einen Band auf, der eine Kurzfassung von Harveys Entwicklungstheorie und auch einige Beobachtungen zur Hühnchenentwicklung enthält. Schrader selbst ergänzte nichts Bemerkenswertes zu den Beobachtungen von Langly und Harvey.

In der Nachfolge Harveys vertritt Langly eine epigenetische Entwicklungslehre. Er beginnt seine Darstellung mit einer Beschreibung der täglichen Entwicklung des Hühnchens (S. 136-159). Ein zweites Kapitel behandelt die Konzeption und die Geschlechtsorgane des Schafes, des Hundes und des Kaninchens (S. 159-168). Es folgt eine zweite Abhandlung zur täglichen Entwicklung des Hühnchens (S. 169-181).

Langly beginnt 1655 seine Untersuchungen mit einem 24 Stunden bebrüteten Ei. Sogleich nimmt er auf Harvey Bezug, korrigiert aber dessen Beobachtung, daß der Dotter mit aufliegender Keimscheibe immer zum stumpfen Ende hin wandere. Dies sei nur bedingt richtig; denn der Dotter wandere immer zur höchsten Stelle des Eies, d.h. zu der Stelle, die der Henne am nächsten liege. Langly nimmt eine sehr genaue Untersuchung der sich entwickelnden Keimscheibe vor und illustriert sie mit vier interessanten Abbildungen (2., 3., 4. und 5. Tag). Da die Darstellung in vielem der Harveys und auch der Malpighis ähnelt, sollen hier jeweils nur kurz die Besonderheiten, nicht aber alle Details vermerkt werden. Eine detaillierte Wiedergabe wurde bei Malpighi gegeben, da seine Darstellung noch genauer und für die weitere Entwicklung der Embryologie bedeutender gewesen ist. Allerdings hat Langly, dessen erste Untersuchungen vor denen Malpighis durchgeführt wurden, einiges schon vorweggenommen. So gibt er sicherlich die beste Behandlung der area vasculosa bis zu seiner Zeit.

Am 2. Tag sah er Anfänge des Colliquaments [area pellucida und Subgerminal-Flüssigkeit] - den Ausdruck hat Langly von Harvey übernommen - und gab an, daß die Cicatricula [area pellucida oder die gesamte Keimscheibe] viel weiter ausgedehnt sei, umgeben von gelblichen Kreisen [area vitellina interna]. Nach 49 Stunden habe ein roter Kreis [sinus terminalis] die Keimscheibe umgeben, den Langly als "vena circularis" bezeichnet (S. 138). Nach 2 1/2 Tagen habe er dann erstmals zwei springende Punkte und viele über die Membran ausgedehnte Äderchen gesehen. Aus seiner Beschriftung der Abbildung (Fig. III, S. 138) geht hervor, daß er die zwei vorderen Dottervenen sah, von denen er an-

pag. 143.

Fig. III.

B. Fig. III.

nahm, daß sie aus dem Colliquament [area pellucida] hervortauchen; er hielt sie für die Quelle der vena circularis [sinus terminalis]. Langly erkannte wohl auch, daß die beiden Venen schwinden, und benannte als erster die verbleibende linke als einen "Ast der vena circularis" (S. 138). Die omphalomesenterischen Gefäße bezeichnet er als "die durch den Dotter verteilten Nabelgefäße" (S. 138); weiterhin beschreibt er die "vena cava" und die "arteria aorta" (S. 139). Zu Beginn des 3. Tages könne man auch bereits Venen und Arterien durch ein Experiment unterscheiden: Wenn man nämlich eine Arterie anschneide, trete (noch nicht rot gefärbtes) Blut aus, beim Anschneiden einer Vene dagegen werde nichts ausgestoßen. Langly verfolgt im folgenden ganz genau die weitere Entwicklung des Gefäßhofes; seine Darstellung ist der Malpighis durchaus vergleichbar. Besonders bemerkenswert ist seine Beobachtung, daß nach 65 Stunden drei Punkte vorhanden waren, die in geordneter Folge schlugen (S. 141). Langly selber macht keinen Versuch, die einzelnen Punkte zu identifizieren, aber man könnte vermuten, er habe das Atrium, den Ventrikel und den Bulbus gesehen. Interessant ist seine Bemerkung, daß er nicht glaube, daß das Küken aus dem Weißen entstehe, da schon bevor eine Ader zum Weißen führe, das Colliquamentum, die springenden Punkte, die Venen und die Anlagen des Körpers vorhanden seien.

Nach 3 1/2 Tagen sieht Langly dann den ersten Anfang des Rückgrates und unterscheidet ihn als erster von der Spinalmedulla (S. 142). Er beschreibt das Gehirn ähnlich wie Harvey und Highmore; auch er bringt das Mesencephalon mit dem Cerebellum durcheinander. Nach 5 1/2 Tagen erkennt Langly nur konfuse Anlagen der Eingeweide (S. 144), die am 6. und 7. Tag deutlicher werden. Die Beschreibung der Eihäute (besonders zum 6. Tag, S. 144 f.) ist sehr ähnlich wie die Harveys. Wie Harvey bezeichnet Langly das Amnion als "Haut des Colliquaments" (S. 144); er kennt den Dottersack, das Allantochorion und den Weißeisack, aber ihren Ursprung vermag er genausowenig zu klären wie Harvey. Zum 7. Tag (S. 145) gibt Langly an, daß sowohl der Dotter als auch das Albumen jetzt eine eigene Haut haben, die von Blutgefäßen durchzogen ist; dabei ist nicht klar, ob Langly hier die Allantoisflüssigkeit in der Allantois meint oder das Albumen im Weißeisack; allerdings muß er, wenn er den Weißeisack meint, ein weiter fortgeschrittenes Stadium untersucht haben; denn am 7. Tag ist der Weißeisack noch nicht ausgebildet. Die Blutgefäße in den Falten des Dottersackes bezeichnet er als "lutea vasa" (gelbe Gefäße), sie seien am 7. Tag erstmals sichtbar (S. 144), am 8. Tag (S. 146) bereits erweitert und vermehrt, und am 10. Tag (S. 147) haben sich mehr Äste gebildet und man kann Arterien und Venen unterscheiden[40].

Die Beschreibung der einzelnen Tage ist sehr genau und wird von den bisher behandelten Autoren sicherlich nur von Malpighi übertroffen, der allerdings, wie gesehen, die späteren Entwicklungsstadien nur sehr kurz und oberflächlich behandelte. Ähnlich verhält sich auch Langly; bis zum 10. Tag beschreibt er sehr ausführlich und genau, dann beschränkt er sich nur noch auf ganz wenige Angaben zu jedem Tag, die den üblichen Beschreibungen entsprechen. Davon ist nur eine Bemerkung zum 15. Tag von besonderem Interesse (S. 150):

> "Die Gedärme werden von der Haut eingeschlossen, durch die sie nach zwei Tagen zusammen mit einem Teil des Dotters im Unterleib eingeschlossen sind."

Langly versucht also nicht, eine Deutung der Funktion des Dotterganges vorzunehmen.

Erst die Beschreibung zum 19. Tag (S. 150-152) ist dann wieder ausführlicher. Hier korrigiert Langly Harvey zum zweiten Mal: Zwischen der allgemeinen

---

40 Zum 8. Tag (S. 146) gibt Langly an, daß "nun" (jam) eine Haut den Dotter umschließe; Adelmann (wie Anm. 7, S. 2104) sieht darin ein Anzeichen dafür, daß Langly das allmähliche Wachsen des Dottersackes beobachtet habe. Das mag zutreffen, aber dieses eine Wörtchen "nun" ist dafür kein Beleg, da Langly es häufig verwendet. Im Bezug auf eine den Dotter umgebende Membran sagt er auch schon bei der Beschreibung zum 7. Tag "nun" (s. o.) haben Dotter und Albumen eigene Häute. Will man "nun" also so prägnant verstehen, wie Adelmann es tut, müßte man das Vorhandensein der Haut zumindest für einen Tag 'vorverlegen'.

Haut [Chorioallantois] und dem Küken [Allantoishöhle] habe sich eine zähe feste Masse befunden, die Harvey fälschlicherweise für Exkremente gehalten habe; in Wirklichkeit handele es sich dabei um Reste des "festen Teiles des Albumens" [Weißei] oder der Chalazen. Langly hat hier wohl die Urate[41] und Exkremente gemischt mit Eiweiß beschrieben. Abschließend stellt er dann noch kurz die Verhältnisse am 21. Tag dar und wendet sich nochmals der speziellen Behandlung der Eihäute, der Keimscheibe und des Randsinus zu.

Als erste behandelt Langly die Eihäute (S. 151-154). Er beschreibt sehr genau, in ganz ähnlicher Weise wie Harvey, die zwei Schalenhäute, das Amnion, den Dottersack und die Chorioallantois, die er selbst als Chorion bezeichnet. Bei der Beschreibung der Keimscheibe (S. 154-157) zeigt sich wieder deutlich, wie stark sich die embryologische Betrachtungsweise seit Harvey verändert hat. Langly erläutert nochmals gesondert die Entwicklung der Keimscheibe, ihre jeweilige Lage, ihr Konsistenz, ihre Durchsichtigkeit und Größe. Abschließend gibt er eine zusammenfassende Beschreibung, die auf einer Beobachtung 1657, im dritten Jahr seiner Untersuchungen, beruhe (S. 157):

"Ich bin sicher, daß die Keimscheibe (cicatricula) eine Höhlung zwischen zwei Dottermembranen ist, in der eine zarte Flüssigkeit enthalten ist, die sehr klarem Quellwasser ähnelt und von einer weißen Substanz umschlossen wird, durch die die Keimscheibe von außen zu sehen ist. So nimmt die Entwicklung des Hühnchens nicht anders als die der anderen Tiere aus einer sehr klaren Flüssigkeit ihren Ursprung, und obwohl diese Grube vor der Bebrütung kaum deutlich zu sehen ist, hebt sie sich doch am ersten Tag der Bebrütung, wenn die äußere Membran entfernt wird, klar ab, am zweiten Tag noch deutlicher, insbesondere wenn durch das Einschneiden der Dotterhaut der Dotter ausfließt, mit sich die vorhergenannte Grube davonträgt, wie irgendein Fluß schwimmender Körper von diesem davongetragen wird. Wenn man dieses [Experiment] am dritten Tag schließlich durchführt, wird schon ein springender Punkt in den Häuten haften, während diese Grube zusammen mit dem Dotter anderswohin davongetragen wird."

Hier ist die Anlehnung an Harveys Entwicklungslehre evident zu spüren, der die primäre Flüssigkeit ja als Ursprung aller Entstehung definierte.

Der Randsinus (sinus terminalis) hat Langly ganz besonders interessiert; schon während der allgemeinen Beschreibung der Entwicklung des Hühnchens hat er sich immer wieder mit den Veränderungen der "vena circularis" befaßt; abschließend wird sie nochmals gesondert behandelt (S. 158 f.). Sie habe einen zweifachen Ursprung, ein Arm gehe rechts und einer links aus der Tiefe der Flüssigkeit (colliquamentum) hervor und sie schlössen sich dann zu einem Kreis zusammen, in dem bereits vor der Entstehung der Nabelgefäße das Blut zirkuliere. Dann beschreibt Langly noch die Chalazen und ihre Veränderungen in Beziehung zum Randsinus. Er schließt seine Darstellung mit einer zusammenfassenden Beschreibung des extraembryonalen Gefäßhofes ab (S. 159):

"Die kreisförmige Vene [sinus terminalis] entsendet durch den Dotter Nabelgefäße und wird von Tag zu Tag zusehends verkleinert, weil die Mündung der vena cava, durch die das Blut aus dem colliquamentum eintritt, von dem Wölkchen [nucleus von Pander], aus dem das Küken entsteht, verstopft wird, und das Blut durch die

---

41 Vgl. dazu Adelmann (wie Anm. 7), S. 2101.

lateralen und die Nabelgefäße in die vena cava eindringt, und so wird sie [die kreisförmige Ader] ausgedehnt und erstreckt sich bis zum Schwanz des Wölkchens."

Kein Autor vor Langly hat sich in dieser Ausführlichkeit mit dem Randsinus befaßt; anzumerken ist allerdings, daß die beschriebenen Einzelheiten nicht zusammenpassen. Wenn der Randsinus auftritt, ist der Nucleus von Pander nicht mehr vorhanden. Es ist zu vermuten, daß Langly die bei der Beobachtung verschieden alter Stadien gewonnenen Erkenntnisse zu einer theoretischen 'Konstruktion' zusammengefaßt hat.

Im Oktober 1667, also nach dem Erscheinen von Malpighis Abhandlungen, hat Langly eine zweite Untersuchung zur täglichen Entwicklung des Hühnchens vorgenommen, die ebenfalls von Schrader publiziert wurde (De generatione pulli ex ovo gallinaceo singulis post incubationem diebus a nobis inspecto, S. 169-181). Die Beschreibung ähnelt natürlicherweise der ersten Abhandlung. Bemerkenswert zum 1. Tag ist die Angabe Langlys, er habe an beiden Seiten der Keimscheibe einen blutigen Punkt gesehen (S. 170), was bei einem nur einen Tag bebrüteten Ei eigentlich nicht möglich ist, es sei denn, es handelt sich um Ovarialblut der Henne, das als Blutfleck mit ins Ei eingeschlossen wurde. Die Darstellung zum 3. Tag fällt wesentlich kürzer aus als in der ersten Abhandlung; geändert hat sich nur die Angabe, daß Langly zwei springende Punkte (zuvor drei) gesehen habe, in denen man abwechselnd Systole und Diastole habe beobachten können (S. 171). Langly hat diesmal den springenden Punkt mit dem ihn umgebenden weißen Körper [entstehenden Embryo] herausgetrennt; unter dem Mikroskop konnte er feststellen, daß sich das gesamte Gebilde aus lauter winzigen Punkten zusammensetzte, also aus einer heterogenen Substanz gebildet war. Neu ist auch die Beschreibung der Anlagen des Uropygiums (S. 173). Am 7. Tag bemerkt Langly zusätzlich auch eine Anlage des Ohres (S. 175), am 8. Tag das Zusammenschließen der Venen zu einem Ast, dem Nabel (S. 176). Die Beschreibung zum 9. Tag ist etwas ausführlicher als die in der ersten Abhandlung; ergänzt werden folgende Angaben: es zeigen sich "Poren" (pores - gemeint sind vermutlich die Erhebungen der Federkeime) in der Haut, die "musculi pectoris" sind bereits ausgebildet und das Sternum ist als weiße Linie sichtbar, die Füße zeigen Krallen und der Schnabel einen weißen Punkt [Eizahn]. Insgesamt ist zu bemerken, daß bei der Beschreibung der folgenden Stadien die einzelnen Eingeweide (Leber, Lungen, Galle, Milz, Nieren) viel häufiger erwähnt werden als in der ersten Abhandlung. Auch die Entwicklung des Knochengerüstes wird genauer beobachtet (Verknöcherung des Sternum am 11. Tag, Auftreten der ersten Anlage des Hüftbeins am 13. Tag, etc.). Zum 15. Tag fügt Langly eine Illustration des jetzt zweigeteilten Dotters bei (S. 180). Anders als in der ersten Abhandlung beschreibt er auch den 16. und den 17. Tag und endet mit der Bemerkung, daß an den folgenden Tagen nur noch eine Verfestigung und Vergrößerung der einzelnen Teile stattgefunden habe.

Langlys Abhandlungen zeichnen sich insgesamt durch große Genauigkeit aus; auch die beigefügten Illustrationen sind anschaulich und übersichtlich angelegt. Sein Werk bietet eine knappe Zusammenfassung aller bisherigen Ergebnisse (vor Malpighi), ergänzt durch einige neue eigene Beobachtungen. Allerdings wurden

Langlys Untersuchungen noch von denen Malpighis übertroffen; da Malpighis Abhandlungen noch dazu früher publiziert wurden, ist Langlys Werk für die weitere Entwicklung der Vogelembryologie fast ohne Bedeutung.

6.3.4. Andrew Snape - Generation of Animals (1683)

Andrew Snape hat am 7. Juli 1680 eine Studie zur Hühnchenentwicklung verfaßt, die 1683 als Appendix zu seiner "Anatomy of an Horse" publiziert wurde. Wie Langly stand er stark unter dem Einfluß Harveys; er war aber wohl auch mit Malpighis Abhandlungen vertraut[42]. Seine Darstellung ähnelt der Langlys. Er erkannte ebenfalls sehr früh den Randsinus, schloß sich bei der Darstellung des Gehirns eng an Harvey an und beging in dieser Tradition den üblichen Fehler, das Mesencephalon mit dem Cerebellum zu verwechseln. Snapes Beobachtungen vom 4. Tag aufwärts sind nicht sehr informativ, bezeugen aber eigene Beobachtung. Insgesamt erscheint Adelmanns Urteil daher etwas zu hart[43]:

> "In the light of Malpighi's observations, supervacaneous is hardly to strong an adjective to apply to these of Croone and Snape."

6.4. ZUSAMMENFASSUNG

Das Aufkommen der experimentellen Methode prägte auch die Embryologie. Im 17. Jahrhundert begann man, sich gleichzeitig erstmals für den Entwicklungsvorgang zu interessieren, während man die Entwicklung bisher nur als eine Aneinanderreihung statischer Entwicklungsstadien betrachtet hatte. Weiterhin ist das 17. Jahrhundert bestimmt durch die Auseinandersetzung zwischen Aristotelismus und Atomismus, zwischen teleologisch-vitalistischem Denken einerseits und aitiologisch-mechanistischem Denken andererseits. All diese geistigen Strömungen haben sich auch in der Embryologie niedergeschlagen, für die das 17. Jahrhundert eine besonders fruchtbare Epoche darstellt.

Niels Stensen hat durch seine Entdeckung des Dotterganges einen festen Platz in der Geschichte der Vogelembryologie.

Erste systematische Untersuchungen der Hühnchenentwicklung mit Hilfe des Mikroskopes wurden von *Marcello Malpighi* durchgeführt, der infolgedessen viele originelle Beobachtungen zu sehr frühen Stadien (bis zum 4. Tag) lieferte. Hervorragend ist seine Beschreibung der Entwicklung der Keimscheibe, des Dottersackgefäßhofes, des Herzens und des Nervensystems; weiterhin entdeckte er die Somiten. Malpighi ist aufgrund seiner Analyse der Hühnchenentwicklung als Begründer der modernen Embryologie anzusehen.

Zeitlich vor Malpighi hat *William Langly* einen Teil seiner Untersuchungen durchgeführt, aber diese wurden erst nach denen Malpighis publiziert und sind daher fast ohne Wirkung geblieben. Dies ist sehr bedauerlich, da Langlys Darstellung sicherlich die beste bis zu seiner Zeit war; er liefert eine knappe Zusam-

---

42 Vgl. dazu Adelmann (wie Anm. 7), S. 1123.
43 Adelmann (wie Anm. 7), S. 1367.

menfassung des bisherigen Wissens, das er durch eigene Beobachtungen ergänzt und durch anschauliche Abbildungen illustriert. Ebenso sind auch die Darstellungen von *Andrew Snape* und *William Croone* ohne Einfluß geblieben. Zu Croone ist allerdings zu bemerken, daß er die Hühnchenentwicklung zum Nachweis seiner Präformationstheorie verwendete, indem er ein Fragment des Blastoderms, das zufällig der Gestalt eines Vogel ähnelte, als bereits vorhandenen Embryo deutete. Zu einem Spezialgebiet der Embryologie, zur Atmung des Embryos im Ei, hat *John Mayow* eine Theorie entwickelt, die bald allgemein Anerkennung fand und einen wesentlichen Beitrag zur Entwicklung einer physiologischen Embryologie lieferte.

Insgesamt war der Hühnerembryo im 17. Jahrhundert noch das primäre Untersuchungsobjekt und hatte auch im langsam sich entwickelnden Streit zwischen Präformisten und Epigenetikern eine nicht zu unterschätzende Bedeutung. Daß gerade die Präformationstheorie im 17. Jahrhundert zu einer solchen Blüte gelangen konnte, ist auf zwei geistige Kräfte zurückzuführen, die die Zeit prägten. Die christliche Theologie mit ihrem orthodoxen Schöpfungsglauben lieferte in der Genesis eine metaphysische Verankerung für die Präformationstheorie. Eine weitere Basis war auch der biologische Mechanismus von Descartes. Obwohl im 17. Jahrhundert auf dem Gebiet der Embryologie enorme Fortschritte gemacht wurden - zu nennen wären hier neben den bereits beschriebenen die Entdeckung der "Samentierchen" und des Säugetiereies in seinem eingehüllten Zustand im Graafschen Follikel, die Beobachtung der frühen Furchungsstadien eines Froscheies und die Entdeckung des Zweigeschlechtlichkeit der Pflanzen - war die Zeit in vieler Hinsicht noch nicht reif für eine unvoreingenommene, nicht durch spekulative Überlegungen getrübte Diskussion der entdeckten embryologischen Fakten.

7. Urzeugung und Animalkulismus

7.1. DIE FRAGE DER URZEUGUNG UND DIE ENTWICKLUNG DER INSEKTEN

Im 17. Jahrhundert wurde die Urzeugung noch von vielen Forschern als real angesehen, wobei darunter nicht immer dasselbe verstanden wurde[1]. Zugrunde lag allen Urzeugungstheorien die Überzeugung, daß bestimmte kleine Lebewesen auch aus toter Materie durch Fäulnis oder Gärung oder die Einwirkung irgendwelcher Kräfte entstehen könnten. Aristoteles hatte Urzeugung für Pflanzen, einige Insekten, Schaltiere und Fische angenommen[2]: Durch Zersetzung von Schlamm, Mist, Pflanzen- und Tierresten, Gras, Holz, Exkrementen usw. entstehe Lebenswärme, die von dem wirksamen Bestandteil des sich zersetzenden Stoffes eingeschlossen werde und den organischen Kern des neuen Keimes bilde. Diese Annahme war für Aristoteles möglich, da er nicht scharf zwischen toter und lebender Materie trennte, sondern auch die tote Welt als beseelt ansah. In modifizierter Form wurde die Urzeugungstheorie bis ins 19. Jahrhundert vertreten.

Die stärksten Zweifel und Argumente gegen die Urzeugung kamen in der zweiten Hälfte des 17. Jahrhunderts von den Experimentatoren und den Beobachtern. Motivation war dabei häufig die religiöse Überzeugung, daß nichts durch Zufall entstehen könne. Außerdem bestand ein starker Zweifel an irgendeiner Kontinuität zwischen organischer und anorganischer Materie.

Hauptstudienobjekt zur "Generatio spontanea" waren die Insekten, die auch von den großen Mikroskopikern untersucht wurden. So stellte *Robert Hooke* 1665 in seiner "Micrographia" fest, daß die Milbe in gereinigten und in ungereinigtem Material in gleicher Weise aufgetreten sei. Daher könne er nicht eindeutig die Urzeugung ablehnen, aber er glaube, daß wandernde Milben ihre Eier irgendwo abgelegt hätten. So lasse sich die Entstehung der meisten Tiere erklären, von denen Urzeugung angenommen werde[3]. *Antoni van Leeuwenhoek* war ein entschiedener Gegner der Urzeugung, wobei die theoretische Basis sein Animalkulismus[4] war. Die Entdeckung der Samentierchen bei Insekten im November 1680 brachte ihn zur endgültigen Ablehnung der Urzeugung[5]. Ab 1687 führte er dann einen massiven Kampf gegen die Urzeugungstheorie. Im Brief vom 6. Au-

---

1 Everett I. Mendelsohn: Philosophical Biology vs. Experimental Biology: Spontaneous Generation in the Seventeenth Century. In: Marjorie Grene/Everett I. Mendelsohn (Eds.): Topics in the Philosophy of Biology. (Boston Studies in the Philosophy of Science, 27) Dordrecht 1976, S. 37-65; und John Farley: The Spontaneous Generation Controversy from Descartes to Oparin. Baltimore/London 1977, Kap. II: Abhorrence of Change, S. 8-30.
2 Vgl. dazu Änne Bäumer: Geschichte der Biologie. Bd 1: Biologie von der Antike bis zur Renaissance. Frankfurt etc. 1991, S. 77 f.
3 Vgl. Mendelsohn (wie Anm. 1), S. 50.
4 S.u. Kapitel 7.2.2.
5 Zu Leeuwenhoeks Kampf gegen die Urzeugungstheorie vgl. Edward G. Ruestow: Leeuwenhoek and the Campaign against Spontaneous Generation. In: Journal of the History of Biology 17 (1984), S. 225-248.

gust 1687 an die Royal Society berichtet er, er habe vier Monate den Lebenszyklus und den Geschlechtsapparat des Kornkäfers (Calandra) untersucht, und zwar nur zu dem einen Ziel, um zu beweisen, daß er aus einem Wurm entstehe. Den Kampf gegen die Urzeugung setzte Leeuwenhoek während der nächsten zehn Jahre intensiv fort, wobei er ähnliche Studien an der Kornmotte, nochmals am Floh, an der Laus, der Blattlaus und verschiedenen Fliegen vornahm. Bei sehr vielen kleinen Lebewesen, denen "Generatio spontanea" zugeschrieben wurde, konnte er einen vollen Geschlechtsapparat nachweisen. Außerdem betonte er, daß so vollkommene Strukturen wie ein Insektenauge oder -flügel nicht durch Urzeugung entstehen könnten.

Die wichtigsten Experimente, die zur Widerlegung der Urzeugung führten, wurden von Francesco Redi und Jan Swammerdam durchgeführt.

7.1.1. Francesco Redi

Francesco Redi war Arzt und seine biologischen Untersuchungen waren durch seine ärztliche Praxis motiviert. Zunächst untersuchte er die Wirkung und die Herkunft des Schlangengiftes und konnte zeigen, daß nicht, wie bis dahin angenommen, die Galle der Schlange das Gift erzeugt, sondern daß es in Giftdrüsen gebildet wird[6]. Dann wollte er wissen, ob aus verwesenden Schlangen immer die gleichen Fliegen entstehen. Er begann die Untersuchung der Urzeugung also mehr durch Zufall. Die Methode, die er dabei anwandte, war aber keineswegs Zufall; er glaubte nämlich, daß man nur durch wiederholtes Experimentieren einen haltbaren Befund erreichen könnte[7]. Die experimentelle Methode sah er als einzige Basis der Theoriebildung an. Redi war Mitglied der "Accademia del Cimento" in Florenz, deren Maxime "Provando e Riprovando" auch für seine eigenen Forschungen bezeichnend war[8].

Redis berühmte entwicklungsphysiologische Experimente sind in seinem Hauptwerk "Esperienze intorno alla generatione degli insetti" aus dem Jahr 1668 enthalten. Das Werk war sehr beliebt, es erlebte innerhalb von zwanzig Jahren fünf Auflagen. Redis klassische Experimente zur Urzeugung lassen sich folgendermaßen zusammenfassen[9]: Er tötete drei Schlangen und legte sie zum Verwesen in eine offene Kiste, um festzustellen, welche Fliegen aus dem Schlangenfleisch entstünden. Kurz darauf sah er, daß die Schlangen mit Würmern ohne Beine (Maden) bedeckt waren, die verschwanden, nachdem sie das Fleisch verzehrt hatten. Um zu erfahren, was aus diesen Würmern wurde, wiederholte Redi das Experiment, wobei er den Ausgang der Kiste nach kurzer Zeit verschloß. Am 19. Tag begannen einige Würmer zu schrumpfen und die Gestalt von Eiern anzunehmen. Redi setzte diese in Glasgefäße, die mit Papier bedeckt waren. Am Ende des achten Tages wurden die Schalen der 'Eier' aufgebrochen und aus je-

6 Vgl. Redis Werk "Osservazioni sulle vipere" aus dem Jahr 1664.
7 Zu Redis Methode vgl. Anto Leikola: Francesco Redi as a Pioneer of Experimental Biology. In: Lychnos (1977/1978), S. 115-122; hier S. 116 f.
8 Vgl. dazu auch Rufus Cole: Francesco Redi (1626-1697), Physician, Naturalist, Poet. In: Annals of Medical History 8 (1926), S. 347-359.
9 Gute Beschreibung der Experimente bei Paula Gottdenker: Francesco Redi and the Fly Experiments. In: Bulletin of the History of Medicine 53 (1979), S. 575-592; hier S. 275-278.

der Puppe kam eine grüne Fliege heraus. In anderen Gefäßen entstanden schwarze in anderen wiederum schwarz-weiß-gestreifte Fliegen. Redi wiederholte das Experiment mit dem Fleisch verschiedenster Tiere. Immer war das Ergebnis dasselbe, es entstand die eine oder andere Art von Fliegen.

Nach diesen Versuchsergebnissen lehnte Redi die Urzeugungstheorie ab; auch wenn scheinbar aus der tierischen und pflanzlichen Verwesung zahllose Würmer, also Insektenlarven, entstünden, so sei die Wahrheit anders. Es müsse angenommen werden[10],

> "daß das Fleisch und die Gräser und die andern verwesten oder verwesbaren Dinge, bei der Erzeugung der Insekten, keine andere Rolle spielen und keine andere Aufgabe haben, als einen geeigneten Ort oder ein angemessenes Nest zu bereiten, worin die Tiere in der Zeit des Gebärens die Würmer oder die Eier oder die andern Samen der Würmer bringen und legen können; sobald dann dieselben ausgeschlüpft sind, finden sie in diesem Nest genügend und geeignete Nahrung, um sich zu sättigen. Und wenn obenerwähnte Samen nicht von den Müttern in jenes Nest gelegt werden, wird nichts und abermals nichts darin erzeugt und daraus geboren werden."

Redi erdachte ein zusätzliches Experiment, um zu beweisen, daß es keine Urzeugung gibt. In zwei Kisten wurde Fleisch gelagert, wobei die eine offen, also für Fliegen zugänglich, die andere geschlossen war. Nur in der offenen Kiste bildeten sich Würmer. Um auch noch die Luft als auslösenden Faktor der Fliegenentwicklung auszuschließen, verschloß Redi ein Glasgefäß mit einem Fliegennetz, das aber luftdurchlässig war. Da keine Fliegen entstanden, sah Redi es als bewiesen an, daß Fliegen nur aus abgelegten Fliegeneiern entstehen, d.h. daß Leben nur durch Seinesgleichen gezeugt wird. Nur in einem kleinen Bereich ließ Redi mangels anderer Beobachtungsergebnisse Urzeugung zu, nämlich bei den Gallwespen, die direkt aus dem Pflanzensaft entstehen sollten, und bei den parasitären Würmern, die aus den lebendigen Säften des Wirtstieres hervorgingen.

7.1.2. Jan Swammerdam

William Harvey hatte zwei Arten von Entwicklung unterschieden: Die epigenetische Entwicklung wie z.B. beim Hühnerei und die Metamorphose der Insekten, bei der alle Teile gleichzeitig zur Existenz kommen. Jan Swammerdam kritisierte diese Theorie in seiner "Biblia naturae"[11] und bemühte sich nachzuweisen, daß eigentlich kein Unterschied in der Entwicklung der höheren und niederen Tiere bestehe. Er wählte zwei Beweismethoden: Zum einen sezierte er Larven verschiedener Entwicklungsstufen, zum anderen verglich er die verschiedenen Ty-

---

10 Opere III, Livi 88 - zitiert nach Luigi Belloni: Francesco Redi als Vertreter der italienischen Biologie des XVII. Jahrhunderts. In: Münchner Medizinische Wochenschrift 101 (1959), S. 1617-1624; hier S. 1620.

11 Die folgenden Stellen werden nach der ersten deutschen Übersetzung des Werkes von 1752 zitiert: Johann Swammerdam, der Arzneykunst Doktor von Amsterdam, Bibel der Natur, worinnen die Insekten in gewissen Classen verteilt, sorgfältig beschrieben, zergliedert, in sauberen Kupferstichen vorgestellt, mit vielen Anmerkungen über die Seltenheiten der Natur erläutert und zum Beweis der Allmacht und Weisheit des Schöpfers angewendet werden. Leipzig 1752, S. 11-14.

pen von Insekten in ihrer Entwicklung. Es gelang ihm, die allmähliche Entwicklung verschiedener Larvenstadien nachzuweisen, also eine ähnliche Entwicklung wie beim Hühnchen. Swammerdam nahm an, daß jegliche Entwicklung nach ein und demselben Modell ablaufe, denn Gott habe die Natur mit einheitlichen Gesetzen ausgestattet (S. 9):

> "Es haben also die Veränderungen der ohne Empfindung anwachsenden und aus-
> sprossenden Geschöpfe auch an den gefühligen stat, und der unbegreifliche Gott,
> der unnachspürliche Schöpfer, ist über alle Maßen wunderbar und unbegreiflich in
> seinen Werken; in welchen allen er sich als einen guten, erstaunens- und anbe-
> tungswürdigen Gott hervor thut, sintemal sie alle auf wenig Regeln gegründet
> sind, und so genau mit einander übereinkommen, daß man die äußersten Grenzen
> dieser Ähnlichkeit mit seinem Nachsinnen nicht erreichen kan."

Swammerdam gelang es, Harveys Forderung, daß alles Leben aus dem Ei entsteht, auch auf die von Harvey selbst noch ausgesonderte Gruppe der Insekten
und niederen Tiere anzuwenden. Er stellt fest, daß auch bei den Insekten das Ei
schon das Tier selbst sei (S. 19). Hier stellt sich natürlich gleich die Frage, was
meint Swammerdam damit? Ist er ein Vertreter der Theorie der Präformation,
d.h. glaubt er daran, daß das Tier bereits vollständig ausgebildet von Anfang an
vorliegt? Oft wird Swammerdam als Begründer der modernen Präformationstheorie zitiert[12], dies ist aber sicherlich nicht richtig[13]. Swammerdam befaßt sich
immer mit dem bereits befruchteten Ei, wenn er sagt, daß dies schon das Tier
enthalte; sein Interesse gilt fast ausschließlich den späten Larvenstadien.
     Viel diskutiert wurde in diesem Kontext eine Stelle, in der Swammerdam die
Entwicklungstheorie in Zusammenhang mit einer Bibelstelle bringt (S. 16):

> "Wir halten dafür, daß in der ganzen Natur eigentlich gar keine Zeugung zu finden
> ist, sondern nur eine Fortpflanzung, oder Anwachsung der Theile, wobey ein un-
> gefehrer Zufall im geringsten nicht stat findet. Wenn dieses sich also verhält: so ist
> es in der That sehr leicht zu erklären, wie jemand, der weder Arme, noch Beine
> hat, eine gesunde Frucht zeugen könne. Die bekannte Streitfrage, ob der Saame zu
> einer vollkommenen Frucht von allen Theilen des Leibes abgeschieden werden

---

12 So z.B. Francis Joseph Cole: Early Theories of Sexual Generation. Oxford 1930, S. 41 f.;
     auch Tadeuz Bilikiewicz: Die Embryologie im Zeitalter des Barock und des Rokoko.
     (Arbeiten des Instituts für Geschichte der Medizin an der Universität Leipzig, Bd 2), Leip-
     zig 1932, S. 65: "Das mußte sich besonders ungünstig bei Swammerdam auswirken, der ein
     glühender Bekenner des Evolutionismus war. Unzweideutig ist in seinen Anschauungen
     schon die Idee der Einschachtelungstheorie formuliert. Das Ei ist bei ihm nicht irgendein
     allgemeiner Uranfang des zukünftigen Organismus und seiner Form, sondern das bereits
     fertige Tier, nur in verkleinerten Ausmaßen."
13 Vgl. dazu Peter J. Bowler: Preformation and Pre-existence in the Seventeenth Century: A
     Brief Analysis. In: Journal of the History of Biology 4 (1971), S. 221-244, bes. S. 233-
     237; S. 234: "But although Swammerdam is usually regarded as a founder of the
     "preformation" theory, he did not make this type of the observation, and his contemporaries
     usually realized that his work was not relevant to the topic." - Gegenposition bei Edward
     G. Ruestow: Piety and the Defence of Natural Order: Swammerdam on Generation. In:
     Margaret J. Osler/Paul Lawrence Farber (Eds.): Religion, Science, and Worldview: Essays
     in Honor of Richard S. Westfall. Cambridge Press 1985, S. 217-241; und bei Daniel C.
     Fouke: Mechanical and "Organical" Models in Seventeenth-Century Explanations of Bio-
     logical Reproduction. In: Science in Context 3 (1989), S. 365-381; bes. S. 372-374.

müsse, kan hier leichtlich aufgelöset werden. Daraus können wir eben auch verstehen, wie Levi, da er in den Lenden seines Vaters war, noch lange zuvor, ehe er gebohren wurde, den Zehenden habe geben können. Nam is adhuc in lumbis patris erat, quum occurreret Abrahamo Melchisedecus [Hebräer 7, 10]. Endlich würden auch ursprüngliche Verderbnisse, selbst nach dem Urtheile eines grundgelehrten Herrn, dem wir zuweilen die Geheimnisse unserer Erfahrungen mitgetheilet haben, hier ihren Grund finden können, wenn alle Erdeinwohner in den Lenden ihrer ersten Voreltern eingeschlossen gewesen wären. Weil aber dieses solche Geheimnisse sind, welche sich andere ganz allein zueignen [wendet sich Swammerdam einem anderen Thema zu]."

Swammerdam greift hier die Theorie der Urzeugung an, nicht aber die Zeugung allgemein. Wie gegen die Theorie der Metamorphose führt er auch gegen die Theorie der "Generatio spontanea" an, daß sie den Zufall zuließe, was einer atheistischen Überzeugung Vorschub leiste. Wenn aber auch Insekten durch Fortpflanzung und Anwachsen der Teile entstehen, bleibt der Zufall ausgeschlossen. Wenn Swammerdam hier sagt, daß die Lebewesen bereits in den Lenden der Eltern vorhanden seien, heißt dies nicht, daß sie dort bereits fertig ausgebildet sind - dies sagt Swammerdam nie. Wenn er abschließend anführt, daß ein "grundgelehrter Herr", dem er seine Ergebnisse vorgetragen habe - hier bezieht er sich vermutlich auf den französischen Philosophen Nicole Malebranche -, aus dieser Entwicklungstheorie die Erbsünde herleitet[14], ist klar festzustellen, daß Swammerdam hier nur die Meinung eines anderen wiedergibt. Er selbst schließt seine Darstellung, wie gesehen, mit der Feststellung ab, daß er die Behandlung solcher Themen anderen überlasse.

Zur Absicherung dieser Argumentation soll noch die ebenso häufig zitierte Parallelstelle aus Swammerdams früherem Werk "Miraculum Naturae Sive Uteri Muliebris Fabrica" (zitiert nach der Ausgabe: Leiden 1717) betrachtet werden. Auch hier (S. 21 f.) gibt Swammerdam an, er wolle nicht über die Zeugung (generatio), sondern nur über die Erweiterung (propagatio) und das Wachstum der Teile (incrementum) sprechen, da in diesem Bereich jeglicher Zufall ausgeschlossen sei. Dann versucht Swammerdam auf vier Fragen eine Antwort zu finden:

1. Warum kann ein Embryo, der zunächst Arme und Füße entbehrt, sich in alle Teile erweitern. Swammerdams Antwort lautet: "Alle Teile sind im Ei enthalten". - Auch zu dieser Stelle muß bemerkt werden, daß Swammerdam vom bereits befruchteten Ei spricht, in dem sich ja schon ein kleiner Embryo gebildet hat. Dieser kann sich erweitern, weil alle Teile bereits im Ei enthalten sind, d.h. auch solche Teile, die der Embryo noch nicht aufweist. Gerade diese Aussage unterstützt die oben vertretene Ansicht, daß Swammerdam keineswegs ein Vertreter der Präformationstheorie war. Er sagt hier ausdrücklich, der Embryo hat (in diesem Stadium) noch keine Arme und Beine; ein echter Vertreter der Präformationstheorie dagegen würde argumentieren: Der Embryo

---

14 Eine andere ähnlich gelagerte Stelle zur Erbsünde abgeleitet von Adam und Eva, die in der "Historia insectorum generalis" (cap. 52) enthalten war, wurde in der "Biblia naturae" weggelassen. Auch hier zitiert Swammerdam nur einen "gebildeten Mann", vermutlich wiederum Malebranche, und nimmt selbst nicht Stellung.

hat zwar bereits Arme und Beine, aber in so kleiner Form, daß man sie noch nicht sehen kann.
2. Dann wendet sich Swammerdam der "berühmten Frage" zu, "ob zur Perfektion des Embryos Samen von allen Teilen des Körpers notwendig sind". Diese Frage lasse sich auf dieselbe Weise ebenso leicht lösen. Was Swammerdam damit meint, ist schwerer zu erschließen. Er spielt hier wohl auf die alte atomistische Theorie an. Swammerdam selbst sieht die Antwort in der Beantwortung der ersten Frage mitgegeben, d.h., wie auch die Diskussion der beiden weiteren Fragen deutlich macht, daß tatsächlich Same und Ei alle Teile des Embryos enthalten; daraus läßt sich indirekt schließen, daß Swammerdam meint, daß der Same nicht aus allen Körperteilen stammen muß, da er die Vorformen der Nachkommen allein in den Lenden der Vorväter lokalisiert. Dazu heißt es in der Diskussion der dritten Frage:

> [3.:]"Von hier ist offenbar, auf welche Weise Levi lange vor seiner Geburt den Zehnten erstattet haben soll, als Melchisedecus seinem Urgroßvater begegnete: er befand sich zweifellos in den Lenden seiner Eltern; alle Teile der Tiere befinden sich im Ei."

Daß sich die letzte Aussage nicht allein auf das weibliche Ei beziehen kann, macht der Vorsatz deutlich: Levi befand sich in den Lenden seiner Eltern, also nicht nur in den Lenden der Mutter oder des Vaters.
4. Wie in der "Biblia naturae" schließt Swammerdam auch im "Miraculum naturae" die Frage nach der Ursünde an:

> "Und da auch die Grundlage der Ursünde selbst nach dem Urteil eines äußerst gebildeten Mannes, dem ich unsere Versuche und Experimente wiederholt gezeigt habe, schon gefunden sei, wenn alles Menschliche in den Lenden von Adam und Eva eingeschlossen war: woraus gleichsam notwendig abgeleitet werden kann, daß das Menschengeschlecht ein Ende finde, wenn diese Eier erschöpft sind. Aber weil Geheimnisse dieser Art unser Fassungsvermögen übersteigen, weil unser Verstand so schwach ist, daß wir den allergeringsten Teil von dem erfassen, was unseren Augen begegnet, geschweige denn daß wir das, was nur durch vernünftiges Nachdenken erfaßt werden kann, ausreichend verstehen, wollen wir einige Annahmen über die Bewegung des Eies aus dem Ovar in den Uterus vorlegen."

Man sieht hier dieselbe Haltung, die bereits in der Parallelstelle aus der "Biblia naturae" deutlich wurde: Swammerdam selbst ist nicht bereit, Stellung zu nehmen. Diese Dinge gehören nach seiner Meinung in den Bereich der für unseren Verstand unerreichbaren Geheimnisse. Auch hier referiert er wieder nur die Meinung eines "gebildeten Mannes" - wiederum dürfte Malebranche gemeint sein. Neu ist dabei in diesem Bericht die Annahme, daß das Menschengeschlecht aufhören müsse zu existieren bzw. sich fortzupflanzen, wenn die Eier Evas aufgebraucht seien - eine Ansicht, die später auch Albrecht von Haller vertritt und dazu veranlaßt, genaue Berechnungen aufzustellen, wie viele Eier Evas Eierstock enthalten haben müsse, um die Existenz des Menschengeschlechts bis zu seiner Zeit zu ermöglichen[15]. Auch die hier zitierte Stelle aus dem "Miraculum naturae" läßt sich also nicht als Beleg anführen, um Swammerdam als ersten Vertreter einer modernen Präformationstheorie zu feiern (s.o.).

Jegliche Entwicklung läuft nach Swammerdam nach denselben Gesetzen ab, dennoch weisen die Insekten eine Besonderheit auf: Sie haben eine Zwischenform in ihrer Entwicklung, die Swammerdam erstmals als Puppe ("Püpgen") bezeichnet (S. 8). Die Puppen der einzelnen Arten unterscheiden sich, Grund dafür ist Gottes Plan; Swammerdam bemerkt dazu (S. 7):

> "Hierauf könnte ich antworten, daß man die Ursachen davon nicht angeben könne, als die der Wille und die Weisheit Gottes sich vorbehalten hat, der das eine Thier anders als das andre bekleidet. Dahero wir wohl thun würden, wenn wir, wie mit allen dunklen Dingen geschehen sollte, allen Fleiß anwendeten, die Ursachen derselben lieber aus der Natur, als aus unserer schwachen Vernunft zu schöpfen. Denn folgen wir den Regeln und der Ordnung nicht sorgfältig nach, die der allweise Schöpfer ganz unveränderlich in die Art der Dinge gelegt hat, oder weichen wir im geringsten von ihrer Spur ab, so müssen wir uns alle Augenblicke in den Erfahrungen betriegen, und die Schlüsse, die wir so unbedachtsam in unserm Gehirne ausbrüten, müssen uns nothwendig verleiten."

Swammerdam macht hier seine Methode deutlich: Zuerst muß die direkte Beobachtung der Dinge kommen, und wenn man daraus irgendwelche Schlüsse zieht, müssen diese erneut an der Natur selbst überprüft werden, denn nur durch direkte Naturbeobachtung kann man die von Gott gegebenen Naturgesetze finden[16].

Wie es unterschiedliche Puppen als Ausgangsstadien der Entwicklung der verschiedenen Insektenarten gibt, so gibt es auch verschiedene Entwicklungstypen. Swammerdam unterscheidet vier Entwicklungsarten (S. 17):

> "Die erste Ordnung ist also diejenige, da das Thiergen unmittelbar mit allen seinen Gliedmassen aus seinem Ey kommt, nach und nach zu seiner vollkommenen Größe anwächst, und alsdenn zu einer Nympha [= Puppe] wird, die nicht mehr häuten darf."

1. Das bedeutet, modern gesprochen, Insekten ohne Metamorphose, d.h. die Tiere gehen in erwachsener Form aus dem Ei hervor. Als Beispiele behandelt Swammerdam Spinnen, Läuse, Flöhe, Asseln, Skorpione, Tausendfüßler, Krustentiere.

---

15 Herrn Albrecht von Haller's Anfangsgründe der Physiologie des menschlichen Körpers. Aus dem Lateinischen übersetzt von Johann Samuel Haller. 8 Bde, Berlin 1759-1776. Bd VIII, 1776, S. 257; - vgl. dazu auch Änne Bäumer: Das Ei als Instrumentum Dei. Religion und Embryologie im 17. und 18. Jahrhundert. In: Annali dell' Istituto Storico italico-germanico 11 (1985 [1986]), S. 79-102, bes. S. 95 f.; vgl. auch Kapitel 8.2. (s.u.).

16 Vgl. dazu insbesondere Swammerdams Ausführungen in der "Schlußrede an den Leser" (S. 341-344), in der nochmal ganz ausführlich die Rolle der Erfahrung für die wissenschaftliche Forschung diskutiert wird.

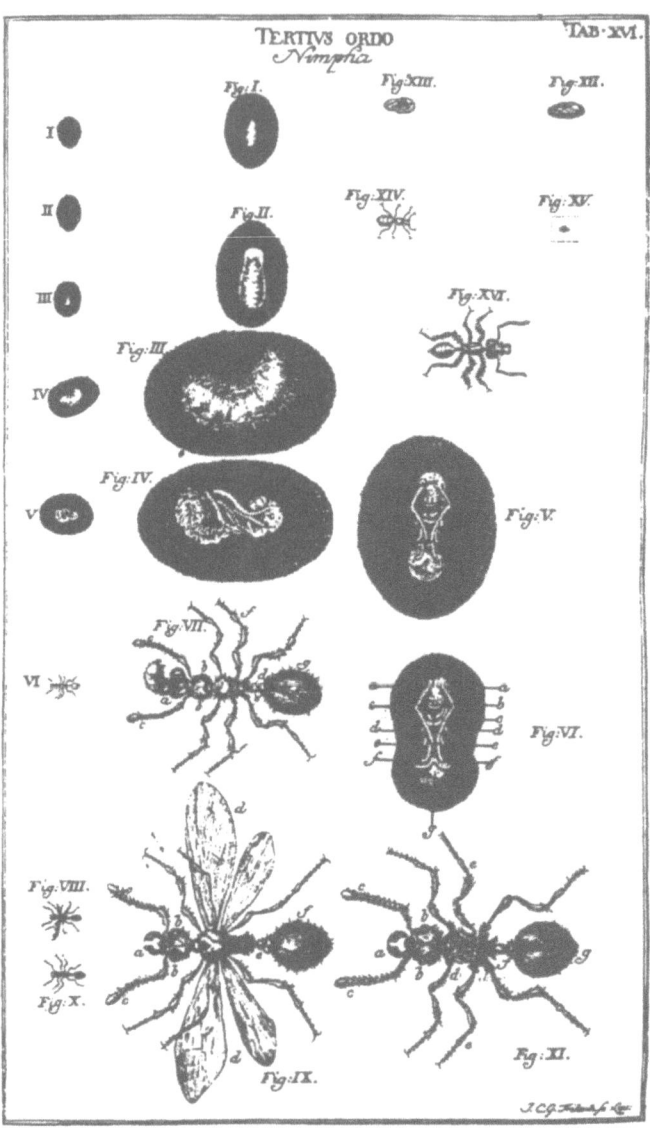

Entwicklung der dritten Ordnung
(Biblia naturae, Tafel 16)

"Die zweite [Ordnung] ist die, da das Thiergen mit sechs Füssen aus seinem Ey hervor kriecht, nach und nach vermittelst einiger ausgewachsenen Calyculorum, das ist Beutelgen oder Knöpfgen, vollkommene Flügel bekömmt, und endlich zu einer Nympha wird."

2. Insekten mit unvollkommener Metamorphose, die Tiere haben bereits sechs Beine, aber noch keine Flügel - Beispiele: Libellen, Grillen, Zikaden, Schaben u.a.

"Die dritte ist die, da ein Würmgen oder eine Raupe ohne Füssen, oder mit sechs Füssen, oder auch mit mehrern, aus seinem Ey hervor tritt, in seinen Gliedmassen unbemerklich unter dem Fell anwächst, dieses endlich abstreift, und zu einem Püpgen oder Goldpüpgen wird."

3. Insekten mit vollkommener Metamorphose, das Ei ist sehr unvollkommen, es fehlen fast alle adulten Züge - Beispiele: Schmetterlinge, Hartflügler.

"Die vierte Ordnung ist endlich die, da der Wurm gleichfalls ohne Füsse, oder mit sechs und mehrern Füssen aus dem Ey hervor bricht, und unter der Haut unbemerklich anwächst, die Haut aber nicht ablegt, sondern in derselben die Gestalt einer Nymphe annimmt."

4. Insekten, deren Entwicklung in keines dieser drei Schemata paßt; sie haben eine verborgene Puppe. - Beispiele: die meisten Fliegen.

Diese von Swammerdam erstmals vorgelegte Einteilung der Insekten ist in fast alle späteren Klassifikationssysteme eingegangen und wurde zur Grundlage der weiteren entomologischen Forschung.

7.2. ANIMALKULISMUS: ANTONI VAN LEEUWENHOEK UND DIE ENTDECKUNG DER SAMENTIERCHEN

Obwohl aufgrund der Forschungen am Hühnerei von den Präformisten zunächst allgemein ovistische Vorstellungen vertreten wurden, die davon ausgehen, daß ein fertig vorgeformter Embryo im Ei liege, führten weitere mikroskopische Untersuchungen zur Aufstellung einer konträren Theorie, des Animalkulismus, der davon ausgeht, daß sich das präformierte Tier im Sperma befindet. Begründer der animalkulistischen Theorie war der Amateurwissenschaftler Antoni van Leeuwenhoek. Da Leeuwenhoek nie eine universitäre Ausbildung genoß und nur die holländischen Sprache beherrschte, waren ihm die allgemeinen Strömungen, die die Auseinandersetzung der 'scientific community' prägten, zunächst nicht vertraut, so daß er völlig unbelastet forschen konnte. Erst durch den Kontakt mit der Royal Society setzte er sich auch mit den theoretischen Hintergründen seiner Forschungen und den herkömmlichen Theorien auseinander. Mit seinen Mikroskopen, die bis zum 19. Jahrhundert die besten überhaupt waren, untersuchte er den feinen und komplizierten Bau verschiedener Lebewesen. Was früher einfach und kompakt erschien, zeigte sich nun als feine und verwickelte Struktur. So entdeckte er auch viele Mikroorganismen wie Infusorien und Rädertierchen, die er als "animalcula" (Tierchen) bezeichnete[17]. 1677 brachte ihm der Student Johan Ham Objekte, die aus dem Samen stammten. Leeuwenhoek untersuchte sie mit dem Mikroskop, identifizierte sie als "Tierchen" und berichtete in einem Brief an William Brouncker, den Präsidenten der Royal Society, von dieser Entdeckung[18]. Damit hatte er erstmals die Spermatozoen beschrieben. Seine Untersuchungen an Säugetierovarien führten ihn zu der Ansicht, daß Säugetiereier nur der Fantasie und Dummheit entsprungen seien[19].

Leeuwenhoek hielt seine Entdeckung der Spermatierchen für eine seiner bedeutendsten; 75 von seinen 280 publizierten Briefen enthalten Beobachtungen zu diesen. Er untersuchte das Sperma von 30 Tierarten. Gegen die Meinung der Royal Society, die Nehemiah Grew, der Sekretär der Gesellschaft, ihm mitteilte, vertrat er einen Animalkulismus. Grew hatte Leeuwenhoek darauf hingewiesen, daß Harvey und de Graaf glaubten, der Samen liefere nur einen Impuls, trage aber materiell nichts zum Keim bei. Dazu nahm Leeuwenhoek 1679 in einem Brief an die Royal Society, gerichtet an Grew, folgendermaßen Stellung[20]:

> "Durch diese meine hier vorgelegten Observationen stelle ich fest und ich zweifle nicht daran, daß Euer Hochgeboren und die gelehrten Herrn Philosophen mir darin recht geben werden, daß die Testikeln einzig zu dem Zweck gemacht sind, daß sich die Tierchen darin bilden und so lange darin erhalten werden, bis sie abgesondert werden können. Wenn sich dieses aber so verhält, was soll dann mit all den Tierchen werden, die im männlichen Samen des Menschen sind und die von Euer Hochgeboren die Flüssigkeit genannt werden. Ich bin bis heute der Meinung gewesen, daß die Flüssigkeit oder das Wasser von den Testikeln kommt und daß die Tierchen in dem männlichen Glied hervorgebracht werden, aber hier scheint es umgekehrt; wie auch damit diejenigen eines bessern belehrt sein müssen, die bis jetzt haben behaupten wollen, daß die Tierchen nur durch Fäulnis entstehen und nicht zur Fortpflanzung dienen; und einige behaupten, daß diese Tierchen kein Leben haben, sondern daß es allein das Feuer ist, das im Samen ist, aber ich stelle fest, daß die Tierchen aus einer größeren Menge von Teilen bestehen, als sich vermutlich diese Leute vorstellen können, die Menge von Teilen nämlich, aus welchen unser Körper zusammengesetzt ist."

---

17 S.o. Kapitel 6.3.1.
18 Brief an William Brouncker, November 1677. In: The Collected Letters of Antoni van Leeuwenhoek. The Complete Works of Van Leeuwenhoek, Issued and Annotated Under the Auspices of the Leeuwenhoek-Commission of the Royal Netherlands Academy of Science and Letters. Bde 1-(9), Amsterdam 1939-(1983); hier Bd 2, S. 290-293; zu Leeuwenhoeks Entdeckung der Spermatozoen vgl. A. D. Nekrassow: Bemerkungen über die Menschlein, die von den Animalkulisten unter dem Mikroskop im menschlichen Samen gesehen wurden, und über die Entstehung der Idee der "Einschachtelung" aller folgenden Generationen in den Geschlechtselementen (den Eiern und Spermatozoen). In: Sudhoffs Archiv 26 (1933), S. 89-104; eine detaillierte Studie wurde von Edward G. Ruestow vorgelegt (Images and Ideas: Leeuwenhoek's Perception of the Spermatozoa. In: Journal of the History of Biology 16 (1983), S. 185-224), sie wurde bei der Ausarbeitung herangezogen; dort finden sich alle wichtigen Belege, die hier nicht im einzelnen aufgeführt werden konnten.
19 Leeuwenhoek an die Royal Society, 30. Mai 1685, in: Leeuwenhoek (wie Anm. 18), Bd 5, S. 158 f., 164 f., 170f.
20 Zitiert nach Theodor Ballauf: Die Wissenschaft vom Leben. Eine Geschichte der Biologie, Band I vom Altertum bis zur Romantik. (Orbis Academicus, II/8) Freiburg/München 1954, S. 163.

Leeuwenhoek zögerte lange, sich auch zum Menschen zu äußern, aber 1683, als er die Spermatozoen bei Säugetieren, Vögeln, Fischen und sogar Insekten untersucht hatte, war er sicherer und stellte fest, "daß der Mensch nicht aus dem Ei, sondern aus einem Tierchen im männlichen Samen entsteht"[21]. Die Bildung der Spermatierchen finde in den Hoden statt[22]. Leeuwenhoek glaubte, zwei Sorten von Samentierchen gesehen zu haben, männliche und weibliche. Er verwendete viel Zeit darauf nachzuweisen, daß die Samentierchen die Höhle des Uterus erreichten[23]. Er glaubte, daß sie dorthin gelangen müßten, um ernährt zu werden. Die Einnistung müsse aber nicht sofort nach der Kopulation erfolgen, sondern könne einige Tage später geschehen. Das Samentierchen werfe dann seinen Schwanz und die äußeren Hüllen ab. Leeuwenhoek war überzeugt, daß der Foetus schon fertig sei, bevor sich das Spermatierchen im Uterus einniste.

Mit dem Mikroskop entdeckte er eine Unzahl von Samentierchen im Uterus von Hunden und Kaninchen[24]. Er beobachtete dann 1685 im Uterus eines Kaninchens sechs Tage nach der Befruchtung schmale, runde Vesikel, die andere Autoren, wie er selbst sagt, wohl als Eier gedeutet hätten. Er selbst leitete sie von den Spermatozoen her. Beim Öffnen eines der Vesikel - offensichtlich einer Blastozytc - nahm cr an, er hätte die Figur eines Kaninchens tausendmal kleiner als ein Sandkorn gesehen, aber er gab diesen Gedanken auf, als er den Befund bei anderen Vesikeln nicht wiederfinden konnte[25]. Dennoch schloß er, daß ein von einer lebenden Seele beseelter Körper eingeschlossen sei; die Seele identifizierte er mit der Fähigkeit der Bewegung[26], sie stamme vom Samen; deshalb postulierte er eine Seele für jedes Spermatozoon. Ihm erschien es daher tausendmal wahrscheinlicher, daß die Seele beim Spermatierchen bleibe und die Veränderung der Gestalt bewirke, als daß die lebende Seele auf die Teile des Eies übertragen werde[27]. Somit war für Leeuwenhoek das Bildungsprinzip des Embryos die Seele im männlichen Samen, und er gab seiner mikroskopischen Entdeckung einen metaphysischen Hintergrund.

Auch vorgeformte Strukturen des Spermatierchens, wie das Gefäßsystem, das er beobachtet zu haben glaubte, sollten im erwachsenen Tier fortbestehen. Die

---

21 Leeuwenhoek an Christopher Wren, in: Leeuwenhoek (wie Anm. 18), Bd 4, S. 10 f.

22 Luigi Belloni (Leeuwenhoek, Boerhaave und Bleyswyk über Spermatozoën. In: Janus 52 (1965), S. 193-217) leitet aus einem Briefwechsel zwischen Boerhaave und Leeuwenhoek ab, daß Leeuwenhoek nicht nur feststellte, daß die Bildung der Spermatozoen im Hoden stattfinde, sondern habe auch die Entstehung derselben durch Teilung vorausgesehen.

23 Zu Leeuwenhoeks Theorie von der Fortpflanzung vgl. Gerrit Arie Lindeboom: Leeuwenhoek and the Problem of Sexual Reproduction. In: L. C. Palm/H. A. M. Snelders (eds.): Antoni van Leeuwenhoek 1632-1723. Studies on the Life and Work of the Delft Scientist Commemorating the 350th Anniversary of His Birthday. (Neeuwe Nederlandse Bijdragen tot de Geschiedenis der Geneeskunde en der Naturwetenschappen, 8) Amsterdam 1982, S. 129-152.

24 Leeuwenhoek an die Royal Society, 5. Januar 1685, in: Leeuwenhoek (wie Anm. 18), Bd 5, S. 66 f.

25 Leeuwenhoek an die Royal Society, 30. März 1685, in: Leeuwenhoek (wie Anm. 18), Bd 5, S. 198-201.

26 Leeuwenhoek an die Royal Society, 13. Juli 1685, in: Leeuwenhoek (wie Anm. 18), Bd 5, S. 246 f.

27 Leeuwenhoek an die Royal Society, 30. März 1685, in: Leeuwenhoek (wie Anm. 18), Bd 5, S.176-179.

Annahme, daß ein vorgeformter Mensch bzw. ein Tier im Spermatozoon vorliege, äußerte Leeuwenhoek explizit erstmals 1685[28]. Allerdings stammen die bekannten Abbildungen eines kompletten Menschleins nicht von Leeuwenhoek, sondern von Nicolas Hartsoeker[29]. Zum Beweis seines Animalkulismus untersuchte Leeuwenhoek frühe Entwicklungsstadien von Hühnern und Insekten, konnte aber den Nachweis für die Vorannahme eines fertig vorgebildeten Tieres im Spermatozoon nicht erbringen. Auch die verbesserte Methode, ein Stück eines Spermatozoons in einem Tropfen Wasser auf ein Glas aufzutragen, um es so klarer unter dem Mikroskop sehen zu können, brachte nicht das gewünschte Ergebnis, was Leeuwenhoek sehr frustrierte[30]. Versuche, die Methode dadurch zu verbessern, daß er die äußere Haut des Spermatozoons abtrennte, scheiterten. So fand er sich schließlich Ende der neunziger Jahre damit ab, daß seinen Beobachtungsmöglichkeiten Grenzen gesetzt waren, und sprach von einem großen Geheimnis, daß im Samen der Tiere und Pflanzen verborgen bleibe. Er hielt es nicht für wahrscheinlich, so schreibt er 1699, "daß die menschliche Vernunft so tief in das große Geheimnis eindringen könne, durch Zufall oder Sektion des Tierchens im Samen, so daß wir den ganzen Menschen sehen können"; aber er hatte keinen Zweifel, daß der ganze Mensch, in welcher Form auch immer, vorhanden sei[31].

Die Studien mit dem Mikroskop hatten Leeuwenhoek also keineswegs zu einer endgültigen Lösung des Problems geführt, sondern zu einem unlösbaren Geheimnis. Das Zusammenspiel zwischen Vorannahmen, Ideen und Beobachtungen eines neuen 'mikroskopisch' kleinen Tierchens, von dem Leeuwenhoek annahm, daß es eine komplexe Struktur im Samen sei, führten ihn zu der Überzeugung, daß der Samen die dominierende Rolle bei der Entwicklung spiele. So bieten Leeuwenhoeks Beobachtungen der Spermatozoen ein gutes Beispiel dafür, wohin Vorurteile bei noch so guten neuen Beobachtungen und Entdeckungen führen können.

7.3. ZUSAMMENFASSUNG

Nach der Entdeckung der Samentierchen durch Antoni van Leeuwenhoek kam es auch unter den Präformisten zu heftigen Auseinandersetzungen: Die Animalculisten (Nicolaus Hartsoeker, Gottfried Wilhelm Leibniz, Nicolas Andry, um nur die wichtigsten zu nennen) gingen davon aus, daß das vorgeformte Lebewesen im Samen liege; die Ovisten (Antonio Vallisnieri, Louis Bourget) dagegen glaubten, daß das Tier im Ei präformiert sei. Gegen diese beiden konträren Prä-

---

28 Leeuwenhoek an die Royal Society, 13. Juli 1685, in: Leeuwenhoek (wie Anm. 18), Bd 5, S. 236 f.
29 Nicolas Hartsoeker: Essay de dioptrique. Paris 1694; vgl. dazu auch R. C. Punett: Ovists and Animalculists. In: American Naturalist 62 (1928), S. 481-507; hier S. 491 f.; Leeuwenhoek greift aber in erster Linie Dalenpatius an. Nekrassow (wie Anm. 18, S. 102) ist allerdings der Ansicht, daß auch diese Forscher ihre Zeichnungen nur als Hypothesen betrachtet hätten.
30 Leeuwenhoek an die Royal Society, 9. Juni 1699; vgl. Ruestow (wie Anm. 18), S. 211.
31 Leeuwenhoek an die Royal Society, 9. Juni 1699; vgl. Ruestow (wie Anm. 18), S. 211. Falsche Darstellung bei Bowler (wie Anm. 13, S. 233), der angibt, Leeuwenhoek habe sich von Präformationstheorien nicht beeinflussen lassen.

formationstheorien wurde auch weiterhin die Epigenesistheorie vertreten (Georg Ernst Stahl, Pierre Louis Moureau de Réaumur). Die Auseinandersetzung um die verschiedenen Entwicklungstheorien sollte aber erst im 18. Jahrhundert ihren Höhepunkt erreichen, wobei in der Diskussion zwischen Haller und Wolff wiederum die Hühnchenentwicklung eine entscheidende Rolle spielte.

Die Untersuchung embryologischer Frühstadien endete also im 17. Jahrhundert trotz des Einsatzes des neuen technischen Hilfsmittels, des Mikroskopes, im Kontemplativen. Die Spannung zwischen Empirie und Tradition hatte sich zwar zugunsten der Empirie verschoben, aber noch lange nicht zu einer endgültigen Lösung geführt. Die beiden konkurrierenden Entwicklungstheorien, der Präformismus und die Epigenesistheorie, die seit der Antike diskutiert wurden, blieben nebeneinander bestehen und wurden der Hauptstreitpunkt der embryologischen Forscher in den folgenden Jahrhunderten.

TEIL 4:

DER STREIT UM PRÄFORMATION UND EPIGENESE IM 18. JAHRHUNDERT (DIE HALLER-WOLFF-DEBATTE)

8. Präformation

8.1. ANTOINE MAITRE-JAN UND RENE ANTOINE FERCHAUT DE REAUMUR

8.1.1. Antoine Maître-Jan - Observation sur la formation du poulet (1722)

Zu Beginn des 18. Jahrhunderts war die Präformationstheorie weitgehend akzeptiert. Erst durch die Dissertation von Caspar Friedrich Wolff, der ein entschiedener Vertreter der Epigenesislehre war, wurde die Diskussion über den Entwicklungsvorgang wieder aufgenommen und führte zu einer langjährigen Kontroverse zwischen Haller und Wolff. Vor Haller wurde das Thema der Hühnchenentwicklung nochmals von Antoine de Maître-Jan aufgenommen, der 1722 eine hervorragende Studie "Observation sur la formation du poulet"[1] vorlegte. Die Untersuchung ist sehr exakt, detailliert und mit vielen guten, wenn auch nicht sehr schönen Abbildungen versehen. Ganz charakteristisch für dieses Werk ist es, daß theoretische Überlegungen über die Entwicklung im allgemeinen fast völlig fehlen. Maître-Jan begnügte sich mit der Wiedergabe der bereits bekannten Fakten, denen er viele eigene Beobachtungen hinzufügte. Er verwendete eine hervorragende Technik und war der erste Embryologe, der Boyles Methode der Konservierung von Hühnereiern anwendete.

Maître-Jan war ein Vertreter des Ovismus[2]. Er hatte zwar bei Untersuchungen des Samens von Hund, Kater, Hahn und Bulle keine Samentierchen finden können, leugnete aber dennoch ihre Existenz nicht, sondern glaubte, daß seine Mikroskope nur zu schwach seien. Gegen eine animalkulistische Präformation führte er aber an, daß das Spermatierchen eines Vogels nicht ein Miniaturvogel sein könne, weil es dann nicht in der Flüssigkeit schwimmen dürfe; es müsse daher eine Art Fisch oder Frosch sein, aber das sei unmöglich. Als Beweis für den Ovismus wertete Maître-Jan die Erkenntnis, daß die "Dottermembranen" kontinuierlich mit dem Bauchfell und der Membran des Darmes seien. Dotter und Embryo müßten auch gleichzeitig entstanden sein, deshalb sei anzunehmen, daß ein Miniaturembryo bereits im Ovar gleichzeitig mit dem Dotter gebildet werde.

---

1 Antoine Maître-Jan: Observations sur la formation du poulet ou les divers changements qui arrivent à l'oeuf à mesure qu'il est couvé, sont exatement expliqués et représentés en figures. Paris 1722.
2 Gegen Joseph Needham (A History of Embryology. Cambridge 1934, [2]1959 und New York 1959, S. 185 f.), der Maître-Jan fälschlich als Epigenetiker bezeichnet.

Der Hahn liefere dann nur noch den treibenden und gärenden Geist, der die Entwicklung im Moment der Bebrütung in Bewegung setze. Maître-Jan argumentierte also schon ähnlich wie Haller, wenn auch nicht so extrem wie dieser, da er niemals klar feststellte, daß der kleine weiße Körper eine komplette Miniatur des Embryos sei.

Das *frühe Blastoderm*: Maître-Jan betrachtete die Cicatricula seiner Vorgänger als äquivalent zu seiner "tache cendrée" [area pellucida], welche er bereits in einem unbebrüteten Ei in der Mitte der tache blanchâtre [area opaca] beobachtet hatte; wenn seine Darstellung korrekt ist, war die Entwicklung allerdings weiter fortgeschritten, als es normal vor der Bebrütung der Fall ist. In der Mitte der tache cendrée liege ein kleiner Körper [nucleus von Pander], der ein wenig weißer als die tache blanchâtre sei und in einer Flüssigkeit schwimme (S. 13 f.). Die tache cendrée sei später als Vesikel erkennbar, die mit einer transparenten Flüssigkeit angefüllt sei, in die Oberfläche des Dotters zwischen die Dottermembran einsinke und auf dem Dotter ruhe [der weiße Dotter, der den Boden der Keimhöhle bedeckt] (S. 24 f). Maître-Jan nahm an, daß der kleine weiße Körper die Anfänge des Embryos repräsentiere oder der unfertige Embryo selbst sei ("veritablement le commencement du poulet, ou le poulet même encore imparfait", S. 24 f.). Die tache cendrée sei bereits nach 12 Stunden verlängert, ihre Ausdehnung werde durch die Flüssigkeit bewirkt. Auch der kleine weiße Körper sei mit der tache cendrée erweitert, da er durch unsichtbare Bänder mit ihren Rändern verbunden sei und somit automatisch mit ausgedehnt werde, wenn sich diese erweitere. Nach 24 Stunden sei die tache cendrée noch mehr verlängert und habe sich in der Mitte zusammengezogen [die area pellucida hat nun die Gestalt einer Schuhsohle] und wenn man sie öffne, könne man den kleinen weißen Körper [nucleus von Pander] auf der Spitze eines Skalpells herausheben. Auch dieser sei nun verlängert, zum einen durch das Auseinanderziehen durch die Bänder am Rande der tache cendrée, zum anderen dadurch, daß er Nahrungssaft erhalten habe. Maître-Jan wagt nicht zu entscheiden, ob der Nahrungssaft aus der den Embryo umgebenden Flüssigkeit durch Poren in den Embryo eindringe oder ob er durch Kanäle zum Embryo geführt werde; er hält aber die zweite Möglichkeit für wahrscheinlicher und nimmt an, daß die umgebende Flüssigkeit nur dazu diene, den Druck auf den Embryo auszugleichen (S. 31 f.; 36 f.).

Die Entwicklung der tache blanchâtre verfolgt Maître-Jan vom unbebrüteten Stadium über 12, 14, 24, 30, 38 Stunden und gibt an, daß nach 41 Stunden erste Blutgefäße in diesem Bereich gebildet werden (S. 14 ff.). Weiterhin sah er als Begrenzung der tache blanchâtre einen fast grauen Kreis (cercle grisâtre un peu étroit; Fig. 1 h, 4 h, 6 h, 9 h, 10 h), den er für die Anlage eines Blutgefäßes hielt (cercle étroit [sinus terminalis]), in das später alle Nabelgefäße münden[3]. Dann gibt er an, er habe zwei weitere Kreise gesehen: einen gelblich weißen, einen grauen und einen tiefgelben. Die Zahl dieser Kreise variiere allerdings. Sie seien entweder Filter, um das Material des Blutes aufzubereiten, oder Leitungen, um das Material im Blut zum Embryo zu bringen (Fig. 1 und 4: i k l, 6: k l, 8: i k).

---

3 Was Maître-Jan hier tatsächlich beobachtet hat, ist nicht klar: vielleicht sah er den verdickten äußeren Rand des Mesoderms oder den Grenzwulst des Gefäßhofes oder einen der konzentrischen Kreise in der Nähe der area vitellina externa.

Im Laufe der Entwicklung nähmen sie an Zahl zu und breiteten sich über den Dotter aus.

Maître-Jans Behandlung der *Entwicklung des Gefäßhofes* [area vasculosa] ist nicht besser als die Malpighis[4]. Wie Malpighi war er überzeugt, daß alle Blutgefäße existieren, bevor sie sichtbar werden (S. 46, 54, 61, 192 f., 296 f.). Nur Maître-Jans Untersuchungen der Blutinseln sind vielleicht etwas detaillierter als die Malpighis. Nach 36 Stunden erkennt Maître-Jan den Randsinus (cercle étroit), der gelbe Flüssigkeit enthalte und von roten Punkten umgeben sei (S. 57). Er fährt fort (S. 58):

"Wenn wir dann Stunde für Stunde kontinuierlich Eier öffnen, die zur gleichen Zeit untergelegt worden sind, sehen wir, daß nach 41 Stunden die roten oder blutigen Punkte jetzt noch deutlicher sind; daß nach 42 Stunden noch mehr von diesen [bereits] verlängerten Punkten vorhanden sind und daß sie eine ähnliche Gestalt wie Blutgefäße haben; und daß nach 44 Stunden diese Gefäße mit ihren Armen erscheinen."

Maître-Jan war sich nicht im klaren, wohin die Hauptstämme führten; die Äste allerdings mündeten in den cercle étroit [sinus terminalis]. Nach 70 Stunden seien dann fast alle blutigen Punkte in Blutgefäße umgewandelt (S. 96). Maître-Jans Untersuchungen zur Entwicklung des Herzens lassen sich mit denen Malpighis in Eleganz und Präzision nicht vergleichen, inhaltlich stimmen beide Autoren aber weitgehend überein[5].

Bei der Beschreibung der *Entwicklung des Gehirns* stellte Maître-Jan eine neue Theorie auf und verwendete eine neue Methode. Er fixierte einen 48 Stunden alten Embryo in Essig, trennte ihn mit dem Skalpell von den übrigen Eisubstanzen und streckte ihn auf einem Papier aus; auf diese Weise habe er deutlich zwei Erhebungen am Kopf gesehen, die das Material des zukünftigen Gehirns enthielten. Die Nerven gingen vom Gehirn oder der Spinalmedulla aus und transportierten den tierischen Hauch (esprits animaux) zu den einzelnen Teilen (S. 85 f.); dieser sei ein ganz extrem feines Material, das notwendig für die Wahrnehmung und die Bewegung sei. Das Gehirn entstehe aus einer extrem durchsichtigen und leicht zähflüssigen Flüssigkeit, die später Festigkeit erhalte, und, wenn destillierter Essig hinzugefügt werde, dick werde und weißliche Fasern forme. Diese würden mit der Zeit immer zahlreicher und bildeten mehr Wolken, die Flüssigkeit werde immer dicker, bis schließlich die Substanz des Gehirns gebildet werde. Maître-Jan glaubt, daß wegen der Bewegung des Herzens bereits Nerven und die Hirnbasis vor dem Erscheinen des Gehirnes vorhanden sein müßten (S. 169 f.). Diese Theorie, sagt Maître-Jan selbst, müsse allerdings noch durch Untersuchungen an größeren Tieren untermauert werden.

Bei der Beobachtung der *Entwicklung der Allantois* hatte Maître-Jan die gleichen Schwierigkeiten wie Malpighi. Er sah sie zwar bei frühen Stadien, identifi-

---

4 Dies ist nach Howard Bernhardt Adelmanns (Marcello Malpighi and the Evolution of Embryology. 5 Bde, Ithaca, N.Y. 1966, S. 1123) Meinung darauf zurückzuführen, daß Maître-Jan nur schwache Linsen benutzte und deshalb nicht zu einer genaueren Kenntnis der Entwicklung und der Anatomie des Herzens gelangte.
5 Zur Darstellung der Herzentwicklung bei Maître-Jan vergleiche auch die Analyse bei Adelmann (wie Anm. 4), S. 1376-1381.

zierte sie aber nicht. Bei einem 70 Stunden alten Embryo sah er einen transparenten Sack oder Vesikel auf der Seite des Nabels, von dem die Nabelgefäße ausgingen (S. 102); auch bei einem 96 und 120 Stunden bebrüteten Ei beschreibt er sie in ähnlicher Weise (S. 117, 127). Nach 144 Stunden habe er sie allerdings nicht mehr beobachtet, sondern nur etwas Klebriges, das die Nabelgefäße begleite (S. 140). In den Figuren 29 und 30, auf die er sich dabei bezieht, ist allerdings ein Säckchen ganz ähnlich wie zuvor (in Figur 20 und 23) eingezeichnet. Wie Malpighi identifizierte Maître-Jan dieses Säckchen fälschlich als Anlage des Muskelmagens (S. 147-148).

Dottergang und Dottermembranen: Zum Dottergang und Nachweis seiner Funktion berichtet Maître-Jan ein originelles Experiment (S. 228 f.): Wenn er durch einen Strohhalm Luft in den Oesophagus geblasen habe, seien zunächst die Gedärme angeschwollen, dann der Kanal (Dottergang) und schließlich der Dotter selbst. Dieses Experiment wertet Maître-Jan als Beweis, daß der Dottergang wirklich eine direkte Verbindung zwischen den Gedärmen und dem Dotter darstellt. Bei der Beschreibung des Dottersackes begeht Maître-Jan den üblichen Fehler; für ihn ist der Dottersack die vaskularisierte Dottermembran, und die Allantoisgefäße sollen von der area vasculosa ausgehen. Intensiv, wenn auch ohne Erfolg, versucht er, die Beziehung der einzelnen Häute untereinander und ihre Beziehung zum Embryo zu klären. Am wichtigsten ist allerdings seine Beobachtung, daß die Dottermembranen kontinuierlich in die Häute des Embryos übergehen (S. 298 f.):

"Da der kleine weiße Körper der Embryo in verkleinerter Form (en abrégé) ist, dessen Teile sich schrittweise entfalten und gestaltet werden, wenn das Ei bebrütet wird, wie ich es bei den Beobachtungen beschrieben habe, und da die äußere Membran des Dotters eine Absonderung des Bauchfelles und die innere, die die Flüssigkeit des Dotters einschließt, eine Ausdehnung der allgemeinen Membran der Därme ist, gibt es jeden Grund anzunehmen, daß der kleine weiße Körper und diese Membranen zur gleichen Zeit im Ovar gebildet werden. Und in der Tat, wenn die kleinsten Eier im Ovar untersucht werden, werden sie als weiß gefunden und bedeckt von einer sehr dünnen Membran, und es scheint, daß sie nur wachsen und gelb werden, wenn der Dotter in ihnen angehäuft wird."

Indem Maître-Jan so die Existenz bzw. Bildung des Embryos in verkleinerter Form bereits im Ovar der Henne begründet, nimmt er Hallers Argument der "Membrankontinuität" vorweg; seine Untersuchungen haben wohl mit den entscheidenden Anstoß gegeben, daß sich Haller schießlich doch eindeutig für die Präformationstheorie in Form des Ovismus entschied.

8.1.2. René Antoine Ferchaut de Réaumur - Entwicklung eines ersten Brutofens (1749)

Die Kunst, Hühnereier künstlich auszubrüten, war in Ägypten schon seit langem bekannt. So berichtet Jacobus de Vitriaco (13. Jahrhundert) in seiner "Historia orientalis"[6]:

---

6 Ed. Franciscus Moschus. Duaci 1597, cap. 90, p. 192.

Abbildung eines Brutofens bei Réaumur

> "In Ägypten wurden aus Hühnereiern, die in einer "Backform" erwärmt wurden,
> oder durch die Bebrütung der Hennen Küken erzeugt, wodurch es möglich war, an
> jedem Tag, durch die vorherbeschriebene Kunstfertigkeit, soviele Küken zu haben
> wie man Eier hatte."

René Antoine Ferchaut de Réaumur war der erste, der sich bemühte, diese
Methode auch in Europa (in Frankreich) heimisch zu machen. In seiner "Art de
faire éclore de d'élever en toute saion des oiseaux domestiques de toutes espèces,
soit par le moyen de la chaleur du furmier, soit par le moyen de celle du feu ordinaire" (2 Bde, Paris 1749) entwickelt er eine Methode der künstlichen Bebrütung
von Hühnereiern mittels eines Brutofens. Ein Ofen wird auf der konstanten
Temperatur von 32° R gehalten. Diverse Versuche führten Réaumur dann zu der
Erkenntnis, daß es nicht hinreicht, die Temperatur konstant zu halten, da die zur
Entwicklung angeregten Küken binnen kürzester Zeit abstarben. Eine ausreichende Lüftung war unbedingt erforderlich, da auch Eier, die in warmem Wasser von 32° R aufbewahrt worden waren oder solche, die vor der Bebrütung im
Ofen mit Fett oder Firnis bestrichen wurden, nicht entwicklungsfähig waren.
Réaumur erklärte diese Erscheinung so, daß notwendigerweise Feuchtigkeit
durch die Eischale Zugang haben müsse. Nach vielen Versuchen und Verbesserungen gelang es Réaumur schließlich, Küken auszubrüten. Dieses erste Modell
eines Brutofens war für die Praxis der Hühnerzüchter von großer Bedeutung.

8.2. ALBRECHT VON HALLER - BILDUNG DES HERZENS (1757) UND DER KNOCHEN (1758)

8.2.1. Albrecht von Hallers embryologisches Werk

Hallers embryologisches Wirken läßt sich in drei Hauptphasen gliedern: Als Student war Haller als Schüler Boerhaaves zunächst Anhänger einer animalkulistischen Präformationstheorie. In der zweiten Phase, die in die Mitte der vierziger
Jahre fällt, war er ein entschiedener Vertreter der Epigenese. Mitte der fünfziger
Jahre wandte er sich dann wieder der Präformation zu, diesmal in Form des
Ovismus[7]. Die erste Phase ist noch nicht von eigenständigen Arbeiten gekennzeichnet. Auch die zweite Phase läßt sich relativ kurz behandeln. Haller nahm
an, daß das Samentierchen dem zukünftigen Embryo nur die allgemeine Gestalt
verleihe, aus dem Vorderteil entstehe der Kopf, aus dem Schwänzchen die Wirbelsäule. Haller stützte sich dabei auf eine scheinbare Analogie zur Gestalt der
Keimscheibe des Hühnchens. Die übrigen Teile wie Herz, Gefäße, Membranen,
Eingeweide, Muskeln, Extremitäten würden aus den Gefäßen und sich verdik-
kender Flüssigkeit gebildet, die schon im Samentierchen enthalten seien. Die
Säfte, d.h. den Stoff, aus dem allmählich durch Epigenese die neuen Teile gebildet würden, liefere das weibliche Tier. In diesen Säften entstünden als erstes Fa-

---

7 Zu den außerwissenschaftlichen, philologischen und theologischen Implikationen des Hal-
   lerschen Theorienwechsels vgl. Maria Teresa Monti: Difficultés et arguments de l'embryologie d'Albrecht von Haller: La reconversion des catégories de l'anatome animata. In:
   Revue des Sciences Philosophiques et Théologiques 72 (1988), S. 301-312.

sern, aus diesen alle festen Teile, bis hin zu Knochen und Zähnen; die Faser betrachtete Haller als das Bauelement aller belebten Körper von der Pflanze bis hin
zum Gehirn des Menschen, sie sei die Trägerin der Gestalt. Nur durch die mehr
oder weniger dichte Zusammenfügung der Fasern und ihre unterschiedliche
Konsistenz (Anteile an Erde, Wasser, Öl, Luft und Eisen) unterschieden sich die
aus den Fasern zusammengesetzten Strukturen der belebten Materie. Haller
führte seine epigenetische Vorstellung des Entwicklungsvorganges aber nicht bis
zur letzten Konsequenz durch, da er eine generatio spontanea ablehnte. Die verschiedenen Ausgaben von Hallers Handbuch der Physiologie ("Primae lineae
physiologiae") veranschaulichen, wie Haller allmählich vom Epigenetiker zum
Evolutionisten[8] wurde[9]. In der dritten Auflage (1765) ist dann diese Wandlung
bereits vollzogen.

Aus der Zeit seines zweiten Aufenthaltes in Bern stammen seine wichtigsten
Arbeiten über die Entwicklung des Kükens im Ei, wobei die Schriften über die
Entwicklung des Herzens (1757) und der Knochen (1758) von besonderer Bedeutung sind. Leider verwandte Haller bei seinen Untersuchungen keine stark
vergrößernden Mikroskope, so daß seine Arbeiten nicht in allen Bereichen
(besonders nicht bei der Beschreibung der frühen Stadien) einen Fortschritt darstellen. Haller ist nun Präformist; er glaubt, daß durch Evolution aus an sich fertigen Teilen ein vollendetes Bild, d.h. ein ausgewachsenes Tier entstehe, also
durch allmähliche Umbildung und nicht durch Bildung von etwas völlig Neuem.
Da die Teile nicht alle zur gleichen Zeit sichtbar würden, da sie ungleichmäßig
wüchsen und sich in ihrer Lage veränderten, werde der falsche Eindruck einer
Epigenese hervorgerufen.

Haller spricht sich für den Ovismus aus, dem männlichen Samen falle nur die
Funktion zu, den Anstoß zum Wachstum zu liefern. Allerdings ist seine Theorie
durchdachter, kritischer als die seiner Zeitgenossen, da er nicht einen vollständig
vorgebildeten Embryo annimmt, sondern davon ausgeht, daß der Keim in den
ersten Anfängen keine definitive Struktur besitze, sondern nur Anlagen der zukünftigen Teile ("praestructa elementa") enthalte, die sich zu den späteren Teilen
des Embryos entwickeln könnten. Die Anlagen seien gewissermaßen die Kontu-
ren der Organe, die vorerst unsichtbar seien und erst allmählich durch Abgabe
von Wasser sichtbar würden, weil sich auf diese Weise die Materie verdichte.
Allerdings ist noch anzumerken, daß für Haller selbst der Evolutionismus nicht
eine so bedeutende Rolle spielte, wie es die zeitgenössischen Leser seiner Werke
aufgrund des Zeitgeistes anzunehmen geneigt waren. Haller war und blieb in erster Linie Empiriker, für den Theorien etwas Zweitrangiges, nichts Ursprüngli-
ches waren. Allerdings wurde die theoretische Komponente seiner Werke besonders durch die rege Auseinandersetzung mit Caspar Friedrich Wolff betont.

---

8 Evolutionist bedeutet zu dieser Zeit "Vertreter der Präformationstheorie" und nicht Vertreter einer "Evolutionstheorie" wie sie später von Lamarck oder Darwin in unterschiedlicher
Ausprägung vertreten wurde.
9 Vgl. dazu Thaddeus Bilikiewicz: Die Embryologie im Zeitalter des Barocks und des Rokokos. (Arbeiten des Instituts für Geschichte der Medizin der Universität Leipzig, 2) Leipzig
1932, S. 126 ff.

8.2.2. Die Haller-Wolff-Debatte

Haller und Wolff kamen von sehr unterschiedlichen philosophischen Anschauungen her: Wolff war stark beeinflußt vom deutschen Rationalismus und rühmte sich, als erster die Prinzipien des Rationalismus auf die Embryologie angewendet zu haben (s.u.). Haller dagegen war ein newtonscher Mechanist und sehr religiös. Die Welt sei mechanisch gegliedert und mechanisch erfaßbar, und über all dieser strengen Ordnung walte Gott als das Prinzip der Ordnung. Die Materie ist für Haller nur Substrat der wahrnehmbaren Welt, der Stoff, aus dem die Welt gebaut ist. Sie ist einmal geschaffen und dann unveränderlich und unvergänglich, wenn sie auch in ihren Formen einem ständigen Kreislauf unterworfen ist. Die Materie ist ausgedehnt, träge und undurchdringlich, sie ist rein passiv. Bewegung wird der Materie von Gott eingepflanzt (vis insita). Die Ursache der Bewegung ist also Gott, deshalb kann sich der Forscher auf die Erforschung ihrer Wirkung beschränken, ohne die Frage nach der Ursache diskutieren zu müssen. Die Wissenschaft muß sich also in den Grenzen der Religion bewegen, Wissenschaft wird zur Gotteserkenntnis. Wolff versuchte dagegen, die mathematische Methode auf die Embryologie anzuwenden und die Embryologie auf ein deduktives Schema zurückzuführen, das auf Prinzipien, Definitionen und Syllogismen beruht. Nicht zu unterschätzen ist dabei das Prinzip eines "hinreichenden Grundes", das Wolff für die Entwicklung in der "vis essentialis" gefunden zu haben glaubte. Mit Hilfe empirischer Daten und der Logik könne man die rationale Struktur der Welt, also auch die der Entwicklung aufdecken.

Die embryologische Kontroverse zwischen Haller und Wolff kann nur auf der Basis der zugrundeliegenden philosophischen Kontroverse, die hier kurz angedeutet wurde, verstanden werden[10]. Wolff ging von einer durch die "vis essentialis" gesteuerten epigenetischen Entwicklung aus. Hallers Ovismus dagegen war ein klarer Mechanismus unter der Führung Gottes, da alle bei der Entwicklung wirkenden Kräfte rein mechanisch seien. Als Wolff seine Dissertation an den renommierten Embryologen Haller sandte, löste er eine jahrelange Kontroverse aus, die sich hauptsächlich um drei Punkte drehte:

1. Bildung des Gefäßhofes (area vasculosa)
2. Bildung des Herzens
3. Hallers These von der "Membrankontinuität" als Beweis für die Präformation.

Beide Forscher führten genaueste Beobachtungen durch, die sie zu sehr ähnlichen Ergebnissen gelangen ließen, die beide aber unterschiedlich jeweils im Sinne ihrer eigenen Theorie deuteten.

Im folgenden sollen beide Autoren gesondert behandelt werden, da es in erster Linie darauf ankommt, den 'embryologischen' Inhalt ihrer Werke zu erfassen. Dabei muß man die einzelnen Abhandlungen aber stets im Rahmen bzw. auf dem Hintergrund dieser Kontroverse sehen und zu verstehen versuchen. Bei Haller wurde die erweiterte lateinische Überarbeitung der Abhandlungen in seinen "Opera minora" zugrunde gelegt, da Haller bis zum Erscheinen dieser Fas-

---

10 Shirley A. Roe (Matter, Life and Generation: Eighteenth-Century Embryology and the Haller-Wolff-Debate. New York/Cambridge/London 1981) hat in ihrer Analyse diese Komponente der Auseinandersetzung besonders betont.

sung noch zahlreiche weitere Untersuchungen durchführte. Ein ausführlicher Vergleich der ursprünglich französischen Erstauflagen erschien aufgrund des Umfanges der Texte (ca. 600 Seiten) nicht sinnvoll; nur bei besonders eklatanten Abweichungen wurde auf die Erstausgabe Bezug genommen[11]. Zunächst wird Hallers Behandlung der Entwicklung des Herzens vorgestellt.

8.2.3. Über die Bildung des Herzens (1757)

Hallers Abhandlung "Sur la formation du coeur dans le poulet" ("Commentarius de formatione cordis in ovo incubato") war ursprünglich gedacht als die Geschichte der Herzbildung beim Küken; aber Haller selbst stellt fest, daß sie, je weiter die Forschungen vorrückten, immer mehr zu einer umfassenden Theorie der gesamten Entwicklung des Hühnchens wurde.

Haller gibt in seiner Einleitung zunächst eine Begründung, warum er das Hühnchen untersucht: Er habe durch anatomische Untersuchungen an größeren Tieren angeregt, die Frage nach der "Art des Lebens" (genus vitae, S. 54) zu klären versucht und das Hühnchen als Studienobjekt ausgewählt, weil er es ohne (bei Sektionen größerer Tiere notwendige) fremde Hilfe habe untersuchen können. Drei Jahre habe er auf diese Untersuchungen verwendet, da er das Thema für sehr lohnend und eine erneute Behandlung nicht für überflüssig gehalten habe. Dann gibt Haller einen kurzen Überblick über die Geschichte der Vogelembryologie. Seine besondere Hochachtung gilt den Leistungen Malpighis. Auch auf Wolff nimmt Haller Bezug, gibt aber nur an, daß dieser nach seinen eigenen ersten Untersuchungen das Thema bereits nochmal aufgegriffen habe (S. 57). - Wolffs Dissertation "Theoria generationis" war zwei Jahre nach Hallers französischer Erstauflage (1757) 1759 erschienen. Weiter führt Haller aus, Malpighis Theorie der Bildung des Herzens, die er kurz zusammenfaßt, sei es gewesen, die ihn zu seinen eigenen Untersuchungen angeregt habe, da ihm einige Dinge unklar geblieben seien. 55 Hennen habe er zu diesem Zweck bei kalter Außentemperatur Eier untergelegt, so daß seine Eier hinter denen Malpighis in der Entwicklung um 15 und 20 Stunden zurück waren[12], so habe er nie vor 48 Stunden das Auftreten des springenden Punktes beobachtet. Bei der Untersuchung habe er zur Beobachtung drei Linsen, zur Fixierung häufig Weinessig und als Maßeinheit den Berner "Fuß" (der zum Pariser im Verhältnis 10 zu 11 stehe) verwendet. Die Stundenangaben seien nicht ganz sicher, da sich die Eier etwas unterschiedlich entwickeln. 54 Beobachtungsserien habe er insgesamt untersucht, doch habe er nie eine gesamte Entwicklungsserie von einer einzigen Henne verwendet, da eine Henne nicht in der Lage sei, eine ausreichende Anzahl an Eiern adäquat auszubrüten (S. 59).

Weiterhin gibt Haller an, er habe seine Arbeit in zwei Teile gegliedert (S. 58):

---

11 Albrecht von Haller: Sur la formation du coeur dans le poulet; sur l'oeil; sur la structure du Jaune. Lausanne 1758; erweiterte lateinische Überarbeitung: Commentarius de formatione cordis in ovo incubato primus sive historia phaenomenorum. In: Opera anatomica minora. Bd 2, Lausanne 1767, S. 54-421.

12 Malpighi hatte durch die Außentemperatur bereits angebrütete Eier untersucht; s. o. Kapitel 6.2.

"Die Geschichte der geschehenen Tatsachen habe ich einfach in sukzessiver Reihenfolge der Stunden erzählt. Ich wollte lieber alle Experimente ungekürzt wiedergeben, auch wenn ich gesehen habe, daß es leicht möglich ist, daß aufgrund
dieser Methode ins Buch viele Wiederholungen eindringen, so daß diese beim Leser Überdruß hervorrufen können; es kann auch manchmal Verwirrung aufkommen, weil die einen Hennen die Eier schneller zur Reife führen als die anderen,
und so kann es geschehen, daß um Stunden ältere Embryonen weniger weit entwickelt sind als jüngere Stadien. Doch habe ich geglaubt, all diese Fehler in Kauf
nehmen zu können, wenn ich im ersten Teil meines Werkes den ganzen Vorrat
meiner Beobachtungen ausführen würde, im zweiten Teil dagegen von den Experimenten des ersten Teils die Folgerungen, die daraus hervorgehen, herausgreifen,
und diese Folgerungen nach einer angemessenen Ordnung zusammenstellen
würde, so daß es möglich wäre, allein diesen Teil zu lesen, wenn jemand der erste
Teil Überdruß bereitet. Mir selbst erschien dieser Teil aber deshalb nicht überflüssig, weil der Leser in einer offenen Ausführung sehen kann, was ich oft, was ich
sicher, was ich mit Zweifeln beobachtet habe, so daß er mir Vertrauen schenken
wird, wie er auch selbst glauben wird, daß ich mich verdient gemacht habe."

Entsprechend dieser Konzeption ist der erste umfangreichere Teil der Arbeit
Hallers ein ausführliches Protokollheft aller seiner Untersuchungen (S. 68-314).
Dabei führt er nicht nur zu einzelnen Stunden Beobachtungen an, sondern berichtet von bis zu zehn parallel untersuchten Eiern desselben Stadiums in den
Einzelheiten. Die Lektüre des ersten Teiles ist daher sehr ermüdend, da er
zwangsläufig sehr viele Wiederholungen enthält. Erschwert wird die Lektüre zusätzlich dadurch, daß Haller auch alle mißglückten Beobachtungen berichtet,
immer wieder vergleichend auf bereits behandelte Eier verweist und seine eigenen Beobachtungen ständig mit denen Malpighis und häufig auch mit denen
Maître-Jans vergleicht. Insgesamt ist die Darstellung der seiner beiden Vorgänger sehr ähnlich, nur noch ausführlicher; interessanter ist daher eine genauere
Analyse des zweiten Teiles (S. 315-421), der die allgemeinen Schlußfolgerungen vorführt.
    Zum ersten Teil sei nur noch bemerkt, daß es charakteristisch ist, daß Haller
immer wieder auf Malpighi und auch auf dessen Figuren verweist; er selbst hat
seinem Werk keine Illustrationen beigefügt. Neu ist die Betonung der quantitativen Auswertung der Beobachtungen, d.h. Haller gibt das Gewicht des Eies und
einzelner Eisubstanzen, den Durchmesser der sich bildenen Kreise, die Größe
des Embryos, etc. an. Originell ist weiterhin, daß Haller seine Beobachtungen
nicht mit dem Ausschlüpfen des Kükens abschließt, sondern das geschlüpfte
Küken ("pullus exclusus") in seiner weiteren Entwicklung noch über 36 Tage
hin verfolgt. Als Leitmotiv zieht sich, wie es der Titel fordert, die Betonung der
Entwicklung des Herzens durch alle Einzeluntersuchungen hindurch; die auf
diese Weise gewonnenen neuen Erkenntnisse zur Herzentwicklung werden bei
der Analyse des zweiten Teiles im einzelnen vorgeführt werden.
    Den zweiten Teil beginnt Haller mit der Beschreibung des "weißen Dotters",
dem (später nach Pander benannten) Nucleus von Pander (Cap. I: Sacculus Vitellarius, S. 313-316), den er ebenso klar wie später Pander beschreibt. Haller
beginnt seine Ausführungen mit dem Hinweis, daß gerade dieser Teil des Hühnereies immer wieder viele Irrtümer verursacht habe. Die Rundheit des sacculus
vitellarius, die weiße Membran, die das Säckchen umgebe und "die kleine weiße
Wolke" (albida pariter nubecula subrotunda - le petit nuage blanc) in seinem

Zentrum habe viele Autoren glauben lassen, daß der sacculus vitellarius das Amnion sei (S. 313); er sei "das erste Häuschen des Kükens" (veram nempe pulli domunculam), und der Punkt, der im Inneren erscheine, stelle die erste Ausprägung des Hühnchens dar. Haller gibt kurz die Meinungen von Parisano, Harvey, Maître-Jan und Malpighi wieder und fährt dann in seiner eigenen Darstellung fort. Das "Dottersäckchen" scheine ein opaker weißer Sack zu sein, der durch eine zusammengefallene Membran gebildet werde, die im Zentrum zusammengepreßt sei und hohl erscheine (S. 314). Seine Grenze erscheine etwas rötlich-gelb [verursacht durch den gelben Dotter, der durch die dünne Schicht des weißen Dotters am Rande der Keimhöhle durchscheint]. Zuerst scheine der Follikel am selben Platz zu liegen wie das Amnion [area pellucida des Blastoderms, die Haller wohl mit dem Amnion verwechselte], aber nach etwa 37 Stunden trenne er sich vom Amnion (S. 314). Sicher sei allerdings, daß das Säckchen nie einen Embryo enthalte, daß es immer unter dem Amnion liege [area pellucida des Blastoderms]; manchmal liege es direkt unter dem Kopf des Embryos, manchmal aber unter der Mitte des Amnions. Es bleibe stets mit dem Dotter verbunden, auch wenn das Amnion und die Nabelmembran [area pellucida und area vasculosa] entfernt würden (S. 315). Es erscheine dann als weißlicher, breiter, weinbeerartiger Kreis, in dessen Zentrum, wie eine Weinbeere, ein großer weißer Fleck liege. Er sei von einer dünnen Membran bedeckt, die man in situ sehen könne, aber nicht mehr, wenn man den Follikel in Wasser fallen lasse. Für gewöhnlich verschwinde der Follikel am dritten Tag. Der Sacculus vitellarius trage nichts zu Ernährung und Wachstum des Embryos bei, und man finde ihn auch in unbefruchteten Eiern.

Im zweiten Kapitel (S. 317-321) beschreibt Haller dann das *"Nest des Kükens"* (*"nidus pulli"* - *area pellucida*). In seiner ersten Abhandlung hatte er das transparente Häutchen, das nach 12 Stunden erscheine, den Embryo umgebe und eine transparente Flüssigkeit enthalte, noch als Amnion identifiziert.

Dieses nehme nach etwa 24 Stunden eine Stößelform an [area pellucida des Primitivstreifenstadiums], wenn die runden Teile des "Amnions" [area pellucida] durch eine Straße (détroit) mit parallelen Seiten verbunden würden. Im Verlaufe des dritten Tages werde es weniger abgegrenzt und verliere schließlich seine Identität. Haller beschrieb so (1758, II, S. 12-16) die frühen Stadien der area pellucida und ging von ihnen zum Amnion über, ohne zu erkennen, daß er zwei völlig verschiedene Teile miteinander verwechselte. Entsprechend hielt er die Keimhöhlenflüssigkeit für die Amnionflüssigkeit. Dies ist in der lateinischen Fassung des Werkes bereits anders. Im Laufe seiner Studien war er zu der Überzeugung gelangt, daß die area pellucida nicht das Amnion sei und bezeichnete sie nun als "nidus pulli" (Nest des Kükens). Gleichzeitig gelang es ihm, das Blastoderm von der Dottermembran zu unterscheiden (vitelli vera membrana - membranula, S. 317). Zu bemerken ist, daß Haller hier erstmals die area pellucida als durchscheinend ("pellucida") bezeichnete und damit auch zu ihrer Namensgebung beigetragen haben dürfte. Im unbefruchteten Ei erscheine der Teil der wahren Dottermembran, der später beim befruchteten Ei dem Embryo am nächsten liege, fein und glänzend. Die gelbe Farbe des Dotters sei durch ihn sichtbar, und er habe keine Blutgefäße; diese klare Region sei das "Nest des Kükens" [area pellucida] (S. 318). Die folgende Beschreibung der Entwicklung ist der (oben kurz skizzierten) in der französischen Fassung sehr ähnlich. Haller beschreibt ein schrittweises sich Absetzen des Embryos im nidus (S. 319 f.: 18, 24, 29, 36, 41, 42, 48, 54, 60, 83 Stunden), wobei er jeweils die Größe des Embryos angibt; nach 64 Stunden zeige der Embryo im "Nest" bereits Kopf und Schwanz (S. 320). Dabei werde der nidus [area pellucida] zusammengepreßt, wohingegen die "membranula" [Dottermembran] ihren Platz unverändert beibehalte, d.h. der Prozeß der Bildung des Embryos soll nach Haller aus einer Verengung der area pellucida resultieren. Der nidus [area pellucida] sei nur in der Nähe des Nabels mit dem Amnion verbunden, er umgebe das Amnion und den darin enthaltenen Embryo wie eine enge Scheide (vagina, S. 321). Deshalb könne man, wenn man weniger genau beobachte, den "nidus" für das Amnion halten.

Obwohl Haller zu einer Unterscheidung zwischen area pellucida und Amnion gelangte, wie sie auch Malpighi in seiner zweiten Abhandlung vorgelegt hatte, gelang es ihm dennoch nicht, die frühen Stadien des Amnions zu sehen. Den besten Beweis dafür liefert Haller selbst in seinem dritten Kapitel über das *Amnion* ("*Amnios*", S. 321-323) mit der Feststellung, daß das Amnion in den frühen Anfängen (in primo initiis pulli) des Hühnchens erscheine, aber noch nicht vom Embryo unterschieden werden könne (S. 321). Erst nach 36 Stunden sei es erstmals klarer erkennbar, wenn der gesamte Embryo eingeschlossen sei (S. 321 f.) - allerdings ist dazu zu bemerken, daß normalerweise das Amnion nach 36 Stunden noch nicht den ganzen Embryo umwachsen hat, d.h. noch nicht geschlossen ist. Haller bezieht sich bei seiner Darstellung auf die Abbildungen bei Malpighi; dort sind allerdings die Umrisse der ektodermalen Kopffalten dargestellt. Vermutlich hielt Haller also diese ektodermalen Kopffalten für das Amnion. Für diese Interpretation spricht weiterhin Hallers Feststellung, daß von dieser Scheide (vagina - Amnion) zwei weiße Fäden unterhalb des Herzens ausgehen, die Haller korrekt als Äste der Dottergefäße [omphalomesenterische Venen] identifizierte; Haller korrigierte hier bewußt Malpighi, der die Gefäße fälschlich für die erste Bildung der Flügel hält[13]. Im Amnion finde sich ein Einschnitt (incisura, S. 322), durch den nach 38 Stunden das Rückgrat und die "Hinzufügung" (additamentum), die zum Abdomen werde, sichtbar sei. Insgesamt läßt sich feststellen, daß Haller keine klare Vorstellung von der Entstehung des Amnions hatte, aber das fertige Amnion wie seine Vorgänger recht genau beschrieb (S. 322 f.).

Als nächstes beschreibt Haller die *Höfe des Blastoderms* (Caput IV: *Halones*, S. 324-325). Er fügt der Beschreibung Malpighis nichts Neues hinzu, außer daß er die Maße der vier Kreise auf den Millimeter genau angibt.

Im fünften Kapitel beschreibt Haller dann die *Chorioallantois* ("*Nabelmembran*"- *membrana umbilicalis*, S. 325-331). Einleitend bemerkt Haller, daß er dieses Kapitel seit der ersten Fassung habe völlig überarbeiten müssen, da er die Natur und Entstehung dieser Membran erst aufgrund der zwischen beiden Textfassungen liegenden zahlreichen Experimente und Beobachtungen habe erfassen können. Er fährt fort (S. 325 f.):

---

13 Tatsächlich führen die omphalomesenterischen Venen um den unteren Rand der vorderen Darmpforte an der caudalen Seite zum seitlichen Teil der Kopffalten; Haller interpretiert also vermutlich ebendiese Kopffalten als frühes Amnion.

"Diese Membran erscheint später als die figura venosa [area vasculosa], aber ich werde sie vor dieser beschreiben, weil sie äußerlich die Dottermembran [Dottersack] einschließt. Dies sind die Hüllen, die sich im Ei befinden: (1) die dicke, weiße, dunkle, äußere Schalenhaut, (2) die innere Schalenhaut, die dünner ist, (3) die sehr dünne Membran [Dottermembran], die die äußere Membran des Dotters ist; (4) das erste, fleischige, äußere Blatt der Nabelmembran [die äußere Wand des Allantoisvesikels]; (5) das andere, dünne, innere Blatt der Nabelmembran [die innere Wand des Allantoisvesikels], schließlich (6) die Membran des Dotters [Splanchnopleura der Wand des Dottersackes] und (7) das Amnion, in seinem üblichen Platze."

Haller beschrieb die frühe Allantois, die er membrana umbilicalis (membrane ombilice) nannte, aber er erkannte nicht, daß tatsächlich die äußere Wand des Allantoisvesikels mit dem Chorion verwächst. Er dachte irrtümlich, daß die Nabelmembran [Allantois] von der area vasculosa abgeleitet sei und sich während der Entwicklung ausbreite. Er charakterisiert die weniger vaskulöse Wand der späteren Stadien der Allantois als dünne Membran unter der Nabelmembran. In der lateinischen Fassung hatte er allerdings erkannt, daß die membrana umbilicalis und die darunterliegende Membran, wie er sie 1758 beschrieben hatte, die äußere und innere Schicht oder Wand der membrana umbilicalis sind, wie das obige Zitat zeigt. Die erste Bildung der Allantois sah er am dritten Tag, sie wachse zwischen dem Nabel und dem Schwanz als geschlossene Vesikel aus (S. 326) und hänge von einem vaskulösen Stiel [Allantoisstiel] herab. Sie breite sich allmählich um den Dotter herum zum spitzen Ende des Eies hin aus und besitze bald kleine Gefäße. Haller läßt dann eine Serie von Maßangaben über die Ausdehnung der Allantois folgen. Seine anschließende Beschreibung der älteren Stadien der Allantois (vom zehnten Tag aufwärts) bezeichnet Adelmann als "Meilenstein in der Geschichte unseres Wissens über die Allantois"[14]. Am zehnten Tag umgebe die Allantois bereits das gesamte Ei, außer dem kleinen Teil, der das Albumen enthalte [Weißei im Weißeisack]. Vom dreizehnten Tag an schließe die äußere Schicht der Nabelmembran mit ihren Blutgefäßen das gesamte Ei ein, auch das Albumen [Chorioallantois], und die innere Schicht mit ihren eigenen Blutgefäßen umgebe das Weiße des Eies [Teil der Chorioallantois]. Vom vierzehnten Tag an fände man als weiße Niederschläge zwischen den Membranen erste Ausscheidungen. Man könne die Membranen sehr leicht vom Dotter und der Dottermembran ablösen. Am Anfang der Entwicklung besitze die figura venosa [area vasculosa] mehr Gefäße, aber vom neunten Tag an übertreffe die Nabelmembran [Chorioallantois] die figura venosa (S. 330). Haller berichtet noch Einzelheiten und Experimente zum Verhältnis der Allantois zu anderen Teilen des Embryos und des Eies. Besonders bemerkenswert ist es, daß es Haller gelang, Luft in die Kloake (rectum) zu blasen, indem er durch ein Röhrchen Luft in die Allantois und den Urachus bließ. Insgesamt gelangt er zu dem Ergebnis, daß die Chorioallantois (membrana umbilicalis) eine geschlossene Vesikel sei.

Im nächsten Kapitel befaßt sich Haller dann mit der *area vasculosa* (*figura venosa*, S. 332-348). An diesem Kapitel läßt sich besonders deutlich nachvollziehen, wie das Erscheinen von Wolffs Arbeit und gleichzeitig die Durchführung weiterer zahlreicher Beobachtungen Haller zur Revidierung früherer Meinungen

---

14 Adelmann (wie Anm. 4), S. 1562.

geführt hat. Insgesamt benutzte Haller die Entstehung des *Gefäßhofes* als Argument für die Präformationstheorie (1758, II, S. 173 f.):

> "Wenn man die verschiedenen Wege betrachtet, auf denen ein Tier, das schon gebildet ist, verschieden sein kann von einem Tier, das noch gebildet werden soll, und durch die Tatsache, daß es eine Gestalt annehmen kann, die völlig verschieden von der ist, die es zuvor hatte, fand ich, daß eine einfache Erweiterung der Teile (der natürliche Effekt der Kraft des Herzens) völlig neue Erscheinungen entstehen lassen kann. Die Nabelmembran [area vasculosa] ist dafür ein Beispiel. Am Anfang [der Entwicklung] des Hühnchens ist sie eine weiße Masse; netzförmige Muster entstehen in dieser Masse durch die Kraft des Herzens; sie beginnen Punkte zu werden; sie werden Linien, die Linien werden farbig und sind Arterien und Venen, die sich in sehr spitzem Winkel in Äste aufgliedern. Diese Winkel werden größer; zwischen den Gefäßen werden weiße Bezirke gebildet, die sich allmählich ausdehnen, genau wie es die Zwischenräume zwischen den Venen und den Rändern tun. Wenn man die folgenden Veränderungen dieser Nabelmembran in umgekehrter Reihenfolge betrachtet, wird man sich leicht davon überzeugen, daß sie und ihre Gefäße immer existiert haben, daß sie auf sich selbst gefaltet wurde, daß der Stoß des Blutes die Arterien erweitert oder diese Falten entfaltet, die Entfernung zwischen den Gefäßen vergrößert und der Membran ihre Breite, ihre Länge, ihre weißen Bereiche und sogar ihre Festigkeit verliehen hat. Ich glaube, daß dieses Beispiel sehr instruktiv und passend als Beweis der schrittweisen Veränderungen ist, durch die ein weiches, halbflüssiges Material sich durch die einfachste Entwicklung zu einem völlig vom primären verschiedenen Stadium bewegen kann."

Haller stellte sich also die Entwicklung als Erweiterung und Verfestigung einer weichen Masse vor, in der die Gestalt schon präformiert vorliegt und die durch die Kraft des Herzens *ent*-wickelt werde. Hallers Präformationstheorie ist also viel komplizierter als die seiner Vorgänger.

Bis zur zweiten Abhandlung hatte Haller zwischenzeitlich die Arbeit von Wolff (1759) kennengelernt. Neben anderen Verbesserungen hatte er, wie bereits angedeutet, besonders die Allantois erneut untersucht und dabei erkannt, daß die Allantois- und die Dottergefäße unabhängige Strukturen sind; er trifft zum ersten Mal in der Embryologiegeschichte eine klare Unterscheidung zwischen beiden Gefäßsystemen. Für die Dottersackgefäße führt er den Begriff "omphalomesenterische oder Dotter-Gefäße" ein (vasa omphalo mesenterica oder vasa vitelli, S. 332). Offensichtlich stimuliert durch die Arbeit von Wolff, wandte er sich nochmals der Untersuchung der frühen Stadien der Entwicklung der Dottergefäße zu und gelangte wiederum zu dem Schluß, daß sie präexistieren und nach und nach angeregt werden, sich zu füllen und sich durch die Flüssigkeit, die durch das Herz hineingepumpt werde, zu entfalten (S. 332-336). Die Arterie sei die Hauptblutbahn der figura venosa [area vasculosa] und nehme ihren Weg durch das Mesenterium zur rechten Seite der Aorta; ihr Hauptast führe zum Dotter und Nebenäste zu den Gedärmen. Die begleitende Vene, die auf der linken Seite der Gallenblase von der Leber zum Dotter führe, habe Äste, die zum Magen, zur Milz und zu den Gedärmen führten. Dann gibt Haller eine korrekte allgemeine Beschreibung des extraembryonalen Gefäßhofes (S. 332):

"Weiterhin ist die figura venosa nichts anderes als die Verstärkung roter Blutgefäße durch einen Teil der Dottermembran [Dottersack], der eng den nidus [area pellucida] umgibt. In den ersten Tagen bedeckt sie einen kleinen Teil des Dotters; dann im Verlauf der Tage einen größeren Teil des Dotters, aber niemals den gesamten Dotter. Sozusagen die gesamte geographische Karte der Blutgefäße ist nämlich stets durch den Venenkreis [sinus terminalis] begrenzt, und der Bereich des Kreises, dem das Albumen angepaßt ist, erhält niemals sichtbare Gefäße."

Dieser Passus könnte von der Darstellungsweise und dem Inhalt her einem modernen Lehrbuch entnommen sein.

Dann wendet sich Haller der Darstellung der Details zu. Zunächst habe die figura venosa eine grobe, wellige Gestalt, wie ein Stück Käse, mit einer Anhäufung festeren Materials um den Rand des Amnions herum [Bildung von Zellanhäufungen]. Dann seien gelbe Punkte [Blutinseln] in einem Kreisbogen erschienen, später habe er zwei Bogen gesehen, und nach 36 Stunden hätten sich die Bogen zu einer kompletten Figur zusammengeschlossen, die die "area venosa" [area vasculosa] eingeschlossen habe [sinus terminalis]. Dann hätten sich innerhalb dieses Kreises zahlreiche gelbe [Blut-]Inseln gebildet, die sich zu einem Netzwerk von Gefäßen ausgebildet hätten. Die Gefäße seien zuerst gelb gewesen und dann, zuerst im Bereich des Dotters, rot geworden (S. 334). Nach 45 Stunden seien überall Dottervenen (venae vitellares) ausgebildet, die am Rande in die Randvene [sinus terminalis] übergingen. Im folgenden beschreibt Haller dann nochmals die Bildung der einzelnen omphalomesenterischen Venen in Einzelheiten (mit genauen Stundenangaben) und stellt fest, daß die begleitenden Arterien erst später erscheinen (S. 335-345), wobei er wieder die Ergebnisse der früheren Autoren zum Vergleich heranzieht. Bemerkenswert ist dabei Hallers Erkenntnis, daß der Dotter für die Rotfärbung des Blutes und damit für die erste Blutbildung verantwortlich ist (S. 345 f.), wenn er auch noch keine Theorie entwickelt, wie dieses zu erklären ist.

Dann wendet sich Haller direkt der Abhandlung von Caspar Friedrich Wolff zu (S. 346-348). Er selbst habe seine Theorie der Gefäßentwicklung vorgestellt, obwohl er sich bewußt sei, daß Wolff genau entgegengesetzt argumentiere. Nach Wolffs Ansicht seien das, was er selbst als frühe Gefäße bezeichne, reine Wege und Zwischenräume, durch die sich der Nahrungssaft Zugang zum Embryo verschaffe, und Membranen würden diesen Passierwegen erst später hinzugefügt. Da es sich dabei um eine Frage von größter Bedeutung für die gesamte Physiologie handele, habe er 1765 erneut Experimente durchgeführt, um die Frage eindeutig zu klären. Dabei habe er all die Tatsachen gefunden, die Wolff widersprächen, wie Punkte, Inseln, Bildung erster Gefäße etc. Zwei Experimente habe er durchgeführt, um sich auch von den letzten Zweifeln zu befreien: Er habe die frühen und späteren Stadien der area vasculosa mit der Spitze eines Skalpells geteilt und versucht, sie mit Weinessig zu entfärben. Wenn die Gefäße keine Membranen besäßen, müßten sie durch den ersten Vorgang sehr leicht geöffnet werden, so daß der Weinessig in sie eindringen könne und das in ihnen enthaltene Blut viel schneller entfärben könne, als wenn sie von Membranen eingeschlossen wären. Diese beiden "Experimente" (eigentlich handelt es sich um ein aus zwei Vorgängen bestehendes Experiment) habe er "bis zum Erbrechen" (ad nausiam) wiederholt, wobei er sogar die Dottermembran entfernt habe,

um einen überflüssigen Schutz der Gefäßbahnen zu vermeiden. Auch diese Vor-
sichtsmaßnahme habe am Versuchsergebnis nichts geändert. Bei der Bearbeitung
mit dem Skalpell sei niemals Blut ausgeflossen, sondern er habe bei Bewegungen des Skalpells den ganzen Gefäßhof mitbewegt. Auch habe nie eine sofortige
Entfärbung durch Weinessig stattgefunden, noch sei der Essig schneller in die
Blutgefäße eingedrungen, als es bei Blutgefäßen mit deutlich sichtbaren Wänden
der Fall sei. Durch diese Experimente und seine zahlreichen Beobachtungen hielt
Haller es für eindeutig erwiesen, daß die Gefäße bereits Membranen besitzen,
daß also seine präformistische Theorie ihrer Bildung richtig sein müsse.

Im nächsten Kapitel (Cap. VII: *Vitellus*, S. 348-354) behandelt Haller den
Dotter. Besondere Aufmerksamkeit widmet er dabei dem Erscheinungsbild des
Gefäßhofes ab dem 9. Tag. Seine Beschreibung der älteren Stadien des Gefäßsy-
stems des Dottersackepithels (S. 350-354) ist sehr detailliert und akkurat, sie ist
die beste bis zu seiner Zeit. Hier findet sich auch Hallers Hauptargument für die
Theorie der Präformation und Evolution: die Kontinuität der inneren Schicht des
Dottersackes mit der epithelialen Auskleidung der Gedärme und die des Amnions
mit der Haut des Embryos (S. 353 f.).

Das nächste Kapitel (VIII: *Fetus*, S. 354-368) befaßt sich mit der *Bildung des
Embryos*. Auch hier, gibt Haller an, habe er seine Meinung gegenüber der ersten
Ausgabe revidieren müssen. Zuerst habe er, wie Malpighi, angenommen, daß
der Embryo in der Anfangszeit gleichsam nackt und in skizzenhafter Form erscheine, so daß man nur durch die Dicke der inneren Teile des Körpers den Embryo ausmachen könne. Durch Fixierung mit Weinessig sei es ihm schließlich
gelungen, das Nest des Embryos [area pellucida] zu zerstören; der Embryo selbst
habe sich im Essig aus einer durchscheinenden, nebelhaften zu einer weißen,
undurchsichtigen Gestalt verdickt [Eiweißgerinnung durch Säure] - für Haller ist
dies ein weiterer Beweis, daß der Embryo bereits vorher existiere. Erste Erscheinungen des Embryos habe er nach 12 Stunden gesehen. Neu bei der folgenden Beschreibung der Entwicklung sind nur die quantitativen Angaben.

Als nächstes wendet sich Haller dem eigentlichen Zentralthema seiner Abhandlung, der *Bildung des Herzens* zu (Cap. IX: *Cor*, S. 369-391). Zwischen
Malpighi und Haller hatte es keine neuen Erkenntnisse zur Herzentwicklung gegeben. Haller verfaßte dem Titel "Sur la formation du coeur dans le poulet" nach
die erste Monographie zur Entwicklung eines einzelnen Organs, aber, wie bereits
gesehen, täuscht der Titel, da Haller, wie alle seine Vorgänger, die Entwicklung
aller Teile des Eies verfolgt. Das Schwergewicht liegt allerdings auf der Bildung
des Herzens.

Die Darstellungen in der französischen und der lateinischen Fassung ähneln
sich sehr; allerdings war es Haller aufgrund neuer Untersuchungen gelungen, erste Bildungen des Herzens früher zu beoachten. Nach 38 Stunden habe er die erste Spur des Herzens als aus dem Thorax hervorragende Rundung wahrgenom-
men. Nach 42 Stunden seien dann Herz und Aorta sichtbar, und eine Art Um-
wälzbewegung des Blutes fände statt. Nach 45 Stunden könne man drei schla-
gende Vesikel beobachten, zuerst schlage der Aurikel, dann der Ventrikel,
schließlich der Bulbus der Aorta (S. 369). Nach 48 Stunden sei das Herz äußerlich rund, entferne man aber die Membranen, sehe man einen gebogenen Kanal;
das ganze "Herzchen" habe wie ein Hufeisen oder eine Parabel ausgesehen, de-

ren Spitze vor dem Embryo liege und deren Arme in den Thorax führten. Das Herz sei, auch wenn es zuerst nackt erscheine, stets von Membranen umgeben (S. 370); er habe diese sowohl in klarem Wasser und noch besser auch in Essig von der 45. Stunde an aufwärts (in der französischen Fassung war es erst die 48. Stunde) erkennen können. Die umgebende Membran sei das Amnion, das auf beiden Seiten des Herzens herabzusteigen scheine, so daß zunächst die stumpfe Spitze nackt hervorrage, dann aber mit in die Scheide eingeschlossen werde. Aber unter dem Amnion liege eine weitere Haut des Herzens, die sich nach 82 Stunden verfestige. Um den sechsten Tag sei das Herz in die Brust eingeschlossen. Nach diesem ersten Überblick über die Bildung des Herzens wendet sich Haller als nächstes dem Aurikel zu.

§ 1: Auriculae (S 371-373): Haller nahm an, daß der von Malpighi beschriebene Aurikel eine Erweiterung der vena cava darstelle; er sei anfangs kaum von der vena cava zu unterscheiden (S. 371). Erst nach drei Tagen seien vena cava und Aurikel durch Verfestigung des Materials klar differenziert. Die beiden Aurikel bildeten zunächst einen ungeteilten Sack [primitives ungeteiltes Atrium] (S. 371); nach 96 Stunden beginne eine Zwischenwand zu entstehen, die den einfachen Aurikel in zwei Kammern, in den rechten und den linken Aurikel aufspalte (S. 372). Haller war der erste, der das interatriale Septum zwischen den Höfen entdeckte und als erstes Zeichen der Trennung der zwei Aurikel interpretierte; er identifizierte korrekt den rechten und den linken Aurikel. Er benannte den Aurikularkanal (canalis auricularis, S. 372) und beschrieb sehr genau die weiteren Veränderungen (in Lage und Gestalt) des Aurikels und des Aurikularkanals, dem er einen eigenen Paragraphen (§ 2: Canalis auricularis, S. 373-375) widmete. Haller stellte fest, daß der Aurikularkanal von Anfang an vorhanden sei, sich ständig verkürze und am 6. Tag ganz verschwinde (S. 373) - in der französischen Fassung sprach er noch vom 16. Tag, aber in der folgenden Zusammenfassung von 144 Stunden.

Auch beim Ventrikel (§ 3: Ventriculus, S. 375-377) korrigierte Haller Malpighis Interpretation: Am Anfang gebe es keinen rechten und linken Ventrikel, der Embryo besitze während der Anfangszeit (bis zum 4. Tag) nur einen Ventrikel (S. 375). Die ersten Spuren des zweiten Ventrikels habe er nach 96 Stunden (französische Fassung 144 Stunden) gefunden; dieser habe sich neu gebildet und sei kein Teil des ersten [linken] Ventrikels; für seine Entstehung gab Haller allerdings keine Erklärung (S. 376). Er korrigierte Malpighi, der den ersten primitiven Ventrikel als "rechten Ventrikel" und als "linken Ventrikel" den Teil des Herzens interpretiert habe, den er selbst als "bulbus aortae" bezeichne (S. 377) - ein weiterer Terminus, der bis heute verwendet wird.

Auch dem Bulbus der Aorta und den Aortenbogen widmete Haller dann einen eigenen Paragraphen (§ 4: Aortae bulbus, & rami, S. 377-382). Die sich bildende Verengung zwischen dem Vesikel und dem Bulbus bezeichnete er als Enge (détroit - fretum, S. 378), ein Ausdruck, der in der lateinischen Form als "fretum Halleri" auch heute noch gebräuchlich ist. Den truncus arteriosus nannte Haller den "dritten Teil der Aorta" oder ihren "Schnabel" (bec - rostrum, S. 378). Er beschrieb die Inkorporation des Bulbus in den Ventrikel und erkannte auch die drei Aortenbogen (S. 378 f.). Haller war auch der erste, der die gepaarten Aortenbogen sah, wobei ihm natürlich noch das volle Verständnis fehlte. Kurze

Zeit später seien die beiden Blutbahnen [Aortenbogen] bereits getrennt und würden in weitere Äste aufspalten. Haller rühmte sich auch, der erste gewesen zu sein, der die beiden ductus arteriosi gesehen habe (S. 380).

In weiteren Paragraphen behandelt Haller dann noch allgemeine Veränderungen des Herzens (§ 5: Cordis in universum metamorphosis, S. 382-384), Gründe für diese Veränderungen (§ 6: Causae huius metamorphosis, S. 384 f.) und die Bewegung des Herzens (§ 7: cordis motus, S. 385 f.). Diese Abschnitte liefern außer den schon beschriebenen Erkenntnissen nichts Neues; bemerkenswert ist nur, daß Haller im Gegensatz zu allen seinen Vorgängern annimmt, daß der Aurikel vor dem Ventrikel schlage (S. 387). Insgesamt ist Hallers Erkenntnisfortschritt zur Entwicklung des Herzens beachtenswert, und es wäre sicherlich falsch, ihm vorzuwerfen, daß er noch nicht in alle Details vollständig eindrang[15].

Haller konnte dem geringen Wissen seiner Zeit über die Entwicklung der *Lunge* (Cap. IX: *Pulmones*, S. 391-394) nichts hinzufügen; gesehen habe er sie erstmals nach 120 (französische Erstfassung 138) Stunden, aber sie sei, wie alle Teile, von Anfang an vorhanden, wenn auch in ganz winziger unsichtbarer Form. Zu *Leber* und *Galle* (Cap. XI: *Hepar. Bilis*, S. 394-395) ist erwähnenswert, daß Haller zur Leber kaum etwas zu berichten hat, wie er in der französischen Ausgabe selbst angibt (1758, II, 123), zur Gallenblase dagegen hat er zahlreiche Beobachtungen vorgenommen, ihre Erscheinung sowie Geschmack und Farbe der Galle beschrieben. Haller erkannte die Galle sicher am 8. Tag, glaubte aber bereits eine Spur nach 124 Stunden gesehen zu haben. Auch auf die Behandlung des *Magens* und der *Gedärme* (Cap. XII: *Ventriculus & intestina*, S. 396-399) braucht nicht genauer eingegangen zu werden; zu erwähnen ist nur, daß Haller den Muskelmagen nicht vom eigentlichen Magen unterscheidet, er hat den Magen erstmals nach 86 Stunden gesehen. Auch zum Wissen über die Bildung der Gedärme hat er nichts wesentliches beigetragen, in diesem Bereich lieferte erst Wolff entscheidende neue Erkenntnisse.

Als letztes Organ behandelt Haller das *Auge* und die *zona ciliaris* (Cap. XIII: *Oculus, & Zona ciliaris*, S. 399-404). Es folgt ein Kapitel "Verschiedenes" (Varia, S. 404-406), das einige Bemerkungen zur Entwicklung der Muskeln und der Gefäße enthält. Abschließend zieht Haller dann noch allgemeine Schlußfolgerungen aus seinen Beobachtungen.

Unter "*Allerlei Folgerungen*" (Cap. XV: *Corollaria Miscellanea*, S. 406-421) führt Haller nochmals Gründe für die von ihm vertretene präformistische Evolutionstheorie an:

1. Die neuen Erkenntnisse zur Entwicklung des Herzens (S. 407).

2. Die Annahme, daß die Gefäße nur durch Ausdehnung und Verfestigung sichtbar würden, aber vorher bereits vorhanden sein müßten, dies sei besonders

---

15 Vgl. Adelmann (wie Anm. 4), Bd. 3, S. 1389: "With these and other important observations on the heart to his creat, we should not complain because he failed to comprehend the way in which the pulmonary circulation actually develops and does not describe of the complicated internal changes that accompany the division of the truncus and bulb into pulmonary and aortic trunks, or because he does not elucidate fully other problems that have only recently approached full solution."

deutlich bei der Bildung des Dottersackgefäßhofes (S. 407), aber auch bei der Entwicklung der Nabelgefäße (S. 408).

3. Auch bei allen anderen Körperteilen finde eine Verfestigung aus flüssigem Material statt und lasse die unsichtbaren Teile sichtbar werden. Dafür sei die Lunge das beste Beispiel: Sie sei zwar erst am fünften Tag zu sehen, aber man könne sie auch schon vorher durch Fixierung mit Weinessig sichtbar machen (S. 408 f.) [Die Proteine koagulieren durch dein Einfluß des Weinessigs]. Dieser Versuch lasse sich aber auch mit dem frühen Herzen, der Leber und der Gallenblase durchführen (S. 409). Auch die Bewegung des Herzens müsse früher stattfinden als sie mit dem Auge erfaßt werden könne, da diese Bewegung bedeute, daß der Embryo lebe, und er lebe sicher schon vor dem Ende des zweiten Tages (S. 409 f.), d.h. dem Zeitpunkt, zu dem man erstmals die Herzbewegung wahrnehmen kann.

Alle diese Tatsachen und einige mehr sprächen für seine Theorie der Evolution, die er nochmals zusammenfaßt (S. 417):

"Im frühen Embryo liegen von mir als wesentlich bezeichnete Teile (essentiales partes), die aufgrund ihrer festen vorherbestimmten Ursachen (causae) sich zu einem Tier, das dem Embryo durchaus unähnlich ist, verändern können: während das Wachstum der einen Teile des Tieres gefördert wird, wird das der anderen verhindert; indes wird die Lage verändert, die unsichtbaren Organe werden sichtbar, die flüssigen Bestandteile verfestigen sich und andere Hilfsmittel der Natur treten in Aktion. So entsteht ein sich selbst sehr unähnliches Tier, von dem dennoch kein Teil neu entsteht. Dies ist meine Meinung über die Evolution."

Im folgenden präzisiert Haller seine Präformationstheorie noch (S. 418): Die wahren Fäden (vera stamina) des zukünftigen Embryos würden vom Ei geliefert, d.h. Haller schreibt dem Ei die Priorität zu, er vertritt also eine ovistische Präformationstheorie. Als Beweis dafür führt er wiederum die Kontinuität von Dottersack und Gedärmen des Embryos an; weiterhin bilde die äußere Membran der Gedärme eine Kontinuität mit dem Mesenterium und dem Bauchfell des Embryos, und drittens sei die innere Haut der Gedärme mit der Epidermis des Embryos kontinuierlich. Aufgrund dieser Kontinuitäten ergebe sich zwangsläufig, daß der Dotter niemals ohne Embryo existiert habe. Der Dotter aber existiere bereits im mütterlichen Ovar, bevor der männliche Same hinzukomme, also müsse auch das Küken bereits im mütterlichen Ovar existiert haben, in ganz kleiner Form im Amnion eingeschlossen, auf dem Dotter liegend, durchsichtig und unsichtbar (S. 418). Im folgenden führt Haller dann noch mögliche Widersprüche zu seiner Theorie an, wie sie von Wolff vorgebracht wurden - darauf ist später noch genauer einzugehen - und versucht diese zu widerlegen (S. 418-422). Dabei ist besonders interessant, welche Rolle Haller dem männlichen Samen zuweist (S. 420): Der männliche Same habe nicht die Aufgabe, Teile zu bilden, sondern er übertrage den Impuls zur Vergrößerung auf bestimmte Arterien, so daß sich die Teile entwickeln (evolvantur), die zuvor unsichtbar und sehr winzig waren. Auch daß man nicht genauen Einblick in den diesem Vorgang zugrundeliegenden Organismus habe, tue der Theorie keinen Abbruch.

Hier hat Haller also seine Theorie in den Einzelheiten ausgeführt, wobei er sich selbst ganz bewußt in Gegensatz zu der von Wolff vertretenen Epigenesistheorie stellt. Alle Beobachtungen am Hühnchen wertet er als Beweis für seine eigene ovistische Präformationstheorie. Es wird noch deutlich werden, daß Wolff ganz ähnliche Beobachtungen machte - was ja auch in der Natur der Sache liegt - sie aber völlig anders, nämlich im Sinne seiner Epigenesistheorie auswertete. Der Darmentwicklung, der aufgrund von Hallers These von der Membrankontinuität besondere Aufmerksamkeit zugewendet werden mußte, hat Wolff sogar eine eigene Abhandlung gewidmet, wobei deutlich wird, daß der Ansatz einer epigenetischen Entwicklungstheorie tiefere Einblicke in die ablaufenden Entwicklungsvorgänge ermöglicht als eine präformistische Hypothese, daß alle Teile von Anfang an vorliegen und sich nur irgendwie entfalten und verfestigen.

Bevor die Epigenesistheorie von Caspar Friedrich Wolff vorgestellt wird, muß allerdings noch ein Blick auf eine weitere embryologische Arbeit von Haller geworfen werden, auf die erste Monographie zur Entwicklung der Knochen.

8.2.4. Über die Bildung der Knochen (1758)

Haller hat sich 1751 intensiv mit den Problemen der Ernährung beschäftigt. Einleitend bemerkt er, daß das Obskurste (obscurissimum), was ihm dabei begegnet sei, die Bildung der Knochen wäre (S. 460), - die er, wie sich noch zeigen wird, in Abhängigkeit von der Ernährung sieht. Die Abhandlung "Über die Bildung der Knochen" ("De ossium formatione") ist in zwei Teile geteilt: Im ersten Teil (S. 460-478) behandelt Haller die Knochenbildung allgemein und referiert über sechzehn zu diesem Thema durchgeführte Experimente. Im zweiten Teil (S. 479-555) befaßt er sich dann mit der täglichen (bzw. stündlichen) Entwicklung einzelner Skeletteile beim Hühnchen bis dreißig Tage nach dem Schlüpfen; abschließend vergleicht er noch die Verhältnisse bei anderen Tieren.

Haller gibt an, daß er von seinen Vorgängern gelernt habe, daß Knochen durch allmähliche Verhärtung aus gelatineartigem Saft gebildet würden (S. 460). Er selbst habe geglaubt, daß sich die Knochenhaut (periosteum) zum Knochen wie die Haut zu den Eingeweiden verhalte; ein Beispiel dafür sei die feste Membran des Gehirnes, die auf der einen Seite für den Hirnschädel (cranium) zur Knochenhaut werde, auf der anderen Seite für das Gehirn zur äußeren Membran (S. 460 f.). Die Knochenhaut scheine den Knochen zu begrenzen, zu schützen und die Gefäße an den Knochen heranzuführen. Die von anderen vertretene Ansicht, daß die Membran für die Knochenbildung zuständig sein solle, erscheint Haller unglaubwürdig. Wie sollte z.B. die Membran des Gehirns einen Knochen von so kompliziertem und festem Bau erzeugen wie den Hirnschädel? Er habe selbst gesehen, daß der Knochen nicht zuerst membranartig sei, sondern knorpelig, und zuvor gelatineartig. Daraufhin habe er Experimente durchgeführt, um zu beweisen, daß sich der gelatineartige Knochensaft ohne die Mitwirkung von Membranen verfestigen kann. Er habe aus isoliertem Knochensaft Knochenplatten erzeugt und diese mit Knochenplatten verglichen, die unter normalen Umständen, d.h. bei Vorhandensein einer Membran entstanden waren. Dabei bildeten sich die Knochen aus Knorpel, der wiederum aus einer Knorpelgeschwulst (callus) entstanden sei, die sich aus einem gelblichen käseartigen zähen Saft gebildet habe (S. 461).

Im folgenden führt Haller dann, ähnlich wie in der Einleitung zur Schrift über die Herzentwicklung, die Theorien seiner Vorgänger vor (S. 462 f.). Insbesondere interessierte ihn die These des Hamelius, daß die Knochenhaut der Knochen selbst sei, zunächst als weiche Masse, die sich dann zum Knorpel verfestige, aus dem der Knochen entstehe. Haller glaubt nicht, daß diese Theorie richtig sei. Allerdings ließe sich dies leicht durch Experimente überprüfen: Wenn man der Nahrung junger Tiere einen Farbstoff (z.B. Färberröte) beigebe, dürfte sich der Knochen nicht verfärben, wenn er allein aus der Knochenhaut entstehe, sondern müßte die gelblich-weiße Farbe der Knochenhaut beibehalten. Träten aber rote Färbungen im Knochen auf, würde der Knochen auch aus Bestandteilen der Nahrung gebildet. Diese zeitaufwendigen Experimente ließ Haller von einem Helfer, dem "Zerleger Detlef", durchführen und erhielt die Bestätigung, daß die These von Hamelius falsch ist, da die Knochen stets rötlich Färbungen zeigten, die bei zunehmendem Wachstum auch zunahmen. Von diesen Experimenten hat Haller die sechzehn wichtigsten ausgewählt und referiert sie im folgenden (S. 463-470). Die Experimente I, II und XV wurden an jungen Hunden durchgeführt, Experiment XVI an Katzen und bei den übrigen zwölf Experimenten waren junge Taubenküken das Versuchsobjekt.

Im zweiten Teil seiner Abhandlung (S. 479-555) berichtet Haller dann (S. 479-540) über von ihm selbst durchgeführte Experimente und Beobachtungen zur Knochenbildung beim Hühnchen im Ei. Dabei habe er das Hühnchen als Versuchsobjekt ausgewählt, da man die Zeit der Entwicklung (Beginn der Bebrütung) genau bestimmen könne und auch die erste Bildung der Knochen unmittelbar erscheine. Man könne im Ei leicht die gesamte Entwicklung vom ersten Gelee (a primo gelu) bis zur fertigen Natur der Knochen verfolgen (S. 479). Die ersten Experimente dieser Art habe er 1755-1758 durchgeführt, dabei habe er nur das Schienbein (tibia) und den Oberschenkelknochen (femur) betrachtet, da sie die größten Knochen seien, und er den Leser nicht durch die lange Serie der einzelnen Tierknochen habe ermüden wollen (S. 479). Bei seinen neuen Untersuchungen (1763-1764) habe er den Stirnknochen (os frontis) hinzugefügt, bei dem die Natur die Entwicklung am schnellsten voranschreiten lasse.

Die ersten Spuren von Knochen habe man nach sechs Tagen feststellen können, nach 125 Stunden sei das Femur bereits gebildet, es sei noch ganz flexibel, aber bereits mit Epiphysen versehen (S. 485). Wieder gibt Haller jeweils die genauen Maße der Knochen an. Nach 144 Stunden beobachtet er dann auch eine erste Ausbildung der Tibia. Haller stellt fest, daß die Knochen am Anfang wie Gelee oder Leim und daher noch sehr flexibel sind, sie lassen sich noch leicht von der Knochenhaut ablösen (vgl. z.B. S. 488). Nach 188 Stunden (7 Tagen) sei dann auch ein membranartiger Hirnschädel vorhanden (S. 490). Erste wesentliche Veränderungen beobachtet Haller am 9. Tag (S. 492):

"Der größte Teil der beiden Knochen [sc. Femur und Tibia] ist durchsichtig, so daß dennoch in der Mitte des Knochens ein weißer opaker Teil erscheint; in dieser leichten Durchsichtigkeit habe ich einige Falten gesehen, die an der Länge der Knochen entlangliefen. Die Knochen waren zwar noch flexibel, wurden aber dennoch zerbrochen, wenn man versuchte, den opaken Teil zu biegen; die übrigen Teile waren so elastisch, daß sie die Form und Geradheit nach Verbiegung wiedergewannen. Wenn ich aufgeschnitten habe, war der mittlere Teil beider Knochen weiß, knöchern und von papierartiger Zartheit; dennoch fiel er, wenn er getrocknet wurde, zusammen. Der übrige Knochen bestand aus weißlichem kraftlosen Knorpel, der formlos war, wenn ich ihn trocknete."

Was Haller hier beschreibt, ist die allmähliche Ossifikation des Skelettstückes[16]. Haller stellt hier optisch die verschiedenen Zonen des sich entwickelnden Knochens fest: Außen sieht er den (hyalinen) Knorpel, der noch nicht abgebaut ist. Bei den Röhrenknochen (wie Tibia und Femur) beginnt die Ossifikation mit der Bildung einer Knochenmanschette, die den knorpeligen Schaft (Diaphyse) umgibt. Innen findet sich großblasiger Knorpel mit verkalkter Grundsubstanz, den Haller als opake festere Zone beschreibt. Mit den den Knochen entlanglaufenden Falten dürfte das umgebende Bindegewebe (Perichondrium) gemeint sein. Haller beschreibt also sehr korrekt, auch wenn er noch keinen Einblick in die zugrundeliegenden Zelldifferenzierungen hatte.

Zum 10. Tag gibt Haller an, daß der Knochen sich insgesamt zu verfestigen beginne, er habe Falten im Innern gesehen, die sich in den Bereich des Knorpels ausdehnten (S. 496). Vermutlich beschreibt Haller hier die Bildung von Säulenknorpel[17]. Haller hat zwar die Bildung der Gefäße nicht erklärt, aber er registriert ihr Auftreten erstmals nach 238 Stunden (S. 498), zunächst sah er sie in den Gelenken, dann auch in Tibia und Femur.

Am 12. Tag, nach 287 Stunden, beschreibt Haller den nächsten Schritt der Ossifikation (S. 506): Im Innern seien die Knochen jetzt hohl[18]. Weiterhin sieht Haller, daß sich der opake Teil des Knochens wesentlich vergrößert hat und viele Falten und Furchen aufweist[19]. Haller hat die Knochen längs aufgespalten und in der Höhlung etwas Poröses (spongiosum quid) beobachtet. Auch hier beschreibt Haller wieder völlig korrekt den Zustand des Knochens, ohne jedoch die im zellulären Bereich ablaufenden Entwicklungsvorgänge zu kennen. Bei den folgenden Stadien wird die Ausbreitung der Blutgefäße immer wieder erwähnt. Die Tendenz des Wachstums sei insgesamt so, daß die Tibia dem Femur voraneilt (S. 520). Die Beschreibungen des Knochenaufbaues bei den älteren Stadien sind sich sehr ähnlich, und die Lektüre ist daher sehr ermüdend, es wird kaum etwas Neues hinzugefügt.

---

16 Der größte Teil des Skeletts wird embryonal aus hyalinem Knorpel gebildet. Das hyalinknorpelige Primordialskelett wird allmählich bis auf wenige, knorpelig bleibende Abschnitte (Gelenkknorpel, Rippenknorpel, etc.) durch Knochen ersetzt (Ersatzknochen). Da keine direkte Umwandlung (Metaplasie) von Knorpel in Knochen möglich ist, muß neben der Neubildung von Knochen gleichzeitig der Knorpel aufgelöst und entfernt werden, man spricht dann von indirekter Ossifikation.

17 Der Knochen nimmt an Dicke zu und dehnt sich gleichzeitig in Richtung der beiden Enden des Skelettstückes (den Epiphysen) hin aus. Hierbei entstehen Spannungen, die eine blasenförmige Umwandlung des im Schaft eingeschlossenen Knorpels und eine säulenförmige Anordnung seiner Zellen verursachen (Blasenknorpel, Säulenknorpel), die als Falten erscheinen können. Außen ist der Knochen, wie Haller richtig angibt, von der Knochenhaut (Periosteum) umgeben. Der nächste Schritt ist die Bildung der Blutgefäße im Innern des blasenförmigen Knorpels.

18 Haller meint hier wohl die primäre Markhöhle, einen sich allmählich vergrößernden Hohlraum im Zentrum der Diaphyse.

19 Hier dürften die unregelmäßig konstruierten Reste verkalkter Grundsubstanz beschrieben sein. Diese dienen als Leitstrukturen, an deren Oberfläche durch die aufgereihten Osteoblasten (Knochenbildungszellen) Knochensubstanz abgelagert wird (primitive Spongiosa).

Bei Haller hat die Untersuchung der Hühnchenentwicklung also drei Funktionen:
1. Klärung der Frage nach der Entstehungsart der Knochen.
2. Entwicklung einer neuen Theorie der Herzbildung.
3. Nachweis der Richtigkeit der ovistischen Präformationstheorie.

Daneben steuert Haller zahlreiche neue Erkenntnisse zur Hühnchenentwicklung bei, von denen besonders die Beobachtung der "Membrankontinuität" hervorzuheben ist, die seinen Kontrahenten Caspar Friedrich Wolff dann zu einer eigenen Untersuchung zur Entwicklung des Darmkanals beim Hühnchen anregte.

9. Epigenese: Caspar Friedrich Wolff

9.1. CASPAR FRIEDRICH WOLFF UND ALBRECHT VON HALLER

Caspar Friedrich Wolff wurde am 4. November 1753 Student des Berliner "Collegium medico-chirurgicum", das als eine Art medizinische Akademie vor allem der Ausbildung künftiger Militärärzte diente. Am 29. November 1759 verteidigte Wolff als 25jähriger seine Doktorthesen vor der dortigen medizinischen Fakultät. Er ließ seine Dissertation "Theoria generationis" (1759) sogleich in Halle drucken[1]. Mit logischer und formalistischer Exaktheit hatte er versucht, die Unhaltbarkeit der Präformationstheorie bloßzulegen. Seine eigene Epigenesistheorie ist zunächst philosophisch begründet: Der ganze Körper entstehe aufgrund von Prinzipien und Gesetzen; dementsprechend untersuchte er das Material. Wolff übersandte ein Dedikationsexemplar seiner Dissertation an Haller und wagte sich damit gleichsam in die "Höhle des Löwen". Als Reaktion veröffentlichte Haller 1760 eine anonyme Rezension in den Göttinger gelehrten Anzeigen, in der er sich sehr wohlwollend zu Wolffs Arbeit äußerte, seine Grundthese aber ablehnte.

Wolff reagierte auf diese Rezension mit erneuten Untersuchungen und ließ 1764 die "Theorie von der Generation in zwo Abhandlungen erklärt und bewiesen von Caspar Friedrich Wolff, der Arzeneygelehrtheit Doktor" erscheinen. Schon der Titel des Werkes zeigt, daß es sich nicht um eine Übersetzung der lateinischen Erstfassung handelt. Wolff sagt dazu selbst in dem Begleitschreiben, das er dem Dedikationsexemplar an Haller beifügte[2]:

> "Sein [sc. des Büchleins] erster Teil enthält das, was, wie mir scheint, durch strengere Überlegung aus dem schon vorher bekannten Beobachteten, sodann auch aus der Natur der Sache selbst ermittelt werden kann. Der 2. Teil enthält eine kürzere hier und dort verbesserte Theorie. Im Anhang aber habe ich aus wiederholten Experimenten herausgestellt, was mir am meisten sie einsichtig zu machen schien."

Was in der lateinischen Dissertation speziell für Gelehrte geschrieben war, wurde jetzt nochmal in populärer Form einem breiten Publikum vorgeführt. Haller war mit Wolffs neuem Buch sehr unzufrieden; besonders warf er ihm eine scharfe Polemik gegen Charles Bonnet vor und beklagte sich außerdem bitter darüber, daß Wolff in seinem Buch die anonym erschienene Rezension der Dissertation ohne Einverständnis des Autors abgedruckt hatte. Für diesen unerlaubten Nachdruck der Rezension entschuldigte sich Wolff in einem Schreiben an Haller vom 5. Mai 1765. Besonders enttäuscht war Wolff von Hallers offizieller

---

1 Caspar Friedrich Wolff: Theoria generationis. Halle 1759, [2]1774; Nachdruck: Theorie von der Generation in zwei Abhandlungen, erklärt und bewiesen an der Theoria Generationis, hrsg. von Robert Herrlinger. Hildesheim 1966.
2 Zitiert nach Julius Schuster: Der Streit um die Erkenntnis des organischen Werdens im Lichte der Briefe C. F. Wolffs an A. von Haller. In: Sudhoffs Archiv 34 (1941), S. 196-218; hier S. 205 f.

Stellungnahme innerhalb des achten Bandes seines Hauptwerkes "Elementa physiologiae corporis humani" (1766). In diesem umfangreichen Werk (815 Seiten) sind Wolffs Epigenesistheorie fünf Seiten (S. 113-117) gewidmet, wobei Haller jedoch weder auf die Dissertation noch auf die deutsche Abhandlung Wolffs verweist. Haller vertritt hier schärfer denn je die Präformationstheorie, worüber Wolff verständlicherweise sehr enttäuscht war.

Als Wolff 1767 an die Akademie nach Petersburg berufen wurde, brach er seine embryologischen Untersuchungen völlig ab. Dennoch erschien 1768-1769 erneut ein embryologisches Werk "De formatione intestinorum" (Über die Bildung des Darmkanals im bebrüteten Hühnchen), für das die Vorarbeiten bereits in Berlin abgeschlossen worden waren. Diese Abhandlung entging allerdings der Aufmerksamkeit seiner Zeitgenossen, bis sie von Johann Friedrich Meckel 1823 gleichsam wiederentdeckt wurde; er gab sie in deutscher Übersetzung mit einem Kommentar heraus.

Aus der Petersburger Zeit ist als weitere Arbeit die 1789 erschienene Abhandlung "Von der eigenthümlichen und wesentlichen Kraft der vegetabilischen, sowohl als auch animalischen Substanz, als Erläuterung zu zwo Preisschriften über die Nutritionskraft" zu nennen. Dieses Werk ist die Weiterentwicklung der Theorien Wolffs über die "vis essentialis", die nach Wolff für jegliche Entwicklung und jegliches Leben verantwortlich ist. Später hat sich Wolff, wie sein handschriftlicher Nachlaß zeigt, mit dem anatomischen Bau und der Entwicklung von Monstren befaßt[3]. Er hatte sich schon immer für das Auftreten von Mißbildungen interessiert; am Schluß seiner lateinischen Dissertation sind einige Seiten der Entstehung von Mißbildungen gewidmet (S. 134 f.). Das Interesse Wolffs an solchen Erscheinungen erklärt sich daher, daß sie das geeignete Material zur Widerlegung einer präformistischen Entwicklungstheorie sind. Insgesamt zeigt sich Wolff in seinem handschriftlichen Nachlaß als überzeugter Transformist; er wandte die Theorie der Transmutationen auf die gesamte organische Welt an. Er verstand unter Evolution einen Prozeß der erblichen Umbildung der Organismen und legte diesem Prozeß eine mutative Veränderlichkeit zugrunde, die er von den nicht erblichen Modifikationen eindeutig abgrenzte[4].

Der Tod Hallers (12.12.1777) hätte dazu führen können, daß nun Wolff an Autorität gewonnen hätte; dies war aber nicht der Fall. Zunächst behielt die Präformationstheorie die Vorherrschaft, bis 1812 die deutsche Übersetzung von Wolffs Abhandlung "Über die Bildung des Darmkanals im bebrüteten Hühnchen" erschien. Diese Arbeit begründete Wolffs Ruhm ein zweites Mal und damit endgültig.

Im folgenden sollen die beiden embryologischen Hauptwerke Wolffs genauer betrachtet werden. Auf eine Analyse der lateinischen Dissertation konnte dabei

---

3 Vgl. dazu die Ausführungen von Boris Eugenovic Raikov: Caspar Friedrich Wolff. In: Zoologische Jahrbücher 91 (1964), S. 555-626, besonders S. 621.
4 Vgl. dazu Abba Evseevitch Gaissinovitch (C. F. Wolff on Variability and Heridity. In: History and Philosophy of the Life Sciences 12 (1990), S. 179-201), der Raikovs (wie Anm. 3) Interpretation von Wolff als "Vorkämpfer der Evolutionsideen im phylogenetischen Sinne", der seiner Zeit fast um ein ganzes Jahrhundert voraus gewesen sei, ablehnt. Gaissinovitch legt eine neue Analyse des von Wolff hinterlassenen Manuskriptes "Objecta meditationum pro theoria monstrorum" vor, wobei er die Ideen der Vererbung, Variabilität und Transformation genauer verfolgt.

verzichtet werden, da ihr Inhalt in der deutschen Fassung in überarbeiteter Form erneut vorgetragen wird[5].

9.2. THEORIE VON DER GENERATION (1759, 1764)[6]

Wolff beginnt sein Werk mit einer "Vorläufigen Abhandlung von der Theorie der Generation überhaupt, und von den verschiedenen Hypothesen, die man bishero um sie zu erklären angenommen hat" (S. 1-135). Dabei ist der erste Abschnitt dem "Begriff einer Theorie von der Generation" (S. 1-14) gewidmet. Wolff ist davon überzeugt, daß noch niemand vor ihm die Generation überhaupt, sei es richtig oder falsch, erklärt habe (S. 5). Er selbst definiert den Begriff folgendermaßen (S. 7):

"Ein jeder versteht unter dem Wort Generation die Art, wie ein organischer Körper (eine Pflanze, ein Thier) nach allen seinen Theilen, durch Hülfe anderer organischer Körper, von derselben Art, hervorgebracht wird."

Es mag verwundern, daß Wolff für die Übersetzung ins Deutsche nicht das Wort "Entwicklung" verwendete; dieser Begriff war aber nicht geeignet, weil man zu Wolffs Zeit unter Entwicklung eine Ent-wickelung (e-volutio) im Sinne der Präformationstheorie verstand. So sprach Wolff von der Theorie der Generation, der er eine sehr umfassende Bedeutung zuerkannte. Er wollte sie als eine neue wissenschaftliche Disziplin begründen, deren Hauptziel es sein sollte, die Morphologie tierischer und pflanzlicher Organismen zu erklären und zu begründen (S. 12 f.)[7].

Im zweiten Abschnitt skizziert Wolff die Geschichte der verschiedenen Hypothesen seiner Vorgänger (S. 14-34), um sich dann der Widerlegung des Präformismus zuzuwenden (S. 35-135); dabei sind allein vierzig Seiten der Polemik gegen Charles Bonnet gewidmet (S. 97-135). Schon in seinem historischen Abriß (S. 27) wiederholt Wolff die bereits in seiner lateinischen Dissertation getroffene Feststellung, daß, wer die Hypothese der Prädelineation (Präformation) vertrete, die Generation nicht erkläre, sondern vielmehr behaupte, es finde keine Formation der organischen Körper in der Natur statt. Bevor er sich eingehender mit der Widerlegung der Präformation befaßt, versucht er im dritten Abschnitt zunächst nochmals einen "Beweis der Epigenesis" vorzulegen (S. 35-39). Dabei geht Wolff von der Voraussetzung aus, daß, wenn er gezeigt habe, auf welche Weise die organischen Körper gebildet werden, gleichzeitig auch bewiesen sei, daß sie auch wirklich gebildet werden, d.h. nicht schon in kleinster Ausführung vorhanden seien (S. 37) - dieser 'indirekte Beweis' erfolgt dann später in der

---

5 Die in der Reihe der Ostwald's Klassiker erschienene Übersetzung von Samossa ist nicht gut, da sie nur einen sehr dürftigen Apparat an Anmerkungen enthält und Wolffs eigene Erläuterungen, die dieser der deutschen Fassung beigegeben hat, nicht berücksichtigt. Vgl. dazu Caspar Friedrich Wolff: Theoria generationis, übersetzt und herausgegeben von Dr. Paul Samossa. (Ostwald's Klassiker der exakten Wissenschaften, 84 u. 85) Leipzig 1896.
6 Wolff (wie Anm. 1).
7 Raikov bemerkt dazu (wie Anm. 3, S. 574): "Mit Fug und Recht konnte Wolff behaupten, daß vor ihm keine Theorie der Generation in seinem Sinne bekannt gewesen sei, und daß man keinen Begriff von dieser Wissenschaft gehabt habe."

überarbeiteten Fassung der Dissertation, d.h. in der zweiten Abhandlung. Wolff liegt sehr viel daran, den Leser davon zu überzeugen, daß er schon vor der Entwicklung seiner eigenen Theorie die präformistischen Hypothesen abgelehnt habe, da sie nicht wahrscheinlich seien, weil es in der Natur keine ähnlich ablaufenden Vorgänge gebe (S. 41 f.). Dann gibt Wolff eine klare Definition, was er unter Evolution versteht (S. 43):

> "Also kürzer, ein Phänomen, welches seinem Wesen und Eigenschaften nach immer existiert hat, nur nicht sichtbar gewesen ist, endlich aber, auf welche Art es wolle, unter der Maske, als wenn es erst entstünde, sichtbar wird."

Ein solches Ding finde sich allerdings in der Natur nicht, weder bei Tieren, noch bei Pflanzen. Auch die immer wieder herangezogenen Entwicklungen von Knospen und Insekten seien kein Beweis, da dieser Aufbau der Natur nur dem Schutz des heranwachsenden Lebens diene. Wichtig erscheint es Wolff auch, den Vorwurf Hallers zurückzuweisen, daß er sich auf die Behauptung stützen müsse, was man nicht sehe, existiere auch nicht (S. 68 ff.). Abschließend führt er dann noch zur Widerlegung der Präformation an, daß man der Natur ihr Wesen und ihren Wert nähme, wenn man davon ausgehe, daß alles von Anfang an existiere und nicht durch die Leistung der Natur gebildet werde (S. 72 f.).

Als nächstes wendet sich Wolff dann (S. 74-97) der "Auflösung der Schwierigkeiten, die wider die Theorie des Verfassers gemacht sind" zu. Auch hier widerlegt er nochmals Hallers Argument, er baue seine Theorie auf dem Satz auf, was man nicht sehe, sei auch nicht da (S. 74 ff.). Er habe diesen Satz weder als Axiom, Theorem oder Grundsatz verwendet, sondern nur im Scholion zum Paragraphen 166 angeführt, d.h. daß der Satz keineswegs grundlegend für seine Theorie gewesen sein könne. Er habe diesen Satz im Zusammenhang mit der Behauptung gebraucht, daß bei den frühen Stadien noch keine Gefäße im Nabelbereich des Hühnchens vorhanden seien. Wolffs Theorie besagt, daß die körnige Materie des Bezirkes durch eindringende Flüssigkeit in ungleich große unförmige Stücke aufgelöst werde (S. 82). In den durch die Flüssigkeit entstandenen Zwischenräumen entstünden allmählich die Gefäße (S. 83). Wolff gibt dann im folgenden an, welche Veränderungen noch alle notwendig sind, damit das Netzwerk des Gefäßhofes entstehe. Deshalb habe er auch bei frühen Stadien geschlossen, die Gefäße seien noch nicht vorhanden, da er sie auch nicht gesehen habe (S. 88). Anschließend geht er nochmals im einzelnen auf Hallers Theorie der Gefäßbildung ein und versucht sie zu widerlegen (S. 91-97).

Bei der "Widerlegung der Einwürfe des Herrn Bonnet" (S. 97-135) kommt es Wolff besonders darauf an, das Argument der "Membrankontinuität" zu entkräften (S. 105 ff.). Was kontinuierlich sei, müsse deshalb nicht zwangsläufig zur selben Zeit entstanden sein. Weiteres Thema ist auch hier wieder die Widerlegung der Theorie der Gefäßbildung, d.h. die bei dem vorliegenden Abschnitt zuletzt behandelten Kritikpunkte werden in diesem Teil der Arbeit nochmals aufgegriffen. Wichtigste Argumente bei der Widerlegung sind:

1. Gewisse Gefäße des Dottersackgefäßhofes würden bereits vor dem Herzen gebildet (S. 119).

2. Man könne nicht von einer (frühen) Bewegung des Herzens sprechen, wenn man deutlich sehe, daß das Herz ruhe (S. 120).

3. Gefäße seien nur Höhlungen im Gewebe; bei größeren Gefäßen sei das umgebende Gewebe verdickt, so daß man von einer Haut spreche, was eigentlich nicht richtig sei (S. 127 ff.).

4. Die Anfänge aller Tiere und Pflanzen seien flüssig, deshalb müsse schon eine richtige Umwandlung stattfinden, da ein flüssiger Körper nicht organisch sein könne (S. 131 ff.).

Mit diesen Argumenten glaubt Wolff, die Einwände seiner Gegner Bonnet und Haller ausreichend widerlegt zu haben.

Die zweite Abhandlung beginnt Wolff mit einem Kapitel über die "Eintheilung des organischen Körpers in gewisse Arten von Theile, die eine verschiedene Entstehungsart erfordern" (S. 141-150). Dabei werden die drei Klassen der Teile, wie bereits die Überschrift besagt, nach ihrer Entstehungsart differenziert (S. 145 f.):

> "Die erste Art derselben sind diejenigen, die nicht weiter aus anderen Theilen bestehen, sondern die die letzten und einfachen sind, und aus denen im Gegentheil alle übrigen Theile zusammengesetzt werden. ... In den Thieren sind es wieder die Gefäße und das Zellen-Gewebe. ... Die Nerven und Muskeln ausgenommen (das Gehirn rechne ich mit zu den Nerven), bestehen alle Theile der Thiere wiederum aus Gefäßen, die vermittelst des Zellengewebes mit einander verbunden sind, oder aus einem Zellengewebe allein ...
> Die andere Gattung von Theilen sind diejenigen, die nun aus Gefässen und dem Zellengewebe zwar zusammengesetzt sind, allein die dem ohnerachtet doch noch nicht vor sich selbst bestehen; sondern ebenfalls noch wieder Theile von anderen Theilen sind, die sie durch ihre Zusammensetzung ausmachen ... In den Thieren sind die Muskeln, die Knochen, die Nerven, die nebst dem Zellengewebe und den darin eingewickelten grossen Gefässen von der allgemeinen Haut umgeben werden und mit diesen zusammen einen Arm, einen Fuß, einen Finger ausmachen ...
> Die dritte Gattung sind solche, die entweder aus diesen, oder unmittelbar aus den Theilen der ersten Gattung zusammengesetzt sind, und die nun nicht weiter Theile anderer Theile sind, sondern vor sich selbst bestehn, und unmittelbare Theile des Ganzen sind ... In den Thieren alle Viscera und die Extremitäten."

Zunächst behandelt Wolff dann die "Entstehungsart der Gefäße" (S. 151-186), die er als reine Löcher und Höhlen beschreibt (S. 165), sie seien keineswegs "mit eigenen besonderen Häuten versehene Röhren" (S. 165). Insgesamt zeigt sich deutlich, daß Wolff für die Entstehungsart der Tiere und Pflanzen dieselben Prinzipien als gültig betrachtet, daher reicht es aus, hauptsächlich die Darstellung der Tierentwicklung vorzustellen. Allgemein spricht Wolff sowohl den tierischen als auch den pflanzlichen Körpern eine "vegetabilische oder wesentliche Kraft" zu,

> "durch welche in den vegetabilischen Körpern alles dasjenige ausgerichtet wird, weswegen wir ihnen ein Leben zuschreiben; und aus diesem Grunde habe ich sie die wesentliche Kraft dieser Körper genannt." (S. 160).

Ohne dieser Kraft würde eine Pflanze aufhören, eine Pflanze zu sein und ein Tier wäre kein Tier mehr. Weiterhin unterscheidet Wolff zwischen Organisation und Produktion eines organischen Teiles (S. 162 f.):

> "Diese Gefäße und Bläschen oder Zellen machen die innere Struktur eines Theiles; sie machen den Theil organisch, und ohne ihnen würde der Theil aufhören organisch zu seyn ... Folglich wird ein jeder Theil zuerst producirt, und alsdann organisirt, und diese Organisation eines Theiles ist eine von der Produktion desselben unterschiedene Wirkung der Natur ... Diese Organisation nemlich ist alsdann die Formation der Gefäße oder der Zellen und Bläschen."

Am besten zur Darstellung der Bildung von Gefäßen sei die "äußere Fläche des Gelben im Ey" geeignet (S. 167). Wolff gibt dann eine hervorragende Beschreibung der Bildung des Dottersackgefäßhofes (S. 167):

> "Diese Fläche ist im Anfang aus lauter kleinen Kügelchen zusammen gesetzt, und man bemerkt an ihr nicht den geringsten Strich oder Linie, welche einem Gefäße ähnlich sähe. Nach und nach aber fängt sie an verschiedenen Orten zu bersten und Rinnen zu bekommen, und die Stückchen, in welche sie zerspringt, stellen eben so viel kleine Inseln vor. Die Rinnen sind die wahren ersten Anfänge der Gefäße, und die kleinen Inseln sind die Zwischenräume derselben; denn im Anfange ist in jenen zwar nur eine subtilere flüßigere und bewegliche Materie enthalten; dahingegen die Inseln aus größeren Kugeln bestehen, und dabey dicht und fest sind; allmählich aber fängt in eben diesen Rinnen das Blut selbst an, sich zu zeigen; sie continuieren alsdann offenbar mit den Gefäßen des jungen Hühnchens. Ich habe keine Vorstellung in der Natur schöner gesehen, als diese."

In diesen Rinnen fließe der Nahrungssaft, und die Blutbildung beginne, bevor das Herz existiere und sich bewege. Also könne die für die Entwicklung verantwortliche Kraft, die wesentliche Kraft, nicht im Herzen liegen (S. 169).

Bei der Darstellung der "Entstehungsart der vor sich selbst bestehenden, und der aus anderen zusammengesetzten Theilen" (S. 186-222) entwickelt Wolff folgende Theorie der Bildung des Hühnchens: Alle Teile entstehen nacheinander, wobei sie entweder excerniert oder deponiert werden, d.h. sie werden entweder als Anhang des Teiles gebildet, dem sie ihre Produktion verdanken, oder innerhalb desselben (S. 210). Jeder Teil ist am Anfang, wenn er excerniert oder deponiert wird, unorganisch und erhält erst durch die Gefäße und Bläschen, die in ihm formiert werden, eine Organisation (S. 211). Das Ei wird vom Eierstock excerniert, dieses excerniert das Amnion, dieses wiederum das Rückgrad; von diesem nehmen alle weiteren Teile ihren Ursprung (S. 221 f.), und zwar in folgender Reihenfolge: Zuerst entsteht der Kopf, dann die Flügel und die Füße (anschließend die Zehen) und die Eingeweide des Unterleibes, die alle aus einer "fortgehenden Substanz" (substantia continua) gebildet werden (S. 217). Diese aus Kügelchen bestehende Substanz scheidet sich allmählich an verschiedenen Orten von einander und bildet Klumpen, aus denen die einzelnen Organe entstehen, indem sich die Substanz immer mehr zusammenzieht (S. 209 f.; 217) und schließlich erstarrt. Gerade diese Bildung der Eingeweide und der Extremitäten führt Wolff als schlagendes Argument gegen Bonnets Präformationstheorie an, da sich deutlich zeige, daß die Teile nicht bereits in kleinster Form vorlägen, sondern aus ungeformter Substanz gebildet würden (S. 218-220).

Wolffs wesentlichste Erkenntnis war wohl die Bildung der Urniere (Mesonephros). Wie jedes Organ entstehe die Niere, die bei Wolff stellvertretend behandelt wird, zunächst nur aus einer diffusen Anhäufung von Zellen, die sich zu einem Zellgewebe vereinigen (S. 209 f., 217 f.). Bei der Behandlung der Nierenentwicklung erscheint es sinnvoll, ausnahmsweise die Dissertation mit heranzuziehen, da hier die Beschreibung klarer ist[8]:

> "Am dritten oder vierten Tage entsteht in jenen Gegenden, aus denen sich früher die Zellsubstanz zurückgezogen hatte, zwischen den Extremitäten, aber etwas nach vorne hin, eine neue derartige Zellsubstanz, die etwas zäher im Bezug auf den Zusammenhang der Kügelchen ist und gewissermaßen alle Theile des Fötus, den Kopf, das Herz und die Extremitäten mit der Wirbelsäule, die gleichsam einen fixen Punkt bildet, verbindet, dem Embryo selbst aber durch ihre Lage an weiter seitlicher Ausbreitung hindert. Dieses Zellgewebe enthält jedoch noch keine Spur von einem Organ, was sich leicht feststellen läßt. (221) Am vierten und fünften Tag setzt sich dieses Zellgewebe nach unten hin um die Gegend der unteren Extremitäten herum in die Allantois fort, die mit einer sehr durchsichtigen Flüssigkeit erfüllt ist, während sie nach oben hin in Umbildungen der Extremitäten, des Herzens und des Kopfes mit eingeht; sie ist zu undurchsichtig, als dass man ihren Inhalt genügend deutlich erkennen könnte."

Aus dieser rohen Masse sollen später die Nieren entstehen (§ 229, S. 41) und aus einer ebensolchen (noch) ungestalteten Masse bilde sich der Urnierengang oder primäre Harnleiter (Anm. 2, S. 42), der ebenfalls zu Ehren seines Entdeckers als "Wolffscher Gang" bezeichnet wird[9]. Die weiteren Veränderungen der Urnieren waren Wolff allerdings noch nicht bekannt. Ob er sich selbst bewußt war, daß die frühen Strukturen, die er beschreibt, nicht die definitiven Nieren waren, bleibt offen. Auf jeden Fall sind seine Beschreibungen der Urniere ein hervorragender Anfang, der die Grundlage für die weitere Erforschung des Urogenitalsystems gelegt hat.

Im nächsten Kapitel (6) beschäftigt sich Wolff mit der "Conception" (S. 222-256), d.h. mit der "Verrichtung der Natur, durch welche die allerersten Theile ... hervorgebracht werden" (S. 224). Die Entwicklung anderer Teile durch bereits bestehende Teile nennt Wolff dagegen "Vegetation", die Bildung der Zellen und Gefäße bezeichnet er als "Nutrition" (S. 225); - hier zeigt sich deutlich, wie der Rationalist Wolff um begriffliche Klarheit bemüht ist. "Generation" ist dann die Verrichtung, die ein Tier derselben Art oder eine Pflanze derselben Art zur Erzeugung eines Nachkommen leistet (S. 225). Der Samen sei eine besondere Form von Nahrungssaft (S. 245-247), der, da er von außen an den Organismus herangebracht werde, bereits

---

8 § 220, zitiert nach Samossa (wie Anm. 5), II, 1896, S. 34 f.
9 Zur Geschichte dieses Begriffes und der Verwechslung mit einer anderen, ebenfalls nach Wolff benannten Struktur (der lateralen Furche) vgl. Trent D. Stephens: The Wolffian Ridge: History of a Misconception. In: Isis 73 (1982), S. 254-259.

"denjenigen Grad der Vollkommenheit in Ansehung des Vermögens zu nutrieren, schon erreicht hat, welchen die gewöhnlichen Nutrimente, wenn sie in den Körper genommen werden, erst erreichen sollen." (S. 247 f.).

Es muß sich also um ein "Nutriment höchster Vollkommenheit (nutrimentum perfectum)" handeln. Die Conception läßt sich dann als "eine von außen geschehene Nutrition" (S. 250) definieren. Diese Theorie der Conception wird am Beispiel der Pflanzen ausführlich entwickelt (S. 222-253); abschließend stellt Wolff dann fest, daß es sich bei den Tieren genauso verhalte (S. 253) und geht auf einige Einzelheiten ein. Der letzte Teil des weiblichen Tieres, der gebildet werde, sei der Eierstock und in ihm das Ei. Durch Einwirkung des männlichen Samens werde die erneute Aufnahme der Entwicklung später an ebendieser Stelle verursacht (S. 254 f.).

Im Anhang berichtet Wolff dann abschließend über "Wiederholte Versuche" (S. 257-283), die alle die Entwicklung des Hühnchens im Ei betreffen. Zunächst behandelt er nochmals die "Beschaffenheit der ersten Anlage zu den Flügeln und Füßen, ingleichen der Brust und des Unterleibes" (S. 257-260). Dabei korrigiert er eine in seiner lateinischen Dissertation berichtete Beobachtung: Er hatte angenommen, daß die Kante, die die erste Anlage der Flügel und Füße sei, später völlig verschwinde, daß also die Bildung der Füße und Flügel nicht analog zur Bildung der Rippen bei den Pflanzen erfolge. Dies sei aber nicht der Fall. An gewissen Stellen der Kante werde neue Substanz in Form eines durchsichtigen Saftes deponiert; dieser dehne an diesen Stellen die Substanz der Kante aus und bilde Hügel. Diese Formation der Hügel sei der Bildung der Seitenrippen im Blatt analog. Nächstes Thema ist die "Beschaffenheit der ersten Gefäße in der Area" (S. 260-264). Wolff betont nochmals, daß die Gefäße zu Beginn keine Röhren mit Häuten seien, sondern nur Wege oder Rinnen vorstellen. Zunächst entstünden an der Stelle der späteren Gefäße nur Stellen mit flüssiger Substanz, die so breit wie lang wären. Diese "Lücken" seien am Rande des Gefäßhofes zahlreicher und größer gewesen. In der Folge hätten diese Gefäße angefangen, miteinander zu "communicieren" und netzförmige Wege zu bilden. Diese Phasen der Entwicklung des Gefäßhofes, die Wolff erst im Verlaufe seiner erneuten Beobachtungen (nach Erscheinen seiner lateinischen Dissertation) genauer untersuchte, verwendet er auch hier wieder, wie bereits mehrmals im Verlaufe der Abhandlung, als Argument gegen die Präformationstheorie.

Bei der Behandlung der "Bewegung des Herzens" (S. 264-272) geht es um die Widerlegung von Hallers Theorie, daß alle Veränderungen des Wachstums und die ganze Evolution von der Bewegung des Herzens abhingen, da durch sie die Säfte in die Gefäße hineingetrieben und die Gefäße und damit gleichzeitig auch die Teile, worin sich diese befänden, "auseinandergeschoben und ausgedehnt" würden (S. 265). Haller selbst gab an, daß er das Herz nicht vor dem Ende des zweiten Tages gesehen habe. Damit lieferte er Wolff einen Ansatzpunkt für heftige Kritik (S. 265): Schon vor dem ersten Auftreten des Herzens seien die Anfänge des Kopfes, des Rückgrates, des Gehirnes, des Rückenmarkes, der Augen, des Schnabels und auch die Kante, aus der die Flügel und Füße entstünden, vorhanden. Hinzu komme als weiteres Argument, daß sich das Herz zunächst gar nicht bewege. Dann gebe es eine Phase, in der sich das Herz bewege, aber noch nicht in der Lage sei, das Blut fort zu bewegen (S. 267 f.). Die Bewegung des Herzens entstehe also nicht auf einmal, wie er es sich früher vorgestellt habe, sondern sie werde allmählich stärker. Damit ist für Wolff Hallers Argument entkräftet, daß das Herz die Ursache der Bewegung des Blutes sei, auch wenn man es noch nicht sehe oder seine Bewegung nicht wahrnehmen könne. Er selbst habe ja eine Bewegung des Herzens gesehen, ohne daß daraus eine Bewegung des Blutes resultiere (S. 268). Also könne nicht die Kraft des Herzens, wie Haller annimmt, die Entwicklung bewerkstelligen, sondern es müsse eine andere, unabhängige Kraft existieren, die Wolff, wie bereits gesehen, als die "wesentliche Kraft" bezeichnet.

Als letztes versucht Wolff erneut, Hallers Hauptargument für die Präformation zu widerlegen "Von der Conception der Häute des Eyes in dem Embryo" (S. 272-283). Wolff betont, er wolle Haller keineswegs irgendwelche unrichtigen Beobachtungen nachweisen, aber dieser könne ja gewisse Umstände übersehen haben, "die der Sache ein ganz anderes Ansehen geben" (S. 273). Nach Haller soll, wie gesehen, der Embryo bereits vor der Befruchtung existieren, da die Häute des Dotters mit denen der Gedärme kontinuierlich seien und, was kontinuierlich sei, auch zur selben Zeit entstanden sein müsse. Akzeptiert man diesen Beweisschluß, stellt sich die Frage, ob die Voraussetzung richtig ist, daß die Dotterhaut bereits vor der Inkubation vorhanden war. Offensichtlich ist, daß der Dotter stets von einer Membran umgeben ist, aber diese ist nach Wolffs Meinung nicht mit den späteren "Häuten des Gelben" identisch, "in welche die Gedärme des Embryos continuiren" (S. 275). In seiner Dissertation hatte Wolff noch heftig gegen Hallers Argument der Membrankontinuität disputiert, dafür schämt er sich jetzt, da dazu ja gar kein Grund vorgelegen habe, da schon die Voraussetzung nicht zutreffe; dies eben sei der Umstand, den Haller übersehen habe. Wolff ist somit der erste, der klar zwischen der Dottermembran und dem später gebildeten Dottersack unterscheidet. Um diese Unterscheidung nochmals zu begründen, beschreibt Wolff die verschiedenen Häute bei einem älteren Ei (von, wie er angibt, 12, 14 oder 16 Tagen). Er sieht die beiden Schalenhäute und rühmt sich, als erster erkannt zu haben, daß das "Chorion" von Malpighi aus zwei Schichten (lamina, S. 278) zusammengesetzt sei [die zwei Blätter der Chorioallantois]. Nach Entfernung dieser äußeren Häute seien noch das Amnion, die Haut des Gelben und die Haut des Weißen vorhanden. Das Amnion schlage am Nabel in den Embryo zurück und gehe kontinuierlich in die Haut des Embryos über. Nach der Einmündung des Amnions hingen die Gedärme heraus, die also nicht einmal vom Amnion, sondern nur vom Chorion umgeben würden. Wolff hebt hervor, daß er der erste sei, der dies erkannt habe (S. 278 f.). Bisher habe man sich vorgestellt, sie lägen innerhalb des Amnions und zusätzlich innerhalb des Nabels.

Beim Dottersack ("Sack des Gelben") erkennt Wolff zwei Schichten, die beide "in den Embryo continuiren", eine äußere, dünne, glatte und durchsichtige Schicht, und eine innere dickere, weiche schwammige, die die in die Höhle des Sackes hineinhängenden Falten bilde. Diese innere Haut sei nachweislich genauso aufgebaut wie die innere zottige Haut der Gedärme. Zur Kontinuität von Gedärmen und den Häuten des Dotters bemerkt Wolff (S. 280):

> ”Die äußere eigene Haut des Gelben geht an einem Orte von der Oberfläche dieses
> Sackes ab, formirt eine Scheide um den Verbindungscanal, in welcher auch noch
> ein paar kleine Gefäße von den Aesten der Gekrösadern neben dem Canal einge-
> wickelt liegen; sie kommt auf die Krümmung des Darmes, geht gerade über seine
> Oberfläche herüber, und continuirt, nachdem sie seine äußere Haut gemacht hat, in
> das Gekröse. Die innere eigene Haut des Gelben continuirt durch den Canal in die
> innere Haut der Gedärme.”

Die von Anfang an vorhandene Dottermembran habe aber mit den beschriebenen Schichten des Dottersackes nichts gemein. Dies ergebe sich schon deshalb,
weil die erste Dottermembran auch das Amnion mit einschließe[10].

Wolff argumentiert weiter, es sei ganz und gar unmöglich, daß eine Membran, die am Anfang das Gelbe und das Amnion umgebe, in der Folge nur noch
das Gelbe umgebe, Amnion und Embryo ausschließe und in die inneren Teile
des Embryos kontinuiere. Er äußert seine Verwunderung darüber, daß der ”Herr
von Haller diese Unmöglichkeit nicht sehr bald bemerkt hat” (S. 282). Aber er
gibt zu, daß auch er selbst die Sache zunächst nicht richtig durchdacht habe.

Das ”Chorium Malpighis” kontinuiere keineswegs mit dem Embryo; die
Schichten des Dottersackes, die wirklich mit dem Embryo kontinuieren, seien
dagegen sehr viel spätere Bildungen; sie machten den Bereich des Dottersackgefäßhofes aus, dessen Entstehungsart bereits ausreichend geklärt sei. Damit sei
Hallers Beweis der Evolution hinfällig, da keine Kontinuität der Häute des Embryos mit bereits im Eierstock vorhandenen Häuten stattfinde (S. 283); obwohl,
wie er in der Dissertation ausführlich bewiesen habe, auch eine solche Kontinuität kein Beweis der Präformation sei.

Wolffs allgemeine Theorie von der Generation läßt sich folgendermaßen zusammenfassen: Wolff schrieb das embryonale Wachstum dem Wirken einer Lebenskraft auf eine homogene organische Substanz zu. Diese Substanz sollte ein
klarer flüssiger Nährstoff sein, in dem anfangs keinerlei Organisation besteht.
Mit fortschreitender Entwicklung treten darin Höhlungen auf, an deren Rändern
sich die Flüssigkeit verfestigt, wodurch Zellen entstehen, wenn die Höhlungen
rund oder polygonal sind, und Gefäße, wenn sie längliche Gestalt haben. Auf
diese Weise werden Gewebe gebildet und diese werden durch die ”wesentliche
Kraft” weiter zu Organen differenziert. Wolff unterscheidet drei Arten von Bildungen: Gewebe aus Zellen und Gefäßen, weiterhin Organe, die von Geweben
gebildet werden, und schließlich aus Organen bestehende Teile des Organismus.
Wolff hat mit seiner Theorie, daß alles aus zunächst diffusen Zellhaufen gebildet
wird, viel für die Entwicklung der Zellenlehre geleistet. Wenn er auch die Zellen
fälschlich als kleine Höhlungen deutete, die mit Saft gefüllt sind und ihre Bildung mechanisch erklärte, ist dennoch Raikov zuzustimmen, der Wolff als
”einen der Begründer der Zellenlehre” bezeichnet[11].

---

10 Wolff hat also auf den frühen Stadien die Dottermembran richtig identifiziert. Diese wird
   aber etwa gleichzeitig mit der Entstehung des Chorions, das zusammen mit dem Amnion
   entsteht, rückgebildet. Auf späteren Stadien ist die von Wolff als Dottermembran bezeichnete Haut das Chorion, das er mit dieser verwechselte.
11 Raikov (wie Anm. 3), S. 564: ”Wie die Zitate beweisen, verstand er jedoch von diesem
   Gegenstand so viel, daß er mit Recht als einer der Begründer der Zellenlehre gelten kann.”
   - vgl. dazu auch S. 578 f.

Für die Bildung von Tieren und Pflanzen gelten für Wolff die gleichen Gesetze, die Kongruenz geht dabei so weit, daß sich auch beim tierischen wie beim pflanzlichen Organismus ein Organsystem nach dem anderen entwickelt. Ganz zum Schluß werden bei den Pflanzen die Fruktifikationsorgane gebildet, bei den (weiblichen) Tieren der Eierstock. Dieses Nacheinander-Entstehen ist für Wolff ein sehr wesentlicher Gedanke, den er später in seiner Abhandlung zur Bildung des Darmkanals des Hühnchens zur ersten Skizze einer Keimblättertheorie weiterentwickelt hat.

9.3. ÜBER DIE BILDUNG DES DARMKANALS IM BEBRÜTETEN HÜHNCHEN (1768-1769, 1812)

Diese Abhandlung ist zweifellos Wolffs wichtigste embryologische Arbeit. Karl Ernst von Baer bezeichnete sie als die "größte Meisterarbeit, die wir aus dem Felde der beobachtenden Naturwissenschaft kennen", ihr Hauptverdienst liege darin, "daß sie die Nabelbildung oder die Umwandlung des Embryos aus einer ausgehöhlten Fläche in einen geschlossenen Leib richtig erkannt hat, die niemand vorher begreifen konnte"[12]. Ob diese hohe Einschätzung des Werkes zutrifft, muß die folgende Analyse zeigen.

Die Abhandlung über den Darmkanal ist in drei Teile gegliedert[13]:

1. Teil: "Beobachtungen über die Bildung des Darmkanals und das falsche Amnion so wie über mehrere andere, noch nicht bemerkte Theile des Embryos der Vögel" (S. 57-117; Original: XII, S. 403-448).

2. Teil: "Die Magengrube. Die Nath des Falschen Amnion. Das untere Grübchen. Der Anfang, das Wachsthum und die Abnahme dieser Erscheinungen" (S. 118-189; Original: XII, S. 449-507).

3. Teil: "Von den Erscheinungen, welche das falsche Amnion, an seiner innern Fläche betrachtet, darbietet, der Bildung des Gekröses, der Brusthöhle, des Unterleibes und der Extremitäten" (S. 190-246; Original: XIII, S. 478-530).

Die erste Abhandlung beschreibt nicht, wie der Titel angibt, die Bildung des Darmkanals, sondern die Bildung der area pellucida, des Amnions und des "falschen Amnions", das Wolff als eine vom Amnion verschiedene Struktur betrachtet [Splanchnopleura].

In seiner Theorie der Generation hielt Wolff die area pellucida noch für die Amnionhöhle[14]. In der Abhandlung zur Bildung des Darmkanals diskutiert Wolff diese "klare Zone" zum ersten Mal in aller Ausführlichkeit und gibt ihr auch den bis heute gültigen Namen "areola pellucida" oder "area pellucida"

---

12 Vgl. dazu Raikov (wie Anm. 3), S. 586.

13 Bei der folgenden Analyse wurde die deutsche Übersetzung von Meckel zugrundegelegt, da erst durch sie das Werk die Aufmerksamkeit der Fachwelt erregen konnte; dabei wurde aber ständig das lateinische Original mit der Übersetzung verglichen und an wichtigen Stellen zitiert. - Übersetzung: Caspar Friedrich Wolff: Ueber die Bildung des Darmkanals im bebrüteten Hühnchen. Uebersetzt und mit einer einleitenden Abhandlung und Anmerkungen von Johann Friedrich Meckel. Halle 1812 - lat. Original: De formatione intestinorum praecipue, tum et de amnio spurio, aliisque partibus embryonis gallinacei, nondum visis. In: Novi Comentarii Academiae Scientiarum Imperialis Petropolitanae 12 (1768), S. 403-507 und 13 (1769), S. 478-530.

14 Wolff (wie Anm. 1, 1759), S. 76, 143; vgl. Samossa (wie Anm. 5), II, S. 9, 89.

(1768, S. 435). Sie wachse beständig bis zum dritten Tag, von da an werde sie allmählich bleich und dünner und reduziere sich schließlich zu einem durchsichtigen Ring, der am 10. Tag völlig verschwunden sei (S. 53). Die area pellucida sei also weder das Amnion noch das Chorion, sondern eine eigenständige Struktur, nämlich ein dünner Teil des Gefäßhofes, der zunächst dem Schutz des Embryos diene, am dritten Tag aber diese Funktion verliere, sich von da an entsprechend reduziere und schließlich ganz verschwinde.

Als nächstes wendet sich Wolff der Entstehung des "falschen Amnions" zu (S. 98 ff.)[15]. Er gibt an, das "falsche Amnion" erscheine als ein überall geschlossener, auf dem oberen Blatte liegender Sack oder Balg". Es sei noch deutlicher als die area vasculosa in der Gestalt dem Embryo angepaßt, "so daß die Blase von dem Embryo selbst, dessen Körper sich von innen nach außen allmählich immer stärker auszudehnen scheint, hervorgebracht und nach ihm geformt zu seyn scheint" (S. 104). Entsprechend unterscheidet Wolff drei Teile der Blase (S. 106-108):

1. Die *Kopfscheide*, die von allen Teilen der Blase zuerst entstehe und den zweiten Tag über allein vorhanden sei, weil die übrige Blase sich noch nicht erhoben habe [eigentlich Proamnion].

2. Als nächstes werde die *Schwanzscheide* gebildet, die den Schwanz und die Füße wie die Kopfscheide von den "ausgebreiteten Blättern des Gefäßraumes" aus umwachse, "auf welchem der übrige Theil der Blase liegt und mit denen er verbunden ist, getrennt und über sie erhaben".

3. Zunächst werde der "*rechte und linke Seitentheil*" angelegt, der rechte Bauchteil sei konkav, kürzer und schmaler, der linke Rückenteil dagegen sei etwas länger.

Wolff gibt an, daß ein kleiner Teil der Blase zunächst offen bleibe[16], der vom oberen Blatt geschlossen werde. Das untere Blatt wachse um den Kopf herum bis zur Lendengegend und um den Schwanz herum bis zur Steißbeingegend, d.h. beinahe bis zur Lendengegend, und schlage dann jeweils "zur Bildung der Blase gegen sich selbst um" (S. 111)[17]. Die verbleibende Lücke werde vom oberen Blatt geschlossen (S. 112). Abschließend gibt Wolff an, daß er sich in dieser

---

15 Howard Bernhardt Adelmann (Marcello Malpighi and the Evolution of Embryology. 5 Bde, Ithaca, N.Y. 1966, S. 1053) glaubt, daß Wolff hier die Splanchnopleura des extraembryonalen Cöloms beschreibe, die zu einem Teil den Kopf, den Schwanz und die Seiten des Embryos umwachse, so daß dieser eingewickelt erscheine. Wolff selbst unterscheidet ähnlich zwischen einer "Kopfscheide" (vagina capitis), einer "Schwanzhülle" (involucrum caudae) und dem "seitlichen Teilen" (partes laterales) - eine Tatsache, die für Adelmanns Deutung spricht. Ich vermute, daß Wolff mit seiner Darstellung der Bildung des "falschen Amnion" das Einsinken des Embryos in die Dottersackwand beschreibt, d.h. das "falsche Amnion" wäre die Splanchnopleura (Mesoderm), verbunden mit dem Entoderm des Dottersacks. - Heute besteht eine Unstimmigkeit in der Auffassung des Begriffes Splanchnopleura; Adelmann versteht darunter vermutlich Mesoderm und Entoderm; im Anschluß an die Definition bei A. Kühn, E. Hadorn, R. Wehner (Allgemeine Zoologie. [20]Stuttgart 1978, S. 120) wird in dieser Arbeit unter Splanchnopleura nur der mesodermale Anteil verstanden.

16 Vermutlich der Bereich des Embryonaldarmes, dann liegt aber eine Verwechslung mit dem echten Amnion vor.

17 Auch diese Beschreibung gibt genau die Verhältnisse beim Einsinken in den Dottersack wieder.

Ausführlichkeit mit dem "unteren Blatt des Gefäßraumes, so weit es sich zu der Blase erhebt", befaßt habe, weil es die Membran sei, aus der sich der Darmkanal entwickele (S. 117); dies will er im folgenden Teil genauer ausführen. Der zweite Teil trägt den Titel: "Die Magengrube. Die Nath des falschen Amnion. Das untere Grübchen. Der Anfang, das Wachsthum und die Abnahme dieser Erscheinungen." Als erstes entstehe die Magengrube (fovea cardiaca) [vordere Darmpforte] unmittelbar unter der Kopfscheide in der Herzgegend (S. 118). Diese Grube sei oval, nach oben und gegen das falsche Amnion hin rundlich, nach unten verenge sie sich allmählich und laufe ganz unten in die Amnionnaht aus[18]. Die Bildung der Magengrube erklärt Wolff folgendermaßen (S. 122 f.).

"In Hinsicht auf die Bildung der Magengrube kann man sagen, daß sie aus der Kopfscheide entsteht, die sich an dieser Stelle wie gegen einen Mittelpunkt zusammenzieht und den Embryo einhüllt. ... Diese Magengrube oder Herzöffnung ist der Anfang des Magens. Der Erfolg beweist es. Die Blase nämlich verändert sich allmählich so, daß derjenige Theil von ihr, der die Grube bildet, in den Magen übergeht."

Diese Grube stelle aber nur einen Teil des Magens dar, nämlich den hinteren und oberen, der wichtige größere vordere Teil dagegen fehle noch (S. 124). Die Membran des Magens gehe in die Kopfscheide [Dottersackwand] über und von da in das innere Blatt [Splanchnopleura mit Entoderm]. Dann fügt Wolff einige Bemerkungen zur Kontroverse Präformation/Epigenese ein (S. 125). Die deutlich sichtbare Entwicklung des Darmes ist für ihn der beste Beweis, daß nicht ein kleiner fertiger Darm von Anfang an vorhanden sein kann, d.h. daß die Theorie der Präformation falsch sein muß; - Bemerkungen dieser Art hat Wolff an vielen Stellen in die Abhandlung eingeflochten. Wolff schließt seine Analyse der Entwicklung der Magengrube mit der Feststellung, daß sich die Magenöffnung bereits vor der ersten Andeutung des Herzens zeige (S. 126).

Zweites Thema ist die "Naht des falschen Amnion", d.h. "die der Länge nach verlaufende vertiefte Linie oder Rinne, welche am dritten Tage ungefähr in der Mitte der Oberfläche der Blase erscheint, aus dem unteren, allmählig verengten Ende der Magengrube ununterbrochen gerade nach unten verläuft und dicht über der Schwanzhülle sich endigt." Ihre Bildung erklärt Wolff als Zusammenziehung der Lippen der Höhlung (S. 128). Diese Naht [Splanchnopleura mit Entoderm] stelle den Anfang des Darmkanals dar (S. 130), der am fünften Tag erstmals vollständig ausgebildet sei (S. 131):

"Um diese Zeit, meistens am fünften Tag, erscheint der Darmkanal zuerst vollständig. Zwar habe ich ihn etwas früher, nach dem Ende von vier Tagen und zwölf Stunden, schon als einen vollkommenen Kanal gesehen, allein nur einmal. Dieser Kanal aber hat folgende Beschaffenheit. Aus dem vollkommenen, d.h. vorn geschlossenen, Magen steigt ein einfacher Darm gerade nach unten und geht unmittelbar in den Mastdarm über. Allmählig wächst dieser Kanal, ragt wieder nach vorn hervor und bildet so einen Bogen, der sich immer mehr vergrößert. Diesen

---

18 Diese Stelle läßt vermuten, daß mit der Amnionnaht hier die zwischen Embryo und Dottersack liegende Öffnung gemeint ist, die später zum Dottergang wird.

ganzen geraden Kanal nenne ich den Urdarm; den zwischen Magen und Mastdarm befindlichen Teil desselben den Mitteldarm."

Wolff gibt hier die erste Beschreibung des "Urdarmes"[19] (intestinum primitivum) (§ 62, S. 459 im Original). Die Rinne der Naht des Amnions deute die Höhle des Urdarmes auf dieselbe Weise an, wie die Herzgrube die Höhle des Magens andeute; der Teil der Membran, welcher die Naht bildet, sei "die innere oder Zottenhaut des Darmes" (S. 132). Zunächst sei der Darm offen, die Seitenteile müßten zuerst zusammenwachsen, damit er ein vollständiger Kanal werde, nach vorn zusammenrücken und in der Mitte verwachsen.

Auch im Bereich der Schwanzscheide bilde sich eine Grube, welche in die breite Grube, die sich in die Naht verwandele, ununterbrochen übergehe, so daß man sie als das Ende derselben betrachten könne (s. 134). Die Grube sei trichterförmig und von zwei Wülsten umgeben; sie werde von der Schwanzhülle gebildet (S. 139) und stelle den Anfang des Mastdarmes dar (S. 140). Am fünften Tag bildeten sich am Mastdarm zwei Höcker, die Wolff für die Anfänge der Blinddärme hält. Dann stellt er nochmals die "Beschaffenheit des ganzen Darmkanals in dieser frühen Periode" zusammenfassend dar (S. 142):

"Der Magen und der Mastdarm verhalten sich ungefähr auf dieselbe Weise, der Mitteldarm aber ist nur wenig verschieden. Die Speiseröhre und der oberste Teil des Magens bilden eine geschlossene Höhle; vom übrigen Theile desselben ist dagegen nur ein kleines Stück, das, welches den Grund desselben bildet, vorhanden; der größte vordere Theil fehlt und daher ist der Magen offen. Von dem Gebildeten hintern Theile setzt sich der hintere Theil des Mitteldarms fort, der gleichfalls allein vorhanden ist, so daß auch dieser Theil des Darmkanals vorn offen ist. Dieser geht wieder in den hinteren Theil des Mastdarms fort, dessen vorderer Theil wieder fehlt, weshalb auch dieser Theil des Darmkanals sich nach vorn öffnet. Dieser geht wieder ununterbrochen in den unteren Theil des Mastdarms über, der, wie die Speiseröhre, völlig verschlossen ist."

Wolff gibt damit eine sehr klare und akkurate Darstellung des frühen Entwicklungszustandes des Darmkanals.

Dann stellt er einige allgemeine Überlegungen zur Entwicklung der Tiere an: Es scheine so, als würden zu verschiedenen Zeiten und mehrere Male hintereinander nach demselben Typus verschiedene Systeme gebildet, aus denen das Tier zusammengesetzt werde. Zuerst bilde sich das Nervensystem, dann die Fleischmasse, das Gefäßsystem und schließlich der Darmkanal (S. 148). Die schon im Überblick vorgestellte Entwicklung des Darmkanals betrachtet Wolff dann nochmals genauer, d.h. er geht zunächst erneut die einzelnen Veränderungen durch, die das "falsche Amnion" während der Entwicklung erfahre (S. 151 ff.).

Wolff erklärt die Bildung des Darmkanals folgendermaßen: Die Wülste, die die Öffnung des falschen Amnions begrenzen, treffen sich und wachsen zusammen, um eine Naht (sutura) zu bilden, die sich bis zum Kopf hin ausdehne. Die Verschmelzung gehe von der Magengrube (fovea cardiaca [vordere Darmpforte])

---

19 Heute bezeichnet man als Urdarm eigentlich nur den Komplex aus Darmanlage und Urdarmdach, wie er beim Amphibienkeim gebildet wird; beim Hühnchen wird kein Urdarm gebildet.

aus und schreite caudal bis zur unteren Grube (fovea interior [hintere Darmpforte]) weiter (S. 173). Um den sechsten Tag seien die Blase, die Herzgrube [vordere Darmpforte], die Naht und die untere Grube [hintere Darmpforte] fast verschwunden, und ein vollständiger Kanal habe sich gebildet (S. 180-183). Die Verhältnisse werden nach Wolffs Meinung am Anfang des sechsten Tages schlagartig anders (S. 184):

> "Das untere Blatt des Gefäßraumes nämlich oder die innere Dotterhaut, fängt an, sich von dem oberen zu trennen und freiwillig zu entfernen. Der Anfang dieser Auflösung geschieht mit Anfang des sechsten Tages zuerst im Umfang des Embryo und schreitet von hier aus mit schnellen Schritten nach allen Richtungen fort, bis sich dieses ganze innere Blatt von dem äußern abgelöst hat und den eigentlichen Dottersack bildet, von dem der Embryo mit dem wahren Amnion ausgeschlossen ist, ungeachtet er mit ihm von dem äußern Blatte des Gefäßraumes, wie von einer gemeinschaftlichen Hülle, umgeben ist."

Wolff beschreibt hier, wie durch das Zusammentreffen der Amnionfalten über dem Embryo innen das Amnion und außen, als Hülle um das gesamte Ei, das Chorion gebildet werden, die sich dann von einander trennen und als eigenständige Häute die Teile des Eies umgeben. Durch diese Trennung, glaubt Wolff, verschwinde das falsche Amnion, und das wahre Amnion, das bisher von dem falschen umhüllt war, werde entblößt und komme dadurch zum Vorschein (S. 185).

Der dritte Teil handelt "Von Erscheinungen, welche das falsche Amnion, an seiner innern Fläche betrachtet, darbietet, der Bildung des Gekröses, der Brusthöhle, des Unterleibes und der Extremitäten". In diesem Teil beschreibt Wolff ganz ähnlich wie Haller auch die Entwicklung des Herzens und macht einige Bemerkungen zur Bildung der Lungen, der Leber, der Nieren und der Extremitäten. Besonders interessant ist dabei Wolffs Beschreibung der Urniere (S. 200 f.):

> "Die Nieren, welche auf beiden Seiten dicht neben der Wirbelsäule liegen, haben eine sonderbare Gestalt. Sie sind beinahe ganz gerade und äußerst lang. Sie fangen in der Gegend der Brusthöhle hinter den Lungen an und steigen bis zum untern Ende des Mastdarms herab, in welchen sie sich von beiden Seiten einsenken. Auch unterscheidet man keine Harnleiter und eben so wenig findet sich im obern Theile der Nieren etwas einem Gefäßknäuel ähnliches, sondern die ganze Niere hat eine einförmige, von der gewöhnlichen ganz verschiedene Bildung. Sie ist nämlich aus Blättern gebildet, die quer über einander liegen und ganz von einander getrennt sind. Vorzüglich kann man sie an der vordern Fläche deutlich von einander absondern, während sie hinten an eine Art von Strang geheftet erscheinen. Erst nach dem siebenten oder achten Tag verwandeln sich diese Platten in Gefäßbündel."

Wolff gab hier die erste Darstellung der Urniere; in seiner "Theorie von der Generation" hatte er, wie gesehen, schon einige Andeutungen gemacht, aber erst hier beschreibt er seine Vorstellung von der Entwicklung der Urniere aus einer blattförmigen Anlage genauer. Wolff vertrat die These, daß alle Organe aus

ebensolchen blattförmigen Anlagen entstehen und kam damit der später von von
Baer und Pander entwickelten Keimblättertheorie sehr nahe.

Hauptthema des dritten Teiles ist die Nabelbildung bzw. die Entwicklung des
Embryos aus einer ausgehöhlten Fläche in einen geschlossenen Leib; diese Entwicklung sah Wolff als analog zur Darmentwicklung an. Es gelang ihm zu zeigen, daß auf der Membran oder dem Unterleibsblatt eine Furche auftritt, deren
Ränder sich aufwölben und eine kleine Rinne bilden. Später stießen diese Ränder
der Rinne zusammen, und zwar zuerst am Vorder- und Hinterende, schließlich
dann auch in der Mitte. So bilde sich aus der Rinne eine Röhre. Wenden wir uns
nun den Einzelheiten zu. Zuerst reiche die Nabelöffnung oben bis in die Gegend
des ersten Rückenwirbels, die zugleich die Unterkiefergegend darstelle (S. 214).
An ebendieser Stelle entstehe auch das wahre Amnion und schlage von seinem
Ursprunge aus unmittelbar um den Vorkopf des Embryos. Zu dieser Zeit (etwa
nach zwei Tagen) gebe es noch gar keine Brusthöhle; das Herz sei nur von dem
falschen Amnion umhüllt (S. 216). Dann beschreibt Wolff die Entwicklung der
Unterleibsplatte im Detail (S. 216 f.):

> "Bei den frühen Embryonen, die ich untersuchte, ist die Unterleibsplatte eben, ge-
> rade, übrigens lang und schmal. Darauf fängt sie an, sich mit ihren Seitenrändern
> so stark nach vorn zu krümmen, daß sie, wie im vorliegenden Fall, concav wird.
> Endlich ziehen sich die Ränder immer mehr zusammen, während die Wände im-
> mer stärker wachsen. So entsteht erst jetzt eine Art von Sack, der in der vorderen
> Wand eine große Oeffnung hat. So verhält es sich beim viertägigen Embryo. In-
> dessen nun die Wände des Sackes oder der zusammengerollten Platten zu wachsen
> fortfahren, die Ränder dagegen sich immer mehr zusammenziehen und endlich
> verwachsen, wird der Unterleib zuletzt vollendet und verschlossen. ... Dann ge-
> hört der Theil dieser Membran, der von den Fortsätzen und Rändern sich gegen
> das Herz herabzieht, und der innere ist, zur Brusthöhle und bildet den ersten An-
> fang derselben; der Theil dagegen, der, nachdem er sich umgeschlagen hat, sich
> nach oben und hinten fortsetzt und der äußere ist, zum Amnion, und durch das
> Umbiegen der Membran selbst wird der obere, zur Brust gehörige, Theil der Na-
> beloeffnung gebildet. ... Beim frühen Embryo schlägt sie sich unmittelbar an ih-
> rem Ursprunge um; daher ist jetzt noch gar keine Brusthöhle gebildet und die
> ganze Membran gehört zum Amnion. ... So rückt diese Membran allmählig durch
> die Brustgegend und die Oberbauchgegend bis zur Nabelgegend herab und bildet
> dadurch nach und nach die Brusthöhle, die Oberbauchgegend und die Nabelge-
> gend."

Die Körperwand oder, wie Wolff sich ausdrückt, der "Stamm des Embryo"
werde also ganz analog zum Darmkanal gebildet; Wolff erklärt diese "große
Analogie" genauer (S. 226):

> "In der That entspricht der Brust der Magen, dem Unterleibe der Mitteldarm, dem
> Becken der Mastdarm. Die Speiseröhre setzt sich in das wahre Amnion fort und ist
> der Anfang desselben, so, daß aus dem Magen insbesondere die Kopfscheide, aus
> dem Mitteldarm die Seitentheile der Blase, aus dem Mastdarm die Schwanzhülle
> hervorgeht. Auf eine ähnliche Weise aber verhält sich der Stamm zum wahren
> Amnion, an dem man leicht dieselben Theile, welche ich so eben vom falschen
> abgab, nämlich die Kopfscheide, die Seitentheile und die Schwanzhülle, unter-
> scheidet."

Abschließend faßt Wolff nochmals zusammen (S. 228):

> "Ja von dem ganzen Körper kann man behaupten, er sey anfangs eine gerade Platte gewesen, die mit dem obern, nach unten gebogenen Rande die Brust, mit dem untern, nach unten gebogenen, das Becken, mit den Seitenwänden, die nach vorn gegen einander geneigt sind, den Unterleib bildet."

Wolff zieht also eine Parallele zwischen der Bildung des Darmes und der Körperwand, die durch Verschmelzung der laminae abdominales gebildet werde und ein äußeres Rohr um das Darmrohr bilde; er kommt damit von Baers Keimblättertheorie bereits sehr nahe. Abschließend betont er nochmals, daß diese Beobachtungen zur Entwicklung des Hühnchens eine eindeutige Bestätigung der Epigenesistheorie darstellen (S. 244-246). Besonders die Erkenntnis, daß die Teile zunächst nicht vollkommen entwickelt zum Vorschein kommen, sondern sich aus blattförmigen Anlagen entwickeln, müsse zur endgültigen Ablehnung der Präformationstheorie führen.

9.4. ZUSAMMENFASSUNG: BEOBACHTENDE EMBRYOLOGIE IM 18. JAHRHUNDERT

Das 18. Jahrhundert ist geprägt durch den Streit zwischen Mechanismus und Vitalismus, im Bereich der Embryologie ist das gleichbedeutend mit dem Streit zwischen Präformation und Epigenese. *Antoine de Maître-Jan*, der als erster erneut embryologische Untersuchungen am Hühnchen vornahm, war ein Anhänger der Präformationstheorie und hat mit seinem Argument der "Membrankontinuität" *Albrecht von Haller* den entscheidenden Anstoß zur Entwicklung seiner eigenen Evolutionstheorie gegeben. Haller war newtonscher Mechanist und sehr religiös, so daß für ihn nur eine mechanistische von Gott gegebene Entstehung der Lebewesen möglich erschien, wie sie die Präformationstheorie fordert. Sein Kontrahent *Caspar Friedrich Wolff* war stark beeinflußt vom deutschen Rationalismus, daher war er um begriffliche Klarheit und die Erfassung der der Entwicklung zugrundeliegenden Gesetzmäßigkeiten bemüht. Beide wählten das Hühnchen als Untersuchungsobjekt, Haller, weil er es ohne (bei Sektionen größerer Tiere notwendige) fremde Hilfe untersuchen konnte, Wolff, weil er die Argumente seines Gegners am selben Studienobjekt direkt widerlegen wollte. Für Haller hat die Untersuchung der Hühnchenentwicklung drei Funktionen: 1. Aufstellung einer neuen Theorie der Herzbildung; 2. Klärung der Frage nach der Entstehungsart der Knochen; 3. Bestätigung der ovistischen Präformationstheorie. Wolff dagegen versucht, durch die Untersuchung der Hühnchenentwicklung 1. die Bildung des Gefäßhofes, 2. die Bildung des Herzens, 3. Hallers These von der Membrankontinuität zu klären. Wolffs Untersuchungen am Hühnchen führten ihn zu der Erkenntnis, daß sich der Darm, die Haut des Embryos und alle Organe aus blattförmigen Anlagen entwickeln; er hat damit den Ansatz zu einer Keimblättertheorie geliefert, wie sie im Anschluß an seine Werke später von Pander und von von Baer aufgestellt wurde.

Wolff gelang damit ein nicht zu unterschätzender Erkenntniszuwachs[20], der seinen Zeitgenossen allerdings entging. Erst durch Meckel wurde seine Abhandlung über die Bildung des Darmkanals wiederentdeckt und 1812 in deutscher Übersetzung herausgegeben; damit wurde die Vorherrschaft der Präformationstheorie gebrochen, die die biologischen Wissenschaften in eine Sackgasse geführt hatte, da sie auf eine Erklärung der Entwicklung verzichtete: Die Formen des Lebens seien von Gott gegeben und damit etwas Festgelegtes, Unveränderliches. Demgegenüber legte Wolff mit seiner Epigenesistheorie und seinem Ansatz des Transformismus die Grundlage für die biologischen Forschungen des 19. Jahrhunderts, die schließlich zur Abstammungslehre und auf dem Gebiet der Embryologie zur Keimblättertheorie führten.

---

20 Vgl. Adelmann (wie Anm. 15), S. 1053: "If his conception of the way in which this transformation is effected now seems crude and largely imperfect and incorrect in detail, and if, furthermore, his exposition of his findings often leaves much to be desired in point of organization and clarity, these defects must not be allowed to obscure the magnitude of his achievement in moving much closer to the truth than any of his predecessors."

TEIL 5: DIE BEDEUTUNG DER VOGELENTWICKLUNG FÜR DIE EMBRYOLOGIE IM 19. UND 20. JAHRHUNDERT

10. Embryologie zu Beginn des 19. Jahrhunderts: Keimblättertheorie, Entdeckung des Säugetiereies, Wirbeltiertypus

Zu Beginn des 19. Jahrhunderts war folgende Forschungslage gegeben: Man hatte durch Wolffs Forschungen erkannt, daß sich der Embryo allmählich aus blattförmigen Anlagen entwickelt. Gleichzeitig war man davon überzeugt, daß der männliche Same und ein noch nicht entdecktes weibliches Ei für die Bildung des Embryos erforderlich seien. Damit war das 'Forschungsprogramm' für die Embryologen des 19. Jahrhunderts gleichsam vorgegeben: Wie erfolgt die Entwicklung aus blattförmigen Anlagen im Detail? Wo liegt das Säugetierei und wie sieht es aus? Diese Fragestellungen führten dann zur Entwicklung der Keimblätter-Theorie, zur Entdeckung des Säugetiereies und zur Vorstellung vom Wirbeltiertypus.

10.1. VITALMATERIALISMUS IN DER BIOLOGIE ZU BEGINN DES 19. JAHRHUNDERTS

Das zentrale Problem der biowissenschaftlichen Literatur im ausgehenden 18. Jahrhundert war die Aufstellung eines natürlichen Klassifikationssystems. Ein Zugang zur Lösung dieses Problems sollte in Anlehnung an die Newtonsche Physik gefunden werden; man wollte eine Art 'organische Physik' entwickeln, die etwa Karl Friedrich Kielmeyer als "Physik des Tierreichs" oder Johann Wolfgang von Goethe als "Zoonomie" bezeichneten. Die Entstehung organischer Formen, ihr Verhältnis zueinander und zu ihrer Umgebung sollten auf allgemeine Wirkungsgesetze zurückgeführt werden[1]. Caspar Friedrich Wolff und Johann Friedrich Blumenbach betonten aber, daß die wichtigsten biologischen Phänomene wie Ontogenese, Wachstum und Reproduktion nicht auf physikalisch-mechanische Kräfte allein zurückgeführt werden könnten. Organismen seien vielmehr durch zielgerichtete Naturprozesse gekennzeichnet. Es wurde daher ein Mittelweg zwischen reduktionistischem Mechanismus und Vitalismus gesucht und ein Forschungsprogramm entwickelt, daß teleologische und mechanistische Prinzipien verband, der Vitalmaterialismus, dessen Hauptvertreter Blumenbach, Kant und von Baer waren. Kant entwickelte zwischen 1785 und 1790 eine Theorie der Biokausalität, die davon ausgeht, daß es das Ziel der Wissenschaft sei, so weit wie möglich mechanistische Erklärungen zu finden, daß diese aber in der Biologie immer unter einem höheren Gesichtspunkt eines teleologischen Rahmens gesehen werden müßten. Allerdings seien mechanistische

---

1 Vgl. dazu und zum folgenden Timothy Lenoir: Kant, von Baer und das kausalanalytische Denken in der Biologie. In: Berichte zur Wissenschaftsgeschichte 8 (1985), S. 95-114.

Erklärungsmodelle für viele Probleme im organischen Bereich ungeeignet. Die Gesetze, nach welchen organische Formen wachsen und sich entwickeln, waren nach Kant vollkommen verschieden von den mechanistischen Gesetzen im anorganischen Bereich. Kants Analyse zeigte, daß die Biowissenschaften eine andere methodische Vorgehensweise erforderten als die Physik. Die bionomischen Gesetze des organischen Bereiches mußten durch die empirische Forschung entdeckt werden, die von vernünftigen Hypothesen geleitet werden sollte. Die teleologischen Erklärungen, die Kant von der Biologie forderte, machten nach seiner Meinung ein aktives, produktives Prinzip, wie den von Blumenbach und anderen postulierten "Bildungstrieb", notwendig, das jede menschenmögliche Art einer natur-physikalischen Erklärung übersteige.

Johann Friedrich Blumenbach hatte in seiner Schrift "Über den Bildungstrieb und das Zeugungsgeschäft" die Präformationstheorie zurückgewiesen und im Anschluß an Caspar Friedrich Wolff die Epigenesistheorie verteidigt. Blumenbach wollte primär Hallers Ansicht widerlegen, daß man die Entwicklung auf physiko-mechanische Ursachen zurückführen könne. Die Entwicklung sollte aber auch nicht auf der Wirkung einer immateriellen Lebenskraft im Sinne des Vitalismus beruhen. Blumenbach machte daher eine Art Newtonsche Kraft für die Entwicklung verantwortlich, die er "Bildungstrieb" nannte[2]. Der Bildungstrieb sollte eine materielle Basis haben und nicht ohne seine materiellen Komponenten existieren können; er verleihe jedem Teil des organischen Körpers seine bestimmte Struktur.

Beeinflußt von Blumenbach und der Göttinger Schule brachte Carl Friedrich Kielmeyer eine neue Dimension in die Diskussion, nämlich den Gebrauch des embryologischen Kriteriums, um die Verwandtschaften der Tiere nachzuweisen[3]. Kielmeyers berühmte Vorlesung von 1793 "Über die Verhältnisse der organischen Kräfte untereinander in der Reihe der Organisation: Die Gesetze und Folgen dieser Verhältnisse" ist ein Hauptbeispiel für die zu Beginn des 19. Jahrhunderts verbreitete Romantische Naturphilosophie[4]. Wie viele Vertreter dieser Richtung ging Kielmeyer von Kants Feststellung aus, daß die konstitutiven Ursachen der organischen Natur nicht erfaßt werden können. Im Anschluß an die von den Romantischen Naturphilosophen vertretene Vorstellung von der Stufenleiter der Wesen[5] äußerte Kielmeyer als erster, daß die Ontogenie die Rekapitulation der Phylogenie sei[6].

---

2 Vgl. dazu Timothy Lenoir: The Strategy of Life. Teleology and Mechanics in Nineteenth Century Germany. (Studies in the History of Modern Science, 13) Dordrecht /Boston/London 1982, S. 17-24.

3 Vgl. Lenoir (wie Anm. 2), S. 41 f.

4 Zum Einfluß der Romantischen Naturphilosophie auf die Embryologie vgl. Stephen Jay Gould: Ontogeny and Phylogeny. Cambridge, Mass./London 1977, S. 35-47.

5 Zur Idee der "Scala naturae" vgl. Arthur O. Lovejoy: Die Große Kette der Wesen. Geschichte eines Gedankens. Frankfurt am Main 1985; vgl. dazu W. F. Bynum: "The Great Chain: A Study of Being" after Forty Years. An Reappraisal. In: History of Science 13 (1975), S. 1-28; und: Wolfgang Lepenies: Das Ende der Naturgeschichte. Wandel kultureller Selbstverständlichkeiten in den Wissenschaften des 18. und 19. Jahrhunderts. München 1976 und Frankfurt am Main 1978.

6 Lenoir (wie Anm. 2), S. 49; vgl. dazu auch Owsei Temkin: German Concepts of Ontogeny and History around 1800. In: Bulletin of the History of Medicine 24 (1950), S. 227-246.

Johann Friedrich Meckel vertrat eine neue Modifikation des Vitalmechanismus[7]. Er übertrug zwar ebenfalls die Idee der Stufenleiter auf die Embryonalentwicklung und ging davon aus, daß die komplexeren Lebewesen in ihrer Entwicklung die Organisationsformen niederer Lebewesen durchlaufen, gleichzeitig wandte er sich aber, wie Meckel, von der Romantischen Naturphilosophie ab[8]. Für die deutsche Biologie war es zum Axiom geworden, daß das Verständnis organischer Formen nur durch eine genaue Analyse des inneren, dynamischen Kerns des Lebens möglich ist. Leben sei in der Essenz Aktivität, Bewegung, Reproduktion, die Form entstehen lasse. Man mußte also dynamische Methoden zur Erfassung der Veränderungen und Interdependenzen der Lebensaktivitäten entwickeln - Probleme, die die Romantischen Naturphilosophen im Anschluß an Schelling durch spekulatives Nachdenken erfassen wollten[9]. Döllinger war dann der erste, der in expliziter und klarer Weise die Verbindung zwischen der embryologischen Methode und dem Vitalmechanismus aufstellte und seine Schüler Pander und von Baer setzten diese Methode dann in der Praxis um.

10.2. WEITERE UNTERSUCHUNGEN ZUR VOGELENTWICKLUNG ZU BEGINN DES 19. JAHRHUNDERTS

10.2.1. Sebastian Graf von Tredern - Dissertation über das Hühnerei (1808)

Der am 14. September 1780 geborene Louis Sebastian Marie Tredern de Lezerec soll hier kurz erwähnt werden, obwohl seine Untersuchungen nichts Wesentliches zur weiteren Entwicklung der Vogelembryologie beigetragen haben[10]. Ab 1804 studierte von Tredern in Würzburg Medizin und arbeitete bei Ignaz Döllinger, auf den im Zusammenhang mit Pander und von Baer noch genauer einzugehen ist. Im Herbst 1807 ging von Tredern nach Göttingen. Er hatte wohl die Absicht, ein größeres Werk über die Bildungsgeschichte des Hühnchens zu veröffentlichen. Blumenbach riet ihm aber, zunächst doch den Doktorgrad zu erwerben. Zu diesem Zwecke ging von Tredern im April 1808 nach Jena. Seine sechzehn Seiten umfassende Dissertation stellte gleichsam nur eine vorläufige Mitteilung dar, die ausführliche Arbeit sollte nachfolgen. In einer Übersicht (auf 4 Seiten) erklärt von Tredern den Aufbau des geplanten Werkes, das in sechs Hauptteile gegliedert sein sollte[11]: I. Naturgeschichte des Eies, II. Abnormitäten des Eies, III. Die Chemie des Eies, IV. Die Bebrütung des Eies, V. Das aus dem Ei hervorgeschlüpfte Hühnchen, VI. Bericht über den Inhalt der Bücher, die

---

7 Lenoir (wie Anm. 2), S. 56-61.
8 So Lenoir (wie Anm. 7); anders Gould (wie Anm. 4, S. 45-47), der Meckel als Vertreter der Naturphilosophie ansieht.
9 Lenoir (wie Anm. 2), S. 68.
10 Zum Leben von Sebastian von Tredern vgl. Ludwig Stieda: Der Embryologe Sebastian Graf von Tredern und seine Abhandlungen über das Hühnerei. Wiesbaden 1901; und Karl Ernst von Baer: Biographische Nachrichten über den Embryologen Grafen Ludwig Sebastian zu Tredern. In: Bulletin der Königlichen Akademie der Wissenschaften zu Petersburg XIX (1873), S. 67-75.
11 Stieda (wie Anm. 10), S.38 f.

über jenen Gegenstand geschrieben sind. Hätte von Tredern diesen Plan je ausgeführt, hätte er ein umfassendes, sicher sehr fortschrittliches Werk zur Vogelembryologie vorgelegt; dieser Eindruck wird noch durch die (geplante) weitere Untergliederung der Hauptkapitel verstärkt. Auch die der Dissertation beigefügten zehn Beobachtungen, die eine Probe seines Könnens liefern, zeugen von exakten Untersuchungen und vollständiger literarischer Aufarbeitung des Themas. Die mit vier Seiten Erklärungen versehene Kupfertafel zeigt hervorragende Abbildungen. Neues bietet von Tredern allerdings in seiner Dissertation nur in einem Bereich: Er sah als erster den seitlichen Nasenfortsatz, den frontalen Nasenfortsatz und die akustischen Plakoden (S. 49-50). Die sehr knapp gehaltene Dissertation deutet an, wozu von Tredern in der Lage gewesen wäre. Warum er seinen Plan nie durchführte, wird wohl ewig ein Rätsel bleiben. 1809 ging Tredern nach Frankreich, erwarb sich dort das medizinische Examen und wurde Arzt der Marine. Er wurde nach Guadeloupe versetzt, gründete dort ein Hospital und ist ebendort gestorben; das Jahr seines Todes ist unbekannt.

10.2.2. Johannes Evangelista Purkinje - Entdeckung des Keimbläschens (1825, 1830)

Johannes Evangelista Purkinje (1787-1869) war Professor für Physiologie in Breslau (1823-1850) und dann in Prag (1850-1869). Purkinje ist eher bekannt als experimenteller Physiologe, der einen wesentlichen Beitrag zur Entwicklung der Zelltheorie geleistet hat[12]. Seine embryologischen Studien hingegen sind weniger bekannt. Purkinje war noch beeinflußt von der romantischen Naturphilosophie und glaubte an eine "Bildungskraft", die aus in flüssigem Zustand befindlicher anorganischer Materie organische Materie, also Leben erzeuge[13]. Trotz dieses theoretischen Hintergrundes war Purkinje in erster Linie Experimentator, der seine theoretischen Ideen stets mit Untersuchungen verband. Purkinje arbeitete auf einer theoretischen Basis, die zwischen Metaphysik und Empirizismus lag[14].

Purkinje wurde 1825 anläßlich der 50. Wiederkehr der Promotion von Johann Friedrich Blumenbach aufgefordert, einen wissenschaftlichen "Gruß" beizutragen. Purkinje entschloß sich daraufhin, die frühe Entwicklung der Keimscheibe des Hühnereies genauer zu studieren. Er benutzte 22 Hennen und arbeitete drei Monate an den Untersuchungen, die er dann als "Gratulationsbrief" an Blumenbach 1825 publizierte[15].

Purkinje ist der erste, der erkannte, daß es notwendig sei, die Keimscheibe des abgelegten Eies bis zu ihrer Geschichte im Eierstock zurückzuverfolgen, um den

---

12 Vgl. dazu z.B. Vitezslav Orel/Anna Matalová (Eds.): Jan Evangelista Purkyne and the Origin of the Cell Theory. Proceedings of the Workshop, Mikulov, September 1-3, 1987. In: Folia Mendeliana Musei Moravia 24-25 (1989-1990), S. 1-109.

13 Vgl. dazu Jan Janko: The Cell in Purkyne's Concept of Procreation. In: Folia Mendeliana (wie Anm. 12), S. 49-57.

14 Vgl. dazu Dietrich von Engelhardt: Biology and Philosophy around 1800. Purkyne between Metaphysics and Empiricism. In: Folia Mendeliana (wie Anm. 12), S. 7-19.

15 Johannes Evangelista Purkinje: Symbolae ad ovi avium historiam ante incubationem. Breslau: Glückwunsch der medizinischen Fakultät zum 50-jährigen Doctor-Jubiläum von Joh. Fried. Blumenbach am 19. Sept. 1825. Leipzig 1830.

ersten Ursprung des Embryos zu finden. Da seine Arbeit die erste dieser Art ist, soll zunächst ein kurzer Überblick über den Aufbau der Schrift gegeben werden: 1: Eine detaillierte Untersuchung der Keimscheibe des Eies im Ovar, die Entdeckung ihres Vesikels (S. 1-3). 2: Die Unterschiede zwischen der Keimscheibe des Eies im Eierstock, Eileiter und beim abgelegten Ei (S. 3 f.). 3: Über die Entwicklung des Keimbläschens (S. 5 f.). 4: Das Bläschen der Keimscheibe als ein normales weibliches Organ bei Vögeln (S. 6). 5: Über die Entwicklung des Dotters und seiner zentralen Latebra (S. 6-8). 6: Über die Dottermembran (S. 8 f.). 7: Über die Membran des Bechers (S. 9). 8: Über die Bewegungen des Eileiters und des Trichters und ihre Muskelmechanismus (S. 10-12). 9: Über die Aufnahme des ovarialen Eies durch den Trichter des Eileiters (S. 12-14). 10: Der Überfluß der Ausscheidung und die Entwicklung der Geschlechtsorgane (S. 14). 11: Das Verschwinden des Keimbläschens (S. 14 f.). 12: Über die Bildung des Weißen und der Chalazen (S. 15 f.). 13: Über die chalazentragende Membran von Dutrochet (S. 16 f.). 14: Über die weiße Zone auf der Oberfläche des Dotters (S. 17 f.). 15: Über das sogenannte dritte Albumen und die Zone der Chalazen (S. 18 f.). 16: Eine eigene Haut des Albumens wird geleugnet (S. 19). 17: Über das flüssige Weiße (S. 20). 18: Über den Ursprung der Chalazen und ihren mechanischen Nutzen (S. 20 f.). 19: Über die Bildung der Schalenhaut (S. 21). 20: Über die Lage des Eies im Uterus und die Bildung der Schale (S. 22).

Dieser Überblick über den Inhalt des Werkes sollte zeigen, daß man sich nun mit der gleichen Ausführlichkeit um die Entwicklung des Eies im Mutterleibe bemühte, mit der man zuvor die Entwicklung des Eies nach der Eiablage studierte. Für unsere Untersuchung genügt es, uns kurz die wichtigsten Erkenntnisse zu vergegenwärtigen, die in diesem "Gratulationsbrief" enthalten sind. Am bekanntesten ist Purkinjes Entdeckung des Keimbläschens, die von Baer zu seinen Untersuchungen stimulierte, die schließlich zur Entdeckung des Säugetiereies führten[16] - das winzige Purkinjesche Keimbläschen war sozusagen die Brücke zwischen dem (großen) Hühnerei und dem winzigen Säugetierei. Purkinje gibt an, er habe die ersten Anfänge des Embryos in der Keimscheibe finden wollen (§ 1). Dabei habe er ein rundes Bläschen auf der Keimscheibe gefunden (porus pellucidus), das bei einem abgelegten Ei nicht mehr zu sehen sei.

Purkinje ist sich bewußt, daß er der erste ist, der dieses Bläschen gesehen hat. Es gelang ihm sogar, dieses Keimbläschen mit Hilfe einer Nadel zu isolieren. So konnte er nachweisen, daß es sich bei dem Bläschen um eine selbständige Struktur handelt; es sei von einer dünnen Membran eingehüllt und enthalte eine ganz klare Flüssigkeit. Diese Vesikel sei die erste Struktur, die wachse. Aufgrund seiner Erkenntnis, daß das Keimbläschen im Eileiter langsam verschwindet, schließt Purkinje, daß es sich durch Kontraktionen des Eileiters auflöse und sich mit der Substanz der unmittelbar umgebenden Keimscheibe (cumulus) ver-

---

16 Auf die persönlichen Beziehungen zwischen Purkinje und von Baer haben die Untersuchungen von Vadislav Kruta (K. E. von Baer und J. E. Purkyne. An Analysis of their Relations as Reflected in their Unpublished Letters. In: Lychnos (1971/1972), S. 93-121) und Heinrich von Knorre (Die Entstehungsgeschichte von K. E. Baers Sendschreiben: De ovi mammalium et hominis genesi 1827, und vier Briefe Karl Ernst von Baers an Carl Asmund Rudolphi. In: Leopoldina, Reihe 2, Bd 17, 1971 (1973), S. 237-286) ein neues Licht geworfen.

mische (§ 2). In der zweiten Auflage erschien es ihm allerdings wahrscheinlicher, daß das Bläschen die Basis des zentralen dunklen Teiles des [von Pander zwischenzeitlich sogenannten] Blastoderms bilde und seine Hemisphäre in die Doppelmembran ausgedehnt werde [zweischichtiges Blastoderm]. - Purkinje war also der erste, der den Zellkern sah und isolierte, aber er erkannte die Bedeutung des Zellkernes noch nicht.

Die weiteren Leistungen Purkinjes sind weniger bekannt. Er beschrieb genauestens die Veränderungen der Kernplasmaverhältnisse beim Wachstum des Embryos - ohne natürlich in die zugrundeliegenden Zellvorgänge Einblick zu haben.

Er erkannte die Erscheinung des perivitellinen Zwischenraumes. Er bezeichnete die "latebra" und gab eine erste genaue Beschreibung ihrer Form, ihrer Entwicklung und ihrer Beziehung zur Keimscheibe (S. 6-8). Purkinje erachtete, wie er selbst in der Einleitung angibt (S. 1), seine Erkenntnisse für so wichtig, daß er eine zweite kaum veränderte Auflage erscheinen ließ, um sie einem breiteren Publikum zugänglich zu machen. Für die Geschichte der Embryologie ist seine Schrift von besonderer Bedeutung, da sie, wie angedeutet, von Baer zu seinen Untersuchungen anregte.

10.3. CHRISTIAN HEINRICH PANDER - ERSTE KEIMBLÄTTERTHEORIE

10.3.1. Christian Heinrich Pander

Christian Heinrich Pander (1794-1865) kam 1812 an die Universität Dorpat, um Medizin zu studieren. 1814 siedelte er nach Berlin über, später nach Göttingen. 1816 ging er auf das Drängen seines Dorpater Studienfreundes Karl Ernst von Baer nach Würzburg, wo er sein Studium mit der Promotion abschloß. Die Würzburger vergleichend-anatomische und embryologische Schule um Ignaz Döllinger (1770-1841)[17] baute bewußt auf die Arbeiten von Caspar Friedrich Wolff auf. Döllinger selbst waren die Studien der Hühnchenentwicklung auf die Dauer zu zeitaufwendig und zu kostspielig. So suchte er einen jungen Mann, der diese Arbeit übernehmen und gleichzeitig in der Lage sein sollte, die Kosten selber zu tragen. Von Baer, der von den Plänen seines Lehrers wußte, empfahl seinen Freund Pander als einen in jeder Hinsicht geeigneten Kandidaten[18].

---

17 Arthur William Meyer: Human Generation: Conclusions of Burdach, Döllinger and von Baer. Standford 1956; und Peter Michael Langhans: Personalbibliographien der Professoren der Philosophischen Fakultät zu Würzburg, von 1803-1852 mit biographischen Angaben, gesichtet im Hinblick auf die Beziehungen zu Lehre und Forschung in der Medizinischen Fakultät. Diss. med. Erlangen-Nürnberg 1871, S. 67-73.

18 Zur Entstehungsgeschichte und zur Rezeption der Dissertation vgl. Boris Eugenevitch Raikov: Christian Heinrich Pander. Ein bedeutender Biologe und Evolutionist. An Important Biologist and Evolutionist, 1794-1865. Deutsche Übersetzung mit Kommentaren und englischen Kurzfassungen von W. E. Hertzenberg und P. H. von Bitter. (Senckenberg-Buch, 62) Frankfurt am Main 1984, S. 17-28.

In seiner Dissertation von 1817[19] untersuchte Pander als erster bewußt noch einmal mit verfeinerten Methoden, was Wolff herausgefunden zu haben glaubte. Pander öffnete in seiner Bebrütungsserie alle 15 Minuten ein Ei, um die Entwicklung des Keimes während der ersten fünf Tage der Bebrütung zu studieren; insgesamt wurden nicht weniger als 2.000 Eier untersucht. In seiner Dissertation beschreibt Pander ähnlich wie in einem Protokollheft sehr ausführlich die Veränderungen während der ersten fünf Tage der Bebrütung; er konnte viele der von Wolff gemachten Beobachtungen bestätigen. Er versprach in seiner Arbeit, eine weitere mit Abbildungen versehene Abhandlung folgen zu lassen, die 1817 in deutscher Sprache veröffentlichten "Beiträge zur Entwickelungsgeschichte des Hühnchens im Eye". In dieser Arbeit beschreibt Pander nicht mehr die Entwicklung in jeder Stunde der ersten fünf Tage, sondern stellt die Entwicklung der einzelnen Teile dar. Er zieht also gleichsam die Essenz aus den anläßlich seiner Dissertation durchgeführten Untersuchungen - daher erscheint es sinnvoll, gerade diese Arbeit einer genauen Analyse zu unterziehen.

10.3.2. "Beiträge zur Entwickelungsgeschichte des Hühnchens im Eye" (1817)[20]

Die Abhandlung umfaßt 43 Folioseiten und ist mit zahlreichen Abbildungen versehen, die von dem Kupferstecher Joseph Wilhelm Eduard d'Alton (1772-1840) angefertigt wurden[21]. Zunächst beschreibt Pander in diesem Werk ebenso exakt wie seine Vorgänger den Zustand des unbebrüteten Eies (§ 1); dabei unterscheidet er im Anschluß an Vicq d'Azyr einschließende unwesentliche Teile (Schale, Schalenhaut), die sich während der Bebrütung des Eies nicht verändern, und eingeschlossene wesentliche Teile (Eiweiß, Dotterhaut mit Anhängen, Eigelb mit Hahnentritt, S. 1 f.). Dem Hahnentritt widmet er besondere Aufmerksamkeit. Dieser bestehe aus einer durchsichtigen Scheibe, der Keimhaut, die aus lauter kleinen gräulich-weißen Kügelchen zusammengesetzt sei, und aus einem weißen Klümpchen unter der Keimhaut, dem Kern. In der lateinischen Dissertation hatte Pander beide Strukturen erstmals mit ihren heute üblichen Namen "*blastoderma*" und "*nucleus*" versehen (S. 21).

Pander verfolgt die weitere Entwicklung der Keimhaut und beschreibt zum ersten Mal die *Bildung der Keimblätter* (S. 5 f.), eine Vorstellung, die vermutlich in Anlehnung an Wolffs Theorie der "blattförmigen Anlagen" entwickelt wurde:

---

19 Heinrich Christian Pander: Dissertatio inauguralis sistens Historiam metamorphoseos quam ovum incubatum prioribus quinque diebus subit. Würzburg 1817.
20 Heinrich Christian Pander: Beiträge zur Entwickelungsgeschichte des Hühnchens im Eye. Würzburg 1817; und: Entwickelungsgeschichte des Küchels. In: Isis oder enzyklopädische Zeitung. Hrsg. von Lorenz Oken 1 (1818), S. 512-524.
21 Frederick B. Churchill (The Rise of Classical Decriptive Embryology. In: Scott F. Gilbert (Ed.): A Conceptual History of Modern Embryology. [Developmental Biology. A Comprehensive Syntesis, 7] New York 1991, S. 1-29; hier S. 4) weist zu Recht auf das Mißverhältnis zwischen den Zeichnungen von D'Alton und den Beschreibungen von Pander hin; er meint aber, es ließe sich aus der besseren Qualität der Abbildungen dennoch nicht ableiten, daß D'Alton die Hühnchenentwicklung besser verstanden habe als Pander.

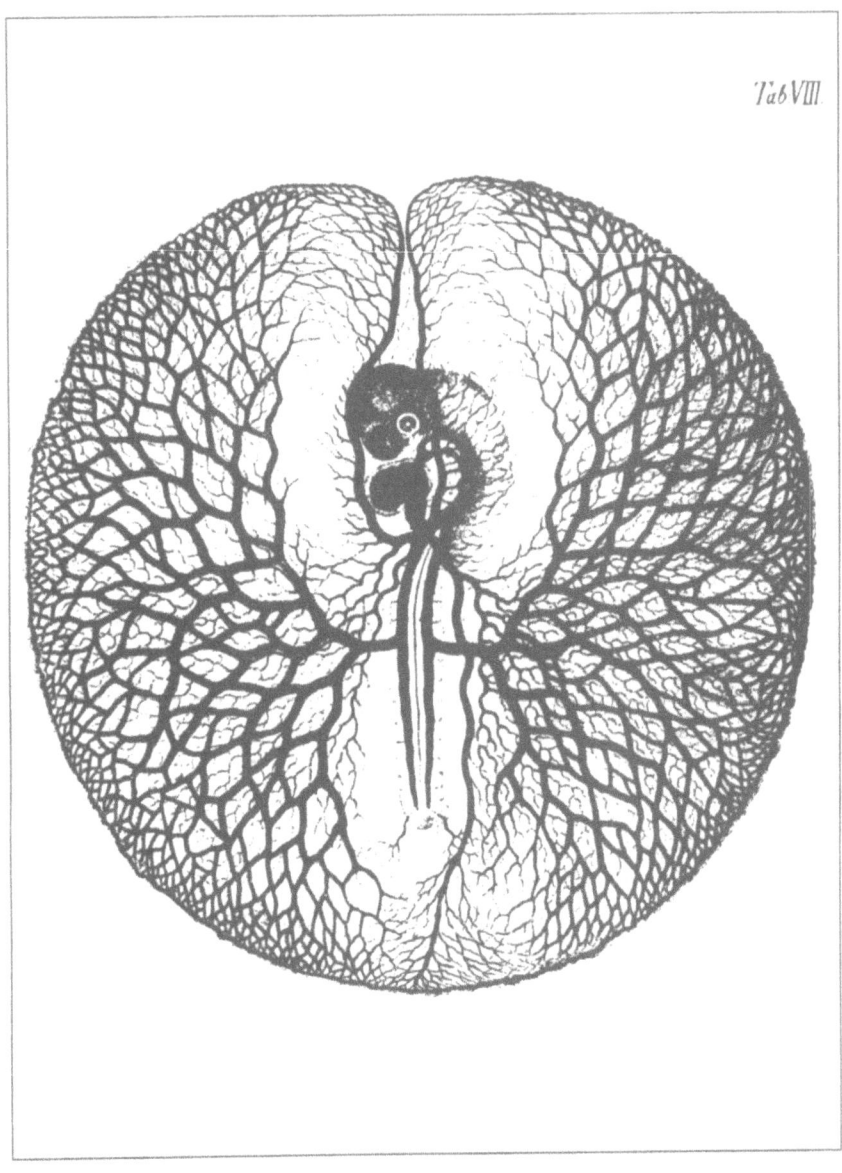

Tab VIII

Abbildung eines frühen Entwicklungsstadiums, Pander Tafel VII

"Wir haben im bebrüteten Eye die Keimhaut als aus einer einfachen Schichte zusammenhängender Körner betrachtet, der Brutwärme ausgesetzt, bleibt sie aber nicht lange in diesem Zustande, sondern es bildet sich auf ihrer Oberfläche, welche der Schaale oder zunächst der über ihr liegenden Dotterhaut zugewendet ist, eine neue, sehr zarte, aber dichte, aus nicht so deutlichen Körnchen bestehende, sondern mehr gleichförmige Schichte, welche vom Mittelpunkte der ersten Scheibe sich gegen seine Peripherie auszubreiten scheint, wie wir aus dem Vorhandenseyn eines weißen Pünktchens in der achten Stunde schließen dürfen. - Gegen die zwölfte Stunde besteht nun die Keimhaut (Blastoderm) aus zwei gänzlich verschiedenen Lamellen, einer innern, dickern, körnigen, undurchsichtigen, und einer äußern, dünnern, glatten, durchsichtigen, welcher letztern wir der genauen Bezeichnung und ihrer Entwicklung wegen den Namen des *serosen Blattes* [Epiblast] geben, so wie über die erste *Schleimhaut* [Hypoblast]."

Im 8. Paragraphen beschreibt Pander die Bildung des dritten Keimblattes, das sich zwischen den beiden anderen Blättern entwickele; er nennt es die *Gefäßhaut* [Mesoderm], da aus ihm die Gefäße gebildet würden. Diese drei Schichten beeinflussen einander bei ihrer weiteren Entwicklung (S. 12):

"Eigentlich beginnt in jeder dieser drei Schichten eine eigene Metamorphose, und jede eilt ihrem Ziele entgegen; allein es ist jede noch nicht selbständig genug, um allein das darzustellen, wozu sie bestimmt ist; sie bedarf noch der Hülfe ihrer Gefährtinnen, und daher wirken alle drey ob gleich schon zu verschiedenen Zwecken bestimmt, dennoch, bis jede eine bestimmte Höhe erreicht hat, gemeinschaftlich zusammen."

Pander gibt an, daß jede Schicht schon zu einem bestimmten Zweck bestimmt sei und durch die anderen Schichten dazu angeregt werde, diesen Zweck zu verwirklichen - damit nimmt er die moderne Theorie von der *Kompetenz* der Schichten, die durch Induktion der angrenzenden Gewebe zur Verwirklichung angeregt werden, vorweg. Zur Funktion der einzelnen Keimblätter äußert er sich dann noch genauer (S. 22):

"Und so entwickelt sich aus der äußern serosen Schichte [Ektoderm] die äußere Wand des Leibes, der Brust, des Bauches, des Beckens und das eigentliche Amnion. Den Kopf bildete sie schon früher, wie wir gesehen haben. Auf gleiche Weise bilden die beiden anderen Keimhautblätter [Mesoderm und Entoderm] die Gedärme mit dem Mesenterium."

Neben der Entwicklung der Keimblättertheorie war es ein weiteres Privileg Panders, daß er eine erste ganz und gar korrekte Beschreibung der Bildung von Amnion und Chorion gab (S. 24):

"Die Art, wie die das Amnion bildenden Falten sich zu einer sackartigen Hülle schließen, ist ganz besonders. Sie geschieht zwar durch die Seitenfalten, die mit ihren Rändern zusammenwachsen, allein diese Verwachsung fängt am oberen Rande der Kopfkappe unmerklich an und erstreckt sich fortschreitend nach unten gegen den Rand der Schwanzkappe, wodurch eine längs des Rückens laufende Naht, deren Verlängerung immer mehr und mehr den Zugang zur Höhle des Amnions schließt, welches ohngefähr gegen die sechs und neunzigste Stunde eintritt, entstehe."

Pander ist nicht nur der erste, der die Bildung des Amnions richtig erklärte, sondern er erkannte gleichzeitig, daß sich eine äußere Schicht abtrennt und als eigenständige Haut das Ei umschließt. Pander bezeichnet diese Haut als "falsches Amnion", wobei er sich bewußt ist, daß Wolff diesen Ausdruck für eine ganz andere Struktur verwendete. Tatsächlich beschreibt Pander hier die Bildung des Chorions. Unter "Chorion" versteht er selbst allerdings eine Blase in der unteren Gegend, die aus der Wand des Mastdarms an der Übergangsstelle zur Kloake entspringe. Pander gibt damit eine erste korrekte Darstellung der Bildung der Allantois. Er hat auch beobachtet, daß diese mit dem "falschen Amnion" [Chorion] verwächst; das "Chorion" [Allantois] dehne sich um das ganze Ei aus und wachse an allen Stellen mit dem falschen Amnion [Chorion] zusammen [Bildung der Chorioallantois]. Pander glaubte, das Ei besitze überhaupt keine Allantois; deshalb bezeichnet er die beobachtete Struktur als Chorion.

Exakt beschreibt Pander die Bildung der *Area pellucida*, die er Fruchthof nennt (S. 7), und der konzentrischen Kreise (Halonen, S. 8); der *area opaca* gab er ihren bis heute gültigen Namen. Auch den *Primitivfalten* (plicae primariae, S. 28 f.) gab Pander ihren Namen und beschrieb ihre Bildung folgendermaßen (S. 8):

> "Sobald der durchsichtige Hof die länglich birnförmige Gestalt erreicht hat, zeigen sich in ihm zwei zarte, parallele, der Länge nach verlaufende Streifchen, von einer Faltung der Keimhaut entstanden. Als den ersten Rudimenten des Leibes des künftigen Embryo, haben wir ihnen den Namen Primitivfalten gegeben."

Diese Falten dehnen sich aus, schließen sich zusammen und vereinigen sich durch einen kleinen Bogen [Primitivknotenbildung]. Auch die Bildung der Primitivrinne mit der Chordaanlage wird von Pander beschrieben; er sieht allerdings die Chordaanlage fälschlich als Anlage des Rückenmarkes an (S. 9 f.).

Zwei weitere Strukturen verdanken Pander ihren heutigen Namen. Bei der Beschreibung des Dottersackkreislaufes bezeichnet er die Inseln, aus denen die Blutgefäße gebildet werden, als *"Blutinseln"*, und stellt fest, daß das Grenzgefäß ein offenes Gefäß bleibt und daher nicht als vena terminalis, sondern als *sinus terminalis* zu bezeichnen sei. Insgesamt hat Pander sehr viele heute noch gültige Termini eingeführt. Am wichtigsten war aber die Entdeckung der Keimblätter, durch die von Baer zu seiner eigenen Theorie und zu weiteren Untersuchungen angeregt wurde.

Besonders bemerkenswert ist, daß Pander (ganz ähnlich wie später Baer) aus seinen Beobachtungen der Hühnchenentwicklung allgemeine Schlußfolgerungen für die Evolutionstheorie[22] zieht. In seiner zusammen mit Eduard d'Alton verfaßten Abhandlung über das Riesenfaultier Bradypus giganteus (Bonn 1821) äußert er sich über nicht mehr rezente Lebewesen und ihr Verhältnis zu rezenten Tierarten[23]:

---

22 Zu Panders evolutionistischen Anschauungen vgl. Raikov (wie Anm. 18), S. 35-49.
23 Zitiert nach Wolfhart Langer: Verzeitlichungs- und Historisierungstendenzen in der frühen Geologie und Paläontologie. In: Berichte zur Wissenschaftsgeschichte 8 (1985), S. 94 ; zur allgemeinen Einordnung dieser Schrift vgl. Paul Siegfried/Walter Gross: Christian Heinrich

"Wenn daher diese Tierreste, die in der Geologie nur als Zeugen auftreten, bisher der Zoologie und vergleichenden Anatomie, der sie eigentlich angehören, nicht gleichen Vorteil brachten, so ist dies allein der angenommenen Meinung zuzuschreiben, nach der die lebende Tierwelt als eine neue Schöpfung betrachtet wird, womit man jede Verschiedenheit der Gestalt erklären oder vielmehr unerklärt lassen bequem fand. Durch die Bereicherung, welche die Physiologie und die vergleichende Anatomie in der letzten Zeit sich gegenseitig erwarben, ist die Lehre von der Metamorphose, wie solche Goethe bewunderungswürdig in den Pflanzen gezeigt hat, auch in den Tieren nicht mehr als eine bloße sinnreiche Idee anzusehen. Wir haben das in der Hühnchenentwickelungsgeschichte gezeigt. Nach einfachen und ausreichenden Folgerungen waren die Bedingungen einer Tierschöpfung nur einmal vorhanden, und die Fortdauer der Tiere muß in ununterbrochener Folge gedacht werden. Nur die äußere Form der Erscheinungen des Lebens ist einem steten Wechsel unterworfen, und nur diese, gebunden an äußere Verhältnissse, die ihre Entwicklung entweder begünstigen oder verhindern, ist in der Zeit untergegangen. Eine verschiedene Zeitperiode des Entstehens der Tiere kann daher nur der Form nach gedacht werden."

Die Verfasser vertreten die "unhistorische" Theorie, daß gleiche Verhältnisse bereits ausgestorbene Tierarten erneut hervorbringen könnten. Tierschöpfung sei nur einmal erfolgt, seitdem seien stets Tiere vorhanden, aber ihre äußere Form wechsele mit den äußeren Verhältnissen. Daß Tiere eine ebensolche durch äußere Faktoren beeinflußbare "Metamorphose" wie Pflanzen durchlaufen, glauben die Verfasser in ihrer Entwickelungsgeschichte des Hühnchen ausreichend gezeigt zu haben. Die Untersuchung der Hühnchenentwicklung erhält damit für Pander im Kontext seiner allgemeinen biologischen und paläontologischen Untersuchungen als wichtiger Beweis eine zentrale Funktion. Ganz ähnlich ist dies bei Panders Freund Karl Ernst von Baer.

10.4. KARL ERNST VON BAER - KEIMBLÄTTERTHEORIE UND WIRBELTIERTYPUS

10.4.1. Karl Ernst von Baer (1792-1876)

Der deutsch-baltische Naturforscher und Embryologe Karl Ernst Ritter von Baer, Edler von Huthorn (1792-1876) studierte 1810-1814 Medizin in Dorpat und setzte nach seiner Promotion seine Studien in Berlin, Wien und Würzburg fort. Ab 1817 las er in Königsberg Zoologie; dort wurde er 1819 zum außerordentlichen und 1822 zum ordentlichen Professor für Naturgeschichte und Zoologie ernannt; 1834 wurde er Akademischer Bibliothekar der Akademie der Wissenschaften in Petersburg und war dort 1846-1852 als ordentlicher Professor für

Pander 1794-1865 und seine Bedeutung für die Paläontologie; In: Münstersche Forschungen zur Geologie und Paläontologie 19 (1971), S. 101-183.

Vergleichende Anatomie und Physiologie an der mediko-chirurgischen Akademie tätig. Seit 1829 war von Baer ordentliches Mitglied der Akademie der Wissenschaften und hat in deren Auftrag bis ins hohe Alter zahlreiche Forschungsreisen durchgeführt.

Von Baer war ein Naturforscher im weitesten Sinne des Wortes, es gibt nur wenige Gebiete der Naturforschung, auf welchen er nicht tätig war. Man könnte ihn als Zoologen, Anatomen, Geographen, Anthropologen, Embryologen und Physiologen bezeichnen. Er war ein überzeugter Teleologe[24], d.h. er nahm an, daß allen Vorgängen in der Natur ein Streben zur Verwirklichung eines Zieles zugrunde liegt. Die anthropozentrische christliche Teleologie seiner Vorgänger lehnte er ausdrücklich ab, da er dem Menschen keine Ausnahmestellung in der Natur zuerkannte. Dies zeigt sich auch in seinen Schriften zur Anthropologie, die zur Gründung dieser Disziplin in Rußland beitrugen. Von Baers größte Leistungen liegen aber zweifellos auf dem Gebiet der Embryologie.

Von Baer suchte nach nicht weiter reduzierbaren Einheiten und wollte Begriffe entwickeln, durch die die Verwandtschaftsverhältnisse im Tierreich historisch und materiell konkret nachgewiesen werden könnten[25]. Einen ersten Schritt zur Lösung des Problems stellten von Baers Arbeiten zur Entwicklung des tierischen Eies dar. Wie Kant und Blumenbach war von Baer davon überzeugt, daß der Biologe so weit möglich ein mechanisches Erklärungsmodell anwenden solle. Aber für die Biologie sei zusätzlich eine teleologische Betrachtungsweise unentbehrlich. Ziel einer Systematik der Tiere müsse es sein, ein generatives, auf Verwandtschaften aufgebautes System zu entwerfen. Die Verwandtschaftsverhältnisse seien dadurch nachzuweisen, daß die Organe zueinander 'homolog' seien. Für von Baer bedeutete dies, daß ihnen dasselbe Entwicklungsschema zugrunde liegt und daß sie auf dieselben Primitivorgane zurückgeführt werden können - darauf ist später noch genauer einzugehen. In seinem nicht gedruckten Manuskript "Über die Verwandtschaften der Thiere" (1825) versuchte von Baer, mit seinen Prinzipien ein solches Verwandtschaftssystem aufzustellen, nicht, wie sonst zu seiner Zeit üblich, eine Stufenleiter oder ein regelmäßiges Netz, sondern eine Sphäre. Die typischen Formen befinden sich im Zentrum der Sphäre, die weniger typischen Formen an der Peripherie. Das Schema sollte nicht auf einem künstlichen System beruhen, sondern die Folge eines historischen Entwicklungsprozesses darstellen. Damit erhielt die Embryologie einen neuen Stellenwert, da allein sie nach von Baers Meinung die Kriterien für die Erstellung eines natürlichen Systems liefern könnte.

Von Baers Lehrer Johann Ignaz Döllinger (1770-1841) und Karl Friedrich Burdach (1776-1847) hatten Untersuchungen zur Entwicklungslehre durchgeführt, und beide riefen zu weiterer Bearbeitung der Objekte auf. Wie bereits erwähnt, empfahl von Baer zunächst seinen Studienfreund Pander an Döllinger als geeigneten Kandidaten, um die begonnenen Studien an Hühnerembryonen weiterzuführen und zu vertiefen. Panders Untersuchungsergebnisse hatten von Baer aber nicht auf alle seine Fragen zufriedenstellende Antworten geliefert. So ent-

---

24 Vgl. dazu Christian Hünemörder: Teleologie in der Biologie, historisch betrachtet: In: Hans Poser (Hrsg.): Formen teleologischen Denkens. (TUB-Dokumentation. Kongresse und Tagungen, Heft 11) Berlin 1981, S. 79-97; hier S. 93.

25 Vgl. dazu Lenoir (wie Anm. 1), bes. S. 104-112.

schloß er sich 1819, selbst noch intensivere Studien an Hühnereiern durchzuführen und sie durch Beobachtungen an anderen Tierembryonen zu ergänzen. 1821 richtete Burdach eine Anfrage an von Baer, einen Beitrag für sein großes Werk über die Physiologie zu schreiben. Von Baer versprach vor allem eine ausführliche Darstellung der Entwicklungsweise des Hühnchens und des Frosches.

Am intensivsten arbeitete von Baer auf embryologischem Gebiet in den Jahren 1822 bis 1826. Im Verlaufe dieser fünf Jahre wurden alle grundlegenden Erkenntnisse über die Entwicklung des Hühnchens im Ei gewonnen. Im Winter 1826/1827 begann von Baer mit der Niederschrift seiner Erkenntnisse und übergab Burdach das Manuskript in einzelnen Teilen. Insgesamt war Burdach mit von Baers Beitrag sehr zufrieden, machte aber dennoch einige Vorschläge zur Umänderung des Manuskriptes. Von Baer jedoch lehnte jede von Umstellungen ab, Burdach beharrte aber unter Berufung auf seine Rechte als Herausgeber auf seinem Standpunkt. Obgleich von Baer selbst die von Burdach vorgenommenen Abänderungen als nicht wesentlich ansah, ließ er dennoch aus 'Trotz' das Manuskript als gesondertes Werk erscheinen - dabei befand sich der zweite Band von Burdachs Physiologie, der von Baers Beitrag enthielt, bereits im Druck.

Der erste Band der "Entwickelungsgeschichte der Thiere", der 1828 gleichzeitig mit Burdachs zweitem Band der Physiologie erschien, stieß bei von Baers Zeitgenossen auf Ablehnung. Auch seine Entdeckung des Säugetiereies (1827) hatte ihm keine Anerkennung gebracht. Alle diese Kränkungen und Mißachtungen seiner Leistungen nahmen von Baer jegliches Interesse an weiteren embryologischen Arbeiten. Auch das Drängen seiner Verleger, endlich das schon lange vorliegende Manuskript des zweiten Bandes der "Entwickelungsgeschichte" fertigzustellen, stieß auf taube Ohren. Schließlich griffen die Verleger, die Gebrüder Bornträger, zu einer sehr drastischen Maßnahme und ließen das Manuskript des zweiten Bandes neun Jahre nach Erscheinen des ersten Bandes einfach so erscheinen, wie es ihnen vorgelegen hatte. Auch dies löste bei von Baer keine Reaktion aus, so daß der zweite Band von von Baers Monographie in einer höchst ungewöhnlichen Form publiziert ist: Es fehlen ihm das Schlußkapitel, ein Vorwort des Autors, Überschriften zu einzelnen Kapiteln und erklärende Beschriftungen zu den Zeichnungen. Das fertige Schlußkapitel fand von Baers Freund Ludwig Stieda erst nach dessen Tode im Nachlaß und veröffentlichte es 1888. Bevor wir uns von Baers embryologischem Hauptwerk im einzelnen zuwenden, soll zunächst ein kurzer Blick auf seine zuvor erschienene Abhandlung zur Entdeckung des Säugetiereies geworfen werden.

10.4.2. Entdeckung des Säugetiereies (1827)[26]

Von Baer veröffentlichte seine Entdeckung in Form eines offenen Sendschreibens an die Akademie der Wissenschaften zu Petersburg. Er selbst äußert sich in seiner Autobiographie zur Geschichte der Entdeckung[27]:

> "Immer weiter zurückgehend, fand ich in den Eileitern sehr kleine, halb durchsichtige und deshalb schwer kenntliche Bläschen, die unter dem Mikroskope betrachtet, einen runden Fleck, ähnlich dem Hahnentritt zu erkennen gaben, ja sogar noch kleinere undurchsichtige Körperchen, von rundlicher Form und körnigem Ansehn. So wurde ich fast mit Gewalt zur Auffindung des Eies, wie es vor der Befruchtung im Eierstocke liegt, geführt, obgleich ich von diesem letzten Ziele anzufangen gar nicht den Muth gehabt hatte."

Weiter berichtet er, daß er nie vermutet habe, daß der Inhalt des Eies der Säugetiere dem Dotter der Vögel so ähnlich wäre (S. 428). Wie wichtig für seine Entdeckung seine zuvor durchgeführten Untersuchungen an Hühnereiern waren, äußert er selbst[28]:

> "Ich durfte, nach dem Gesagten, wohl die Entdeckung des wahren Verhältnisses der Erzeugung der Säugethiere, den Menschen mit einbegriffen, mir zuschreiben, wobei ich gern anerkenne, dass ich sie weniger sehr angestrengten Untersuchungen oder großem Scharfsinne, als der Schärfe meines Auges in frühern Jahren, und einer bei den Untersuchungen des Hühnchens gewonnenen Ueberzeugung verdanke. ... Die bei der Untersuchung des Hühner-Embryonen gewonnene Ueberzeugung, die als vorgefasste Meinung wirkte, bestand darin, dass alle scheinbare Neubildung in der Entwickelung mir als Umbildung erschien. Sie erleichterte das Auffinden des vorgebildeten Eies, fand darin aber auch ihre schönste Bekräftigung."

Ohne die Untersuchungen am Hühnerei wäre von Baer vermutlich nie zur Entdeckung des Säugetiereies gelangt. Dies zeigt sich nicht nur in seiner Autobiographie, sondern auch innerhalb seiner Abhandlung zur Entdeckung des Säugetiereies.

Bis zu von Baers Entdeckung wurde der gesamte Graafsche Follikel für das Säugetierei gehalten. Von Baer untersuchte Eierstöcke von Hunden, Schweinen, Schafen, Rindern, Kaninchen und die des Menschen, dazu zusätzlich die von Braunfischen, Vögeln, Fröschen, Eidechsen und Schlangen. Seine Entdeckung ruhte somit auf einem breiten Fundament exakter Beobachtungen. In allen Fällen erwies sich das Ei als Ausgangspunkt der weiteren Entwicklung des Embryos. Seine ersten Untersuchungen führte von Baer an Hündinnen durch.

---

26 Karl Ernst von Baer: Ueber die Bildung des Eies der Säugetiere und des Menschen. Hrsg. von Dr. med. Bottow. Leipzig 1927 (Ursprünglich: De ovi Mammalium et Hominis Genesi Epistolam ad Academiam Imperia Per Scientarum Petropolitanam. Leipzig 1827).
27 [Karl Ernst von Baer:] Nachrichten über Leben und Schriften des Herrn Geheimraths Dr. Karl Ernst von Baer, mitgetheilt von ihm selbst. Veröffentlicht bei der Gelegenheit seines fünfzigjährigen Doctor-Jubiläums am 29. August von der Ritterschaft Ehstlands. St. Petersburg 1866, [2]Braunschweig 1886, S. 422; entspricht in der ersten Auflage S. 307.
28 Baer (wie Anm. 27) [2]1886, S. 435 f. - erste Auflage, S. 316 f.

§ 1: *Die erste Anlage des Hundefötus* (S. 1-9): Hier berichtet von Baer auch erstmals von einer weiteren wichtigen Entdeckung: Er konnte nachweisen, daß in den Embryonen aller Wirbeltiere ein knorpeliger Strang existiert, den er als *Rückensaite* (*Chorda dorsalis*) bezeichnet (S. 7):

> "In der Mitte der Wirbelsäule wird eine feine Chorda dorsalis durch ihre dunkle Färbung sichtbar. Es gibt nämlich in allen Wirbeltieren (wie ich das bei Säugetieren, Vögeln, Schlangen, Eidechsen, Fröschen und auch Fischen beobachtet habe) ein rundes, sehnenartiges Gebilde, das sich vom Schwanz bis zum Kopf hinzieht und hier mit einem Knötchen endigt. Es ist durch die Mitte der Rückensaite ausgespannt, von dieser durch Festigkeit nicht weniger als durch Schlankheit weitgehend verschieden, vor den Anlagen der Wirbel entstanden, und stimmt völlig mit der Columna cartilagineo-ligamentosa überein, die bei einigen Knorpelfischen, z.B. dem Stör (Sturio) und dem Neunauge (Petromyzon), durch das ganze Leben hindurch in der Spina dorsi vorhanden ist. Im Hühnerembryo bildet sich die Chorda schon am ersten Tag der Bebrütung, lange vor dem Zusammenwachsen der Rückenplatten."

Die Bezeichnung "Chorda dorsalis" ist heute allgemein üblich; von Baer selbst mißfiel sie später, er wollte sie lieber "Wirbelsaite" - "chorda vertebralis" nennen, doch diese Bezeichnung fand keinerlei Anklang[29]. Der Nachweis der allen Wirbeltieren gemeinsamen Chorda dorsalis, durch die die niederen mit den höheren Wirbeltieren verbunden sind, war ein erster morphologischer Beweis für die Evolution der Lebewesen. Von Baer war sich der großen Bedeutung seiner Entdeckung ohne Zweifel bewußt.

Von Baer hat dann die Entwicklung der Hundeeier immer weiter zurückverfolgt (§ 2: *Die erste Entwicklung des Hundeeies*, S. 9-14, § 3: *Die Eichen in dem Ovarium der Hündin*, S. 14-16). Dann befaßt er sich mit dem Bau der Graafschen Follikel (§ 4: *Über den Bau der Graafschen Bläschen und über das Eichen im allgemeinen*, S. 17-22); Untersuchungsobjekt waren hier in erster Linie Schweine, da die Graafschen Follikel der Hunde zu klein sind. Es folgt ein *"Kurzer Überblick über die Entwicklungsgeschichte der Säugetiere"* (§ 5, S. 23-30); hier bedient sich von Baer wieder häufig des Vergleiches mit den Verhältnissen beim Hühnchen.

Auch im abschließenden Paragraphen (§ 6: *Vergleich des Eichen der Säugetiere mit den Eiern der übrigen Tiere*, S. 30-42) ist das Hühnchen das am meisten zitierte Vergleichsobjekt.

Abschließend zieht von Baer noch allgemeine Schlußfolgerungen aus seinen Beobachtungen (S. 42). Besonders wichtig ist dabei die Feststellung: "Bei allen Wirbeltieren ist die Art der Entwicklung dieselbe. Sie beginnt vom Rückgrat.". Diese Schlußfolgerung baut von Baer in seiner Entwickelungsgeschichte zur Theorie vom allgemeinen Typus der Wirbeltiere aus.

---

29 Baer (wie Anm. 27) [2]1886, S. 409.

10.4.3. "Entwickelungsgeschichte der Thiere" (1828-1837)[30]

Der erste Band der "Entwickelungsgeschichte der Thiere" setzt sich aus zwei Teilen zusammen: Der erste Teil beschreibt die Entwicklungsgeschichte des Hühnchens im Ei, im zweiten Teil "Scholien und Corollarien" zieht von Baer aus seinen im ersten Teil beschriebenen Beobachtungen theoretische Schlußfolgerungen. Von Baer sagt dazu selbst im Vorwort (S. XVI):

> "Sie [sc. die Scholien und Corollarien] sollen Skizzen aus meinem wissenschaftlichen Glaubensbekenntniß über die Entwickelungsgeschichte der Thiere geben, wie es sich aus der Beobachtung des Hühnchens und verwandten Untersuchungen in mir bisher gestaltet hat."

Der erste Teil entspricht daher fast wortwörtlich - mit Ausnahme der von Burdach vorgenommenen geringfügigen Veränderungen - der in Burdachs Physiologie abgedruckten Abhandlung, so daß sich eine Behandlung dieser Abhandlung erübrigt. Da die im ersten Band vorgelegte tageweise Darstellung der Hühnchenentwicklung nur schwer verständlich war, entschloß sich von Baer, im zweiten Band das gleiche embryologische Material nochmals in anderer Anordnung wiederzugeben: Er beschreibt nicht nach Bebrütungstagen, sondern er stellt die Entwicklung der einzelnen Organsysteme dar. Von Baer wollte diesen zweiten Band der Entwickelungsgeschichte, wie er selbst andeutet, als eine Art populäre Darstellung des Inhaltes des ersten Bandes verstanden wissen. Als Ergänzung hat er allerdings vier Kapitel über die Entwicklung der Fische, Amphibien, Reptilien und Säugetiere hinzugefügt. Da, wie bereits angedeutet, die endgültige Überarbeitung des Manuskriptes des zweiten Bandes nie erfolgt ist, mutet manches wie ein Entwurf an, und es fehlt eine klare Ordnung des Materials. Aus all den angeführten Tatsachen ergibt sich deutlich die Methode, die bei der Besprechung des Werkes anzuwenden ist. Zugrundegelegt werden muß die Analyse des ersten Bandes; denn dieser allein stellt die von von Baer selbst vollständig bearbeitete wissenschaftliche Darstellung des Materials zur Entwicklungsgeschichte der Tiere dar. An einigen Stellen werden vergleichsweise Textpassagen aus dem zweiten Band herangezogen, wenn hier der Text wesentlich klarer erscheint oder Veränderungen vorgenommen wurden.

10.4.3.1. Entwicklungsgeschichte des Hühnchens im Ei

In fortlaufender Reihenfolge wird die Entwicklung des Hühnchens vom 1.-21. Bebrütungstag beschrieben. Von Baers Untersuchung ist eine zusammenfassende Darstellung alles bis zu seiner Zeit zur Vogelentwicklung erarbeiteten Wissens, der er zahlreiche eigene Beobachtungen beifügt. Als Anlaß für das erneute Aufgreifen des Themas gibt er in seinem Vorwort an seinen Freund Pander an, daß die Untersuchungen Panders ihm in einigen Punkten fragwürdig und nicht ausreichend erschienen (S. VI):

---

30 Karl Ernst von Baer: Ueber die Entwickelungsgeschichte der Thiere: Beobachtung und Reflexion. 2 Bde, Königsberg 1828-1837; Nachdruck: Brüssel 1967.

"Sie [sc. Deine, d. h. Panders, Beiträge] gaben mir Licht, aber das Faltensystem wollte mir durchaus nicht zusagen und gegen die Darstellung von der allmählichen Bildung des Amnions meinte ich Zweifel hegen zu dürfen. So ging ich 1819 an die erste eigene Beobachtung, die nur auf Verständniß Deiner Untersuchungen gerichtet seyn konnte."

Weiterhin berichtet von Baer, daß ihm schon sehr früh der Gedanke kam zu untersuchen, "wie der Typus der Wirbelthiere sich allmählich im Embryo ausbildet" (S. VII).
Die gesamte Entwicklung des Hühnchens im Ei gliedert von Baer in drei Perioden (S. 7):

"Die *erste Periode* reicht bis zur völligen Ausbildung des ersten Kreislaufes und währt ungefähr zwei Tage. Die *zweite Periode* umfaßt die Zeit des Kreislaufes durch die Dottersackgefäße. Sie währt drei Tage, wenn man sie bis dahin rechnet, wo die Harnsackgefäße genug ausgebildet sind, um wesentlichen Anteil am Kreislaufe zu haben. Die *dritte Periode*, durch den Kreislauf vermittelst dieser Gefäße bezeichnet, reicht bis zur Geburt oder bis zum Vortreten des Lungenkreislaufs, welcher endlich die vierte Periode, das Leben außer dem Eie, umfassen würde."

Im Laufe der Abhandlung werden diese drei Perioden nochmals genauer gekennzeichnet:
1. Periode (1.-2.Tag): Primitiventwicklung des zentralen Nervensystems.
2. Periode (3.-5.Tag): Allmähliche Abhebung des Embryos von der Keimscheibe, Entwicklung der Eihüllen, Entfaltung von Herz und Blutgefäßsystem, Bildung der Darmanlage, Entstehung der Lungen und der Leber als Ausstülpungen des Darmes, Erkennbarwerden der Scheitelbeuge des Gehirnes und Lageveränderungen des Embryos auf die linke Seite. - *Typus des Wirbeltieres*.
3. Periode (6. Tag - Schlüpfen): Allmähliche Entwicklung des Embryos zu einem funktionstüchtigen Organismus - *Merkmale des Vogels, des Landvogels* und schließlich des *Hühnervogels*.
Es würde zu weit führen, die nach Tagen geordnete Behandlung dieser Perioden in den Einzelheiten darzustellen, es sollen nur die wesentlichen Punkte von von Baers Darstellung der Hühnchenentwicklung kurz zusammengefaßt werden:
1. Eine von von Baers wichtigsten Leistungen ist die *Fortführung der Keimblättertheorie* von Heinrich Christian Pander: im Gegensatz zu Pander erkennt von Baer allerdings vier Keimblätter. Das Blastoderm spalte sich zunächst in zwei primäre Blätter auf: das *vegetative* oder *plastische Blatt* [Entoblast], das sich in die *Schleimhaut* [Entoderm] und die *Gefäßhaut* [Mesoderm] aufgliedert, und das *animalisches Blatt* [Ektoblast], das sich aus der *Fleisch-* und *Muskelschicht* [Mesoderm] und der *Hautschicht* [Ektoderm] zusammensetzt. Von Baer bemerkt zur Identifikation der Blätter in einer Anmerkung zu S. 46 im zweiten Band: "Das animalische Blatt ist das seröse Blatt Pander's, das vegetative Blatt besteht aus Pander's Gefäßblatt und Schleimblatt". Heute kennen wir nur noch drei Keimblätter: das Ektoderm, das Mesoderm und das Entoderm.

BAER		Modern	PANDER
animalisches Blatt	Hautschicht	Ektoderm	seröses Blatt
	Fleisch- und Muskelschicht	Mesoderm	
vegetatives Hauptblatt	Gefäßblatt		Gefäßblatt
	Schleimblatt	Entoderm	Schleimblatt

Auf die weitere Entwicklung der Keimblättertheorie ist später noch genauer einzugehen.

2. Gegen Pander spricht von Baer erstmals von einem Primitivstreifen, der der Vorläufer der Wirbelsäule sei und in der Längsachse des Fruchthofes liege (S. 12), er bestehe keineswegs aus den beiden "Primitivfalten"; diese lägen zu beiden Seiten des Primitivstreifens und seien ihrer späteren Funktion wegen besser als Rückenplatten zu bezeichnen (S. 12). Dann beschreibt von Baer, wie in der Abhandlung zur Entdeckung des Säugetiereies, die Bildung der *Rückensaite* (Chorda dorsalis)[31]. Auf die Bedeutung dieser Entdeckung für die Erschließung der Verwandtschaftsverhältnisse der einzelnen Tiergruppen wurde bereits hingewiesen. Bemerkenswert ist, daß von Baer auch diese Struktur erstmals beim Hühnchen entdeckte.

3. Fast ebenso wichtig wie die Entdeckung der Chorda dorsalis ist die Beobachtung, daß *Kiemenbogen* und *Kiemenspalten* auch beim Hühnchen, d.h. auch bei Embryonen anderer Tiere als den Fischen angelegt werden. Von Baer gibt eine sehr ausführliche Beschreibung der Entwicklung der Kiemenbogen und -spalten; er gelangt zu dem Schluß, daß insgesamt drei Paar Kiemenspalten während der Entwicklung in einer bestimmten Reihenfolge angelegt werden und später wieder verschwinden[32]. Auch diese Erkenntnis war für die Klärung der Verwandtschaftsverhältnisse der Tiere und damit für die Aufstellung einer natürlichen Systematik des Tierreiches von größter Bedeutung.

Nun noch zu einigen Einzelheiten, die speziell die Entwicklung des Hühnchens betreffen:

4. Von Baers Beschreibung der Entwicklung des Dottersacks (Bd I, 11 f., Bd II, 43-47) ist so präzise wie bei keinem seiner Vorgänger. Von Baer stellte fest, daß die Wand des Dottersacks von dem sich aufspaltenden Blastoderm gebildet wird.

---

31 Baer (wie Anm. 30) - Im zweiten Band bezeichnet von Baer die Rückensaite als "Wirbelsaite" (chorda vertebralis, S. 97), entsprechend seinen in der Autobiographie geäußerten Bedenken (s. o.). Wie schon bei der Behandlung der Entdeckung des Säugetiereies angedeutet, hat sich dennoch die Bezeichnung chorda dorsalis durchgesetzt.

32 Baer (wie Anm. 30), Bd 2, S. 123 ff.

5. Die Bildung der Nabelöffnung und die Darstellung ihrer einzelnen Teile stimmt bis ins Detail mit unseren heutigen Erkenntnissen überein (besonders Bd I, 66-67; Bd II, 72-73).

6. Von Baer erklärte präzise Wolffs Vorstellung vom "falschen Amnion" (S. 42):

"Da aber unter der Wirbelsäule das Gefäßblatt [splanchnisches Mesoderm] sich nicht ablöst, so hat das nach unten gerichtete Gewölbe eine tiefe, mittlere rinnenförmige Einsenkung, welche Wolff die Oeffnung des falschen Amnions nennt, indem bei ihm der nach unten gewölbte Teil der Keimhaut [Blastoderm], da er den Embryo gewissermaßen von unten verhüllt, das falsche Amnion heißt."

Von Baer sah also Wolffs falsches Amnion als Teil der Keimhaut, als Gefäßblatt [splanchnisches Mesoderm] an. Die Kopf-, Schwanz- und Seitenkappen interpretierte er entsprechend als "die ganze Wölbung der unteren Keimhaut" (S. 42). Den Nucleus von Pander benannte von Baer in Keimschicht um und bemerkte dazu (S. 22):

"Ich nenne ihn die Keimschicht (Stratum proligerum), weil er aus einer umgeformten, nicht regelmäßig und selbständig gebildeten Schicht von weißlichen Kügelchen besteht, auf welcher der Keim ruht, und weil der Ausdruck Keimschicht auf das Verhältniß dieser Masse im frühern Zustande, wo er den Keim vorzubereiten scheint, gleichfalls paßt und überhaupt nichts bedeutet, als der Theil des Dotters, der mit dem Keim in nächster Beziehung steht."

Auch hier gelang es von Baer, Panders Kenntnisse zu verbessern.

7. Auch die Darmentwicklung beschrieb er erstmals genau und umfassend, indem er Wolffs Erkenntnisse mit Panders Lehre von den Keimblättern verband (S. 45 ff., Bd II, 118 ff.).

8. Die Amnionbildung stellte von Baer in Anschluß an Pander ebenfalls sehr akkurat dar; er sah erstmals die Proamnionbildung (S. 48):

"Zuerst tritt sie [sc. die Amnionfalte] am Vorderende der Kopfkappe auf, und die bogenförmige Falte, die wir schon am 2ten Tage vor dem Kopf des Embryo bemerkten, ist der Anfang der Bildung."

Allerdings unterschied von Baer das Proamnion (als mesodermfreie Zone) noch nicht vom eigentlichen Amnion. Das Amnion sah er als Bildung des serösen Blattes [Ektoderm] an. Bei der weiteren Entwicklung des Amnion beobachtete von Baer, wie Pander, die gleichzeitige Bildung einer äußeren Haut [Chorion], die Pander als "falsches Amnion" und von Baer als "seröse Hülle"(S. 79) bezeichnete.

"Chorion" nannte von Baer erst die Verwachsung des Harnsackes (Allantois) mit der "serösen Hülle" [Chorion], d.h. in modernem Sinne die Bildung der Chorioallantois (S. 181). Richtig gab er an, daß die Allantois [nach der Verwachsung als Chorioallantois], wenn sie die Schalenhaut erreicht habe, die Funktion der Atmung übernehme. Insgesamt gab von Baer eine ganz hervorragende Beschreibung der Entwicklung der Allantois (besonders S. 70 f.), aller-

dings nahm er fälschlich an, daß der "Harnsack" nur mesodermaler Herkunft sei
(S. 61).
    9. Beim Nervensystem der Vögel unterschied von Baer einen vegetativen und
einen animalischen Teil und erklärte deren Genese folgendermaßen (Bd. II,
102):

> "Die animalische Abtheilung läßt uns wieder einen Centraltheil und peripherische
> Fäden erkennen. - Der Centraltheil wird gebildet durch eine Abblätterung von der
> innern Fläche der Rückenplatten im weitern Sinne des Wortes, also durch primäre
> Sonderung. Die peripherischen Fäden der animalischen Abtheilung bilden sich
> hingegen durch histologische Sonderung in der Fleischschicht und eben so die ge-
> sammte vegetative Abtheilung in dem vegetativen Hauptblatte."

Den Zentralteil des Nervensystems bilde eine geschlossene Röhre, die Medul-
larröhre (S. 103 - [Neuralrohr]), diese teile sich dann in zwei Hauptabschnitte,
das Gehirn und das Rückenmark (S. 104). Auch die Darstellung der frühen Gehirnvesikel des Hühnchens ist die beste bis zu von Baers Zeit. Grundsätzlich geht
er davon aus, daß das Gehirn zunächst eine in mehrere Zellen geteilte, oben völlig geschlossene Blase sei, die eine Erweiterung der Nervenröhre darstelle. Damit man die späteren Gehirnteile nicht mit den ersten blasenartigen Zellen des
Gehirns verwechseln könne, gibt von Baer diesen eigene Namen,die noch heute
verwendet werden: Vorderhirn, Zwischenhirn, Mittelhirn, Hinterhirn und Nach-
hirn (Bd II, 102-108, 285 f.). Sie seien die "morphologischen Elemente des
Hirnes, die im Anfange der zweiten Periode noch bloße Bläschen sind" (S. 107).
Mit größter Genauigkeit beschreibt von Baer auch die Entwicklung des Auges
aus seinen beiden Teilen, dem Augenbecher, der sich aus dem vorderen Teil der
Nervenröhre hervorstülpe und aus der Linse, die aus dem Epithel des Kopfes
stamme (Bd II, 113 ff.).
    10. Auch von Baers Beschreibung der Bildung des Herzens ist sehr akkurat
(Bd II, S. 137 ff.)[33].
    Abschließend soll noch kurz die zusammenfassende Darstellung der Ausbil-
dung der charakteristischen Merkmale beim Hühnchen vorgestellt werden. Zur
zweiten Periode heißt es (S. 89):

> "Wir schließen also, daß in der zweiten Periode der Typus der Mollusken sich der
> bisher symmetrischen Anlage des Wirbelthieres einbildet. Man darf aber nicht sa-
> gen, daß der Embryo des Huhnes jetzt auf der Bildungsstufe der Mollusken stehe.
> Wirbelsäule, Rückenmark und Hirn sprechen zu sehr dagegen. Vielmehr sind nur
> die plastischen Organe nach dem Typus der Mollusken gebaut, und im animali-
> schen Theile ist nur eine leise Andeutung von Asymmetrie in der stärkeren Ent-
> wicklung der rechten Hälfte."

Hier zeigt sich deutlich, daß von Baer seine Vorstellung vom Wirbeltiertypus
zunächst am Hühnchen entwickelte und erst später durch vergleichende Untersu-

---

33 Howard Bernhardt Adelmann (Marcello Malpighi and the Evolution of Embryology. 5
Bde, Ithaca, N.Y. 1966, S. 1441) charakterisiert sie :"... it clearly markes the inauguration
of the modern epoch in the history of our knowledge of this phase of the heart's development".

chungen an anderen Tieren verifizierte. Die weiteren Ausführungen sind gegen
die zu von Baers Zeiten häufig vertretene *Lehre vom Parallelismus* gerichtet:
Jede Evolution, sei sie ein individueller oder ein historischer Prozeß, finde entlang einer Linie statt, d.h. ein höheres Wirbeltier durchlaufe die Stadien eines
Polypen, eines Wurmes oder eines Mollusken, Insekts usw. Von Baer lehnt diese
Meinung ab und führt hier als Gegengründe an, daß dann Strukturen wie Wirbelsäule, Rückenmark und Gehirn auf einer sehr frühen Entwicklungsstufe, die
einem niederen Tier entsprechen müßte, nicht auftreten dürften - die Gegenar-
gumente gegen die Theorie des Parallelismus führt er dann später im zweiten Teil
noch genauer aus. Im folgenden entwickelt von Baer dann erstmals seine Vorstellung vom Wirbeltiertypus (S. 90):

> "Vergleichen wir den Typus der Wirbelthiere mit anderen Hauptabschnitten des
> Thierreiches, so finden wir, daß sie sich von allen übrigen Formen 1) durch die
> der Länge nach durch das ganze Thier laufenden Centraltheile unterscheiden; 2)
> daß außerdem der animalische Theil den Typus der gegliederten Thiere nachahmt,
> jedoch mit dem Unterschiede, daß von der Centralachse eine übereinstimmende
> Bildung nach oben und nach unten geht, daß also außer der seitlichen Duplicität
> noch eine Duplicität nach oben und nach unten sich zeigt und 3) daß der plastische
> Theil nach dem Typus der Mollusken gebaut ist."

Dieser hier erstmals andeutungsweise beschriebene Typus der Wirbeltiere wird
in den "allgemeinen Schlußfolgerungen" zu einem Grundkonzept der Entwicklungslehre ausgebaut. Abschließend bemerkt von Baer noch, daß das Hühnchen
alle wesentlichen Merkmale des Wirbeltieres bereits am Anfang des dritten Tages
aufweise (S. 90) und sich mit der Bildung der Allantois in die Abteilung der
landlebenden Wirbeltiere einreihe.
Die dritte Periode charakterisiert von Baer (S. 139):

> "Erst im Verlaufe der dritten Periode wird das Hühnchen zum Vogel durch die ei-
> genthümliche Ausbildung der Athemorgane, und äußerlich wird diese Thierklasse
> kenntlich, indem sich die Schnabelbildung kund gibt und die vordere Extremität
> die Form des Flügels annimmt. Bald entwickeln sich auch die Federbälge. Es ist
> aber zuvörderst ein Vogel überhaupt, nicht ein Vogel aus der Familie der Hühner.
> Erst allmählich offenbart es sich, daß aus dem Embryo ein Landvogel sich entwik-
> kelt, indem die Schwimmhaut unkenntlich wird, und darauf reiht er sich in die
> Familie der Hühner ein, wenn der Kopf sich bildet, der Vormagen sich vom Mus-
> kelmagen scheidet, die stumpfen Nägel auf den Füßen, und die Schuppe über der
> Nasenöffnung sich zeigen. Zuletzt tritt der Charakter der Gattung auf durch den
> Kamm auf der Stirne, die eigenthümliche Schnabelbildung u.s.w. Endlich bildet
> sich die Individualität aus, und wird erst mit der Höhe des Lebens außerhalb des
> Eies vollendet; denn offenbar sind die eben ausgekrochenen Küchlein einander
> viel ähnlicher, als die ausgebildeten Hühner."

Hier beschreibt von Baer erstmals am Beispiel des Hühnchens seine Idee, daß
die Entwicklung vom Allgemeinen zum Speziellen fortschreitet, diese Idee hat er
dann im zweiten Teil als allgemeines Gesetz formuliert[34].

---

34 Vgl. dazu Boris Eugenovic Raikov: Karl Ernst von Baer, 1792-1876. Sein Leben und sein
   Werk. (Acta Historica Leopoldina, 5) Leipzig 1868, S. 365.

10.4.3.2. Allgemeine Schlußfolgerungen zur Entwicklungsgeschichte

Im Scholion III: "Innere Ausbildung des Individuums" (S. 153-159) heißt es
dann (S. 153):

> "Es ist nämlich, wenn man den Fortgang der Ausbildung betrachtet, vor allen
> Dingen in die Augen springend, daß aus einem Homogenen, Gemeinsamen all-
> mählig das Heterogene und Spezielle sich hervorbildet."

Ein erster Schritt ist hierbei die *primäre Sonderung* in die heterogenen Lagen,
d.h. die Aufspaltung des Blastoderms in die Keimblätter, wie wir sie schon bei
der Entwicklung des Hühnchens gesehen haben. Daran schließt sich die *histologische Sonderung*, d.h. die Gewebebildung jeweils aus den Keimblättern an (S.
154 f.). Der nächste Schritt ist die *morphologische Sonderung*, welche zur Entstehung von Organen und Organsystemen führt (S. 155). Von Baer erklärt die
Namensgebung im zweiten Band folgendermaßen (S. 92):

> "Da die neuern Anatomen die Lehre von den Verschiedenheiten des Gewebes mit
> den Namen der Histologie im Gegensatz zur Morphologie, der Untersuchung der
> äußeren Gestaltung belegt haben, so wollen wir die im Embryo auftretende Schei-
> dung in mannigfaches Gewebe die histologische Sonderung nennen."

Im Scholion IV (S. 160-198) äußert sich von Baer genauer über seine Vorstellung der *Entwicklung des Wirbeltiertypus.* Als erstes typisches Merkmal stellt
er fest, daß im Embryo sich das seröse Blatt zum Zentrum hin, das Gefäßblatt in
der mittleren und das Schleimblatt in der hinteren Region anlagere (S. 161). Die
Abschnürung als "höhere Form der Abgrenzung" werde zuerst im serösen Blatt,
dann im Gefäßblatt, endlich im Schleimblatte kenntlich (S. 163). Ein wichtiger
Schritt bei der Bildung des Wirbeltieres sei die Bildung der *Fundamentalorgane*
durch histologische Sonderung (S. 164):

> "Da ferner theils gleich nach dem Schlusse nach oben, theils während des Schlus-
> ses nach unten, im Embryo die Sonderung der Schichten eintritt, so bilden alle
> Schichten bald Röhren. Diese Röhren nenne ich die Fundamentalorgane, da aus
> ihnen die speciellen Organe sich allmählich ausbilden."

Diese röhrenförmigen Fundamental- oder Primitivorgane (Bd. II, 63) werden
dann von von Baer noch weiter differenziert (S. 165) - vgl. auch Tafel III (s. u.):
   1) *Schleimhautröhre*; sie ist eine innere Röhre des Schleimblattes in der
Bauchhöhle, aus ihr bilden sich alle diejenigen Organe, durch welche das Tier
mit der Außenwelt einen Stoffwechsel unterhält.
   2) *Gedoppelte Gefäßhautröhre*; sie besteht aus dem Gefäßblatt, das die
Schleimhautröhre angibt; sie "unterhält allen Stoffwechsel im Innern des Leibes
und die Gefäße, die sich in ihr bilden, dringen daher später in alle Theile des
Leibes ein".
   3) *Rückenröhre und Bauchröhre* sind aus der Fleischschicht gebildet und haben beide umhüllende Funktion; die Bauchröhre umgibt die beiden ersten Röhren, die Rückenröhre umhüllt die Nervenröhre.

4) *Nervenröhre*; sie ist der ringförmige Zentralteil des Nervensystems.

5) *Haut*; sie ist die abgesonderte obere Schicht der animalischen Lage des Keimes; sie bildet eine allgemeine äußere Röhre über den Röhren der Fleischschicht.

Erläuterungen zur Tafel III

Fig. 1. Ein Kelch aus dem Eierstocke eines Vogels, mit dem enthaltenen reifen Dotter senkrecht durchschnitten.
1 der Stiel des Kelches.
2 die Narbe des Kelches.
3 der Kelch selbst.
4 ein ganz zurückgesunkener Kelch, der das Ansehn eines sogenannten gelben Körpers erhalten hat.
a die äußere Haut des Kelches, eine Fortsetzung der äußern Haut des Eierstockes.
b die Kapsel.
c Dotterhaut.
d Centralhöhle im Dotter.
e die Keimschicht mit dem Keimbläschen.

Fig 2. Senkrechter Durchschnitt eines Hühnereies im Beginne der Bebrütung.
a Durchschnitt der Schaale.
b   ”   der Schaalenhaut.
c   ”   der Dotterhaut.
d   ”   der Centralhöhle im Dotter.
e   ”   des Keimes.
f   ”   der Wölbung der Dotterhaut über dem Keime.
Fig. 3. Ein Ei, das etwa 24 Stunden bebrütet ist, von oben angesehen, doch so, daß die Schaale und die Schaalenhaut nur im Durchschnitte erscheinen.
a die Schaale.
b die Schaalenhaut.
c Grenze zwischen dem äußern und mittlern Eiweiß.
c' Ligamentum albuminis des T r e d d e r n.
d Grenze zwischen dem mittlern und innersten Eiweiß.
e, e Hagelschnüre.
f Dotterkugel.
g Grenze der Keimhaut.
g h der Dotterhof.
h Grenze des Fruchthofes.
h i der Gefäßhof.
i der Fruchthof mit dem Embryo in seiner Mitte.

Fig. 4. Idealer senkrechter Queerdurchschnitt des Embryo eines Wirbelthiers.
a der Stamm der Wirbelsäule.
b Rückenplatten. Beide bilden zusammen die Rückenröhre.
c Bauchplatten. Beide bilden mit einander die Bauchröhre.
d das Rückenmark.
e dle Gefäßhautröhre.
f die Schleimhautröhre.
g falsche Nieren.
h Haut.
i Amnion.
k seröse Hülle.
I Dottersack.

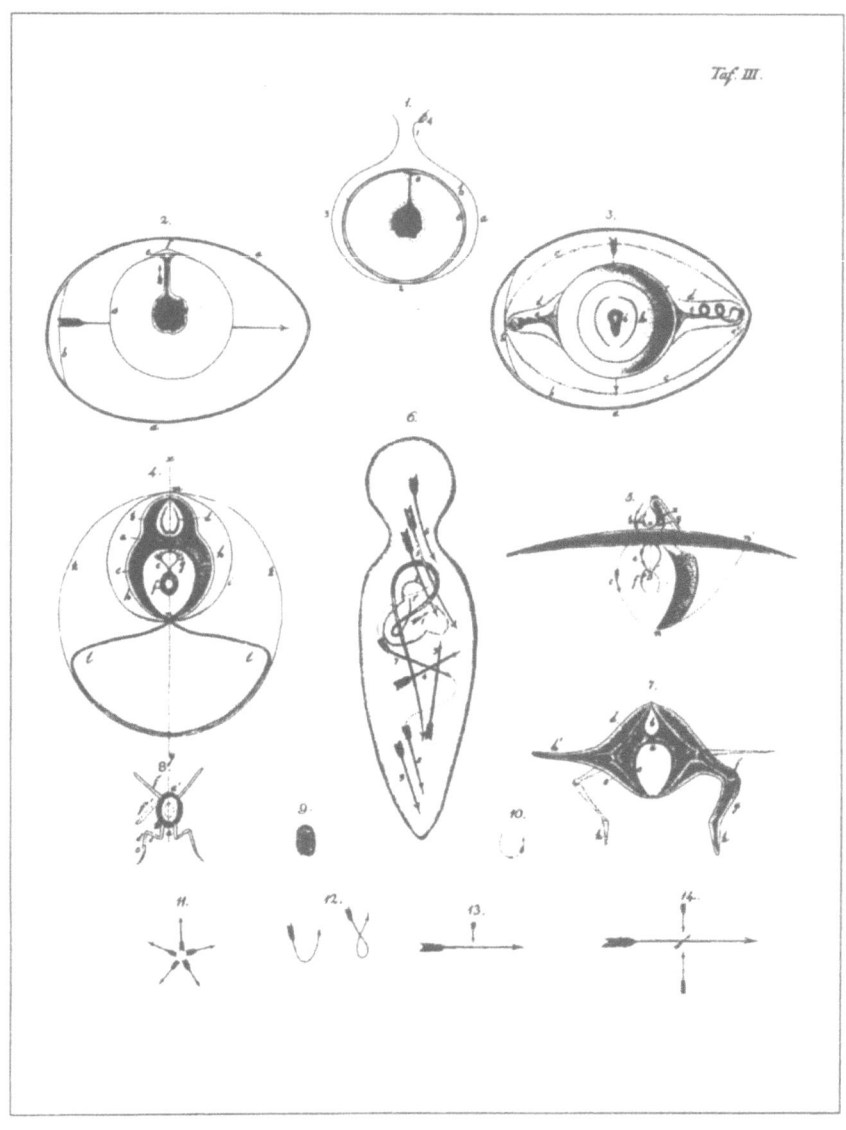

Von Baer, Entwickelungsgeschichte der Thiere
Tafel III, Teil II, 1837

Fig. 5. Abbildung von der Umbildung des Keimes in den Embryo.
a ß Inbegriff der Centrallinien aller Fundamentalorgane.
a Wirbelsaite.
b Bildungsbogen der Rückenplatten.
c   "   der Bauchplatten.
d   "   der Nervenröhre.
e   "   der Gefäßröhre.
f   "   der Schleimhautröhre.
m Kamm der Rückenplatte.
m' die Stelle im Keime, aus welcher er stammt.
n Kamm der Bauchplatte.
n' die Stelle im Keime, aus welcher er stammt.
x durchbohrender Bildungsbogen des Auges.
y durchbohrender Bildungsbogen des Ohres.

Fig 6. Ideale Abbildung der organischen Bewegungen im Wirbelthiere. Der Leib des Thiers ist durchsichtig gedacht, so daß man nur den Umriß erkennt. Auch der Umriß des Herzens ist angedeutet (in der Gestaltung ist die rechte Vorkammer etwas über die Norm nach hinten gestellt). Die Ansicht ist von der Rückenfläche.
1' Weg des rothen Blutes in die linke Kammer.
1 Bahn desselben aus der linken Kammer.
2 Bahn des Venenblutes aus der vordern Hälfte des Körpers in die rechte Vorkammer.
3 Bahn des Venenblutes aus der hintern Hälfte des Körpers in die rechte Vorkammer.
4 Bahn des Pfortaderblutes.
5 Weg der eingeathmeten Luft.
6 Weg der Speisen aus dem Schlundkopfe in die Speiseröhre.
7 Weg des Speisebreies aus dem Magen in den Darm.
8 Weg des Kothes.
9 Weg der Eier.

Fig. 7 Idealer Durchschnitt eines Wirbelthiers, um den Typus der Extremitäten daran zu zeigen.
a Stamm der Wirbelsäule.
b oberer Wirbelbogen.
c unterer Bogen, oder Rippen der Extremität.
d Rückenstück vom Rumpfgliede der Extremität.
c Bauchstücke vom Rumpfgliede der Extremität.
f oberes Mittelglied der Extremität.
g unteres Mittelglied der Extremität.
h Endglied der Extremität.
h' Endglied als Flosse der Extremität.

Fig. 8. Idealer senkrechter Durchschnitt eines Gliederthiers.
a Stamm oder Centrallinie der Körperringe.
a' Schlußlinie.
b Hüfte.
c Oberschenkel der Extremität.
d Unterschenkel der Extremität.
e Fuß.
f Flügel.
f' Lage des unentwickelten Flügels.

Fig. 9. Embryo einer Meduse.
Fig. 10. Bildungsschema der Thiere des Längentypus.
Fig. 11. Typus der Strahlthiere.

Fig. 12. Typus der Mollusken.
Fig. 13. Typus der Gliederthiere.
Fig. 14. Typus der Wirbelthiere.

Die Hautschicht und das Schleimblatt haben sich zu zwei übereinanderliegen-
den Röhren zusammengeschlossen, so daß der Querschnitt des Embryos das
Aussehen einer 8 hat. Die obere Röhre besteht aus zwei ineinandergesteckten
Röhren aus dem Hauptblatt und der Fleischschicht. Ähnliches gilt für das
Bauchrohr, das aus dem Gefäßblatt und der Schleimhaut zusammengesetzt ist.
Aus dem Gefäßblatt bilden sich durch morphologische Sonderung das
Mesenterium und Teile der Gefäßsysteme, aus der Hautschicht werden Nerven-
und Sinnesorgane und die äußere Bedeckung gebildet und aus dem Schleimblatt
entstehen die Organe des Stoffwechsels. Bemerkenswert ist ferner, daß von Baer
im zweiten Band darauf hinweist, daß die morphologische Sonderung, d.h. die
Unterteilung der gleichmäßigen Primitivorgane in heterogene Formen zur
Organbildung, schon beginne, bevor aus den gesonderten Schichten vollständige
Röhren geworden seien (Bd 2, S. 79).
Das V. Scholion behandelt "Das Verhältnis der Formen", die das Individuum in
den verschiedenen Stufen seiner Entwicklung annimmt" (S. 199 ff.). Von Baer
wendet sich hier nochmals entschieden gegen die *Vorstellung des Parallelismus*,
die er folgendermaßen charakterisiert (S. 199):

> "..., daß die höheren Thierformen in den einzelnen Stufen der Entwickelung des
> Individuums vom ersten Entstehen an bis zur erlangten Ausbildung den bleiben-
> den Formen in der Thierreihe entsprechen, und daß die Entwickelung der einzel-
> nen Thiere nach denselben Gesetzen, wie die der ganzen Thierreihe, erfolge, das
> höher organisierte Thier also in seiner individuellen Ausbildung dem Wesentli-
> chen nach die unter ihm stehenden bleibenden Stufen durchläuft, so daß die peri-
> odischen Verschiedenheiten des Individuums sich auf die Verschiedenheiten der
> bleibenden Thierformen zurückführen lassen."

Diese Vorstellung habe bei ihm, so berichtet von Baer, sehr früh Mißtrauen
erweckt, und daher habe er sie bei den Untersuchungen des Hühnerembryos stets
im Auge behalten, weil er davon überzeugt gewesen sei, daß nur die Beobachtung der fortlaufenden Entwicklung einer Tierart ein sicheres Urteil ermöglichen
könne (S. 202). Die Untersuchungen am Hühnchen hatten von Baer überzeugt,
daß "der wesentliche Character des Wirbelthiers ungemein früh im Hühnchen
auftritt und die ganze Entwickelungsgeschichte beherrscht" (S. 202). Ingesamt
hat von Baer sechs wesentliche Einwände gegen den Parallelismus (S. 204-206):
1. In Embryonen dürften keine Verhältnisse vorkommen, die nicht wenigstens in
   einzelnen Tieren bleibend sind. Es gebe aber kein Tier, das seinen Nahrungssaft mit sich herumtrage wie der Hühnerembryo den Dotter. Kein Tier habe
   einen heraushängenden Darmteil, wie es der Dottersack sei.
2. Der Charakter der Insekten könne sich nicht im Embryo wiederholen, da alle
   Embryonen von Flüssigkeit umgeben seien, also nicht unmittelbar Luft zu atmen hätten - Insekten dagegen hätten eine "lebhafte Beziehung zur Luft".
3. "Es müßte ferner der Embryo höherer Thiere auf jeder Bildungsstufe nicht mit
   einer Einzelheit einer bleibenden Thierform übereinstimmen, sondern mit sei-

ner Gesamtheit, auch wenn die eigenthümlichen Verhältnisse des Embryos gewisse Uebereinstimmungen ausschließen." Der Hühnerembryo habe aber einen heraushängenden Dottersack, den kein erwachsenes Tier aufweise.

4. Es dürften in der Ausbildung bestimmter Tiere keine Zustände vorübergehend vorkommen, die nur in höheren Tierformen bleibend sind; aber es gebe z.b. bei den Vögeln viele Verhältnisse, in welchen der Vogelembryo mit ausgewachsenen Säugetieren übereinstimme; z.b. sei das Hirn bei Vögeln im ersten Drittel des Embryonalzustandes dem Hirne der Säugetiere viel ähnlicher als beim ausgewachsenen Vogel, u. ä.

5. "Wir müßten die Organe oder größern Apparate auf dieselbe Weise wie sie im Embryo höherer Thiere sich ausbilden, auch in den verschiedenen Thierklassen, wenn wir diese als aus einander entwickelt zusammenstellen, erscheinen sehen. Das ist lange nicht immer der Fall."

6. "Endlich müßten solche Theile, die nur den höheren Thieren zukommen, in der Entwickelung derselben sehr spät auftreten. Das ist durchaus nicht der Fall."

Von Baer glaubt, damit die Vorstellung vom Parallelismus ausreichend widerlegt zu haben, und wendet sich nun den verschiedenen Entwicklungstypen zu. Den Begriff "Typus" definiert er als das "Lagerungsverhältniß der Theile" (S. 208). Typus ist für von Baer also nicht nur eine phänomenologische Idee, sondern die vorhandene Gestalt im erwachsenen Tier. Ein Tier durchläuft bei der Entwicklung nicht die Stufen anderer Tiere, sondern ein Wirbeltier ist von Anfang an ein Wirbeltier (S. 220). Der Typus der Organisation bestimmt die Art der Entwicklung. Von Baer unterscheidet vier Haupttypen (S. 209-213):

1. *peripherischer oder strahliger Typus* [Radialsymmetrie]: Polypen, Medusen, Seesterne.
2. *gegliederter oder Längen-Typus* [Zentralsymmetrie]: Würmer und Gliedertiere.
3. *massiger oder Mollusken-Typus* [keine Symmetrie]: Mollusken.
4. *Typus der Wirbeltiere* [Bilateralsymmetrie]: Wirbeltiere.

Der Typus der Entwicklung ist von Anfang an festgelegt und bestimmt die gesamte Entwicklung (S. 220):

> "Unsere Entwickelungsgeschichte des Hühnchens ist nur ein langer Commentar zu dieser Behauptung."

Entsprechend diesen vier Klassen von Typen, unterscheidet von Baer auch vier Hauptformen der embryonalen Entwicklung (S. 259):

> "Die strahlenförmige Entwickelung (evolutio radiata), welche von einem Mittelpunkte aus das Gleichnamige peripherisch wiederholt.
> Die gewundene Form der Entwickelung (evolutio contorta), welche das Gleichnamige um einen Kegel oder andern Raum dreht.
> Die symmetrische Entwickelung (evolutio gemina), die das Gleichnamige von einer Axe zu beiden Seiten bis zu einer der Axe gegenüberliegenden Schlußlinie vertheilt.

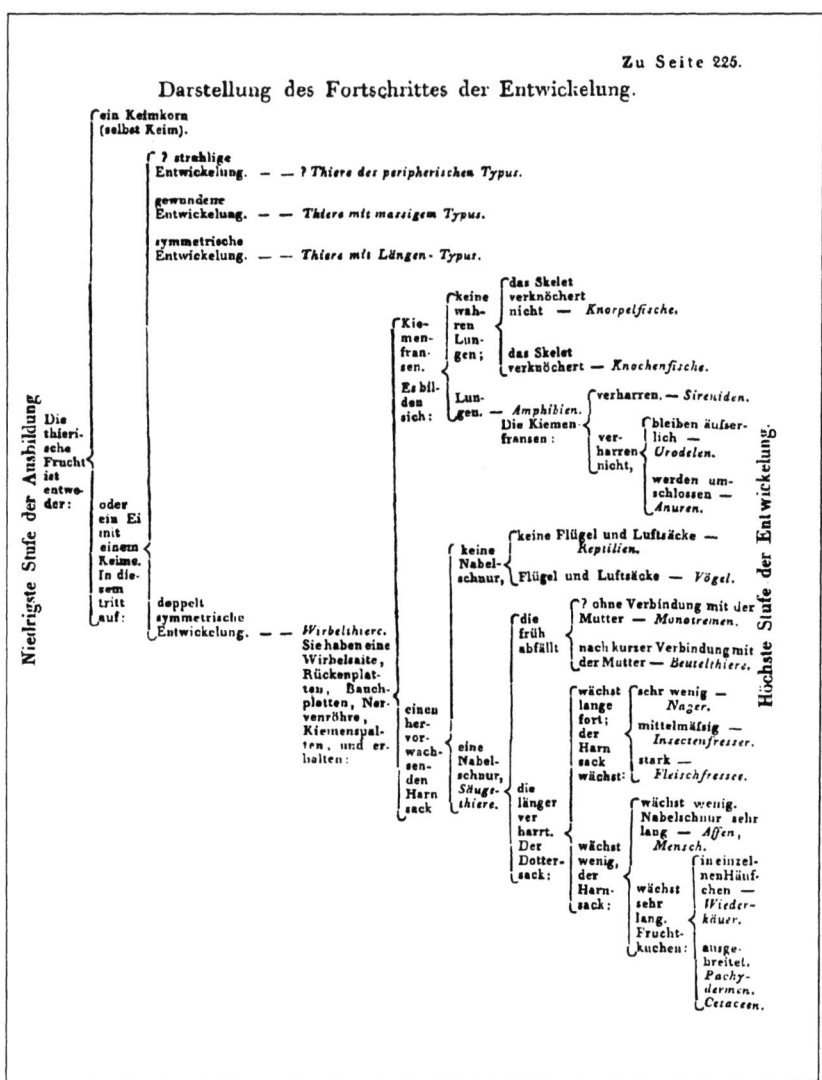

Zu Seite 225.

Darstellung des Fortschrittes der Entwickelung.

Die doppelt symmetrische Entwickelung (evolutio bigemina), die von einer Axe aus das Gleichnamige von beiden Seiten aus nach oben und unten vertheilt und in zwei Schlußlinien zusammenführt, so daß die innere Schicht des Keimes unten und die obere Schicht desselben oben umschlossen wird."

Von diesen Typen ist nur die Entwicklung der Wirbeltiere ausführlich darge-stellt, da nur deren Kenntnis auf der Basis eigener intensiver Untersuchungen be-ruht.

10.4.4. Die Bedeutung der Embryologie für andere Teilgebiete der Zoologie

Im zweiten Corollarium deutet von Baer kurz an, welche Bedeutung die Em-bryologie für die vergleichende Anatomie haben müßte (S. 233):

"Die nähere Kenntniß der Entwickelungsgeschichte wird uns auch einst die einzig sichern Bestimmungsgründe für eine passende Benennung und richtige Beurthei-lung der organischen Theile in den verschiedenen Thierformen geben, und schon jetzt läßt sich in dieser Hinsicht Einiges erkennen."

Die Embryologie soll also die Kriterien liefern, nach denen die einzelnen Teile geordnet werden (S. 233):

"Wir bedürfen daher einer vollständigen Benennung, welche nicht blos die Namen der Organe aus dem Typus der Wirbelthiere auf die Organe anderer Typen anwen-det, sondern diesen eigene Namen giebt, wenn sie anderen Ursprunges sind."

Die Entscheidung über, wie man heute sagen würde, Homologie und Analo-gie der einzelnen Teile bei den verschiedenen Tierformen muß die Embryologie treffen, und nur auf dieser Basis kann eine sinnvolle Einordnung der einzelnen Teile der Tiere und damit der Tiere selbst erfolgen (S. 243):

"Die Zoologen sollten sich bemühen, ihnen hierin nachzukommen und dabei von der Ueberzeugung ausgehen, daß das Aufsuchen von verschiedenen Schematen der Entwickelung nichts anders ist, als ein Suchen nach den verschiedenen Typen der Organisation, da ja eben die besondere Entwickelungsweise die Besonderheit der Organisation erzeugt."

Damit wird die Embryologie zur Hilfswissenschaft der Anatomie und der Sy-stematik. Daher ist es interessant, abschließend einen Blick auf von Baers Hal-tung zur Evolutionstheorie im allgemeinen und zur Deszendenztheorie Darwins zu werfen.

Von Baer hielt eine Veränderlichkeit der Arten für möglich. In seiner Jugend vertrat er die Idee einer allgemeinen Evolution von den niederen Formen bis hin-auf zum Menschen. Später schränkte er allerdings seine Meinung ein; er ließ Evolution nur noch innerhalb der einzelnen Typen oder Klassen gelten, die er aufgrund seiner embryologischen Untersuchungen ermittelt zu haben glaubte. Diese Änderung seiner Anschauung ist zweifellos durch die Ergebnisse seiner Untersuchungen zur Entwicklungsgeschichte der Tiere erfolgt. Von Baer selbst weist darauf hin, daß er schon früher und ganz unabhängig von Darwin Gedanken über die Veränderlichkeit der Arten geäußert hätte[35]. Als erste Reaktion auf Darwins Werk ließ er im ersten Band seiner "Reden und Aufsätze" seinen 1833/34 in Königsberg gehaltenen Vortrag "Das allgemeinste Gesetz der Natur in aller Entwicklung" nochmals abdrucken[36]. Er wollte damit wohl darauf hinweisen, daß er bereits vor über dreißig Jahren derartige evolutionistische Gedanken vertreten hatte. 1865 ließ von Baer dann in russischer Sprache in der populärwissenschaftlichen Zeitschrift "Naturalist" eine recht umfangreiche Kritik der Lehre Darwins auf der Basis der bei den embryologischen Forschungen gewonnenen Ergebnisse erscheinen. Insgesamt sieht von Baer die Entwicklung des Lebens auf der Erde als einen zielgerichteten Prozeß einer zunehmenden Vervollkommnung an, der bis zum Auftreten der höchsten Form des Lebens, des Menschen, führt.

10.5. ZUSAMMENFASSUNG

Erst zu Beginn des 19. Jahrhunderts begannen sich die einzelnen Disziplinen der Biologie allmählich zu etablieren. So waren die Biogeographie und die Paläontologie noch nicht als eigene Disziplinen anerkannt. Die Morphologie suchte nach neuen Kriterien für die Einordnung der einzelnen Teile der Tiere. Die Systematik dagegen war in eine Krise geraten: Durch ihre auf der Idee eines Kontinuitätsprinzips (natura non facit saltus - die Natur macht keine Sprünge) beruhende lineare Anordnung der Lebewesen in einer Stufenleiter[37], die nach dem Grad der Vollkommenheit geordnet war, hatte sie den Zugang zum wirklichen (verwandtschaftlichen) Zusammenhang der Arten und Gattungen verstellt. Diese Idee der Stufenleiter setzt gleichzeitig die Konstanz der Arten unabdingbar voraus. Dabei wird der Artbegriff rein klassifikatorisch verwandt, d.h. als gedankliche, nicht als natürliche Einheit der Lebewesen. Auf all diesen Gebieten hat von Baer der Evolutionstheorie, insbesondere der Deszendenztheorie Darwins, den Boden geebnet.

Von Baer prägte einen neuen "Typus"-Begriff, der sich als allgemeiner Plan nur auf Gestalt und Struktur konzentrierte. Durch die Unterscheidung zwischen Homologie (verwandte Organe) und Analogie (Organe mit gleicher Funktion) lieferte von Baer der Morphologie neue Ordnungskriterien, die in der Systematik die Aufstellung eines "natürlichen Systems" ermöglichten. Damit erhielt die Embryologie einen neuen Stellenwert, da nur sie allein im Zusammenwirken mit der Morphologie die Kriterien für die Aufstellung eines natürlichen Systems liefern konnte.

Wichtige Grundlagen für die Klärung der Verwandtschaftsverhältnisse der Tiere waren einige Entdeckungen von Baers, die, wie er selbst sagt, in erster Linie auf Beobachtungen am Hühnerembryo beruhten. Hatten *Johann Evangelista Purkinje* mit der Entdeckung des Keimbläschens und *Heinrich Christian Pander* durch die Entwicklung einer ersten Keimblättertheorie schon wesentliche

---

35 Vgl. Raikov (wie Anm. 34), S. 365.
36 Karl Ernst von Baer: Reden gehalten in wissenschaftlichen Versammlungen. Braunschweig 1886, S. 35-74.
37 Zur Idee der "Scala naturae" vgl. Anm. 5.

Grundlagen für neue Erkenntnisse geliefert, so vollendete von Baer diese Ansätze. Die Weiterführung der Keimblättertheorie führte nicht nur zu einer hervorragenden zusammenfassenden Darstellung der Entwicklung des Hühnerembryos, sondern auch zur Idee eines allgemeinen Wirbeltiertypus, den er vergleichend neben drei weitere Typen oder Klassen der Tiere stellte. Auch die Entdeckung des Säugetiereies, der Chorda dorsalis und der Kiemenspalten bei Embryonen anderer Wirbeltiere als Fische ließen die Verwandtschaftsverhältnisse der Tiere in einem ganz neuen Licht erscheinen.

Für die Morphologie hatte von Baers Gesetz, daß jegliche Entwicklung vom Allgemeinen zum Speziellen fortschreitet, eine wichtige Konsequenz: Wenn der Embryo sich vom Allgemeinen zum Speziellen entwickelt, dann muß der Zustand, den jedes Organ oder Organsystem zunächst einnimmt, den generellen oder typischen Zustand des Organes in den einzelnen Klassen darstellen. Die Embryologie wird damit ein wichtiges Hilfsmittel für die vergleichende Anatomie, deren Ziel es ja ist, den allgemeinen Typus einer Struktur zu erschließen.

Für die Disziplin der Embryologie bedeuteten von Baers Verallgemeinerungen auch einen wesentlichen Fortschritt; sie bildeten die Grundlagen der modernen Vorstellungen von der Art der morphologischen Veränderungen während der Embryonalentwicklung. Mit seinem Werk, das, wie auch er selbst immer wieder betont, in erster Linie auf Beobachtungen am Hühnchen basierte, hatte die Vogelembryologie noch einmal eine wichtige Funktion erhalten. Allerdings verlor sie dann ihre Vorreiterstellung und damit ihre zentrale Bedeutung, da ja nun alle Entwicklungsphänomene, die sich besonders gut am Hühnchen erkennen und untersuchen lassen, geklärt waren[38]. Von Baer liefert also gleichzeitig die Vollendung und den krönenden Abschluß der Vogelembryologie. Er selbst äußert im 15. Paragraphen, d. h. im ersten Kapitel des zweiten Bandes, eine visionäre Vorstellung der Zukunft der Embryologie (Bd 2, S. 3):

"Auch rückt die Zeit immer näher, wo selbst der Physiker gestehen muß, daß er bei seinen Versuchen die einzelnen physischen Vorgänge aus dem Gesammtleben der Natur nur herausreißt und sich dadurch den Anfang künstlich schafft. Schon wissen wir, daß kein chemischer Proceß ist ohne einen galvanischen, kein galvanischer ohne eine magnetische Thätigkeit, daß Licht und Wärme sich gegenseitig bedingen, und es ist zu hoffen, daß eben so wie jetzt der Physiologe die complicirten Erscheinungen des organischen Lebens den physischen anpaßt, man einst die physischen Erscheinungen mit denen in den lebenden Organismen vergleichen und aus ihnen verstehen lernen wird. Dann wird wahrscheinlich die Klage über die Dunkelheit der Lebensverrichtungen aufhören. Man wird sich gewöhnen, diese in ihrem gegenseitigen Verhältnisse zu betrachten, wie sie sind, ohne erzwungene oft lächerliche Erklärungen und Zurückweisungen auf Einzelheiten in der unorganischen Natur."

---

38 Raikov (wie Anm. 34), S. 109: "Alle aufgezählten Mängel verringern jedoch nicht den Wert von Baers klassischem Werk, das durch die Exaktheit der angestellten Beobachtungen und die Tiefgründigkeit der theoretischen Überlegungen den Leser in Erstaunen versetzt. Auch in der unvollendeten Form, in der Baers "Entwickelungsgeschichte" Allgemeingut der wissenschaftlichen Biologie wurde, bildet sie das Fundament, auf dem die moderne Embryologie errichtet wurde."

Wie nahe von Baer damit an die Wahrheit gekommen ist, soll der abschließende Ausblick auf die weitere Entwicklung der Embryologie im ausgehenden 19. und 20. Jahrhundert zeigen.

11. Ein kurzer Blick auf die weitere Entwicklung der Embryologie im 19. und 20. Jahrhundert

Im 19. Jahrhundert wurden die biologischen Wissenschaften immer mehr objektiviert und mathematisiert. Die Entwicklung der anorganischen und technischen Wissenschaften setzte allmählich auch die Biologen in Stand, auf die im Mechanizismus des 18. Jahrhunderts zur Erklärung der Lebenserscheinungen notwendige Hilfsvorstellung einer "Lebenskraft" zu verzichten. Auch die Biologen setzten nun Vertrauen in die kausalanalytische Forschungsweise. Man versuchte erstmals, Lebensprozesse von tierischen und pflanzlichen Organismen auf physikalische oder chemische Vorgänge zurückzuführen; Zielvorstellung war die Rückführung aller naturwissenschaftlichen Gesetze auf mathematische Regeln[1].

Weiterhin drang in diesem Jahrhundert die historische Methode in die Biologie ein. Durch die Anerkennung der kontinuierlichen Entwicklung wurde auch von dieser Seite her das Organische und das Anorganische zu einer "Einheit in der Zeit" verbunden. Die Lehre Darwins gestattete es, die vergleichende, auf der Theorie von Typen (wie sie Baer entwickelt hatte) basierende Embryologie in eine evolutionistische umzuwandeln. Die embryologischen Fakten konnten insbesondere als Beweis für die Verwandtschaft von Gruppen dienen, die nach ihrer Organisation beim adulten Individuum weit voneinander entfernt zu sein schienen. Die Embryologie diente so als Hilfsmittel bei der Konstruktion eines Stammbaumes des Tierreiches.

Zu Beginn der 60er Jahre war die Embryologie der Wirbeltiere im Detail genügend weit aufgearbeitet. Durch Untersuchungen der Embryonen verschiedenster Klassen war die Homologie der Keimblätter als Grundlage des Vergleiches gesichert; es gab also eine Gesetzmäßigkeit, die jeglicher Embryonalentwicklung zugrunde lag. Das Hühnchen war zunächst bei von Baer das ständige Vergleichsobjekt gewesen, trat aber nun immer mehr zurück, da man ja die Allgemeingültigkeit dieser Gesetzmäßigkeit bei der Entwicklung nur durch möglichst breitgefächerte Untersuchungen anderer Tiergruppen erweisen konnte. Es wurden zur Ergänzung nun auch immer häufiger Untersuchungen an wirbellosen Tieren durchgeführt. Daß die vergleichend-morphologische Methode auch bei der Untersuchung dieser Tiere gute Dienste leisten konnte, zeigten die Untersuchungen von *Johannes Müller* (1801-1858) und seiner Schule bei der Entdeckung der Larvenstadien der Echinodermen (1846-1855) und Würmer (1853), der Bildung

---

1 Ilse Jahn /Rolf Löther/Konrad Senglaub/Wolfgang Heese (Hrsg.): Geschichte der Biologie. Theorien, Methoden, Institutionen, Kurzbiographien. Jena 1982, ²1985,; hier 1982, S. 329:"Zusammenfassend kann die Haupttendenz dieser Periode dahingehend charakterisiert werden, daß sich die Methoden der Physik und Chemie, die im 18. Jh. zur Erschließung der atomaren und molekularen Struktur der anorganischen Objektbereiche durch kausalanalytische Forschung geführt hatten, nun auf die biologischen Disziplinen (Medizin, Botanik, Zoologie) ausdehnten. Durch Anwendung verfeinerter instrumenteller und experimenteller Laboruntersuchungen sowie durch Isolierung der Einzelphänomene führten sie jetzt zur Deutung der Lebensprozesse aus materiellen Grundstrukturen, wie Zellen, Zellinhaltskörpern (Kern, Chromosomen) und korpuskulären Vererbungsträgern." - Die kurzen Zusammenfassungen zu den Embryologen im 19. und 20. Jahrhundert, die sich nicht mit der Hühnchenentwicklung befaßt haben, basieren weitgehend auf der Darstellung von Jahn.

der Sinnesorgane der Insekten (1826), der Entwicklung der Radiolarien (1860) und anderer Protozoen (1845, 1861), der Cephalopoden (1844), der Schwämme und Coelenteraten (Haeckel 1872, 1877).

Aber all diese Beobachtungen auf dem Gebiet der Wirbellosen hatten noch nicht unter einer gemeinsamen führenden Idee vereinigt werden können. Der sich in den 60er Jahren entwickelnden vergleichenden Evolutionsembryologie fiel die Aufgabe zu, die Beziehungen zwischen Wirbeltieren und Wirbellosen zu untersuchen und die systematische Einordnung bestimmter umstrittener Gruppen zu klären. So untersuchte *Alexander Kowalewski* (1840-1901) die Entwicklung des Lanzettfischchens (1865-1867), da er hoffte, bei der Entwicklung dieser Tierart Züge zu entdecken, die die Entwicklung der Wirbeltiere und der Wirbellosen gemeinsam hätten; - die Beobachtungen führten zu dem gewünschten Ergebnis. In seinen Arbeiten zur Embryologie der Würmer und Gliedertiere (1871) vertrat Kowalewski mit Nachdruck die Homologie der Keimblätter.

Ein entscheidender Schritt zur Verallgemeinerung der Fakten der vergleichenden Embryologie für die Bedeutung der Evolutionstheorie wurde von *Ernst Haeckel* (1834-1919) getan. Er baute auf den Forschungen von Kowalewski und auch auf eigenen Untersuchungen auf und entwickelte die Hypothese, daß alle vielzelligen Tiere einen gemeinsamen der Gastrula ähnlichen Vorfahren haben (Gastrula-Theorie, 1874). Diese These fand weite Verbreitung und rief lebhafte Diskussionen hervor. Die immer stärkere Verallgemeinerung der Fakten der vergleichenden Embryologie führten ihn schließlich zu einer Verbindung zwischen Ontogenese und Phylogenese. Im Anschluß an Gedanken von Darwin und F. Müller formulierte Haeckel 1866 erstmals sein *"Biogenetisches Grundsetz"*: "Die Ontogenese ist die kurze und schnelle Recapitulation der Phylogenese". Noch bis ins 20. Jahrhundert spiegeln vor allem die engen Beziehungen zur Verwandtschaftforschung und zur Systematik diese Aufgabenstellung der Embryologie wider.

Im letzten Drittel des 19. Jahrhunderts wurde die vergleichend-morphologische Evolutionstheorie zusätzlich durch experimentelle Methoden ergänzt. Die Evolutionstheorie setzte eine epigenetische Entwicklung voraus. Die Embryologie wurde dadurch indirekt veranlaßt, die Diskussion der Kontroverse "Präformation / Epigenese" erneut aufzunehmen. Diese Diskussion wurde besonders durch die Entwicklung der Zellenlehre (Theodor Schwann, 1839) angeregt; sie führte zu einer neuen Phase der embryologischen Forschung. Man suchte nach den Anfangsgründen jeder Individualentwicklung und versuchte, die unmittelbare Wirkung der Befruchtung zu erklären. In der Müller-Schule hatte die Zellentheorie, wie gesehen, zu zahlreichen Entdeckungen geführt. Auch das Säugetierei und die Spermatozoen wurden als Einzeller erkannt (Koelliker, 1841). Die Weiterentwicklung des Eies durch Zellteilung (Koelliker, 1844) sowie die damit verbundene Teilung des Eikernes wurden beobachtet. Die Keimblättertheorie erhielt durch präzise Homologisierung der Zellschichten auch in der Entwicklungsgeschichte der Wirbellosen ihre Bedeutung. Das erste Lehrbuch der Embryologie auf der Basis der Zellentheorie wurde 1861 von *Rudolf Albert von Koelliker* (1817-1905) verfaßt. Seit den 70er Jahren rückte das Studium der frühen Entwicklungsstadien nach der Befruchtung der Eizelle immer mehr in den Vordergrund.

Von Karl Ernst von Baer waren erstmals die Daten der Embryologie in einer kohärenten Form zusammengefaßt worden. Aber weder seine Beobachtungen noch die seiner Vorgänger hatten die Frage, ob die Theorie der Präformation oder die der Epigenese richtig sei, endgültig klären können. Zwar sprachen Wolffs Theorie über die Bildung des Darmkanals und die von Pander und von Baer entwickelte Keimblättertheorie für eine epigenetische Entwicklungsweise, aber es war nicht auszuschließen, daß die Organe des Embryos in diskreten Partikeln repräsentiert werden, daß also die Präformation bedingt zutreffe. Die Beobachtung allein konnte hier nicht weiterführen, Lösungen konnten nur durch Experimente erbracht werden. Für diese Experimente war die Wahl eines geeigneten Versuchsobjektes genauso entscheidend wie die angewandte Versuchs- und Beobachtungstechnik; für derartige Versuche war das Hühnchen nicht geeignet. Beim Hühnchen erfolgt die Furchung discoidal, man kann also am Anfang keine bestimmten Zellen (Blastomeren) oder Keimbezirke unterscheiden. Dies ist eigentlich erst nach Bildung der Keimscheibe möglich, wenn sich die verschiedenen Keimblätter differenzieren. Aber auch dann sind Eingriffe sehr schwierig (s.u.). Durch die neue Fragestellung bedingt wurden also neue Versuchsobjekte gewählt, die geeigneter erschienen; das Hühnchen verlor seine Vorrangstellung als klassisches Untersuchungsobjekt der Embryologie.

Der erste, der den experimentellen Weg der Lösung des Problems einschlug, war *Wilhelm Roux* (1850-1924). Er testete die ersten beiden Zellen des Froscheies (Blastomeren) auf ihre Entwicklungsfähigkeiten und ging dabei von der Theorie aus, daß die Vererbungsteilchen in den Zellen bei der Zellteilung ungleichmäßig verteilt werden. Nach jeder Teilung hätten die zwei Tochterzellen unterschiedliche Vererbungspotenzen (Mosaik-Theorie). Um diese Theorie zu prüfen, zerstörte Roux mit einer erhitzten Nadel eine der beiden Teilungszellen. So entstand ein defekter Halbkeim, was der Theorie der Präformation entspräche. Allerdings stellte sich später heraus, daß die von Roux verwendete Technik zu grob war. Die zerstörte Zelle wurde nicht entfernt, und ihre Anwesenheit war die Ursache für die Defekte im überlebenden Keim. Wenn man beide Zellen völlig trennt, entstehen zwei komplette Embryonen, die nur etwas verkleinert sind. Roux erkannte dies nicht und führte auf der Basis seiner vermeintlichen Ergebnisse die Vorstellung der "Determination" morphogenetischer Prozesse ein.

Er legte mit seinen Forschungen das Fundament für alle Untersuchungen der modernen Embryologie, indem er die Methode zeigte, wie man an die Probleme herangehen konnte. Mit Hilfe seiner Experimente befragte er den Embryo nach der Lokalisation der "Determinationsfaktoren" für die Organentwicklung; außerdem suchte er später nach den Ursachen für die Festlegung der Hauptrichtung im Keim. Diese zielgerichteten Fragen wurden durch die Einwirkung (elektrischer Strom, verschiedene Gifte) und durch das Ausschalten irgendwelcher äußerer Einflüsse getestet. Auf diese Weise gelangte Roux zu wichtigen Differenzierungsregeln, indem er zwischen "Selbstdifferenzierung" (differentiatio sui) und "Wechselwirkung mit ihrer Umgebung" (differentiatio ex alio) unterschied. Damit war die Frage nach dem Verhältnis der Teile zum Ganzen während der Entwicklung gestellt. Insgesamt vertrat Roux eine Art mechanistischer Präformation.

Im Gegensatz zu Roux deutete sein Zeitgenosse *Hans Driesch* (1867-1941) die Keimesentwicklung vitalistisch. Er untersuchte an Seeigelkeimen experimentell die tierischen Regenerations- und Regulationsprozesse. Es war ihm gelungen, künstlich eineiige Zwillingsbildungen zu erzeugen. Gegen Roux gelangte er zu dem Ergebnis, daß es möglich ist, daß aus halbierten Eiern vollständige Organismen entstehen. Durch seine berühmten "Schüttelversuche" gelang es ihm, die ersten 2 oder 4 Blastomeren zu trennen (1891-93), wodurch sich jede zu einer normalen Seeigellarve in verkleinerter Form entwickelte. Dieses Ergebnis führte Driesch zur Aufstellung seiner Ganzheitshypothese: Er nahm richtende Kräfte für die Orientierung der Blastomeren an, die er sich zunächst als eine Art elektrischer Ströme zwischen bzw. innerhalb der Blastomeren vorstellte, durch welche die "Polarität der kleinsten Teile" ausgelöst werde (1894). Driesch wurde dazu wohl durch die physikalische Theorie elektromagnetischer Felder angeregt. Diese ganzen Vorgänge deutete Driesch vitalistisch, indem er an die Stelle einer "kausalen Determination", wie sie Roux vertreten hatte, die Vorstellung der "Selbstdifferenzierung" setzte. Weiterhin unterschied er zwischen "prospektiver Potenz" und "prospektiver Bedeutung" von Keimbezirken, die durch autogenetisch wirksame, teleologisch zu deutende Gestaltungskräfte gesteuert werden. Damit wurde Driesch zum Begründer des Neovitalismus.

Hans Spemann (1869-1941) war es dann, dem die Aufgabe zufiel, die konträren Theorien von Roux und Driesch zu einer sehr fruchtbaren Synthese zu vereinigen. Den Begriff "Determination", den Roux kausal auf einen strukturellen, in der Keimhaut fest lokalisierten Faktor bezogen hatte, interpretierte Spemann funktional um, indem er unter Determination nur die Bestimmung eines Keimbezirkes für seine spätere Funktion in der Organentwicklung verstand. Spemann akzeptierte die auf der Erforschung der an der Gestaltung beteiligten, chemischen, physikalischen und mechanischen Komponenten beruhende Analyse Roux', daß es notwendig sei, die den Gesamtvorgang bildenden Teilvorgänge genauer zu analysieren. Er unternahm Transplantationsversuche, um festzustellen, ob sich eine "Anlage" in einem fremden "Wirt" "herkunftsgemäß", also unabhängig von ihrer neuen Umgebung, entwickelt und ob sie ihrerseits ihre neue Umgebung beeinflußt.

Durch Verbesserung und eine erschöpfende Auswertung der Schnürmethode und eine neugeschaffene Technik für embryonale Chirurgie hatten Spemann und seine Mitarbeiter in vier Jahrzehnten gezielter Untersuchungen die ursächlichen Zusammenhänge in der frühen Entwicklung der Amphibien, speziell des Molcheies, weitgehend aufklären können. War es Roux bereits gelungen, durch Anstichversuche an Froscheiern schon im Zweizellenstadium die Determination der Zellen für bestimmte Körperteile nachzuweisen, und hatte er daraus den Mosaik-Charakter jeder Keimentwicklung abgeleitet, so hatte Driesch dagegen durch seine gegenteiligen Beobachtungen an Seeigelkeimen die Regulationsfähigkeit des gesamten Keimmaterials als allgemeingültiges Prinzip abgeleitet. Spemann bewies durch weitere Verfeinerung der Experimentiermethodik, daß es tatsächlich zwei unterschiedliche Eitypen gibt, die als Mosaikeier und als Regulationseier zu bezeichnen und jeweils für bestimmte Tiergruppen spezifisch sind. Ab 1915 untersuchte Spemann an Molchkeimen die Fragen, wo und wann in der Ontogenese die verschiedenen Keimbezirke zu ihrem Schicksal bestimmt werden. Er stellte fest, daß bestimmte Keimbereiche die Entwicklung benachbarter Keimbezirke beeinflussen können, d.h. als "Organisationszentrum" oder "Organisator" wirken (1918). Spemann erkannte, daß die Komplexität des "Organisatoreffektes" das Ergebnis des Zusammenwirkens physiologischer Prozesse zwischen Transplantat und Wirtsgewebe ist. Aus diesem Grunde modifizierte er später den Begriff und sprach (1936) von einem "Induktionssystem", das aus der Wechselwirkung zwischen dem "Aktionssystem" (Induktor) und dem "Reaktionssystem" (Wirtsgewebe) bestehe.

Ein anderer methodischer Weg zur Analyse der Ursachen des Entwicklungsprozesses wurde im Rahmen der physiologisch-chemischen Forschungsrichtung eingeschlagen. Dabei ging man von der Voraussetzung aus, daß die Prozesse der Entwicklung dem Ablauf chemischer Prozesse ähnlich seien. Wichtig war für diesen Bereich die Ablösung der Zellentheorie durch die Protoplasmatheorie; sie hatte durch ihre enge Verknüpfung mit der Protozoenforschung die Auffassung der Zelle als Individuum verstärkt. *Friedrich Miescher* (1844-1895) verband die von ihm selbst mitbegründete Zellchemie mit der Embryologie. Er untersuchte "chemisch" die Kausalbeziehung zwischen Zellsubstanzen und der Bildung und Differenzierung der Gewebe bei der Embryonalentwicklung. An Eiern und Spermien des Lachses versuchte er die Beziehung zwischen Nuclein und der Embryogenese zu klären, da man erstmals hypothetisch annahm, daß der Zellkern der Träger der Vererbung sei. 1869 entdeckte Miescher die für die Entwicklungsphysiologie und Genetik so fundamental wichtige DNS. Allerdings konnte er ihre Bedeutung für die biologischen Prozesse mit den ihm zur Verfügung stehenden Methoden nicht beweisen. - Diese Aufgabe blieb dem 20. Jahrhundert vorbehalten, das in der Genetik eine eigene Wissenschaft zur Erforschung des Problems der Vererbung entwickelte.

Aber auch in der Embryologie wurde in chemischer Richtung weitergeforscht. Das Ei und der Embryo wurden als physico-chemisches System aufgefaßt. Hauptvertreter der biochemischen Richtung war zunächst *Jacques G. Loeb* (1859-1924), der eine "Gradiententheorie" entwickelte, die besagt, daß ein physiologisches Gefälle im Ei besteht, das die Entwicklung mitbestimmt. *Joseph Needhams* umfangreiche "Chemical Embryology" (1931) hat diese Teildisziplin der Embryologie als moderne Wissenschaft endgültig begründet.

Sehr schnell nach Spemanns Erfolgen wurden Versuche unternommen, die neuentwickelten Methoden auch beim Hühnchen anzuwenden. Allerdings stößt man dabei auf zahlreiche Schwierigkeiten. Die discoidale Furchung läßt von vornherein keine Schnürversuche zu, wie sie beim Amphibienkeim angewendet wurden. Auch Defektsetzung ist äußerst schwierig, da die Zellen verhältnismäßig klein sind und stärker aneinander haften, so daß ein mechanischer Eingriff meistens zum Absterben des gesamten Gewebes oder Keimes führt. Außerdem sind experimentelle Eingriffe am Embryo in situ wegen der umgebenden Eisubstanzen kaum durchführbar. Verletzt man eine dieser Substanzen, z.B. den Dotter, so ist keine weitere Entwicklung des Keimes möglich. Dennoch wurden auch die Methoden der Halbierung des Keimes oder der Defektsetzung bestimmter Teile beim Hühnchen angewendet. Meistens führten diese Eingriffe sogleich zur Zerstörung des gesamten Embryos. War ein Eingriff dennoch gelungen, waren die Beobachtungen meist nur über sehr kurze Perioden möglich, da die Embryonen fast immer sehr schnell nach dem künstlichen Eingriff abstarben. Daher suchte man nach Methoden, den Embryo am Leben zu erhalten, wenn er nicht im Ei belassen wurde.

Zunächst probierte man es allerdings auf andere Weise, indem man die klassische Methode der Farbmarkierung (L. Gräper, 1929) beim Hühnchen anzuwenden versuchte. Selbst bei der Verwendung von Vitalfarben erwies sich das Hühnchen als ungeeignetes Objekt. Wesentlich erfolgreicher war die Methode der Markierung mit sehr kleinen Kohlepartikeln, die aus Tierkohle gewonnen wurden. Obwohl die Technik der Farbmarkierung beim Hühnchen nicht so einfach ist und nicht zu so befriedigenden Ergebnissen wie bei Amphibienkeimen führte, hat sie doch unser Verständnis der Vorgänge bei der Hühnchenentwicklung vertieft.

Da auch die Methode der Farbmarkierung nicht zum vollen Erfolg führte, intensivierte man die Versuche, eine Methode zu finden, die eine Weiterentwicklung bestimmter aus dem Ei herausgelöster Teile gewährleistete. Erste Transplantate wurden in die Chorioallantois intakter Eier oder in adulte Vögel eingepflanzt, so daß die Wirtsgewebe jeweils eine ausreichende Versorgung mit Blut gewährten. Aber solche Versuche können nur die Potenzen von isoliertem Material aufzeigen, so daß auch diese Methode keine befriedigenden Ergebnisse liefern konnte. Später verfiel man darauf, das Transplantat in das Coelom an den Rand eines dreitägigen Hühnerembryos zu verpflanzen. Auch Austauschtransplantationsversuche, die Aussagen über die wirkliche Morphogenese erlaubt hätten, sind bei den Frühstadien des Hühnchens äußerst schwierig. Zum Erfolg führten erst in vitro-Techniken[2], d.h. die Aufzucht des vom Ei gelösten Keimes oder von Teilen des Keimes in Gewebekulturen. Man explantiert Blastoderme oder Fragmente davon auf die Oberfläche eines Klumpens aus Hühnerblutplasma und Embryo-Extrakt, der auf einem Uhrenglas eingeschlossen in einer kleinen Feuchtigkeitskammer (meistens in einer Petri-Schale) liegt (Waddington, 1932). Durch diese Technik können Gewebe ad infinitum erhalten werden, auch ganze Embryonen entwickeln sich 2-3 Tage weiter. Das Hühnchen ist eines der geeignetsten Objekte für Zell- und Gewebekulturen (z.B. Herzfibroblasten).

So konnten zahlreiche an anderen Tieren gewonnene Ergebnisse schließlich auch am Hühnchen verifiziert werden oder man konnte zeigen, wo im zellulären Bereich beim Hühnchen Besonderheiten in der Entwicklung vorliegen. Zwei sehr gute umfassende Monographien zur Vogelembryologie liegen vor, die bezeugen, daß alle in der Entwicklung der Embryologie seit von Baer aufgetretenen Forschungsrichtungen schließlich auch ihre Anwendung bei der Untersuchung der Vogelentwicklung gefunden haben: (1) Die 1908 erstmals von *Frank Rattray Lillie* (1870-1947) herausgegebene Monographie wurde von seinen Schülern, insbesondere von *Howard L. Hamilton* für die dritte Auflage (1952) völlig überarbeitet[3]; einige Kapitel (4, 8, 13) wurden ganz umgeschrieben, andere ergänzt und ganz neu wurde ein Kapitel (15) zur Integumentbildung aufgenommen (S. 550-574). Hamilton versuchte, die Literatur der zwischen beiden Auflagen liegenden 30 Jahre mit einzuarbeiten. In dieser Zeit hatte man sich sehr

---

2 Vgl. Conrad Hal Waddington: The Epigenetics of Birds. Cambridge 1952, S. 5-8.
3 Lillie's Development of the Chick. An Introduction to Embryology. Revised by Howard L. Hamilton. New York 1908, ³1952

ausführlich mit der Federentwicklung befaßt, da sie das klassische Modell für das Zusammenwirken morphologischer, entwicklungsphysiologischer und hormonphysiologischer Komponenten ist. Besonders interessierte man sich für die Pigmentbildung, die sich bei der Federentwicklung sehr gut studieren läßt. Auch bis heute sind hier nicht alle Fragestellungen geklärt, wie die 1984 erschienene Studie des Basler Forschers *Adolf Portmann* zeigt[4]. Besonders beeindruckend sind seine Erkenntnisse über die Entstehung der Strukturfarben; sonst gehen Portmanns Äußerungen über die Entwicklung der Feder nicht über die zusammenfassenden Darstellungen von Lillie/Hamilton oder auch von Waddington[5] hinaus. Insgesamt ist Portmanns Buch stärker evolutionistisch als embryologisch angelegt.

(2) Eine zweite umfassende Monographie zur Vogelentwicklung wurde 1952 von *Waddington* vorgelegt[6]. Waddington versucht durch ständige Hinweise auf seine Quellen gleichzeitig eine Art Forschungsbericht über den neuesten Stand der Vogelembryologie zu geben. Er selbst hat sich intensiv mit in vitro-Techniken befaßt, die er daher besonders ausführlich darstellt.

Heute sind die Methoden der Embryologie so weit verfeinert, daß man fast alle Experimente auch am Hühnchen durchführen kann[7]. Allerdings hat das Hühnchen seit von Baer seine Vorrangstellung verloren. Es gibt aber einige Gebiete, in denen das Hühnchen nach wie vor gerne als Versuchsobjekt benutzt wird. Neben den bereits erwähnten Untersuchungen zur Pigmentbildung sind hier insbesondere Transplantationsversuche zu nennen, die bei älteren Stadien vorgenommen werden. Die Potenzen einzelner Keimbezirke und deren induzierende Wirkung aufeinander testet man gern durch Transplantationen von Teilen von Hühnerkeimen. So beschreibt z.B. Sauer[8] die Entwicklung der Wirbeltierextremitäten als Modellsystem für die Morphogenese eines komplexen Organsystems. Die Beinanlagen lassen sich beim jungen Embryo leicht entfernen; außerdem kann man relativ problemlos Beinanlagen selbst zwischen verschiedenen Spezies (z.B. Wachtel und Hühnchen) transplantieren und so Induktions-, Potenz- und Regulationseigenschaften der einzelnen Mesodermbezirke testen. Die Entwicklung der Wirbeltierextremitäten ist beim Hühnchen und bei den Schwanzlurchen besonders gut untersucht, d.h. auch hier ist das Hühnchen nicht das einzige Untersuchungsobjekt.

Ähnlich ist dies auch im Bereich der Hormonphysiologie. Auch hier wird seit der klassischen Untersuchung von *Vera Dantschakoff*[9] das Hühnchen häufig für Versuche verwendet. Dantschakoff hatte zahlreiche Experimente durch Hormoneinspritzungen bei unterschiedlich alten Embryonen durchgeführt. Sie testete die Wirkung von weiblichen (Follikulin) und männlichen Hormonen (Testosteron), versuchte mit Röntgenbestrahlung der Keimzellen Sterilität zu

---

4 Adolf Portmann: Vom Wunder des Vogellebens. München/Zürich 1984, S. 29-82.
5 Vgl. Waddington (wie Anm. 2), S. 194-200.
6 Waddington (wie Anm. 2).
7 Betreffs Literatur zu einzelnen Themen vgl. man die ausführliche Literaturliste in der dritten überarbeiteten Auflage von Lillies umfassender Monographie (wie Anm. 3), S. 575-624; ebenso die Bibliographie bei Waddington (wie Anm. 2), S. 240-268.
8 Helmut W. Sauer: Entwicklungsbiologie. Ansätze zu einer Synthese. Berlin/Heidelberg /New York 1980, S. 196-202.
9 Vera Dantschakoff: Der Aufbau des Geschlechtes beim höheren Wirbeltier. Jena 1941.

bewirken, beobachtete die Wanderung der Urkeimzellen, untersuchte die Bildung der Gonadenanlagen und die erste Hormonbildung beim Hühnerkeim[10]. Aber auch im Bereich der Hormonphysiologie bieten sich andere Tiere, wie Meerschweinchen und Ratten eher als Versuchstiere an, da ihre Haltung leichter ist als die Aufzucht und Haltung von Hühnchen.

Daneben ist der Hühnerembryo ein bevorzugtes Objekt für die Analyse von nicht durch Reflexe verursachtem Verhalten. Das pränatale Verhalten läßt sich beim Hühnchen viel einfacher studieren als beim Säugetierembryo. *Viktor Hamburgers* Untersuchungen zum Hühnerembryo[11] haben gezeigt, daß spontane, nichtreflexogene Bewegungen die Grundkomponente des embryonalen Verhaltens beim Hühnchen sind. Neben diesen rhythmisch erfolgenden spontanen Bewegungen entwickelt sich unabhängig der Reflexapparat, der bei ungestörter Entwicklung erst nach dem Schlüpfen in Aktion tritt. Hamburger vergleicht parallele Untersuchungen bei anderen Tierembryonen (Teleostiern, Amphibien, Säugetieren) und betont immer wieder, daß noch viele Fragen offen seien, bei deren Klärung erneute Untersuchungen am Hühnerembryo sehr hilfreich sein könnten.

Durchblättert man ein modernes Lehrbuch zur Entwicklungsphysiologie, wie z.B. das von *James D. Ebert*[12], zeigt sich, daß die Verhältnisse bei der Entwicklung des Hühnchens gern als erläuterndes Beispiel gewählt werden, aber genauso oft oder noch öfter werden auch die Entwicklungsprozesse anderer Tiere herangezogen. Auch die allgemeinen Lehrbücher zur Embryologie[13] zeigen dasselbe Bild: Das Hühnchen ist eines von vielen Untersuchungsobjekten, es hat seine Vorrangstellung als das klassische Studienobjekt der Embryologie Mitte des neunzehnten Jahrhunderts endgültig verloren.

---

10 Dantschakoff (wie Anm. 9), S. 10-25, 41-43, 86-109, 141-151, 207-210, 234-251, 255-260, 295-298, 382-389. - Der Einfluß von Hormonen auf die Integumentbildung wurde auch von Lillie (wie Anm. 3, S. 565-574) getestet.
11 Viktor Hamburger: Some Aspects of the Embryology of Behavior. In: Quarterly Review of Biology 38 (1963), S. 342-365.
12 James D. Ebert: Entwicklungsphysiologie. (Moderne Biologie) München/Basel/Wien 1967.
13 Z.B. Boris Ivanovitch Balinsky: An Introduction to Embryology. Philadelphia /London/Toronto 1954, ³1970; Norman John Berrill/Gerald Karp: Development. New York etc. 1976; Robert L. De Haan/Heinrich Ursprung: Organogenesis. New York etc. 1965; Dietrich Starck: Embryologie. Ein Lehrbuch auf allgemein biologischer Grundlage. Stuttgart 1955, ³1975.

12. Zusammenfassung: Das Hühnchen als klassisches Studienobjekt über zwei Jahrtausende

Wir betrachten heute die Entwicklung eines Lebewesens als dynamischen Vorgang, der, durch die Erbanlagen gesteuert, nach der Befruchtung planmäßig abläuft. Dies erscheint uns selbstverständlich, und wir können uns nur schwer vorstellen, daß die Entwicklung einmal anders gesehen wurde. Aber erst im Kontrast zu einer fremden Betrachtungsweise kann man die eigene gewohnte Sehweise als besondere verstehen und schätzen - ähnlich wie man die Vorzüge der Heimat erst erkennt, wenn man einmal in der 'Fremde' war. Zielsetzung der vorliegenden Untersuchung war es daher, die embryologischen Sehweise von den ersten Anfängen in der Antike bis zur Moderne genauer zu untersuchen.

In der Antike gab es noch keine separaten naturwissenschaftlichen Disziplinen, sondern nur eine jeweils einheitliche Wissenschaft von der Natur, die alle Bereiche umfaßte und auf dieselben Prinzipien zurückführte. Auch die Vorstellungen von Zeugung und Entwicklung waren Bestandteil einer solchen einheitlichen Naturbetrachtung oder Naturwissenschaft. Das eigenliche Interesse galt von jeher der Entwicklung des Menschen; allerdings konnte man hier nur spekulative Aussagen treffen, da es nicht möglich war, irgendwelche Untersuchungen während der Entwicklung durchzuführen. Da man solche Schwierigkeiten auch auf anderen Gebieten kannte, hatten die frühen griechischen Naturphilosophen eine Methode entwickelt, vom leicht Zugänglichen, Bekannten auf das schwerer Zugängliche Unbekannte zu schließen. Ende des 5. / Anfang des 4. Jahrhunderts kam ein Arzt aus der hippokratischen Schule erstmals auf die Idee, daß diese Methode auch im Bereich der Entwicklungslehre zum Erfolg führen könne. Er schlug in der Schrift "Über die Natur des Kindes" vor, stellvertretend für die Menschentwicklung die Vogelentwicklung zu untersuchen. Für die Wahl des Hühnchens als erstes Beobachtungsobjekt der Embryologie lassen sich mehrere Gründe anführen:

1. Bereits in der Antike wurden die seit unbekannter Zeit domestizierten Hühner als 'Eierlieferanten' gehalten, so daß ohne besonderen Aufwand jederzeit Hühnereier zur Verfügung standen.
2. Bei Vögeln läßt sich der Beginn der Bildung des Embryos zeitlich genau bestimmen, da die Entwicklung mit der Bebrütung außerhalb des Mutterleibes einsetzt, weshalb auch kein Muttertier getötet zu werden braucht.
3. Da bei Hühnern stets Eier in verschiedenen Entwicklungsstadien im Eierstock und Eileiter vorhanden sind, konnte man die Entwicklung vor dem Austritt aus dem Mutterleib leicht beobachten.

Es ist also keineswegs verwunderlich, daß gerade das Hühnerei das erste Studienobjekt in der Geschichte der Embryologie war und daß in den Beschreibungen zur Hühnchenentwicklung die eigentliche Keimzelle der modernen Embryologie liegt.

Obwohl der hippokratische Autor eine systematische Untersuchung der Hühnchenentwicklung vorgeschlagen hatte, hat er sie selbst nie durchgeführt. Auch *Aristoteles* (um 384-322 v. Chr.), der als erster diesen Vorschlag aufgegriffen hat, beschränkt sich auf drei Stichproben: eine zu Beginn der Entwicklung (3.

Tag), eine etwa in der Mitte (10. Tag) und eine unmittelbar vor dem Schlüpfen (20. Tag), d.h. am Ende der Entwicklung. Aristoteles bemüht sich, jedes der drei Entwicklungsstadien im Detail zu beschreiben. Nach heutiger Sicht sind seine Angaben nicht immer korrekt, dennoch sind ihm viele hervorragende Einzelbeobachtungen geglückt. Am bekanntesten ist wohl die Beschreibung der ersten Herzbildung am dritten Tag als "springender Punkt". Leider läßt er zwischen seinen Untersuchungen jeweils einen größeren Zeitraum verstreichen, bis er wieder ein Ei aufbricht (3. - 10. - 20. Tag), und erzählt so nur ein unvollständiges Bild vom Entwicklungsablauf. Dies ist wohl auf Aristoteles' Bewegungslehre zurückzuführen. Aristoteles versteht unter Bewegung nicht nur Ortsbewegung, sondern jede Veränderung, sei sie qualitativer, quantitativer oder auch existentieller Art. Wie jede Bewegung wird Entwicklung daher als Wechsel von Eigenschaften an einem Bleibenden aufgefaßt, wobei wie bei der Ortsbewegung nur der Anfangs- und der Endpunkt interessiert; nach gewohnter Manier wird dann nochmals etwa in der Mitte dazwischen geprüft. Verhängnisvoll war aber, daß Aristoteles' Nachfolger seine Beschreibung in gleichsam statischen Momentaufnahmen unreflektiert übernahmen, ohne sich dabei des zugrundeliegenden philosophischen Hintergrundes bewußt zu sein.

Die Aristotelische Beschreibung der Hühnchenentwicklung ist auch deshalb von besonderer Bedeutung, weil der Vogelembryo in der Antike das einzige Objekt war, an dem auf embryologischem Gebiet empirische Untersuchungen vorgenommen wurden. Aristoteles ist der einzige Autor, der sich zu dieser Zeit mit embryologischer Forschung auf empirischer Basis befaßt. Außer Aristoteles hat sich nur noch *Plinius der Ältere* im ersten Jahrhundert nach Christus in seiner Naturgeschichte mit der Vogelentwicklung beschäftigt; die Übereinstimmungen mit Aristoteles sind so deutlich, daß wir bei Plinius zweifellos eine Kurzfassung des entsprechenden Abschnitts der Aristotelischen Tiergeschichte vor uns haben, die ihm wohl in einer peripatetischen Bearbeitung (Zoika) vorlag.

Die Zeit des Mittelalters stellt nicht, wie die römische Antike und Spätantike, eine reine Phase der Stagnation in der Geschichte der Vogelembryologie dar. *Albertus Magnus* (1193-1280), der Hauptvertreter dieser Epoche, gibt zwar ähnlich wie Plinius eine Paraphrase des Aristotelischen Textes, aber er ergänzt und korrigiert die Aristotelische Darstellung durch einige wenige eigene Beobachtungen. Ähnlich ist das Werk des schweizer Naturforschers und Polyhistors *Conrad Gesner* (1516-1565) einzuschätzen. Allerdings nimmt die Hühnchenentwicklung auch in diesen Enzyklopädien eine Sonderstellung ein, da das Hühnchen das einzige Tier ist, dessen Entwicklung im Detail beschrieben wird. Diese Vorrangstellung wird der Hühnchenentwicklung genommen, als die Anatomen im 16. Jahrhundert erstmals auch die Embryonen anderer Tiere untersuchen. Aber gerade durch diese Studien wird das Hühnchen im Bereich der eigentlichen Embryologie wieder zum primären Untersuchungsobjekt. Da die Anatomen sich nur für die foetale Anatomie, aber nicht für die Entwicklung als solche interessierten, hatten sie eine Frage nicht zu klären vermocht, die von alters her die Gemüter bewegte: Welcher Teil entsteht zuerst? Hier wurde erst im Zuge des Renaissance-Humanismus durch den bewußten Rückgriff auf die Denkmodelle und Kenntnisse der Antike eine neuer Zugang zur Lösung des Problems gefunden.

Der italienische Zeitgenosse Gesners *Ulisse Aldrovandi* (1522-1605), der Gesners Werk der enzyklopädischen Katalogisierung der Tiere, Pflanzen, Insekten und Fossilien fortsetzte, war ein typischer Vertreter des Renaissance-Humanismus. Zweifellos angeregt durch den Vorschlag des Autors der hippokratischen Schrift "Über die Natur des Kindes", untersuchte Aldrovandi erstmals den Entwicklungsvorgang bei einem Tier, nämlich dem Hühnchen, systematisch, indem er sukzessive in kurzen Zeitabständen unterschiedliche Entwicklungsstadien betrachtete. Insgesamt ist Aldrovandis Darstellung noch sehr oberflächlich, er übergeht einzelne Tage und führt nur wenige Details an; dennoch liegt hier ein entscheidender Neubeginn. Leider konnte sich Aldrovandi trotz seines neuen Ansatzes noch nicht von dem Ballast der tradierten Lehren lösen und stellt diese in aller Ausführlichkeit vor; seine eigene Untersuchung fällt im Verhältnis viel zu kurz aus.

Ganz anders ist dies bei seinem Schüler, dem Nürnberger Arzt *Volcher Coiter* (1535-1576). Seine Darstellung ist fast völlig frei von scholastischem Einfluß. Er hat die Hühnchenentwicklung in allen Einzelheiten Tag für Tag beschrieben, aber immer noch gewissermaßen als Aneinanderreihung statischer Momentaufnahmen. Auch für Coiter war das primäre Motiv für seine Untersuchung der Hühnchenentwicklung das Bestreben, die Frage nach dem Primat der Teile zu klären; daneben interessierte er sich für den Ursprung der Venen. So hatte das Hühnchen im Zeitalter der Renaissance als eine Art "Entscheidungsobjekt" eine zentrale Bedeutung.

Als nächster befaßte sich *Fabricius von Aquapendente* (1533-1619) mit der Hühnchenentwicklung. Insgesamt bleiben seine Forschungen hinter Coiters kleinem anspruchslosen Werk zurück. In typischer Art des Renaissance-Humanismus setzt sich Fabricius mit den antiken Theorien in aller Ausführlichkeit auseinander und sucht in aristotelischer Tradition die der Entwicklung zugrundeliegenden Prinzipien (causae) zu finden. Fabricius' Werk enthält keine genauen Beschreibungen der einzelnen aufeinanderfolgenden Stadien, sondern nur eine Diskussion allgemeiner Fragestellungen zu Aufbau, Entwicklung und Funktion der einzelnen Teile des Eies. Der eigentliche Wert von Fabricius' Arbeit liegt in seinen Illustrationen, die die erste bildliche Darstellung eines Entwicklungsvorganges überhaupt sind; leider sind die Abbildungen nicht in den Text integriert. Wahrscheinlich haben sie Fabricius in seiner Vorlesung als direktes Anschauungsmaterial gedient und sind daher ohne schriftliche Kommentierung geblieben.

Der entscheidende Neubeginn findet sich dann in den Arbeiten von Fabricius' Schüler *William Harvey* (1578-1657). Er vertritt erstmals eine dynamische Betrachtungsweise. Auch Harvey versteht sich als Aristoteliker und sucht nach den der Entwicklung zugrundeliegenden Prinzipien. Am bekanntesten ist die auf dem Titelkupfer der ersten Auflagen seiner "Entwicklungslehre" stehende Sentenz "Ex ovo omnia" (Alles Leben aus dem Ei). Unter Ei versteht Harvey dabei nicht nur das Ei der eierlegenden Tiere, sondern Ei ist ein universeller Begriff, jedes "primordium" (Uranfang), das potentiell ein Tier ist. Wie sich das Schwere von Natur nach unten, das Leichte nach oben bewegt, so bewegt sich das Ei durch die ihm eingepflanzte Neigung zum Tier oder zur Pflanze. An anderer Stelle wird diese Tendenz als "inneres Bewegungsprinzip" bezeichnet. In dieser

Definition hat der Entwicklungsgedanke erstmals Gestalt angenommen: Harvey vertritt eine dynamische Auffassung des sich entwickelnden Organismus. Die Untersuchung der Vogelentwicklung erhält bei Harvey eine zentrale Bedeutung, da die Natur uns im Hühnerei gleichsam ein Modell der Entwicklung zur Verfügung gestellt hat. Da die Hühnereier die "klaren und deutlichen Uranfänge der Entwicklung" sind, kann man die bei ihrer Beobachtung gewonnenen Erkenntnisse auch bei der Analyse der Entwicklung aller anderen Tiere heranziehen.

Die neue dynamische Betrachtungsweise wird bei der Darstellung des gesamten Entwicklungsvorganges immer wieder deutlich. Harvey genügt es nicht mehr, in Tagesabständen Untersuchungen vorzunehmen. In Phasen, in denen sich das Ei besonders stark entwickelt, öffnet er alle paar Stunden ein Ei. Er beginnt seine Untersuchung bereits nach 24 Stunden Bebrütungszeit und beschreibt die erste Blastodermbildung, wobei er als erster die Keimscheibe als Bildungsmaterial des Eies erkennt. Besonders deutlich zeigt sich die neue Sehweise auch als Harvey zur Beschreibung dreier zeitlich auseinanderliegender Stadien als eine Aufteilung des gesamten Entwicklungsvorganges in drei Klassen, eine vom ersten bis zum fünften Tag der Bebrütung (Harvey korrigiert dazu Aristoteles' Angabe "dritter Tag" nach seinen eigenen Beobachtungsergebnissen zum "fünften Tag"), die zweite von fünften bis zum zehnten oder fünfzehnten Tag und schließlich die dritte bis zum zwanzigsten Tag. Diesen Zeitabschnitten entsprächen die größten Veränderungen im Ei, es handele sich um die "entscheidenden Tage", die drei Entwicklungsabschnitten entsprechen.

Man sieht hier deutlich, wie sich die embryologische Sehweise geändert hat: Aristoteles untersuchte drei einzelne Tage, er beschrieb die Entwicklung in drei 'statischen Momentaufnahmen'. Harvey dagegen sieht die gesamte Entwicklung als dynamischen Vorgang und interpretiert sein großes Vorbild in diesem Sinne um, wobei der erste Entwicklungsschritt durch Harveys Interpretation besonders deutlich gekennzeichnet wird: Bis zum vierten Tag führe das Hühnchen nur ein Pflanzendasein, dann erst trete die sensitive bewegende Tierseele in den Körper. Der Einschnitt zum zehnten Tag ist nicht so deutlich markiert: Es heißt nur, daß das Hühnchen nun seine Wahrnehmung völlig ausbildet, Federn und Schnabel erhält und sich insgesamt zum Ausschlüpfen bereit macht. Eine Umdeutung der Aristotelischen Theorie im Sinne Harveys dynamischer Entwicklungslehre läßt sich eben doch nicht problemlos vornehmen.

Die von Harvey eingeführte Vorstellung, daß die Entwicklung ein dynamischer Vorgang ist, erwies sich für seine Nachfolger als sehr fruchtbarer Ansatz. Besonders hervorzuheben sind hier die Arbeiten von *Marcello Malpighi* (1628-1694), der erste systematische Untersuchungen der Hühnchenentwicklung mit Hilfe des Mikroskopes durchführte. Durch die Zuhilfenahme dieses neuen optischen Hilfsmittels lieferte er viele originale Beobachtungen zu sehr frühen Stadien (bis zum 4. Tag). Hervorragend ist seine Beschreibung der Entwicklung der Keimscheibe, des Dottersackgefäßhofes, des Herzens und des Nervensystems; weiterhin entdeckte er die Somiten. Malpighi gilt aufgrund seine Analyse als Begründer der modernen Embryologie.

Neben Fabricius, Harvey und Malpighi haben sich im 17. Jahrhundert noch zahlreiche andere Autoren mit der Hühnchenentwicklung beschäftigt (Aemilio Parisano, Martin Schook, Nathaniel Highmore, Laurentius Strauss, William

Langly, Andrew Snape, William Croone, John Mayow, um nur die wichtigsten zu nennen). Allerdings sind diese Werke nicht so bedeutend und teilweise fast ohne Einfluß geblieben. Eine genaue Analyse der einzelnen Abhandlungen zeigte, daß das Hühnchen auch im 17. Jahrhundert immer noch das klassische Studienobjekt ist, an dem man alle Fragen, die die tierische Entwicklung allgemein betreffen, zu klären versucht, Seit Harvey wird allgemein eine dynamische Betrachtungsweise vertreten, und dieser Neuansatz führte zu weit detaillierteren Kenntnissen, als dies vorher bei rein deskriptiver Beschreibung gleichsam statischer Momentbilder möglich war. Auch im sich langsam entwickelnden Streit zwischen Präformisten und Epigenikern kam der Hühnchenentwicklung eine nicht zu unterschätzende Bedeutung zu. Im 17. Jahrhundert verhalfen zwei geistige Strömungen der Präformationstheorie zur Vorherrschaft. Die christliche Theologie mit ihrem orthodoxen Schöpfungsglauben lieferte in der Genesis eine metaphysische Verankerung für die Präformation. Eine weitere Basis war auch der biologische Mechanismus von Descartes. Die Auseinandersetzung um die verschiedenen Entwicklungstheorien sollte aber erst im 18. Jahrhundert ihren Höhepunkt erreichen, wo in der Diskussion zwischen Haller und Wolff wiederum die Hühnchenentwicklung eine entscheidende Rolle spielt.

Das 18. Jahrhundert ist geprägt durch den Streit zwischen Mechanismus und Vitalismus, im Bereich der Embryologie ist das gleichbedeutend mit dem Streit zwischen Präformation und Epigenese. *Albrecht von Haller* (1708-1777) war newtonscher Mechanist und sehr religiös; daher erschien ihm nur eine mechanistische, von Gott gegebene Entstehung der Lebewesen möglich, wie sie die Präformationstheorie fordert. Sein Kontrahent, *Caspar Friedrich Wolff* (1733-1794), war stark beeinflußt vom deutschen Rationalismus, daher war er um begriffliche Klarheit und die Erfassung der der Entwicklung zugrundeliegenden Gesetzmäßigkeiten bemüht. Beide wählten das Hühnchen als Studienobjekt, Haller weil er es ohne die bei Sektionen größerer Tiere notwendige fremde Hilfe beobachten konnte, Wolff weil er die Argumente seines Gegners am gleichen Objekt direkt widerlegen wollte. Für Haller diente die Untersuchung der Hühnchenentwicklung in erster Linie der Bestätigung seiner ovistischen Präformationstheorie, daneben beschäftigte er sich in aller Ausführlichkeit mit der Theorie der Herzbildung und schrieb eine erste Monographie über die Entstehung des embryonalen Skeletts beim Hühnchen. Für Wolff war die präzise Zielsetzung seiner Untersuchung bereits durch die Auseinandersetzung mit Haller gegeben. Er behandelt besonders ausführlich die strittigen Punkte, d.h. die Bildung des Gefäßhofes und des Herzens und Hallers These von der Membrankontinuität, mit der Haller glaubte, die Präformation bewiesen zu haben. Bei der Überprüfung dieser These gelangte Wolff zu der Erkenntnis, daß sich der Darm, die Haut des Embryos und alle Organe aus blattförmigen Anlagen entwickeln; er hat damit den Ansatz zu einer Keimblättertheorie geliefert, wie sie im Anschluß an seine Werke von Pander und von Baer aufgestellt wurde. Mit seiner Epigenesistheorie und seinem Ansatz des Transformismus legte Wolff die Grundlage für die biologischen Forschungen des 18. Jahrhundert, die schließlich zur Abstammungslehre und im Bereich der Embryologie zur Keimblättertheorie führten - eine Entwicklung der Biologie, die ohne die im 18. Jahrhundert am Hühnchen durchgeführten Untersuchungen kaum vorstellbar wäre.

Zu Beginn des 19. Jahrhunderts befand sich die Systematik in einer Krise:
Durch ihre auf der Idee eines Kontinuitätsprinzips (natura non facit saltus - die
Natur macht keine Sprünge) beruhende lineare Anordnung der Lebewesen in einer Stufenleiter, die nach dem Grad der Vollkommenheit geordnet ist, hatte sie
den Zugang zum wirklichen (verwandtschaftlichen) Zusammenhang der Arten
und Gattungen verstellt. Diese Idee der Stufenleiter setzt gleichzeitig die Konstanz der Arten unabdingbar voraus. Dabei wird der Artbegriff rein klassifikatorisch verwandt, d.h. als gedankliche, nicht als natürliche Einheit der Lebewesen.
Von Baer hat durch die Prägung eines neuen "Typus"-Begriffes, der sich als
allgemeiner Plan nur auf die Gestalt und Struktur konzentrierte, einen Weg aus
dieser 'Sackgasse' gezeigt. Durch die Unterscheidung zwischen Homologie
(verwandte Organe, gleiche Struktur im Bauplan) und Analogie (Organe mit
gleicher Funktion, die nicht die gleiche Stelle im Bauplan einnehmen) lieferte
Karl Ernst von Baer (1792-1876) der Morphologie neue Ordnungskriterien, die
in der Systematik die Aufstellung eines "natürlichen Systems" ermöglichten.
Damit erhielt die Embryologie einen neuen Stellenwert, da nur sie allein im Zusammenhang mit der Morphologie die Kriterien für die Aufstellung eines natürlichen Systems liefern konnte.

Wichtige Grundlage für die Klärung der Verwandtschaftsverhältnisse der
Tiere waren einige Entdeckungen von Baers, die, wie er selbst immer wieder
betont, in erster Linie auf Beobachtungen am Hühnerembryo beruhten. Von
Baer ging davon aus, daß jegliche Entwicklung vom Allgemeinen zum Speziellen fortschreite. Er führte die von *Heinrich Christian Pander* (1794-1865) ebenfalls durch Untersuchungen am Hühnerembryo aufgestellte Keimblättertheorie
weiter und entwickelte das Schema eines allgemeinen Wirbeltiertypus. Neben
seiner epochemachenden Entdeckung des Säugetiereies sind die Entdeckung der
Chorda dorsalis und der embryonalen Kiemenspalten bei Embryonen landleben-
der Wirbeltiere von besonderer Bedeutung. Alle diese Erkenntnisse ließen die
Verwandtschaftsverhältnisse der Tiere in einem neuen Licht erscheinen. Auch
für die Disziplin der Embryologie bedeuteten von Baers Verallgemeinerungen
einen wesentlichen Fortschritt; sie bildeten die Grundlage der modernen Vorstellungen von der Art der morphologischen Veränderungen während der Embryonalentwicklung. Da von Baers Erkenntnisse in erster Linie auf Beobachtungen am Hühnerei beruhten, hatte die Vogelembryologie zu Beginn des 19. Jahrhunderts noch einmal zentrale Bedeutung. Allerdings verlor sie dann ihre
'Vorreiterstellung', da mit von Baers Werk alle Entwicklungsphänomene, die
sich besonders gut am Hühnchen beobachten lassen, geklärt waren. Von Baer
lieferte gleichzeitig die Vollendung und den krönenden Abschluß der Vogelembryologie.

Die Embryologie diente in der zweiten Hälfte des 19. Jahrhunderts als
Hilfsmittel bei der Konstruktion des Stammbaumes des Tierreiches. Zu Beginn
der 60er Jahre war die Embryologie der Wirbeltiere im Detail genügend weit
aufgearbeitet. Zur Ergänzung wurden nun auch immer häufiger Untersuchungen
an wirbellosen Tieren durchgeführt; man untersuchte die Beziehungen zwischen
Wirbeltieren und Wirbellosen und versuchte die systematische Einordnung
bestimmter umstrittener Gruppen zu klären. Durch Untersuchungen der
Embryonen verschiedenster Klassen war die Homologie der Keimblätter als

Grundlage des Vergleiches gesichert. Seit den 70er Jahren rückte das Studium der frühen Entwicklungsstadien nach der Befruchtung der Eizelle immer mehr in den Vordergrund. Die Evolutionstheorie setzte eine epigenetische Entwicklung stillschweigend voraus, so daß die Embryologen erneut zu einer Diskussion der Kontroverse Präformation / Epigenese gezwungen waren. Die Beobachtung allein konnte hier nicht weiterführen, Lösungen konnten nur durch Experimente erbracht werden. Für diese Experimente war die Wahl eines geeigneten Versuchsobjektes genauso entscheidend wie die angewandte Versuchs- und Beobachtungstechnik; für derartige Versuche war das Hühnchen nicht geeignet. An seine Stelle traten vor allem der Seeigel- und der Amphibienkeim, die zu den klassischen Objekten der modernen experimentellen Embryologie wurden.

Sehr schnell nach den Erfolgen von Roux, Driesch und Spemann wurden Versuche unternommen, die neuentwickelten Methoden (Defektsetzung, Schnürung, Transplantation, etc.) auch beim Hühnchen anzuwenden. Aber die Durchführung dieser Experimente ist beim Hühnchen in den meisten Fällen sehr schwierig oder überhaupt nicht möglich, da die Zellen verhältnismäßig klein sind und stärker aneinander haften, so daß ein mechanischer Eingriff meistens zum Absterben des gesamten Gewebes oder Keimes führt. Außerdem sind experimentelle Eingriffe am frühen Embryo in situ wegen der umgebenden Eisubstanzen kaum durchführbar. So führten eigentlich erst in vitro Technikern, d.h. die Aufzucht des vom Ei gelösten Keimes oder von Teilen des Keimes in Gewebekulturen, zum gewünschten Erfolg. Wenn man nun alle Methoden der modernen Embryologie auch zur Untersuchung der Hühnchenentwicklung anwendet, so hat das Hühnchen doch seit von Baer seine Vorrangstellung als klassisches Objekt der Embryologie verloren. Aber, wie auch im Verlaufe der Geschichte die Erkenntnisse über die Embryonalentwicklung der Tiere zunächst am Hühnchen gewonnen wurden, so führt man auch heute die Studenten über Untersuchungen am Hühnchen an die 'Geheimnisse der Embryologie' heran. Das Hühnchen ist heute das 'klassische Übungsobjekt'. Die entscheidenden Untersuchungen werden allerdings fast ausschließlich an anderen Objekten durchgeführt. Freilich ist es bis heute nicht gelungen zu erschließen, welche Einflüsse jeweils bei der Bildung eines bestimmten Teiles mitwirken, da jeder künstliche Eingriff, sei er chemischer, mechanischer, elektrischer oder anderer Art, eine gleichzeitige Veränderung anderer Faktoren bedingt, die man im Einzelfall nicht immer erschließen kann. Ob man die Fragen der Embryologie je erschöpfend beantworten können wird, muß die Zukunft zeigen. Ob der Hühnchenentwicklung dabei je wieder eine zentrale Bedeutung zukommen wird, bleibt allerdings zweifelhaft.

LITERATURVERZEICHNIS

ÜBERSICHT

1. Zoologiegeschichte

Allen, Garland Edward: Life Science in the Twentieth Century. (History of Science) New York etc.: John Wiley & Sons und Cambridge: Cambridge University Press 1975 u. ö. (XXV, 258 SS.).

Almquist, Ernst: Große Biologen. Eine Geschichte der Biologie und ihrer Erforscher. München: Lehmann 1931. (143 SS.).

Arzt, Theodor: Die Erforschungsgeschichte der Chorda dorsalis und die Entstehung des Chordatenbegriffes im 19. Jahrhundert. In: Nova Acta Leopoldina, N. F. 17, Nr. 121 (1955), S. 361-409.

Bäumer, Änne: Geschichte der Biologie. Bd 1: Biologie von der Antike bis zur Renaissance. Frankfurt am Main etc.: Peter Lang 1991. (X, 266 SS.).

Bäumer, Änne: Geschichte der Biologie. Bd 2: Zoologie der Renaissance - Renaissance der Zoologie. Frankfurt am Main etc.: Peter Lang 1991. (XVII, 472 SS.).

Bodson, Liliane (Ed.): L'histoire des connaissances zoologique et ses rapports avec la zoologie, l'archéologie, la médecine vétérinaire, l'éthnologie. Journée d'étude, Université de Liège, 4 mars 1989. Avec la collaboration de Roland Libois. (Colloques d'histoire des connaissances zoologiques, 1) Liège: Université de Liège 1990. (IV, 75 SS.).

Bodson, Liliane: Caractères et tendances de la zoologie romaine. In: Études de Lettres 1986, S. 19-32.

Burckhardt, [Karl] Rudolf: Geschichte der Zoologie. (Sammlung Göschen, Nr. 357) Leipzig: G. J. Göschen'sche Verlagshandlung 1907. (156 SS.). Zweite erweiterte Auflage von H. Erhard unter dem Titel: Geschichte der Zoologie und ihrer wissenschaftlichen Probleme. (Sammlung Göschen, Nr. 357/823) 2 Bde, Berlin/Leipzig: Vereinigung wissenschaftlicher Verleger W. de Gruyter & Co. 1921. (103/136 SS.).

Carus, Julius Victor: Geschichte der Zoologie bis auf Joh. Müller und Charl. Darwin. (Geschichte der Wissenschaften in Deutschland. Neuere Zeit, Bd 12) München: R. Oldenbourg 1872; Nachdruck: New York: Johnson Reprint Corporation 1965. (XII, 739 SS.).

Cole, Francis Joseph: A History of Comparative Anatomy from Aristotle to the Eighteenth Century. London: Macmillan & Co. Ltd. 1944; Nachdruck: New York: Dover Publications 1975. (VIII, 524 SS.).

Coleman, William R.: Biology in the Nineteenth Century. Problems of Form, Function and Transmutation. (Wiley History of Science Series) New York etc.: John Wiley and Sons 1971 und (The Cambridge History of Science Series) Cambridge: Cambridge University Press 1977 u. ö. (IX, 187 SS.).

Dahl, Friedrich: Zur Geschichte der Zoologie. Von Aristoteles bis Plinius. In: Sitzungsberichte der Gesellschaft Naturforschender Freunde zu Berlin 50 (1924), S. 62-104.

Delaunay, Paul: La zoologie au XVI^c siècle. Paris: Hermann 1962. (XI, 338 SS.).

Gabriel, Mordecai Lionel/Seymor Fogel (Eds.): Great Experiments in Biology. (Prentice Hall Animal Science Series) Englewood Cliffs, N.J.: Prentice-Hall 1955. (XII, 317 SS.).

Gasking, Elizabeth B.: The Rise of Experimental Biology. (Random House Studies in the History of Science, 2) New York: Random House 1970 und (Contributions to the History of Science, 1) Westport, Conn.: Greenwood Plubl. Co. 1971. (VIII, 178 SS.).

Hall, Thomas Steele: A Source Book in Animal Biology. (Source Books in the History of Sciences) New York: McGraw-Hill 1951. (XV, 716 SS.).

Jahn, Ilse/Rolf Löther/Konrad Senglaub/Wolfgang Heese (Hrsg.): Geschichte der Biologie. Theorien, Methoden, Institutionen, Kurzbiographien. Jena: VEB Gustav Fischer 1982, ^{2}1985. (859 SS.).

Johannsen, Wilhelm [Ludvig]: Die Vererbungslehre bei Aristoteles und Hippokrates im Lichte heutiger Forschung. In: Die Naturwissenschaften 5 (1917), S. 389-397.

Keller, Otto: Die antike Tierwelt. 2 Bde, Leipzig: W. Engelmann 1909-1913. (434 SS./620 SS.) Nachdruck: [Beigebunden: Die antike Tierwelt von O. Keller - Gesamtregister von Eugen Staiger. Leipzig: W. Engelmann 1920. (46 SS.).] Hildesheim: Olms 1963. (XXVII, 1098 SS.).

Koller, Gottfried: Daten zur Geschichte der Zoologie. Bonn: Athenäum-Verlag 1949. (64 SS.).

Leclercq, Jean: Perspectives de la zoologie européenne. Histoire, problèmes contemporains. Gembloux und Paris: Duculot und La Maison rustique 1959. (164 SS.).

Locy, William Albert: Die Biologie und ihre Schöpfer. Autorisierte Übersetzung der zweiten amerikanischen Auflage von E. Nitardy, mit einem Geleitwort von J. Wilhelmi. Jena: Gustav Fischer 1915. (XII, 415 SS.). (Ursprünglich: Biology and Its Makers. London: G. Bell & Sons 1908. (449 S.) und New York: H. Holt 1908, ^{2}1910, ^{3}1915. (XIV, 495 SS., ^{3}XXVI, 477 SS.).).

Macgillivray, William: Lives of Eminent Zoologists from Aristotle to Linnaeus. With Introductory Remarks on the Study of Natural History, and Occasional Observations on the Progress of Zoology. Edinburgh: Oliver & Boyd 1834, ^{2}1834. (391 SS.).

Magner, Louis N.: A History of the Life Sciences. Basel: Marcel Dekker AG 1979. (504 SS.).

May, Walter: Große Biologen. Bilder aus der Geschichte der Biologie. (Teubners Naturwissenschaftliche Bibliothek, Bd 25) Leipzig/Berlin: B. G. Teubner 1914. (VI, 200 SS.).

Mayr, Ernst: Die Entwicklung der biologischen Gedankenwelt. Vielfalt, Evolution und Vererbung. Berlin: Springer 1984. (XXI, 766 SS.). (Ursprünglich: The Growth of Biological Thought: Diversity, Evolution, and Inheritance. Cambridge, Mass./London: Belknap Press of Harvard University Press 1982. (896 SS.).).

Nissen, Claus: Die zoologische Buchillustration, ihre Bibliographie und Geschichte. 2 Bde (Bd 1: Bibliographie 1969, Bd 2: Geschichte 1978), Stuttgart: Hiersemann 1969-1978. (XVI, 604/VIII, 666 SS.).

Nordenskiöld, [Nils] Erik: Die Geschichte der Biologie. Ein Überblick. Deutsch von Guido Schneider. Jena: Gustav Fischer 1926. (VII, 648 SS.); Nachdruck: Wiesbaden: Martin Sändig 1967. (Ursprünglich: Biologins historia. 3 Bde, Stockholm: Björck & Börjesson 1920-1924. (VIII, 163/XII, 253/XIII, 467 SS.).).

Plesse, Werner/Dieter Rux (Hrsg.): Biographien bedeutender Biologen. Eine Sammlung von Biographien. Berlin (Ost): Verlag Volk und Wissen 1977. (384 SS.).

Pollard, John: Birds in Greek Life and Myth. London: Thames & Hudson 1977. (224 SS.).

Riedl-Dorn, Christa: Wissenschaft und Fabelwesen. Ein kritischer Versuch über Conrad Gessner und Ulisse Aldrovandi. (Perspektiven der Wissenschaftsgeschichte, Bd 5) Wien/Köln: Böhlau 1989. (183 SS.).

Roger, Jacques: Ursprung der Formen und Entstehung der Lebewesen. Biologische Theorien von der Renaissance bis zum Ende des Jahrhunderts. In: Sitzungsberichte der Gesellschaft zur Beförderung der gesamten Naturwissenschaften zu Marburg 84/Heft 2 (1962). (125 SS.).

Russell, Edward Stuart: Form und Function: A Contribution to the History of Animal Morphology. London: Murray 1916; Nachdruck: Farnborough: Gregg International Publishers 1972; Tb: With a New Introduction by Georg V. Lauder. London/Chicago: The University of Chicago Press 1982. (394 SS.).

Singer, Charles Joseph: Greek Biology and Greek Medicine. Oxford: Clarendon Press 1920. (128 SS.).

Steier, August: Aristoteles und Plinius. Studien zur Geschichte der Zoologie. (Sonderdruck aus den Zoologischen Annalen, Band IV und V). Würzburg: Verlag von Curt Kabitzsch 1913. (153 SS.).

Sterne, Carus [das ist: Ernst Krause]: Geschichte der biologischen Wissenschaften im Neunzehnten Jahrhundert. In: Stockhausen, Georg (Hrsg.): Das Deutsche Jahrhundert in Einzelschriften, Abteilung 12. Berlin: F. Schneider & Co. 1901, S. 561-734.

2. Embryologiegeschichte

Adelmann, Howard Bernhardt: Marcello Malpighi and the Evolution of Embryology. 5 Bde, Ithaca, N.Y.: Cornell University Press 1966. (750/316/524/550/427 SS.).

Baranov, Pavel Alexandrovitch: Istorija embriologii ras tenii. Moskau: Akademie Nauk SSR (Verlag der Akademic der Wissenschaften der UdSSR) 1955. (439 SS.).

Bilikiewicz, Thaddaeus: Die Embryologie im Zeitalter des Barocks und des Rokokos. (Arbeiten des Instituts für Geschichte der Medizin der Universität Leipzig, 2) Leipzig: Thieme 1932. (183 SS.).

Bliakher, Leonid I.: History of Embryology in Russia, from the Middle of the 18th to the Middle of the 19th Century. Editor G. A. Schmidt. With an Introduction by Jane Maienschein. Translated and Edited by Hosni Ibrahim Youssef, Boulos Abdel Malek. Washington, D.C.: Smithonian Institution Press 1982. (V, 673 SS.).

Bloch, Bruno: Die geschichtlichen Grundlagen der Embryologie bis auf Harvey. In: Nova Acta. Abhandlungen der Kaiserlich Leopoldinisch-Carolinischen Deutschen Akademie der Naturforscher 82 (1904), S. 213-343.

Bloch, Bruno: Die Grundzüge der älteren Embryologie. In: Zoologische Annalen 1 (1905), S. 51-73.

Castellani, Carlo: La storia della generazione. Idee e teorie dal diciasettesimo al diciottesimo secolo. (I Panorami Scientifici, 28) Mailand: Longanesi 1965. (414 SS., 42 Tafeln).

Castellani, Carlo: Spermatozoan Biology from Leeuwenhoek to Spallanzani. In: Journal of the History of Biology 6 (1973), S. 37-68.

Churchill, Frederick Barton: The History of Embryology as Intellectual History. In: Journal of the History of Biology 3 (1970), S. 158-181.

Cole, Francis Joseph: Early Theories of Sexual Generation. Oxford: Clarendon Press 1930. Reproduktion [Authorized Facsimile of the 1930 ed.]: Ann Arbor, Mich.: Xerox University Microfilms 1976. (X, 230 SS.).

Dunstan, Gordon Reginald (Ed.): The Human Embryo: Aristotle and the Arabic and European Traditions. Exeter: University of Exeter Press 1990. (XI, 235 SS.).

Gasking, Elizabeth B.: Investigations into Generation, 1651-1828. Baltimore: The Johns Hopkins Press und London: Hutchinson 1967. (192 SS.).

Gilbert, Scott F. (Ed.): A Conceptual History of Modern Embryology. (Developmental Biology. A Comprehensive Syntesis, 7) New York: Plenum Press 1991. (XIV, 266 SS.).

Horder, T. J./Jan A. Witkowski/Christopher Craig Wylie (Eds.): A History of Embryology: The Eighth Symposium of the British Society for Developmental Biology. Cambridge etc.: Cambridge University Press 1986. (XXIV, 477 SS.).

Horowitz, Maryanne Cline: The "Science" of Embryology before the Discovery of the Ovum. In: Boxer, Marilyn J./Jean H. Quataert (Eds.): Connecting Spheres: Women in the Western World, 1500 to the Present. New York: Oxford University Press 1987, S. 86-94.

Lesky, Erna: Harvey und Aristoteles. I. Harvey, Aristoteles und die Erkenntnis der Natur. II. Omne vivum ex ovo. In: Sudhoffs Archiv 41 (1957), S. 289-316 und S. 347-378.

Martin, Emily: The Egg and the Sperm. How Science Has Constructed a Romance Based on Stereotypical Male-Female Roles. In: Signs 16 (1991), S. 485-501.

Meyer, Arthur William: The Rise of Embryology. Stanford, Cal.: Stanford University Press 1939. (XV, 367 SS.).

Montagu, M. F. Ashley: Embryology from Antiquity to the End of the Eighteenth Century. In: Ciba Symposia 10 (1949), S. 1009-1028.

Nardi, Guiseppe Michele: Problemi d'embriologia umana antica e medièvale. Prefazione di Di Davide Giordano. (Biblioteca italiana, 10). Florenz: G. C. Sansoni 1938. (127 SS.).

Needham, Joseph: A History of Embryology. Cambridge: Cambridge University Press 1934. (XVIII, 274 SS.). Second Edition, Revised with the Assistance of Arthur Hughes. Cambridge: Cambridge University Press 1959 und New York: Abelard-Schumann 1959. (304 SS.). (Ursprüngliche Fassung in: Joseph Needham: Chemical Embryology. [3 Bde, Cambridge 1931] Bd 1, S. 39-227 [Part II: The Origins of Chemical Embryology].).

Oppenheimer, Jane Marion: Essays in the History of Embryology and Biology. Cambridge, Mass./London: M. I. T. Press 1967. (IX, 374 SS.).

Roger, Jacques: Two Scientific Discoveries: Their Genesis and Destiny. Translated by Margaret Roussel. In: Grmek, Mirko Drazen et al. (Eds.): On Scientific Discovery. The Erice Lectures 1977. (Boston Studies in the Philosophy of Science, 34) Dordrecht: Reidel 1981, S. 229-237.

2.1. ANTIKE

Andersen, Öivind: Zu Demokrits Embryologie. In: Symbolae Osloenses 53 (1978), S. 41-46.

Baldry, Harold Caparne: Embryological Analogies in Presocratic Cosmogeny. In: Classical Quarterly 26 (1932), S. 27-34.

Balss, Heinrich: Die Zeugungslehre und Embryologie in der Antike. Eine Übersicht. In: Quellen und Studien zur Geschichte der Naturwissenchaften und Medizin 5/2-3 (1936), S. 1-82.

Blersch, Konrad: Wesen und Entstehung des Sexus im Denken der Antike. (Tübinger Beiträge zur Altertumswissenschaft, 29) Tübingen: Kohlhammer 1937. (104 SS.).

Fasbender, Heinrich: Entwicklungslehre, Geburtshilfen und Gynäkologie in den Hippokratischen Schriften. Eine kritische Studie. Stuttgart: O. Brosch 1897. (XVIII, 300 SS.).

Lesky, Erna: Die Zeugungs- und Vererbungslehren der Antike und ihr Nachwirken. (Akademie der Wissenschaften und der Literatur, Abhandlungen der Geistes- und Sozialwissenschaftlichen Klasse 1950, Nr. 19). Wiesbaden: In Kommission bei Franz Steiner Verlag (Akademie der Wissenschaften und der Literatur in Mainz) 1951. (201 SS.).

2.2. MITTELALTER

Mitterer, Albert: Die Zeugung der Organismen, insbesondere des Menschen. Nach dem Weltbild des Hl. Thomas von Aquin und dem der Gegenwart. Wien: Herder 1947. (240 SS.).

Schöffer, Heinz Herbert: Zur mittelalterlichen Embryologie. In: Sudhoffs Archiv 57 (1973), S. 297-314.

Weisser, Ursula: Zeugung, Vererbung und pränatale Entwicklung in der Medizin des arabisch-islamischen Mittelalters. Erlangen: Lüling 1983. (XI, 571 SS.).

2.3. RENAISSANCE

Goltz, Dietlinde: Der leere Uterus: Zum Einfluß von Harveys De generatione animalium auf die Lehren von der Konzeption. In: Medizinhistorisches Journal 21 (1986), S. 242-268.

Lemay, Helen Rodnite: Masculinity and Feminity in Early Renaissance Treatises on Human Reproduction. In: Clio Medica 18 (1983), S. 21-31.

2.4. 17. JAHRHUNDERT

Belloni, Luigi: Appunti per una storia pre-Leeuwenhoekiana degli animaculata. In: Gesnerus 23 (1966), S. 13-22.

Bodemer, Charles W./Lester Snow King: Medical Investigations in Seventeenth Century England. Papers Read at a Clark Library Seminar, Oct. 14, 1967. (William Andrews Clark Memorial Library Seminar Papers) Los Angeles: Clark Memorial Library 1968. (55 SS.). Enthält: C. W. Bodemer: Embryological Thought in Seventeenth Century England.

Fischer, Hans: Die Geschichte der Zeugungs- und Entwicklungstheorien im 17. Jahrhundert. In: Gesnerus 2 (1945), S. 49-80.

Fouke, Daniel C.: Mechanical and "Organical" Models in Seventeenth-Century Explanations of Biological Reproduction. In: Science in Context 3 (1989), S. 365-381.

2.5. 18. JAHRHUNDERT

Goltz, Dietlinde: Samenflüssigkeit und Nervensaft: Zur Rolle der antiken Medizin in den Zeugungstheorien des 18. Jahrhunderts. In: Medizinhistorisches Journal 22 (1987), S. 135-163.

Rey, Roselyne: Génération et hérédité au XVIIIᵉ siècle. In: Bénichou, Claude (Ed.): L'ordre des charactères: Aspects de l'hérédité dans l'histoire des sciences de l'homme. Paris: Vrin 1989, S. 7-48.

Roe, Shirley A.: The Haller-Wolff Debate over Embryological Development: A Case Study in the Philospohy of Biology. Dissertation Harvard University, Cambridge, Mass. 1976.

Roe, Shirley A.: Matter, Life, and Generation: Eighteenth-Century Embryology and the Haller-Wolff Debate. Cambridge: Cambridge University Press 1981. (X, 214 SS.).

2.6. 19. UND 20. JAHRHUNDERT

Baxter, Alice Levine: E. B. Wilson's "Destruction" of the Germ-Layer Theory. In: Isis 68 (1977), S. 363-374.

Caullery, Maurice: Les progrès récents de l'embryologie experimentale. Paris: Flammarion 1939. (236 SS.).

Churchill, Frederick Barton: Chabry, Roux and the Experimental Method in Nineteenth-Century Embryology. In: Giere, Ronald N./Richard S. Westfall (Eds.): Foundations of Scientific Method. The Nineteenth Century. Bloomington: Indiana University Press 1973, S. 161-205.

Coleman, William: Limits of the Recapitulation Theory. Carl Friedrich Kielmeyer's Critique of the Presumed Parallelism of Earth History, Ontogeny, and the Present Order of Organisms. In: Isis 64 (1973), S. 341-350.

De Haan, Robert L./Heinrich Ursprung: Organogenesis. New York etc.: Holt, Rinehart and Winston 1965. (XII, 804 SS.).

Grell, Karl G.: Die Gastraea-Theorie. In: Medizinhistorisches Journal 14 (1979), S. 275-291.

Mangold, Otto: Hans Spemann. Ein Meister der Entwicklungsphysiologie, sein Leben und sein Werk. (Große Naturforscher, 11) Stuttgart: Wissenschaftliche Verlagsgesellschaft 1953. (X, 254 SS.).

Mocek, Reinhard: Wilhelm Roux, Hans Driesch. Zur Geschichte der Entwicklungsphysiologie der Tiere (Entwicklungsmechanik). (Biographien bedeutender Biologen, 1) Jena: Fischer 1974. (229 SS.).

Müller, Irmgard: Die Wandlung embryologischer Forschung von der deskriptiven zur experimentellen Phase unter dem Einfluß der Zoologischen Station in Neapel. In: Medizinhistorisches Journal 10 (1975), S. 191-218.

Oppenheimer, Jane Marion: Embryology and Evolution. Nineteenth Century Hopes and Twentieth Century Realities. In: Quarterly Review of Biology 34 (1959), S. 271-277; wiederabgedruckt in: Oppenheimer, Jane Marion: Essays in the History of Embryology and Biology. Cambridge, Mass.: M. I. T. Press 1967, S. 206-220.

Oppenheimer, Jane Marion: Hans Driesch and the Theory and the Practice of Embryonic Transplantation. In: Bulletin of the History of Medicine 44 (1970), S. 378-382.
Pratje, Andre: Wilhelm Roux und die Entwicklungsmechanik. In: Sitzungsberichte der Physikalisch-medizinischen Sozietät in Erlangen 54 (1925), S. 421-428.
Querner, Hans: Die Entwicklungsmechanik Wilhelm Roux' und ihre Bedeutung in seiner Zeit. In: Mann, Gunter/Rolf Winau (Hrsg.): Medizin, Naturwissenschaft, Technik und das Zweite Kaiserreich. (Studien zur Medizingeschichte des 19. Jahrhunderts, 8) Göttingen: Vandenhoeck & Ruprecht 1977, S. 189-200.
Spemann, Hans: Experimentelle Beiträge zu einer Theorie der Entwicklung. Berlin: Springer 1936. (206 SS.). (Darin besonders Kap. 2: Einige Experimente und Grundbegriffe aus den Anfängen der Entwicklungsphysiologie. S. 8-24.).
Spemann, Hans: Forschung und Leben. Herausgegeben von Friedrich Wilhelm Spemann. Stuttgart: J. Engelhorns Nachfolger 1943. (343 SS.).
Willier, Benjamin H./Jane Marion Oppenheimer (Eds.): Foundations of Experimental Embryology. [A Collection of 11 Articles by Leading Contributors] Englewood Cliffs, N.J.: Prentice-Hall 1964. (XI, 225 SS.). Second Edition, Enlarged with a New Introduction by Jane Marion Oppenheimer. New York: Hafner 1974. (XXIV, 277 SS.).

3. Spezielle Probleme/Theorien/Ideen

3.1. URZEUGUNG

Bowler, Peter J.: The Impact of Theories of Generation upon the Concept of a Biological Species in the Last Half of the 18th Century. Dissertation University of Toronto 1971.
Capelle, Wilhelm: Das Problem der Urzeugung bei Aristoteles und Theophrast und in der Folgezeit. In: Rheinisches Museum 98 (1955), S. 150-180.
Gottdenker, Paula: In the Beginning: Approaches to the Problem of the Origin of Life, Antiquity to the 1870s. Dissertation University of Kansas, Lawrence, Kans. 1974. (353 SS.).
Kamminga, H.: History of the Theories of the Origin of Life. Dissertation Universität London 1981.
Kruk, Remke: A Frothy Bubble. Spontaneous Generation in the Medieval Islamic Tradition. In: Journal of Semitic Studies 35 (1990), S. 265-282.
Lippmann, Edmund Oskar von: Urzeugung und Lebenskraft. Zur Geschichte dieser Probleme von den ältesten Zeiten bis zu den Anfängen des 20. Jahrhunderts. Berlin: Springer 1933. (VIII, 136 SS.).
Mendelsohn, Everett I.: Philosophical Biology vs. Experimental Biology: Spontaneous Generation in the Seventeenth Century. In: Grene, Marjorie/Everett I. Mendelsohn (Eds.): Topics in the Philosophy of Biology. (Boston Studies in the Philosophy of Science, 27) Dordrecht: Reidel 1976, S. 37-65. (Ursprünglich in: XIIe Congrès International d'Histoire des Sciences, Paris 1968. Actes. Tome 1B: Discours et Conferences. Colloques. Discussion des Rapports. Paris: Albert Blanchard 1971, S. 201-226; Diskussion: S. 227-229.).
Rodemer, Walter: Die Lehre von der Urzeugung bei den Griechen und Römern. Dissertation Universität Gießen 1928. Gelnhausen: Kalbfleisch 1928. (44 SS.).
Roe, Shirley A.: Voltaire versus Needham: Atheism, Materialism, and the Generation of Life. In: Journal of the History of Ideas 46 (1985), S. 65-87.
Rostand, Jean: La genèse de la vie. Histoire des idées sur la génération spontanée. Paris: Hachette 1943. (203 SS.).

3.2. ENTSTEHUNG DES LEBENS (SAMEN/EMPFÄNGNIS)

Abel, Ernest L.: Ancient Views on the Origin of Life. Rutherford/Madison/Teaneck: Farleigh Dickinson University Press 1973. (93 SS.).

Baur, Karl: Die Lehre vom Samen von Hippokrates bis Leeuwenhoek. Dissertation München 1976.

Castellani, Carlo: Una rilettura Ottocentesca di Spallanzani. La Nouvelle théorie de la génération di Prévost e Dumas (1824). In: History and Philosophy of the Life Sciences 1 (1979), S. 215-259.

Grmek, Mirko Drazen: Ideas on Heredity in Greek and Roman Antiquity. In: Physis 28 (1991), S. 11-34.

Hewson, M. Anthony: Giles of Rome and the Medieval Theory of Conception. A Study of the De formatione corporis humani in utero. London: Athlone Press 1975. (268 SS.).

Kember, Owen D.: Right and Left in the Sexual Theories of Parmenides. In: Journal of Hellenic Studies 91 (1971), S. 70-79.

Lloyd, Geoffrey Ernest Richard: Parmenides' Sexual Theories. A Reply to Mr. Kember. In: Journal of Hellenic Studies 92 (1972), S. 178 f.

Putscher, Marielene: Pneuma, Spiritus, Geist. Vorstellungen vom Lebensantrieb in ihren geschichtlichen Wandlungen. Wiesbaden: Steiner 1973. (XI, 278 SS.).

Schopfer, William Henri: L'histoire des théories relatives à la génération, aux 18ème et 19ème siècles. In: Gesnerus 2 (1945), S. 81-103.

Temkin, Owsei: German Concepts of Ontology and History Around 1800. In: Bulletin of the History of Medicine 24 (1950), S. 227-246.

3.3. PRÄFORMATION UND EPIGENESE

Balss, Heinrich: Präformation und Epigenese in der griechischen Philosophie. In: Archeion 4 (1923), S. 319-325.

Bernardi, Walter: Modelli teorici e criteri di visibilità nella disputa settecentesca tra epigenisti e preformisti. In: Bollettino Filosofico (Dipartimento di Filosofia dell'Università della Calabria) 7 (1987), S. 31-43.

Bodemer, Charles W.: Regeneration and the Decline of Preformationism in Eighteenth Century Embryology. In: Bulletin of the History of Medicine 38 (1964), S. 20-31.

Bowler, Peter J.: Preformation and Pre-Existence in the Seventeenth Century. A Brief Analysis. In: Journal of the History of Biology 4 (1971), S. 221-244.

Darmon, Pierre: Le mythe de la procréation à l'âge baroque. Paris: Pauvert 1977. (283 SS.).

Ibrahim, Annie: La notion de moule intérieur dans les théories de la génération au XVIIIᵉ siècle. In: Archives de Philosophie (Paris) 50 (1987), S. 555-580.

Koerbler, Georges: Contribution à l'étude d'une controverse au XVIIIᵉ siècle. In: Bulletin de la Société Française d'Histoire de la Médecine 20 (1926), S. 172-177. [Kontroverse zwischen animalculistischen und ovistischen Theorien].

Loevtrup, Soeren: La préformation et l'épigénèse. In: Hommage au Professeur Pierre-Paul Grassé: Évolution, histoire, philosophie. Paris etc.: Masson 1987, S. 87-98.

Marx, Jacques: La préformation du germe dans la philosophie biologique au XVIIIᵉ siècle. In: Tijdschrift voor de Studie van de Verlichting 1 (1973), S. 397-435.

Meyer, Hans: Geschichte der Lehre von den Keimkräften. Von der Stoa bis zum Ausgang der Patristik. Nach den Quellen dargestellt. Bonn: P. Hanstein 1914. (V, 229 SS.).

Nekrassow, A. D.: Bemerkungen über die Menschlein, die von den Animalkulisten unter dem Mikroskop im menschlichen Samen gesehen wurden, und über die Entstehung der Idee der Einschachtelung aller folgenden Generationen in den Geschlechtselementen (den Eiern und Spermatozoen). In: Sudhoffs Archiv 26 (1933), S. 89-104.

Punnett, Reginald Crundall: Ovists and Animalculists. In: The American Naturalist 62 (1928), S. 481-507.

Rieppel, Olivier: Atomism, Epigenesis, Preformation, and Pre-Existence: A Clarification of Terms and Consequences. In: Biological Journal of the Linnean Society 28 (1986), S. 331-341.

Wilkie, J. S.: Preformation and Epigenesis. A New Historical Treatment. In: History of Science 6 (1967), S. 138-150. [An Essay Review of Jacques Roger's Les sciences de la vie... Paris: 1963]

4. Literatur zu einzelnen Autoren

ALBERTUS MAGNUS

[Albertus Magnus:] Sancti doctoris ecclesiae Alberti Magni ordinis fratrum praedictorum epis-
copi opera omnia. Ad fidem codicum manuscriptorum edenda apparatu critico notis prole-
gomenis indicibus instruenda curavit Institutum Alberti Magni Coloniense Bernhardo
Geyer praeside. Tomus XII: Liber de natura et origine animae. Primum ad fidem edidit
Bernhardus Geyer. Liber de principiis motus processivi. Ad fidem autographi edidit Bern-
hardus Geyer. Quaestiones super de animalibus. Primum edidit Ephrem Filthaut. Münster:
Aschendorff 1955. (XX, 359, [5] SS.).
Albertus Magnus: De animalibus Libri XXVI. Nach der Cölner Urschrift herausgegeben von
Hermann Stadler. (Beiträge zur Geschichte der Philosophie des Mittelalters. Texte und
Untersuchungen, 15-16) 2 Bde, Münster: Aschendorffsche Verlagsbuchhandlung 1916-
1920. (XXVI, 892/XXI, 893-1664 SS.).
Aiken, Pauline: The Animal History of Albertus Magnus and Thomas of Cantimpré. In: Spe-
culum 22 (1949), S. 205-225.
Balss, Heinrich: Albertus Magnus als Biologe. (Große Naturforscher, Bd 1). Stuttgart: Wis-
senschaftliche Verlagsgesellschaft 1947. (307 SS.).
Balss, Heinrich: Albertus Magnus als Zoologe. (Münchner Beiträge zur Geschichte und Lite-
ratur der Naturwissenschaften und Medizin, Heft 11-12). München: Verlag der Münchener
Drucke 1928. (146 SS.).
Demaitre, Luke/Anthony A. Travill: Human Embryology and Development in the Works of
Albertus Magnus. In: Weisheipl, James A. (Ed.): Albertus Magnus and the Sciences.
Commemorative Essays 1980. (Pontifical Institute of Mediaeval Studies. Studies and Tex-
tes, 49) Toronto: Pontifical Institute of Mediaeval Studies 1980, S. 405-440.
Eckert, Willehad Paul (O. P.): Albert der Große als Naturwissenschaftler. In: Angelicum 57
(1980), S. 477-495.
Hertling, Georg von: Albertus Magnus. Beiträge zu seiner Würdigung. Köln: Bachem 1880.
(VII, 150 SS.); [2](Beiträge zur Geschichte der Philosophie des Mittelalters. Texte und Un-
tersuchungen, Bd 14, Heft 5-6). Münster: Aschendorffsche Verlagsbuchhandlung 1914.
(VII, 183 SS.).
Hoßfeld, Paul: Albertus Magnus als Naturphilosoph und Naturwissenschaftler. Bonn: Alber-
tus-Magnus-Institut 1983. (103 SS.).
Hünemörder, Christian: Die Zoologie des Albertus Magnus. In: Meyer, Gerbert/Albert Zim-
mermann (Hrsg.): Albertus Magnus. Doctor Universalis, 1280/1980. (Walberger Studien,
Philosophisch-Theologische Hochschule der Dominikaner, Albertus-Magnus-Akademie.
Philosophische Reihe, 6) Mainz: Matthias-Grünewald-Verlag 1980, S. 235-248.
Killermann, Sebastian: Die Vogelkunde des Albertus Magnus (1207-1280). Regens-
burg/Mainz: Verlagsanstalt G. J. Manz 1910. (VI, 100 SS.).
Meyer, Gerbert/Albert Zimmermann (Hrsg.): Albertus Magnus Doctor Universalis 1280
/1980. (Walberger Studien. Philosophische Reihe, Bd 6). Mainz: Matthias-Grünewald-
Verlag 1980. (534 SS.).
Nitschke, August: Albertus Magnus. Ein Wegbereiter der modernen Wissenschaft. In: Histo-
rische Zeitschrift 231 (1980), S. 1-20.
Pelster, Franz: Die beiden ersten Kapitel der Erklärung Alberts des Großen zu De animalibus
in ihrer ursprünglichen Fassung. In: Scholastik 10 (1935), S. 229-240.
Shaw, James R.: Scientific Empiricism in the Middle Ages. Albertus Magnus on Sexual
Anatomy and Physiology. In: Clio Medica 10 (1975), S. 53-64.
Stadler, Herrmann: Irrtümer des Albertus Magnus bei Benutzung des Aristoteles. In: Archiv
für die Geschichte der Naturwissenschaften und der Technik 6 (1913), S. 387-393.
Strunz, Franz: Albertus Magnus, Weisheit und Naturforschung im Mittelalter. (Menschen,
Völker, Zeiten. Eine Kulturgeschichte in Einzeldarstellungen, Bd 15). Wien/Leipzig: Kö-
nig 1926. (187 SS.).

Vinaty, Tommaso (O. P.): Sant' Alberto Magno, embriologo e ginecologo. In: Angelicum 58 (1981), S. 151-180.
Weisheipl, James A. (Ed.): Albertus Magnus and the Sciences. Commemorative Essays 1980. Toronto: Pontifical Institute of Mediaeval Studies 1980. (XIV, 657 SS.).
Zimmermann, Albert (Hrsg.): Albert der Große. Seine Zeit, sein Werk, seine Wirkung. (Miscellanea Mediaevalia. Veröffentlichungen des Thomas-Instituts der Universität zu Köln, Bd 14). Berlin/New York: W. de Gruyter 1981. (VIII, 293 SS.).

ALDROVANDI, ULISSE

[Aldrovandi, Ulisse:] Ulissis Aldrovandi philosophi et medici Bononiensis Ornithologiae Tomus alter ad illustrissimum principem Alexandrum peritium S. R. E. Card. Montaltum vice cancellarium & Bononiae legatum cum indice copiossimo variarum linguarum. Bologna: Io. Bapt. Bellagamba 1600. ([22], 862, [60] SS.).
[Aldrovandi, Ulisse:] Aldrovandi on Chickens. The Ornithology of Ulisse Aldrovandi (1600). Vol. 2, Book 14. Translated and edited by L. R. Lind. Norman: University of Oklahoma Press 1963. (XXXVI, 447 SS.).
Adversi, Aldo: Ulisse Aldrovandi bibliologo. Macerata: Tipografia Maceratese 1966. (70 SS.).
Antonelli, Ezio: Ulisse Aldrovandi e la metamorfosi del mostruoso. In: Studi e Memorie per la Storia dell'Università di Bologna 3 (1983), S. 196-242.
Fantuzzi, Giovanni: Memorie sulla vita e sulle opere di Ulisse Aldrovandi con alcune lettere scelte d'uomini eruditi a lui scritte, e coll'indice delle sue opere Mss., che si conservano nella biblioteca dell'Istituto. Bologna: Lelio dalla Volpe 1774. (VI, 263 SS.).
Felici, Constanzo: Lettere a Ulisse Aldrovandi. A cura di Giorgio Nonni. Presentazione di Giuseppe Olmi. Urbino: Quatro Venti 1982. (169 SS.).
Frati, Lodovico: Catalogo dei Manoscritti di Ulisse Aldrovandi. Bologna: Nicola Zanichelli 1907. (287 SS.).
Frati, Ludovico (ed.): La vita di U. Aldrovandi, scritta da lui medesimo. Imola: Cooperativa tipografica editrice 1907. (29 SS.).
Intorno alla vita e alle opere di Ulisse Aldrovandi. Bologna: L. Betrami 1907. (223 SS.).
Olmi, Giuseppe: Ulisse Aldrovandi. Scienza e natura nel secondo Cinquecento. (Quaderni di storia e filosofia della scienza, 4) Trient: Libera Università 1976. (129 SS.).
Pattaro, Sandra Tugnoli: La formazione scientifica e il "Discorso naturale" di Ulisse Aldrovandi. (Quaderni di storia e filosofia della scienza, 7) Trient: Universitas Trient 1977. (115 SS.).
Pattaro, Sandra Tugnoli: Metodo e sistema delle scienze nel pensiero di Ulisse Aldrovandi. (Collana di studi epistemologici, 3) Bologna: Cooperativa Libraria Universitaria Editrice 1981. (251 SS.).
Velde, Albert Jacques Joseph van de: Les livres des Sciences de la nature de Conrad Gesner et Ulysse Aldrovandi. In: Biologisch Jaarboek 17 (1950), S. 195-199.

ARISTOTELES

Aristote: De la génération des animaux. Texte établi et traduit par Pierre Louis. Paris: Les Belles Lettres 1961. (XXVI, 233 SS.).
Aristote: Histoire des animaux. Texte établi et traduit par Pierre Louis. 3 Bde, Paris: Les Belles Lettres 1964-1969. (400/336/368 SS.).
Aristote: Les parties des animaux. Texte établi et traduit par Pierre Louis. (Collections des Universités de France) Paris: Les Belles Lettres 1990. (XI, 193 SS., 1-166 doppelt).
Aristotele's De Partibus Animalium I and De Generatione Animalium I (with Pasages from II 1-3). Translated with Notes by David M. Balme. Oxford: Clarendon Press 1972. (VII, 173 SS.)
Aristoteles: Werke. Griechisch und deutsch und mit sacherklärenden Anmerkungen. Bd 3: Aristoteles' fünf Bücher von der Zeugung und Entwicklung der Tiere. Übersetzt und er-

läutert von Hermann Aubert und Friedrich Wimmer. Leipzig: Engelmann 1860; Nachdruck: Aalen: Scientia-Verlag 1978. (XXXVI, 440 SS.).

Aristotelis de animalibus historia. Textum recognovit Leonardus Dittmeyer. Leipzig: Teubner 1907. (XXVI, 467 SS.).

Aristotelis de generatione animalium. Recognovit brevique adnotatione critica instruxit H. J. Drossart Lulofs. Oxford: Clarendon Press 1965. (223 SS.).

Aristotle: Generation of Animals. With an English Translation by A. L. Peck. London: Heinemann und Cambridge, Mass.: Harvard University Press 1953. (LXXVIII, 608 SS.).

Arnold, Lloyd L.: Aristotle's Biological Concepts and Methods in the Light of Modern Biology. Dissertation Johns Hopkins University, Baltimore, Md. 1953.

Balme, David M.: Aristotle and the Beginnings of Zoology. In: Journal of the Society for the Bibliography of Natural History 5 (1970), S. 272-285.

Balme, David M.: Development of Biology in Aristotle and Theophrast: Theory of Spontaneous Generation. In: Phronesis 7 (1962), S. 91-104.

Balme, David M: Aristotle's Biology was not Essentialist. In: Archiv für Geschichte der Philosophie 62 (1980), S. 1-12.

Balss, Heinrich: Aristoteles' biologische Schriften. Griechisch und deutsch. München: Heimeran 1943. (301 SS.).

Bartels, Klaus: Das Techne-Modell in der Biologie des Aristoteles. Dissertation Universität Tübingen 1966. (131 SS.).

Bernier, Réjane/Louise Chrétien: Génération et individuation chez Aristote, principalement à partir des textes biologiques. In: Archives de Philosophie 52 (1989), S. 13-48.

Bodenheimer, Friedrich Simon: Aristotle Biologiste. (Les Conferences du Palais de la Découverte, Série D, No. 15) Paris: Université de Paris 1953. (22 SS.).

Byl, Simon: Recherches sur les grands traités biologiques d'Aristote. Sources écrites et préjugés. (Académie Royale de Belgique. Mémoires de la Classe des Lettres, 2e série, 64/3). Brüssel: Palais des Académies 1980. (XLIII, 418 SS.).

De Ley, H.: Pangenesis versus Panspermia. Democritean Notes on Aristotle's Generation of Animals. In: Hermes 108 (1980), S. 129-153.

Devereux, Daniel/Pierre Pellegrin (Eds.): Biologie, logique et métaphysique chez Aristote. Actes du Séminaire C.N.R.S.-N.S.F. Oléron 28 juin - 3 juillet 1987. Paris: Centre National de la Recherche Scientifique 1990. (528 SS.).

Düring, Ingemar: Aristoteles. Darstellung und Interpretation seines Denkens. (Bibliothek der Klassischen Altertumswissenschaft, Neue Folge, Reihe 1, [Bd 2]). Heidelberg: Carl Winter 1966. (VIII, 670 SS.).

Düring, Ingemar: Aristotle's Method in Biology. In: Aristote et les problèmes de méthode. Communications présentées au Symposium Aristotelicum tenu à Louvain du 24 août au 1er septembre 1960. Louvain: Publications Universitaires und Paris: Béatrice Nauwelaerts 1961, S. 213-221.

Friedman, Robert: Necessitarianism and Teleology in Aristotle's Biology. In: Biology and Philosophy 1 (1986), S. 355-365.

Gotthelf, Allan (Ed.): Aristotle on Nature and Living Things. Philosophical and Historical Studies, Presented to David M. Balme on his Seventieth Birthday. Pittsburgh, Penn.: Mathesis Publications Inc. und Bristol, Engl.: Bristol Classical Press 1985. (XXIX, 410 SS.).

Gotthelf, Allan/James G. Lennox (Eds.): Philosophical Issues in Aristotle's Biology. Cambridge: Cambridge University Press 1987. (XIII, 462 SS.).

Graham, Daniel W.: Some Myths about Aristotle's Biological Motivation. In: Journal of the History of Ideas 47 (1986), S. 529-545.

Grene, Marjorie: A Portrait of Aristotle. Chicago: University of Chicago Press und London: Faber & Faber 1963. (271 SS.).

Grene, Marjorie: Aristotle and Modern Biology. In: Journal of the History of Ideas 33 (1972), S. 395-424.

Hare, J. E.: Aristotle and the Definition of Natural Things. In: Phronesis 24 (1979), S. 168-179.

Harig, Georg: Zur Charakterisierung der wissenschaftlichen Aspekte in der aristotelischen Biologie und Medizin. In: Irmscher, Johannes/Reimar Müller (Hrsg.): Aristoteles als Wissenschaftstheoretiker. (Schriften zur Geschichte und Kultur der Antike, 22) Berlin 1983, S. 159-170.

Jürß, Fritz/Dietrich Ehlers: Aristoteles. (Biographien hervorragender Naturwissenschaftler, Techniker und Mediziner, 60). Leipzig: Teubner 1982. (102 SS.).

Kember, Owen D.: Aristotle and the Chick Embryo. In: Classical Quarterly 21 (1971), S. 393-396.

Kember, Owen D.: Aristotle De generatione animalium 761 b 36. In: Classical Review 22 (1972),S. 172 f.

Kroll, Wilhelm: Zur Geschichte der aristotelischen Zoologie. (Österreichische Akademie der Wissenschaften, Sitzungsberichte der philosophisch-historischen Klasse 218/2). Wien: Verlag der Akademie der Wissenschaften 1940. (30 SS.).

Kullmann, Wolfgang: Aristoteles' Bedeutung für die Einzelwissenschaften. In: Freiburger Universitätsblätter 73 (1981), S. 17-31.

Kullmann, Wolfgang: Aristoteles' Grundgedanken zu Aufbau und Funktion der Körpergewebe. In: Sudhoffs Archiv für Geschichte der Medizin und der Naturwissenschaften 66 (1982), S. 209-238.

Kullmann, Wolfgang: Der Platonische Timaios und die Methode der Aristotelischen Biologie. In: Döring, Klaus /Wolfgang Kullmann (Hrsg.): Studia Platonica: Festschrift für Hermann Gundert. Amsterdam: Grüner 1973, S. 139-163.

Kullmann, Wolfgang: Die Teleologie in der aristotelischen Biologie. Aristoteles als Zoologe, Embryologe und Genetiker. (Sitzungsberichte der Heidelberger Akademie der Wissenschaften, Philosoph.-histor. Klasse, Jg 1979, 2. Abhandlung). Heidelberg: Carl Winter 1979. (72 SS.).

Kullmann, Wolfgang: Wissenschaft und Methode. Interpretationen zur aristotelischen Theorie der Naturwissenschaft. Berlin/New York: W. de Gruyter 1974. (X, 419 SS.).

Kung, Joan: Some Aspects of Form in Aristotle's Biology. In: Nature and System 2 (1980), S. 67-90.

Lloyd, Geoffrey Ernest Richard: Aristotle: The Growth and Structure of His Thought. Cambridge: Cambridge University Press 1968. (XIII, 324 SS.).

Loeck, Gisela: Aristotle's Technical Simulation and its Logic of Causal Relations. In: History and Philosophy of the Life Sciences 13 (1991), S. 3-32. [Über Aristoteles Simulation des Embryos (der Zygote) durch einen Zahnradmechanismus].

Meyer, Hans: Das Vererbungsproblem bei Aristoteles. In: Philologus 75 (1919), S. 323-363.

Meyer, Hans: Der Entwicklungsgedanke bei Aristoteles. Bonn: P. Hanstein 1909. (III, 154 SS.).

Meyer, Jürgen Bona: Aristoteles Thierkunde. Ein Beitrag zur Geschichte der Zoologie, Physiologie und alten Philosophie. Berlin: Georg Reimer 1855. (X, 520 SS.).

Moraux, Paul (Hrsg.): Aristoteles in der neueren Forschung. (Wege der Forschung, Bd 61). Darmstadt: Wissenschaftliche Buchgesellschaft 1968. (XVII, 426 SS.).

Morsink, Johannes: Aristotle on the Generation of Animals: A Philosophical Study. Washington: University Press of America 1982. (VIII, 184 SS.).

Oppenheimer, Jane Marion: Aristotle as Biologist. In: Scientia 106 (1971), S. 649-657.

Pellegrin, Pierre: Aristotle's Classification of Animals: Biology and the Conceptual Unity of the Aristotelian Corpus. Berkeley: University of California Press 1986. (XIV, 235 SS.).

Pellegrin, Pierre: De l'explication causale dans la biologie d'Aristote. In: Revue de Métaphysique et de Morale 95 (1990), S. 197-219.

Pellegrin, Pierre: Les fonctions explicatives de l'Histoire des animaux d'Aristote. In: Phronesis 31 (1986), S. 148-166.

Poschenrieder, Franz: Die naturwissenschaftlichen Schriften des Aristoteles in ihrem Verhältnis zu den Büchern der hippokratischen Sammlung. Bamberg: B. Gärtner 1887. (67 SS.).

Preus, Anthony: Science and Philosophy in Aristotle's Biological Works. (Studien und Materialien zur Geschichte der Philosophie. Kleine Reihe, Bd 1). Hildesheim/New York: Georg Olms 1975. (IX, 404 SS.).

Preus, Anthony: Science and Philosophy in Aristotle's Generation of Animals. In: Journal of the History of Biology 3 (1970), S. 1-52.

Queen, James Matthew: The Nature of Substantial Being. An Examination of Aristotle's View of Living Substance. Dissertation University of Guelph, Kanada 1990.

Ross, David: Aristotle. London [/New York]: Methuen 1923, [2]1930, [3]1937, [4]1945, [5]1949 u. ö.; Tb: (University Paperback, 65) 1964 u. ö.

Roussel, Michel: Physique et biologie dans la Génération des animaux d'Aristote. In: Revue des Études Greques 93 (1980), S. 42-71.

Schmidt, C. W.: Der Entwicklungsbegriff in der aristotelischen Naturphilosophie. In: Archiv für die Geschichte der Naturwissenschaften und der Technik 8 (1917), S. 49-65.

Stiebitz, Ferdinand: Über die Kausalerklärung der Vererbung bei Aristoteles. In: Archiv für Geschichte der Medizin 23 (1930), S. 332-345.

Theiler, Willy: Zur Geschichte der teleologischen Naturbetrachtung bis auf Aristoteles. Leipzig: Orell Füssli 1925. (IX, 104 SS.). Nachdruck: Um ein Vorwort und einen Index erweitert. Berlin: W. de Gruyter 1965. (IX, 105 SS.).

Thompson, D'Arcy Wentworth: On Aristotle as a Biologist. With a Prooemion on Herbert Spencer. Oxford: Clarendon Press 1913.

Wians, William Robert: Aristotle's Method in Biology. Dissertation University of Notre Dame, Indiana 1983. (233 SS.).

BAER, KARL ERNST VON

Baer, Karl Ernst von: Eine Selbstbiographie. Gekürzt herausgegeben von Paul Conradi. Leipzig/Riga: E. Bruhns 1912. (220 SS.).

Baer, Karl Ernst von: Entwicklung und Zielstrebigkeit in der Natur. Schriften. Herausgegeben von Karl Boegner. Stuttgart: Verlag Freies Geistesleben 1983. (304 SS.).

Baer, Karl Ernst von: Geschichte des Hühnerembryo. In: Burdach, Karl Friedrich: Die Physiologie als Erfahrungswissenschaft. Leipzig: Voss 1828, Bd 2, S. 239-370.

Baer, Karl Ernst von: Nachrichten über Leben und Schriften des Herrn Geheimraths Dr. Karl Ernst von Baer, mitgetheilt von ihm selbst. Veröffentlicht bei der Gelegenheit seines fünfzigjährigen Doctor-Jubiläums am 29. August 1864, von der Ritterschaft Ehstlands. St. Petersburg: H. Schmitzdorff 1866; [2]Braunschweig: F. Vieweg 1886. (XVI, 519 SS.). (Englisch: Karl Ernst von Baer. Autobiography. Edited and with a Preface by Jane Marion Oppenheimer. Translator H. Schneider. (Resources in Medical History) Canton, Mass.: Science History Publications 1986. (XIV, 389 SS.).).

Baer, Karl Ernst von: Über die Bildung des Eies der Säugetiere und des Menschen. Mit einer biographisch-geschichtlichen Einführung in deutscher Sprache herausgegeben von Dr. med. Benno Ottow. Leipzig: Leopold Voss 1927. (XIV, V, 48 SS., 1 Tafel). (Ursprünglich: De Ovi Mammalium et Hominis Genesi. Epistolam ad Academiam Imperialem Scientiarum Petropolitanam. Leipzig: Leopold Voss 1827. (41 SS., 1 Tafel). Nachdruck: Brüssel: Cultur et Civilisation 1966. Faksimile der lateinischen Ausgabe von: Sarton, George: The Discovery of the Mammalian Egg and the Foundation of Modern Embryology. In: Isis 16 (1931), S. 315-[378]. Englische Übersetzung: On the Genesis of the Ovum of Mammals and of Man. Translated into Englisch by Charles Donald O'Malley, with an Introduction by I. Bernard Cohen. In: Isis 47 (1956), S. 117-153.).

Baer, Karl Ernst von: Über die Entwicklungsgeschichte der Thiere. Beobachtung und Reflexion. 2 Bde, Königsberg: Bornträger 1828-1837. Nachdruck: Brüssel: Cultur et Civilisation 1967. (271/315 SS.). Schlußheft: Studien aus der Entwicklungsgeschichte des Menschen. Nach dem Tode des Verfassers herausgegeben von Ludwig Stieda. Königsberg: Koch 1888. (V, 317-400 SS.).

Addison, William H. F.: Centenary of the Discovery of the Mammalian Ovum. In: Medical Life 34 (1928), S. 304-312, 2 Tafeln u. 35 (1928), S. 67-74, 2 Tafeln.

Bast, Theodore Hieronymus: Carl Ernst von Baer. In: Phi Beta Pi Quarterly 25 No. 2 (1928), S. 176-194.

Folia Baeriana 1. Tallinn [Reval]: Valgus 1975. (183 SS.). Darin u.a.: Poldvere, K.: K. E. v. Baer und die Grundprobleme der Embryologie.

Folia Baeriana 2. Tallinn [Reval]: Eesti NSV Teaduste Akadeemia 1976. (163 SS.). Darin u.a.: Khazanov, A.: Von Baer and Karl Friedrich Burdach. Und: Noodla, K./M. Valt: Embryological Literature in von Baer's Library.

Haacke, Wilhelm: Karl Ernst von Baer. (Klassiker der Naturwissenschaften herausgegeben von Lothar Brieger-Wasservogel, 3) Leipzig: Thomas 1905. (VII, 175 SS.).

Holmes, Samuel Jackson: K. E. von Baer's Perplexities over Evolution. In: Isis 37 (1947), S. 7-14.

Huard, Pierre/M. Montagné: Charles Ernest de Baer (1792-1876). In: L'Extrême-Orient Médicale 1 (1949), S. 277-288.

Ilomets, Too: Karl Ernst von Baer. Tallinn [Reval]: Eesti Raamat 1976. (78 SS.).

Knorre, Heinrich von/Helmke Schierhorn: Karl Ernst von Baer (1792-1876). Eine ikonographische Studie. In: Mothes, Kurt/Joachim-Hermann Scharf (Hrsg.): Beiträge zur Geschichte der Naturwissenschaften und der Medizin. Festschrift für Georg Uschmann. (Acta Historica Leopoldina, 9) Halle (Saale): Deutsche Akademie der Naturforscher Leopoldina 1975, S. 227-268.

Knorre, Heinrich von: Die Entstehungsgeschichte von K. E. Baers Sendschreiben: De ovi mammalium et hominis genesi 1827, und vier Briefe Karl Ernst von Baers an Carl Asmund Rudolphi. In: Leopoldina, Reihe 2, Bd 17, 1971 (1973), S. 237-286.

Kruta, Vadislav: K. E. von Baer und J. E. Purkyne. An Analysis of their Relations as Reflected in their Unpublished Letters. In: Lychnos (1971/1972), S. 93-121.

Kuhn-Schnyder, Emil: Karl Ernst von Baer, Begründer der modernen Embryologie (1792 bis 1896). In: Naturwissenschaftliche Rundschau 30 (1977), S. 432-436.

Lenoir, Timothy: Kant, von Baer und das kausal-historische Denken in der Biologie. In: Berichte zur Wissenschaftsgeschichte 8 (1985), S. 99-114.

Lienert, Roswitha: Karl Ernst von Baer und die Entdeckung des Säugetiereies. Dissertation Universität Würzburg 1977. (53 SS.).

Lukina, Tat'iana A.: Raboty K. Bera po embriologii i teratologii. [Arbeiten K. Baers in der Embryologie und Teratologie] In: Voprosy Istorii Estestvoznaniia i Tekhniki 64-66 (1979), S. 51-55.

Meyer, Adolf (Hrsg.): Biologie der Goethezeit. Klassische Abhandlungen über die Grundlagen und Hauptprobleme der Biologie von Goethe und den großen Naturforschern seiner Zeit: Georg Forster, Alexander von Humboldt, Lorenz Oken, Carl Gustav Carus, Karl Ernst von Baer und Johannes Müller. Herausgegeben, geistesgeschichtlich eingeleitet und erläutert, sowie mit einer Schlußbetrachtung über Goethes Kompensationsprinzip und seine Bedeutung für die kommende Biologie versehen. Stuttgart: Hippokrates-Verlag Marquardt 1949. (302 SS.).

Meyer, Arthur William: Human Generation. Conclusions of Burdach, Döllinger, and von Baer. Stanford: Stanford University Press und London: Geoffrey Cumberledge, Oxford University Press 1956. (XI, 143 SS.).

Meyer, Robert William: Was von Baer's Discovery an Accident? In: Bulletin of the Institute of the History of Medicine 5 (1937), S. 33-42.

Oppenheimer, Jane Marion: K. E. von Baer's Beginning Insights into Causal-Analytical Relationships During Development. In: Developmental Biology 7 (1963), S. 11-21; wiederabgedruckt in: Oppenheimer, Jane Marion: Essays in the History of Embryology and Biology. Cambridge, Mass.: M. I. T. Press 1967, S. 295-307.

Oppenheimer, Jane Marion: Science and Nationality. The Case of Karl Ernst von Baer (1792-1876). In: Proceedings of the American Philosophical Society 134 (1990), S. 75-82.

Ospovat, Dov: Embryos, Archetypes, and Fossils. Von Baer's Embryology and British Paleontology in the Mid-19th Century. Dissertation Harvard University, Cambridge, Mass. 1975.

Ospovat, Dov: The Influence of Karl Ernst von Baer's Embryology, 1828-1859. A Reappraisal in Light of Richard Owen's and William B. Carpenter's Palaeontological Application of Von Baer's Law. In: Journal of the History of Biology 9 (1976), S. 1-28.

Raikov, Boris Eugenevitch: Karl Ernst von Baer, 1792-1876. Sein Leben und seine Werke. Deutsche Übersetzung mit Anmerkungen von Heinrich von Knorre. (Acta Historica Leopoldina, 5) Leipzig: J. A. Barth 1968. (516 SS.). (Ursprünglich: Karl Ber. Ego zizn'i trady. Moskau/Leningrad: Nauka (Verlag der Akademie der Wissenschaften der UdSSR) 1961. (524 SS.).).

Sarton, George: The Discovery of the Mammalian Egg and the Foundation of Modern Embryology. With a Complete Facsimile (No. XIII) of K. E. von Baer's Fundamental Memoir De ovi mammalium et hominis genesi (Leipzig 1827). In: Isis 16 (1931), S. 315-[378].

Schierhorn, Helmke: Der Briefwechsel zwischen Karl Ernst von Baer (1792-1876) und Johann Christian Gustav Lucae (1814-1885). In: Gegenbaurs Morphologisches Jahrbuch 123(3) (1977), S. 353-386.

Stieda, Ludwig: Karl Ernst von Baer. Eine biographische Skizze. Braunschweig: Vieweg 1878, ²1886. (XII, 301 SS.).

Svetlov, Pavel Grigor'evitch: Pochemu K. Ber, pereekhav v Rossiiu, pochti perestal zanimat'sia embriologiei? [Warum hat K. Baer, nach seiner Ankunft in Russland, seine Arbeit in der Embryologie nahezu aufgegeben?] In: Iz Istorii Biologii 4 (1973), S. 187-198.

Toellner, Richard: Der Entwicklungsbegriff bei Karl Ernst von Baer und seine Stellung in der Geschichte des Entwicklungsgedankens. In: Sudhoffs Archiv 59 (1975), S. 337-355.

Toellner, Richard: Karl Ernst von Baer gilt als Vertreter der idealistischen Naturphilosophie. Mit welchen Recht wird dies an Hand seiner Entwicklungsgedanken zu fragen sein. In: Actes du XIIIe Congrès International d'Histoire des Sciences, Conférences Plénières (1971, publiziert 1974), Bd 9, S. 98-104.

Vakaet, L.: Karl-Ernst von Baer en het begin der wetenschappelijka embryologie. In: Scientiarum Historia 7 (1965), S. 137-142.

BOYLE, ROBERT

Boyle, Robert: A Way of Preserving Birds Taken out of the Egge, and other small Foetus's. In: Philosophical Transactions of the Royal Society 1 (1666), S. 199 f.

Bodemer, Charles W./Lester Snow King: Medical Investigations in Seventeenth Century England. Papers Read at a Clark Library Seminar, Oct. 14, 1967. (William Andrews Clark Memorial Library Seminar Papers) Los Angeles: Clark Memorial Library 1968. (55 SS.). Enthält: King, Lester Snow: Robert Boyle as an Amateur Physician.

Hunter, Richard A./Ida MacAlpine: William Harvey and Robert Boyle. In: Notes and Records of the Royal Society of London 13 (1958), S. 115-127.

COITER, VOLCHER

Coiter, Volcher/Gabriele Falloppio: Tables of the Principal External and Internal Parts of the Human Body (1572), by Volcher Coiter; and, Lectures by Gabriel Fallopius on the Corresponding Parts of the Human Body, Collected with the Utmost Accuracy from Various Manuscripts by Volcher Coiter (1575). With Prefatory Essays by J. R. Prakken, B. W. Th. Nuyens, A. Schierbeek. (Opuscula Selecta Nederlandicorum de Arte Medica, fasc. 18) Amsterdam: Sumptibus Societatis 1955. (LXXIX, 263 SS.).

Coiter, Volcher: De ovorum gallinaceorum generationis primo exordio progressuque, et pulli gallinacei creationis ordine. In: Coiter, Volcher: Externarum et internarum principalium humani corporis partium Tabulae, atque anatomicae exercitationes observationesque variae... Nürnberg: In officina Theodorici Gerlatzeni 1572, ²1573. (133 SS., 7 Tafeln).

Adelmann, Howard Bernhardt: The "De ovorum gallinaceorum generatione primo exordio progressuque et pulli gallinacei creationis ordine" of Volcher Coiter. In: Annals of Medical History, n. s. 5 (1933), S. 327-341 und S. 444-457.

Bäumer, Anne: Der Nürnberger Arzt Volcher Coiter, Anatom und Zoologe. In: Medizinhistorisches Journal 23 (1988), S. 224-239.

Herrlinger, Robert: News on Coiter. In: Journal of the History of Medicine and Allied Sciences 12 (1957), S. 79 f.

Herrlinger, Robert: Volcher Coiter (1534-1576). (Beiträge zur Geschichte der medizinischen und naturwissenschaftlichen Abbildung, Bd 1) Nürnberg: M. Edelmann 1952. (147 SS.).

MacDaniel, Walton B.: Notes on the "Tractatus de ossibus foetus" of Volcher Coiter. In: Annals of Medical History, n. s. 10 (1938), S. 189 f.

Nuyens, Bernard Willem Theodor: De laatste tien Jaren van Volcher Coiter's Leben. In: Nederlands tijdschrift voor geneeskunde 79 (1935), S. 2653-2659.
Nuyens, Bernard Willem Theodor: Doctor Volcher Coiter, 1534-1576? In: Nederlands tijdschrift voor geneeskunde 77 (1933), S. 5383-5401.
Schullian, Dorothy M.: New Documents on Volcher Coiter. In: Journal of the History of Medicine and Allied Sciences 6 (1951), S. 176-194.

CROONE, WILLIAM

Cole, Francis Joseph: Dr. William Croone on Generation. [Annotated Translation of De formatione pulli in ovo Read to the Royal Society in 1672, but Printed Only in 1757]. In: Montagu, M. F. Ashley (Ed.): Studies and Essays in the History of Science and Learning, Offered in Homage to George Sarton on the Occasion of His Sixtieth Birthday, 31 August 1944. New York: Henry Schuman 1946, S. 113-135.
Payne, Leonard Maslin/Leonard Gilchrist Wilson/Harold Hartley: William Croone, F.R.S. (1633-1684). In: Notes and Records of the Royal Society of London 15 (1960), S. 211-219.

FABRICIUS VON AQUAPENDENTE

[Fabricius von Aquapendente, Hieronymus:] The Embryological Treatises of Hieronymus Fabricius of Aquapendente. The Formation of the Egg and of the Chick. The Formed Fetus. Facsimile Edition with Introduction, Translation and Commentary by Howard B. Adelmann. 2 Bde, Ithaca, N. Y.: Cornell University Press 1942; Nachdruck: Ithaca: Cornell University Press 1967. (XXIII, 883 SS.).

GALEN

Galeni de usu partium libri XVII ad codicum fidem recensuit Georgius Helmreich. 2 Bde, Leipzig: Teubner 1907-1909; Nachdruck: Amsterdam: Hakkert 1968. (XVI, 496/484 SS.).
Lesky, Erna: Galen als Vorkämpfer der Hormonforschung. In: Centaurus 1 (1950/1951), S. 156-162.
Preus, Anthony: Galen's Criticism of Aristotele's Conception Theory. In: Journal of the History of Biology 10 (1977), S. 80-85.

GESNER, CONRAD

[Gesner, Konrad:] Conradi Gesneri Historia animalium liber III, qui est de avium natura. Adiecti sunt ab initio indices. Tiguri: C. Froschover 1555. (779 SS.).
[Gesner, Konrad:] Thierbuch. Das ist ein kurtze beschreybung aller vierfüßigen Thieren/so auff erde vnd in wassern wonend/sampt irer waren conterfactur. Erstlich durch den hochgeleerten herren d. Cunrat Gessner in Latein beschriben/jetzunder aber durch d. Cunrat Forer in das teütsch gebracht/und in kurtze kommliche ordnung gezogen. Zürich: Froschower 1563; Nachdruck: Zürich: Stocker-Schmid 1965. (CLXXII, 13 SS.).
Gesneri redivivi, aucti et emendati Tomus II. Oder Vollkomenes Vogel-Buch, darstellend eine wahrhafftige vnd nach dem Leben vorgerissene Abbildung aller so wol in den Lüfften und Klüften als in den Wäldern und Feldern und sonsten auff den Wassern und daheim in den Häusern nicht nur in Europa, sondern auch in Asia, Africa, America, und anderen neuerfundenen Ost- und West-Indischen Insulen sich enthaltener zahmer und wilder Vögel und Feder-Viches. Gezieret und vermehret durch Georgius Horstium. 2 Bde, Frankfurt am Main: Blasius Ilßner 1669; Nachdruck: Hannover: Schlütersche Verlagsanstalt und Druckerei 1981. (380, VII u. IV/212, XIV SS.).
Conrad Gesner, 1516-1565. Universalgelehrter, Naturforscher, Arzt. Mit Beiträgen von Hans Fischer, Georges Petit, Joachim Staedtke, Rudolf Steiger und Heinrich Zoller.

(Jubiläumspublikation zur 450-jährigen Geschichte des Art. Institut Orell Füssli, 1519-1969, Bd 2) Zürich: Institut Orell Füssli 1967. (238 SS.).

Fischer, Hans: Conrad Gesner. Leben und Werk. (Neujahrsblatt herausgegeben von der Naturforschenden Gesellschaft in Zürich, 168) Zürich: Leemann 1966. (152 SS.).

Gmelig-Nijboer, Caroline Aleid: Conrad Gesner (1516-1565) Considered as a Modern Naturalist. In: Janus 60 (1973), S. 41-51.

Gmelig-Nijboer, Caroline Aleid: Conrad Gesner's "Historia animalium". An Inventory of Renaissance Zoology. (Communicationes biohistoricae Ultrajectinae, 72) [Diss. Utrecht 1977] Meppel: Krips Repro 1977. (186 SS.).

Helmcke, Johann-Gerhard: Der Humanist Conrad Gessner auf der Wende von mittelalterlicher Tierkunde zur neuzeitlichen Zoologie. In: Physis 12 (1970), S. 329-346.

Lauterborn, Robert: Konrad Gesner und die Tierkunde. In: Der Rhein. Freiburg 1930, Bd 1, S. 130-140.

Ley, Willy: Konrad Gesner was Right. In: Natural History (1935), S. 145-155.

Ley, Willy: Konrad Gesner. Leben und Werk. (Münchener Beiträge zur Geschichte und Literatur der Naturwissenschaft und Medizin, Heft 15/16) München: Münchner Drucke 1929. (VII, 154 SS.).

Martin, Gerald P. R.: Conrad Gesner: zu seinem vierhundersten Todestag am 13. Dezember 1965. In: Natur und Museum 95 (1965), S. 483-494.

Petit, Georges: Conrad Gessner, zoologiste. In: Gesnerus 22 (1965), S. 195-204.

Rath, Gernot: Konrad Gessner (1516-1565). In: Schweizer Monatshefte 45 (9) (1965), S. 3-24.

Salzmann, Charles: Conrad Gesners Persönlichkeit. 26. März 1516 bis 13. Dezember 1565. In: Gesnerus 22 (1965), S. 115-132.

Schaller, Friedrich: Conrad Gesner und seine Bedeutung für das Naturverständnis der Neuzeit. In: Hamann, Günther/Helmuth Grössing (Hrsg.): Der Weg der Naturwissenschaft von Johannes von Gmunden zu Johannes Kepler. Wien: Verlag der Österreichischen Akademie der Wissenschaften 1985, S. 152-159.

Serrai, Alfredo: Conrad Gesner. A cura di Maria Cochetti. Con una bibliografia delle opere allestita da Marco Menato. (Il Bibliotecario, 5) Rom: Bulzoni 1990. (430 SS.).

Velde, Albert Jacques Joseph van de: Rond Gesner's "Historiae animalium Liber I" van 1551. (Medelingen van de Vlaamse Academie voor Wetenschappen, Letteren en schoone Kunsten van Belgie: Klasse der Wetenschappen, 13/17) Brüssel: Palais der Academien 1951. (44 SS.).

Wellisch, Hans H.: Conrad Gesner. A Bio-Bibliography. In: Journal of the Society for the Bibliography of Natural History 7/2 (1975), S. 151-247.

HALLER, ALBRECHT VON

Haller, Albrecht von: Sur la formation du coeur dans le poulet; sur l'oeil; sur la structure du Jaune. Lausanne: Marc-Mich. Bousquet & Comp. 1758. ([VI], 472 SS.). - Erweiterte lateinische Überarbeitung:

Haller, Albrecht von: Comentarius de formatione cordis in ovo incubato primus historia phaenomenorum. In: Opera anatomica minora. Lausanne: Grasset 1767, Bd 2, S. 54-421.

Haller, Albrecht von: Deux mémoires sur la formation des os fondés sur des expériences. Lausanne: 1758. - Erweiterte lateinische Überarbeitung:

Haller, Albrecht von: Experimenta de ossium formatione. In: Opera minora. Lausanne: F. Grasset 1767. Bd 2, S. 460-555.

Haller, Albrecht von: Operum anatomici argumenti minorum Tomus Secundus. Pars prima ad generationem. Lausanne: F. Grasset 1767. (607 SS.). [= Opera minora Bd II].

Albrecht von Haller zum 200. Todestag. Göttingen: Vandenhoeck & Ruprecht 1977. (53 SS.).

Albrecht von Haller, 1708-1777: Zehn Vorträge gehalten am Berner Haller-Symposion vom 6. bis 8. Oktober 1977. (Verhandlungen der Schweizerischen Naturforschenden Gesellschaft, wissenschaftlicher Teil, Band 1977) Basel: Birkhäuser 1977. (X, 182 SS.).

Balmer, Heinz: Albrecht von Haller. (Berner Heimatbücher, 119) Bern: Haupt 1977. (88 SS.).

Beer, Rüdiger Robert: Der große Haller. Säckingen: Hermann Stratz 1947. (137 SS.).

Duchesneau, François: Haller et les théories de Buffon et C. F. Wolff sur l'épigenèse. In: History and Philosophy of the Life Sciences 1 (1979), S. 65-100.

Irsay, Stephen d': Albrecht von Haller. Eine Studie zur Geistesgeschichte der Aufklärung. (Arbeiten des Instituts für Geschichte der Medizin an der Universität Leipzig, Bd 1) Leipzig: Georg Thieme 1930. (98 SS.).

Lundsgaard-Hansen-von Fischer, Susanna: Verzeichnis der gedruckten Schriften Albrecht von Hallers. (Berner Beiträge zur Geschichte der Medizin und der Naturwissenschaften, Nr. 18) Bern: Verlag Paul Haupt 1959. (87 SS.).

Mazzolini, Renato G.: Sugli studi embriologici di Albrecht von Haller negli anni 1755-1758. In: Annali dell'Istituto Storico Italo-Germanico in Trento 3 (1977), S. 183-242.

Monti, Maria Teresa: Difficultés et arguments de l'embryologie d'Albrecht von Haller: La reconversion des catégories de l'anatome animata. In: Revue des Sciences Philosophiques et Théologiques 72 (1988), S. 301-312.

Roe, Shirley A.: The Development of Albrecht von Haller's Views on Embryology. In: Journal of the History of Biology 8 (1975), S. 167-190.

Schierbeek, Abraham: Albrecht von Haller. In: Biologisch Jaarboek (1956), S. 348-381.

Schwarz, Georg Theodor: Die systematische Arbeitsweise Albrecht von Hallers, 1708-1777. In: Centaurus 2 (1953), S. 314-348.

Siegrist, Christoph: Albrecht von Haller. (Sammlung Metzler, 5) Stuttgart: J. B. Metzler 1967. (70 SS.).

Sturm, Friedrich August Bernhard: Albrecht von Hallers Lehre über die Entstehung der Mißbildungen. Dissertation Universität Bonn 1974. (279 SS.).

Toellner, Richard: Albrecht von Haller. Über die Einheit im Denken des letzten Universalgelehrten. (Sudhoffs Archiv, Beiheft 10) Wiesbaden: Franz Steiner 1971. (XII, 228 SS.).

Toellner, Richard: Mechanismus-Vitalismus: Ein Paradigmawechsel? Testfall Haller. In: Diemer, Alwin (Hrsg.): Die Struktur wissenschaftlicher Revolutionen und die Geschichte der Wissenschaften. (Studien zur Wissenschaftstheorie, 10) Meisenheim am Glan: Hain 1977, S. 61-72.

Wagenitz, Gerhard (Hrsg.): Göttinger Biologen, 1737-1945: Eine biographisch-bibliographische Liste. (Göttinger Universitätsschriften, Serie C: Kataloge, Bd 2) Göttingen: Vandenhoeck & Ruprecht 1988. (229 SS.).

HARVEY, WILLIAM

Harvey, William: Exercitationes de Generatione Animalium. Quibus accedunt quaedam de partu: de membranis ac humoribus uteri: et de Conceptione. Amsterdam: Johannes Ravesteynius 1651. ([21], 391 SS.).

Bayon, Henry Peter: William Harvey (1578-1657). His Application of Biological Experiment, Clinical Observation and Comparative Anatomy to the Problems of Generation. In: Journal for the History of Medicine 2 (1947), S. 51-96.

Bayon, Henry Peter: William Harvey, Physician and Biologist; His Precursors, Opponents and Successors. In: Annals of Science 3 (1938), S. 59-118, 435-456; 4 (1939), S. 65-106, 329-389.

Chauvois, Louis: William Harvey, sa vie et son temps, ses découvertes, sa méthode. Paris: Société d'Édition d'Enseignement Supérieur 1957. (253 SS.). Englisch: William Harvey. His Life and Times; His Discoveries; His Methods. London: Hutchinson Medical Publications und New York: Philosophical Library 1957. (271 SS.).

Cohen, I. Bernard: A Note on Harvey's "Egg" as Pandora's "Box". In: M. Teich/R. Young (Eds.): Changing Perspectives in the History of Science. London 1973, S. 233-249.

Foote, Edward T.: Harvey: Spontaneous Generation and the Egg. In: Annals of Science 25 (1969), S. 139-163.

Keele, Kenneth D.: William Harvey. The Man, the Physician, and the Scientist. London/Edinburgh: Nelson 1965. (XII, 244 SS.).

Keynes, Geoffrey Langdon: A Bibliography of the Writings of William Harvey, M. D., Discoverer of the Circulation of the Blood. Cambridge: Cambridge University Press 1928.

(XII, 68 SS.); zweite Auflage unter dem Titel: A Bibliography of the Writings of William Harvey, 1578-1627. Cambridge: Cambridge University Press 1953. (XIV, 79 SS.).

Keynes, Geoffrey Langdon: The Life of William Harvey. Oxford: Clarendon Press 1966. (XVIII, 484 SS.).

Keynes, Geoffrey Langdon: The Personality of William Harvey. Cambridge: Cambridge University Press 1949. (48 SS.).

Killgour, Frederick G.: William Harvey's Use of the Quantitative Method. In: Yale Journal of Biology and Medicine 26 (1954), S. 410-421.

Meyer, Arthur William: An Analysis of the De Generatione animalium of William Harvey. Stanford, Calif.: Stanford University Press 1936. (XX, 167 SS.).

Pagel, Walter: New Light on William Harvey. Basel/New York: Karger 1976. (VII, 189 SS.).

Pagel, Walter: William Harvey Revisited. In: History of Science 8 (1969), S. 1-31 und 9 (1970), S. 1-41.

Pagel, Walter: William Harvey's Biological Ideas. Selected Aspects and Historical Background. Basel: Karger 1967. (394 SS.).

Plochmann, George Kimball: William Harvey and His Methods. In: Studies in the Renaissance 10 (1963), S. 192-210.

Schmitt, Charles B.: William Harvey and Renaissance Aristotelianism. A Consideration of the Praefatio to "De generatione animalium" (1651). In: Rudolf Schmitz/Gundolf Keil (Hrsgg.): Humanismus und Medizin. (Mitteilungen der Kommission für Humanismusforschung, Bd 11) Weinheim 1984, S. 117-138.

Webster, Charles: Harvey's De generatione. Its Origins and Relevance to the Theory of Circulation. In: The British Journal for the History of Science 7 (1967), S. 262-274.

Wilkie, J. S.: Harvey's Immediate Debt to Aristotle and to Galen. In: History of Science 4 (1965), S. 103-124.

Zirnstein, Gottfried: William Harvey. (Biographien hervorragender Naturwissenschaftler und Mediziner, Bd 28). Leipzig: Teubner 1977. (109 SS.).

HIGHMORE, NATHANIEL

Highmore, Nathaniel: The History of Generation, Examining the Several Opinions of Diverse Authors, Especially that of Sir Kenelm Digby. London: Martin 1651. (112 SS.).

HIPPOKRATES

Hippocrate: Tome XI: De la génération. De la nature de l'enfant. Des maladies IV. Du foetus de huit mois. Texte établi et traduit par Robert Joly. Paris: Les Belles Lettres 1970. (288 SS.).

Hippokrates: Sämtliche Werke. Ins Deutsche übersetzt und ausführlich commentiert von Robert Fuchs. 3 Bde, München: Verlag von Doktor H. Lüneburg 1895-1900. (VIII, 526/VII, 604/VI, 660 SS.).

Lonie, Ian Malcolm: The Hippocratic Treatises On Generation, On the Nature of the Child, Diseases IV. A Commentary. (Ars medica, 2. Abt., Bd 7) Berlin/New York: W. de Gruyter 1981. (XXXIX, 406 SS.).

Wellmann, Max: Spuren Demokrits von Abdera im Corpus Hippocraticum. In: Archeion 11 (1929), S. 297-330.

LANGLY, WILLIAM

Langly, William: De generatione animalium observationes quedam, accedunt ovi faecundi singulis ab incubatione diebus factae inspectiones. In: Schrader, Justus (Hrsg.): Observationes et historiae omnes & singulis e Guiljelmi Harvei libello De generatione animalium excerptae, & in accuratissimum ordinem redacte. Amsterdam: Abraham Wolfgang 1674, S. 136-240.

MAITRE-JAN, ANTOINE

Maître-Jan, Antoine: Observations sur la formation du poulet où les divers changements qui arrivent à l'oeuf à mesure qu'il est couvé, sont exatement expliqués et représentés en figures. Paris: L. d'Houvy 1722. (XII, 326 SS.).
Scalinci, Noé: Antonio Maitre-Jan e Michele Brisseau nella determinazione della sede anatomica della cataratta. In: Rivista di Storia della Scienze Mediche e Naturali 12 (1912), S. 69-74 u. S. 134-150.

MALPIGHI, MARCELLO

Malpighi, Marcello: Consulti di Marcello Malpighi (1675-1694). A cura di Giuseppe Plessi. (Opere dei maestri, 4) 2 Bde, Bologna: Istituto per la Storia della Università 1988. (LVII, 282/444 SS.).
[Malpighi, Marcello:] Marcelli Malpighi... Opera posthuma, figuris aeneis illustrata. Quibus praefixa est ejusdem vita a seipso scripta. London: A. & J. Churchill 1697. (110/187 SS.).
Adelmann, Howard Bernhardt (Ed.): The Correspondence of Marcello Malpighi. 5 Bde (Cornell Publication in the History of Science), Ithaca, N.Y. usw.: Cornell University Press 1975. (LXX, 2227 SS.).
Adelmann, Howard Bernhardt: A Supplement to "The Correspondence of Marcello Malpighi". In: Journal of the History of Medicine and Allied Sciences 33 (1978), S. 53-73.
Adelmann, Howard Bernhardt: Marcello Malpighi and the Evolution of Embryology. 5 Bde, Ithaca, N.Y.: Cornell University Press 1966. (750/316/524/550/427 SS.).
Belloni, Luigi: Marcello Malpighi. Opere scelte. (Classici della Scienza, 11) Turin: Unione Tipografico-Editrice Torinese 1967. (649 SS., 16 Tafeln).
Bernardi, Walter: Le metafisichi dell'embrione: Scienze della vita e filosofica da Malpighi a Spallanzani (1672-1793). (Biblioteca di storia della scienza, 24) Florenz: Olschki 1986. (503 SS.).
Castellani, Carlo: Origini ed evoluzione della teoria della aura seminalis da Fabrici d'Acquapendente a Marcello Malpighi. In: Episteme 1 (1967), S. 173-196.
Frati, Carlo: Bibliografia Malpighiana. Catalogo descrittivo delle opere a stampa di Marcello Malpighi e degli scritti che lo riguardano. London: Dawson of Pall Mall 1960. (56 SS.). [Originally published in 1897].
Minelli, Guiseppe: All'origine della biologia moderna: La vita di un testimone e protagonista: Marcello Malpighi nell'Università di Bologna. Mailand: Jaca Book 1987. (125 SS.).
Toffoletto, Ettore: Discorso sul Malpighi. Bologna: Nigrizia 1965. (125 SS.).
Wilson, Leonard Gilchrist: Malpighi and Seventeenth Century Embryology. An Essay Review (Adelmann, Howard Bernhardt: Marcello Malpighi and the Evolution of Embryology). In: Journal of the History of Medicine and Allied Sciences 22 (1967), S. 190-198.

MAYOW, JOHN

Mayow, John: Tractatus tertius. De Respiratione foetus in utero, et ovo. In: Mayow, John: Tractatus Quinque Medico-Physici. Oxford: E Theatro Sheldoniano 1674. Weitere Auflage: Opera omnia medico-physica. Tractatus quinque comprehensa. Den Haag: I. B. Schmigd apud Arnoldum Leers 1681, S. 271-292. Englische Übersetzung: Third Treatise. On the Respiration of the Foetus in the Uterus and in the Egg. In: Medico-Physical Works. Being a Translation of Tractatus quinque medico-physici. Edinburgh: The Alembic Club 1907; Nachdruck: (Alembic Club Reprints, 17) Edinburgh/London: E. & S. Livingstone Ltd. for The Alembic Club 1957, S. 211-229.
Böhm, Walter: John Mayow and His Contemporaries. In: Ambix 11 (1963), S. 105-120.
Fulton, John Farquhar: A Bibliography of Two Oxford Physiologists: Richard Lower (1631-1691), John Mayow (1643-1679). Oxford: Oxford University Press 1935. (62 SS.).
Gotch, Francis: Two Oxford Physiologists: Richard Lower and John Mayow. Oxford: Clarendon Press 1908. (39 SS.).

Partington, James Riddick: The Life and Work of John Mayow. In: Isis 47 (1956), S. 217-230
und S. 405-417.
Patterson, Thomas Steward: John Mayow in Contemporary Setting. In: Isis 15 (1931), S. 47-
96 und S. 504-546.

PANDER, HEINRICH CHRISTIAN

Pander, Heinrich Christian: Beiträge zur Entwicklungsgeschichte des Hühnchens im Eye.
Würzburg: (ohne Verlagsangabe) 1817. (42 SS.).
Pander, Heinrich Christian: Dissertatio inauguralis sistens Historiam metamorphoseos quam
ovum incubatum prioribus quinque diebus subit. Würzburg: Ernst Nitribitt 1817. (69 SS.).
Pander, Heinrich Christian: Entwicklungsgeschichte des Küchels. In: Isis oder enzyklopädi-
sche Zeitung. Herausgegeben von Lorenz Oken. 1 (1818), S. 512-524.
Loesch, Ernst: Heinrich Christian Pander, sein Leben und seine Werke. In: Biologisches
Zentralblatt 40, 11/12 (1920), S. 481-502.
Oppenheimer, Jane Marion: The Non-Specificity of the Germ-Layers. In: Quarterly Review of
Biology 15 (1940), S. 1-27; wiederabgedruckt in: Oppenheimer, Jane Marion: Essays in
the History of Embryology and Biology. Cambridge, Mass.: M. I. T. Press 1967, S. 256-
294.
Raikov, Boris Eugenevitch: Christian Heinrich Pander. Ein bedeutender Biologe und Evolu-
tionist. An Important Biologist and Evolutionist, 1794-1865. Deutsche Übersetzung mit
Kommentaren und englischen Kurzfassungen von W. E. Hertzenberg und P. H. von Bitter.
(Senckenberg-Buch, 62) Frankfurt am Main: Kramer 1984. (144 SS.). (Ursprünglich: Khri-
stian Pander, vy daiushchpicia biolog-evoluitsionist 1794-1865. (Akademie Nauk SSR,
Nauchnobiograficheskaia seria) Leningrad: Nauka (Verlag der Akademie der Wissenschaften der UdSSR) 1964. (95 SS.).).

PARISANO, AEMILIO

Parisano, Emilio: Nobilium exercitationes libri duodecim de subtiliate. Venedig: Evangelista
Deuchinus 1623-1638. (566 SS.).

PLINIUS

[Plinius:] C. Plini Secundi Naturalis historiae libri XXXVII. Post Ludovici Iani obitum reco-
gnovit et scripturae discrepantia adiecta edidit Carolus Mayhoff. Vol. II: Libri VII-XV.
Leipzig: Teubner 1875. (XXXVIII, 424 SS.).
Plinius Secundus, Gajus: Naturgeschichte. Übersetzt von Christian Friedrich Lebrecht Strack.
Überarbeitet und herausgegeben von Max Ernst Dietrich Lebrecht Strack. Erster Teil,
Bremen: J. G. Heyse 1853; Nachdruck: Darmstadt: Wissenschaftliche Buchgesellschaft
1968. (X, 534 SS.).
French, Roger/Frank Greenaway (Eds.): Science in Early Roman Empire: Pliny the Elder, His
Sources and Influence. Totowa, N. J.: Barnes & Nobles 1986. (287 SS.).
Gudger, Eugene Willis: Pliny's Historia Naturalis. The Most Popular Natural History ever
Published. In: Isis 6 (1924), S. 269-281.
Leitner, Helmut: Zoologische Terminologie beim älteren Plinius. (Diss. phil. Wien 1970).
Hildesheim: Gerstenberg 1972. (X, 273 SS.).

PURKINJE, JOHANNES EVANGELISTA

Purkinje, Johannes Evangelista: Contributions to the History of the Bird's Egg Previous to Incubation. Translated by George W. Bartelmez. In: Essays in Biology in Honour of Herbert
Maclean Evans. Berkeley/Los Angeles: University of California Press 1943, S. 51-93.

Purkinje, Johannes Evangelista: Symbolae ad ovi avium historiam ante incubationem. Breslau: Glückwunsch der medizinischen Fakultät zum 50-jährigen Doctor-Jubiläum von Joh. Fried. Blumenbach am 19. Sept. 1825. Leipzig: L. Voss 1830. (24 SS.).

Ebstein, Erich: Purkinje, der Begründer der physiologischen Institute in Breslau und Prag. In: Hippokrates (Stuttgart) 3 (1930), S. 508-528.

Frison, Edward: De microscopen waarmee Jan Evangelista Purkinje (1787-1869) heeft gewerkt. In: Scientiarum Historia 14 (1972), S. 165-180.

Hykes, Oldrich Vilém: Jan Evangelista Purkyne (Purkinje) (1787-1869). His Life and his Work. In: Osiris 2 (1936), S. 464-471.

In memoriam Joh. Ev. Purkyne, 1787-1937. (Le Receuil d'essays publié pour le 150ème anniversaire de la naissance du savant tchèque, composé par le Dr. F. Páta et al. Publié par la Societé Purkyne etc.) Prag: Grégr etc. 1937. (100 SS.).

Kruta, Vadislav (Ed.): Jan Evangelista Purkyne 1787-1869. Centenary Symposium Held at the Carolinum, Prague, 8-10 September 1969. (Acta Facultatis Universitatis Brunensis, 40) Brno [Brünn]: Universita J. E. Purkyne 1971. (287 SS.).

Kruta, Vadislav: J. E. Purkyne (1787-1869) Physiologist. A Short Account of his Contributions to the Progress of Physiology. With a Bibliography of his Works. Prag: Academia 1969. (137 SS.).

Kruta, Vadislav: K. E. von Baer und J. E. Purkyne. An Analysis of Their Relations as Reflected in Their Unpublished Letters. In: Lychnos (1971/1972), S. 93-121.

Lesky, Erna: Purkynes Weg. Wissenschaft, Bildung und Nation. (Veröffentlichungen der Kommission für Geschichte der Erziehung und des Unterrichts, 12 und Österreichische Akademie der Wissenschaften, Phil.-hist. Kl., Sitzungsberichte, Bd 265, Abh. 5) Wien /Köln/Graz: Böhlau in Komm. 1969. (68 SS.).

Matousek, Otakar: Purkinje's Contributions and Views before and after the Foundation of the Cellular Theory. In: Sydsvenska Medicinhistoriska Sällskapets Årsskrift 7 (1970), S. 31-52.

Orel, Vitezslav/Anna Matalová (Eds.): Jan Evangelista Purkine and the Origin of the Cell Theory. Proceedings of the Workshop, Mikulov, September 1-3, 1987. In: Folia Mendeliana Musei Moravia 24-25 (1989-1990), S. 1-109.

Psotnickova, Jarmila: Jan Evangelista Purkyne. Prag: Orbis 1955. (47 SS.).

Studnicka, Frantisek Karel: Joh. Ev. Purkinjes und seiner Schule Verdienste um die Entdekkung tierischer Zellen und um die Aufklärung der Zellen-Theorie. In: Acta Societatis Scientiarum Naturalium Moravicae 4 (1927), S. 98-168.

Szpilczynski, Stanislaw: Johann Evangelista Purkyne's Contribution to the Advance of Natural Science and Medicine. In: Organon (Warschau) 8 (1971), S. 199-205.

Zaunick, Rudolph (Hrsg.): Purkyne Symposion der Deutschen Akademie der Naturforscher Leopoldina in Gemeinschaft mit der Tschechoslowakischen Akademie der Wissenschaften am 31. Oktober und am 1. November 1959 in Halle/Saale. Vorträge und Diskussionsbeiträge. In: Nova Acta Leopoldina, Neue Folge 24, Nr. 151, Leipzig: Johann Ambrosius Barth 1961. (230 SS.).

REAUMUR, RENE-ANTOINE FERCHAULT DE

Réaumur, René Antoine Ferchault de: Art de faire éclore et d'élever en toute saison des oiseaux domestiques de toutes espèces, soit par le moyen de la chaleur du fumier, soit par le moyen de celle du feu ordinaire. 2 Bde, Paris: L'Imprimerie Royale 1749-1751.

Guillet, Léon: Réaumur (1683-1757), sa vie, son oeuvre. In: Revue de Métallurgie (1922), S. 441-469.

Kant, Horst: Gabriel Daniel Fahrenheit, René-Antoine Ferchault de Réaumur, Andreas Celsius. (Biographien hervorragender Naturwissenschaftler, Techniker und Mediziner, Bd 73) Leipzig: Teubner 1984. (133 SS.).

Mortier, Roland: Note sur un passage du Rêve de d'Alembert. Réaumur et le problème de l'hybridation. In: Revue d'Histoire des Sciences et de leurs Applications 13 (1960), S. 309-316.

Rostand, Jean: Réaumur embryologiste et généticien. In: Revue d'Histoire des Sciences et de leurs Applications 11 (1958), S. 33-50.
Smeaton, William A.: Réaumur: Natural Historian and Pioneer of Applied Science. In: Endeavour 7 (1983), S. 38-40.
Torlais, Jean: Réaumur: le biologiste, l'entomologiste, l'inventeur, le métallurgiste, le naturaliste, le physicien. Paris: Blanchard 1961. (475 SS.).

SCHOOCK, MARTIN

Schoock, Martin: Dissertatio de ovo et pullo. Utrecht: Strick 1643. (183 SS.).

SNAPE, ANDREW

Snape, Andrew: The Anatomy of an Horse Containing an Exact and Full Description of the Frame, Situation and Connection of all his Parts, (with their Actions and Uses) exprest in Fortynine Copper Plates. To which is Added an Appendix Containing two Discourses, the one, of the Generation of the Animals, the other of the Motion of the Chyle, and the Circulation of the Blood. London: Printed by M. Flesher for J. Hindmarsh 1683 (1686). (6, 237, 45, [5] SS., 49 Tafeln).

STENSEN, NIELS

Stensen, Nicholas: De vitelli intestina pulli transitu Epistola. In: Stensen, N.: De musculis et glandulis observationes specimen. Cum Epistolis duabus anatomicis. Amsterdam: Petrus le Grand 1664, S. 94-111.
Stensen, Nicholas: In ovo et pullo observationes. In: Acta Medica & Philosophica Hafniensia 2 (1673), S. 81-92.
Bierbaum, Max/Adolf Faller: Niels Stensen, Anatom, Geologe und Bischof 1638-1686. Münster: Aschendorff 1979. (XI, 203 SS.).
Bierbaum, Max: Niels Stensen. Von der Anatomie zur Theologie. Münster: Aschendorff 1959. (159 SS.).
Cioni, Raffaello: Niels Stensen. Scientist-Bishop. Translated by Genevieve M. Camera. New York: J. P. Kenedy 1962. (192 SS.). (Ursprünglich: Niccolo Stenone scienzato e vescovo. Con la prefazione di Piero Bargellini. Florenz: Le Monnier 1953. (XII, 298 SS.).).
Faller, Adolf: Die philosophischen Voraussetzungen des Anatomen und Biologen Niels Stensen. In: Arzt und Christ 8 (1962), S. 69-84.
Faller, Adolf: Elemente einer Wissenschaftslehre und einer Wissenschaftskritik in den Schriften von Niels Stensen, 1638-1686. In: Gesnerus 37 (1980), S. 169-188.
Faller, Adolf: Nicolaus Stenonis, Anatom, Geologe und Bischof: Das Abenteuer eines reich bewegten Lebens. Abschiedsvorlesung. (Freiburger Universitätsreden, 32) Freiburg: Universitätsverlag 1978. (30 SS.).
May, Margaret Tallmadge: On the Passage of Yolk into the Intestines of the Chick (De vitelli in intestina pulli transitu). Nicolaus Steno. Translated with an Introduction and Commentary. In: Journal of the History of Medicine and Allied Sciences 5 (1950), S. 119-143.
Scherz, Gustav: Entwicklung und Ergebnisse der Niels Stensenforschung in den letzten Jahrzehnten. In: Medizinhistorisches Journal 1 (1966), S. 43-53.
Scherz, Gustav: Niels Stensen. Denker und Forscher im Barock, 1638-1686. (Große Naturforscher, Bd 28) Stuttgart: Wissenschaftliche Verlagsgesellschaft 1964. (275 SS.).
Scherz, Gustav: Pionier der Wissenschaft: Niels Stensen in seinen Schriften. (Acta historia scientiarum naturalium et medicinalium, Bd 18) Kopenhagen: Munksgaard 1963. (348 SS.).
Scherz, Gustav: Vom Wege Niels Stensens. (Acta historia scientiarum naturalium et medicinalium, Vol 14) Kopenhagen: Munksgaard 1956. (248 SS.).

STRAUSS, LAURENTIUS

Strauss, Laurentius: De ovo galli exercitatio physica. Gießen: Karger 1669. (40 SS.).

TREDERN, SEBASTIAN GRAF VON

Tredern de Lézérec, Louis Sebastian Marie: Dissertatio inauguralis medica sistens ovi avium historiae et incubationis prodromum. Jena: Etzdorf 1808. (16 SS.). Nachdruck in: Stieda, Ludwig: Der Embryologe Sebastian Graf von Tredern und seine Abhandlungen über das Hühnerei. Wiesbaden: Bergmann 1901. (69 SS.).

Huard, Pierre A./C. Laurent/Ming Wong: Deux marines au service de la médicine. Le Lieutenant-Général Sébastien-François Bigot de Morogues, 1705-1781, et son petit-fils l'enseigne de vaisseau Louis-Sébastien-Marie de Tredern de Lezerec. In: Presse Médicale 73 (1965), S. 309-312.

Stieda, Ludwig: Der Embryologe Sebastian Graf von Tredern und seine Abhandlungen über das Hühnerei. Wiesbaden: Bergmann 1901. (69 SS.).

WOLFF, CASPAR FRIEDRICH

Wolff, Caspar Friedrich: De formatione intestinorum praecique, tum et de amnio spurio, aliisque partibus embryonis gallinacei, nondum visis. In: Novi Comentarii Academiae Scientiarum Imperialis Petropolitanae 12 (1768), S. 403-507 und 13 (1769), S. 478-530.

Wolff, Caspar Friedrich: De pullo monstroso, quatuor pedibus, totidemque alis instructo. In: Acta Academiae Scientiarum Imperialis Petropolitanae 4, Teil 1 (1783), S. 203-207.

Wolff, Caspar Friedrich: Theoria generationis, übersetzt und herausgegeben von Dr. Paul Samassa. (Ostwald's Klassiker der exakten Wissenschaften, 84 u. 85) Leipzig: W. Engelmann 1896. (96/98 SS., 2 Tafeln).

Wolff, Caspar Friedrich: Theorie von der Generation in zwei Abhandlungen erklärt und bewiesen. Theoria Generationis. Mit einer Einführung von Robert Herrlinger. Hildesheim: Olms 1966. (475 SS.). [Faksimile der Ausgaben Berlin: Birnstiel 1764 und Halle: Hendel 1759, ²1774].

Wolff, Caspar Friedrich: Ueber die Bildung des Darmkanals im bebrüteten Hühnchen. Uebersetzt und mit einer einleitenden Abhandlung und Anmerkungen von Johann Friedrich Mekkel. Halle: Renger 1812. (263 SS.).

Aulie, Richard P.: Caspar Friedrich Wolff and His Theoria Generationis, 1759. In: Journal of the History of Medicine and Allied Sciences 16 (1961), S. 124-144.

Belloni, Luigi: Embryological Drawings Concerning his Theorie von der Generation Sent by Caspar Friedrich Wolff to Albrecht von Haller in 1764. In: Journal of the History of Medicine and Allied Sciences 26 (1971), S. 205-208, 4 Tafeln.

Gaissinovitch, Abba Evseevitch: C. F. Wolff on Variability and Heridity. In: History and Philosophy of the Life Sciences 12 (1990), S. 179-201.

Gaissinovitch, Abba Evseevitch: K. F. Volf i ychehie o razbitii organizmov. Moskau: Izdatel'stvo Akademii Nauk SSSR (Verlag der Akademie der Wissenschaften der UdSSR) 1961. (548 SS.).

Herrlinger, Robert: C. F. Wolffs Theoria generationis (1759). Die Geschichte einer epochemachenden Dissertation. In: Zeitschrift für Anatomie und Entwicklungsgeschichte 121 (1959), S. 245-270.

Lukina, Tat'iana A.: Caspar Friedrich Wolff und die Petersburger Akademie der Wissenschaften. In: Mothes, Kurt/Joachim-Hermann Scharf (Hrsg.): Beiträge zur Geschichte der Naturwissenschaften und der Medizin. Festschrift für Georg Uschmann. (Acta Historica Leopoldina, 9) Halle (Saale): Deutsche Akademie der Naturforscher Leopoldina 1975, S. 411-421.

Raikov, Boris Eugenevitch: Caspar Friedrich Wolff. In: Zoologische Jahrbücher (Systematik, Ökologie und Geographie) 91 (1964), S. 555-626.

Roe, Shirley A.: Rationalism and Embryology: Caspar Friedrich Wolff's Theory of Epigenesis. In: Journal of the History of Biology 12 (1979), S. 1-43.

Schuster, Julius: Caspar Friedrich Wolff. Leben und Gestalt eines deutschen Biologen. In: Sitzungsberichte der Gesellschaft naturforschender Freunde zu Berlin (1937), S. 175-195.

Schuster, Julius: Der Streit um die Erkenntnis des organischen Werdens im Lichte der Briefe C. F. Wolffs an A. von Haller. In: Sudhoffs Archiv 34 (1941), S. 196-218.

Stephens, Trent D.: The Wolffian Ridge: History of a Misconception. In: Isis 73 (1982), S. 254-259.

Uschmann, Georg: Caspar Friedrich Wolff. Ein Pionier der modernen Embryologie. Leipzig: Urania Verlag 1955. (86 SS.).

Wheeler, William Morton: Caspar Friedrich Wolff and the Theoria generationis. In: Biological Lectures Delivered at the Marine Biological Laboratories of Woods Hole 1898, S. 265-284.

Index